Trennwandsysteme
Raum-in-Raum-Systeme
Akustiksysteme

Strähle Raum-Systeme GmbH | info@straehle.de | www.straehle.de
Gewerbestraße 6 | 71332 Waiblingen | T +49 7151 1714-0
Wurzelweg 5 | 14822 Borkheide | T +49 33845 66-0

Strähle
Raum-Systeme

Performance Based Building Design

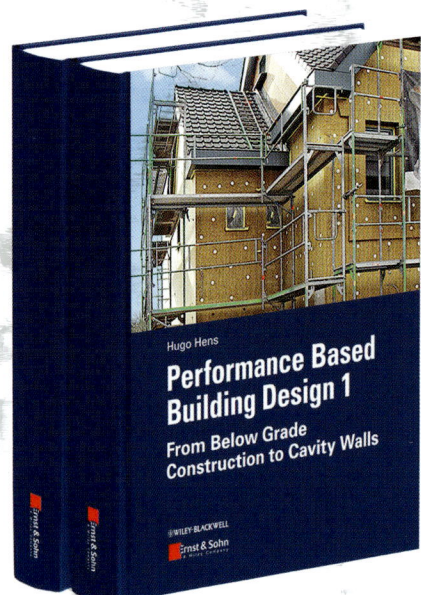

Hugo S. L. C. Hens
Package: Performance Based Building Design 1 and 2
2012. 586 S.
€ 99,–*
ISBN 978-3-433-03024-0
Auch als ebook erhältlich

So wenig wie die Bauphysik insgesamt stand die Energieeffizienz vor der Energiekrise der 1970er Jahre bei der Planung von Gebäuden auf der Tagesordnung. Mit der wachsenden Notwendigkeit der Energieeinsparung stieg aber das Interesse an der ganzheitlichen Gebäudeplanung. Dieses zweibändige Werk stellt die ganzheitliche Gebäudebetrachtung, getragen von der Anwendung bauphysikalischer Zusammenhänge, in der Planung und Ausführung dar.

Einem Überblick über die wesentlichen Materialien für Wärmedämmung, Abdichtung, Luftdichtigkeit und Feuchteschutz sowie Erläuterungen über Fugen folgt eine ausführliche Darstellung der Hochbaukonstruktionen, beginnend bei der Baugrube. Anschließend werden Gründungen, erdberührte und aufsteigende Bauteile, übliche Lastabtragungs- und Deckensysteme bis hin zu massiven Außenwänden mit außenseitiger oder Innendämmung und zweischaligen Wänden behandelt. In Fortführung behandelt der zweite Band Leichtbauwände in Holzbauweise und aus Sandwichelementen, Dachkonstruktionen, Fassadentypen bis hin zum Innenausbau und endet mit der globalen Risikoanalyse. Dabei folgen die meisten Kapitel der Systematik: Überblick, allgemeine Anforderungen, Planung, Ausführung.

Die passende Ergänzung zum Buch:

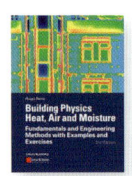  

- Building Physics: Heat, Air and Moisture
- Applied Building Physics
- Zeitschrift Bauphysik

Online Bestellung:
www.ernst-und-sohn.de

Ernst & Sohn
Verlag für Architektur und technische
Wissenschaften GmbH & Co. KG

Kundenservice: Wiley-VCH
Boschstraße 12
D-69469 Weinheim

Tel. +49 (0)6201 606-400
Fax +49 (0)6201 606-184
service@wiley-vch.de

* Der €-Preis gilt ausschließlich für Deutschland. Inkl. MwSt. zzgl. Versandkosten. Irrtum und Änderungen vorbehalten. 1057106_dp

E. Sälzer, G. Eßer, J. Maack, T. Möck, M. Sahl
Schallschutz im Hochbau

Schallschutz im Hochbau

Grundbegriffe, Anforderungen, Konstruktionen, Nachweise

Elmar Sälzer
Georg Eßer
Jürgen Maack
Thomas Möck
Markus Sahl

Dipl.-Ing. Elmar Sälzer
Dipl.-Ing. Georg Eßer
Dr. rer. nat. Jürgen Maack
Dipl.-Ing. (FH) Thomas Möck
Dipl.-Ing. (FH) Markus Sahl

ITA Ingenieurgesellschaft für Technische Akustik mbH
Beratende Ingenieure VBI
Max-Planck-Ring 49
65205 Wiesbaden
www.ita.de

Titelbild: Fachbibliothek Unipark Salzburg, Österreich
Foto: © Dipl. Ing. Angelo Kaunat, Architektur + Fotografie

Bibliografische Information der Deutschen Nationalbibliothek
Die Deutsche Nationalbibliothek verzeichnet diese Publikation in der Deutschen Nationalbibliografie;
detaillierte bibliografische Daten sind im Internet über http://dnb.d-nb.de abrufbar.

© 2015 Wilhelm Ernst & Sohn, Verlag für Architektur und technische Wissenschaften GmbH & Co. KG, Rotherstraße 21, 10245 Berlin, Germany

Alle Rechte, insbesondere die der Übersetzung in andere Sprachen, vorbehalten. Kein Teil dieses Buches darf ohne schriftliche Genehmigung des Verlages in irgendeiner Form – durch Fotokopie, Mikrofilm oder irgendein anderes Verfahren – reproduziert oder in eine von Maschinen, insbesondere von Datenverarbeitungsmaschinen, verwendbare Sprache übertragen oder übersetzt werden.

All rights reserved (including those of translation into other languages). No part of this book may be reproduced in any form – by photoprinting, microfilm, or any other means – nor transmitted or translated into a machine language without written permission from the publisher.

Die Wiedergabe von Warenbezeichnungen, Handelsnamen oder sonstigen Kennzeichen in diesem Buch berechtigt nicht zu der Annahme, daß diese von jedermann frei benutzt werden dürfen. Vielmehr kann es sich auch dann um eingetragene Warenzeichen oder sonstige gesetzlich geschützte Kennzeichen handeln, wenn sie als solche nicht eigens markiert sind.

Umschlaggestaltung: Sonja Frank, Berlin
Herstellung: pp030 – Produktionsbüro Heike Praetor, Berlin
Satz: Beltz Bad Langensalza GmbH, Bad Langensalza
Druck und Bindung: Strauss GmbH, Mörlenbach

Printed in the Federal Republic of Germany.
Gedruckt auf säurefreiem Papier.

Print ISBN: 978-3-433-03029-5
ePDF ISBN: 978-3-433-60373-4
ePub ISBN: 978-3-433-60374-1
eMobi ISBN: 978-3-433-60372-7
oBook ISBN: 978-3-433-60371-0

Vorwort

Der bauliche Schallschutz zählt bei Befragungen von Bauherren zu denjenigen Eigenschaften des eigenen Hauses oder der eigenen Wohnung, bei denen man am wenigsten sparen möchte. Über Jahrzehnte hinweg hat der Schallschutz im Hochbau ein Schattendasein im Bauwesen geführt, da das öffentliche Interesse nahezu ausschließlich dem Wärmeschutz im Hochbau galt. Der Grund hierfür waren volkswirtschaftliche Aspekte. 1973 führte die erste Energiekrise sogar kurzfristig zur Sperrung der Autobahnen an Sonntagen und zur Einschränkung des Individualverkehrs während der Woche. In den nachfolgenden Jahren reagierte die Politik mit einer durchschnittlich alle vier Jahre erfolgenden Verschärfung des Wärmeschutzniveaus im Hochbau durch „Ergänzende Bestimmungen zur DIN 4108" (1975), drei Wärmeschutzverordnungen und fünf Energieeinsparverordnungen. Die Anforderungen an den Schallschutz sind in dieser Zeit (mit Ausnahme des Trittschallschutzes) nicht gestiegen und seit 1944 praktisch unverändert. Dem gegenüber steht die von Jahr zu Jahr wachsende Unzufriedenheit der Käufer, Besitzer und Mieter von Wohneigentum über einen Mindestschallschutz auf Nachkriegsniveau. Dem steigenden Ruhebedürfnis der Bevölkerung wird in Deutschland derzeit nicht Rechnung getragen.

Seit Jahren weist das Umweltbundesamt (UBA) darauf hin, dass Lärm das am stärksten unterschätzte Umweltproblem in Deutschland ist. Nach Umfragen des UBA fühlen sich 55 % der Deutschen durch Straßenlärm belästigt, über 25 % der Bevölkerung beklagen Belastungen aus mehreren Ursachen. Erstmalig bezifferten Volkswirte auf der Basis medizinischer Untersuchungen den volkswirtschaftlichen Schaden durch Lärm im Milliardenbereich. Soziologen prognostizieren soziale Verwerfungen in den vom Fluglärm am stärksten betroffenen Städten und Gemeinden durch Wegzug der „Besserverdienenden" und auf Kirchendächern konnten 2012 die im Anflug befindlichen Luftreisenden Parolen gegen den Fluglärm lesen.

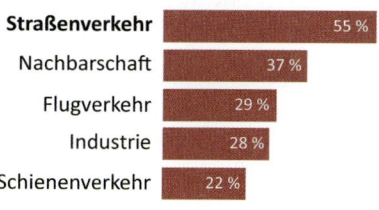

Lästiger Lärm
Wodurch sich die Deutschen am meisten gestört fühlen

- Straßenverkehr 55 %
- Nachbarschaft 37 %
- Flugverkehr 29 %
- Industrie 28 %
- Schienenverkehr 22 %

Quelle: Umweltbundesamt 2010

Im Internet wächst ständig das Interesse an lärmbezogenen Themen. Seit 2008, als ca. 80.000 „Google-Treffer" zu Aktionstagen gegen den Lärm registriert wurden, ist mit jährlich wachsenden Zuwachsraten bis 2012 eine Steigerung auf über 400.000 Treffer zu verzeichnen. Auf der anderen Seite berichtet die Bauindustrie darüber, dass bis zum Jahr 2017 825.000 Mietwohnungen gebaut werden müssen, vorrangig jeweils im 200-km-Radius um München, Frankfurt und Hamburg, bei deren Planung und Ausführung gemäß dem Schallschutz sicherlich eine höhere Bedeutung zukommen wird, als dies noch in den 1960er und 1970er Jahren gegeben war. Die Statistik von Messungen des Schallschutzes in ausgeführten Wohnungen zeigt seit Jahren, dass die seit 1989 geltenden Mindestanforderungen an den Schallschutz im Hochbau in mehr als 60 % deutlich überschritten werden, und zwar sowohl in Deutschland als auch in unseren Nachbarländern.

Die Geschossdecken erreichen bewertete Schalldämmmaße (ohne jegliche Mehrkosten!) von $R'_w \geq 60$ dB und bewertete Normtrittschallpegel unter $L'_{n,w} = 45$ dB, praktisch ohne jegliche planerische und bauausführungstechnische Schwierigkeit.

Die Normungsarbeit zur DIN 4109 „Schallschutz im Hochbau" trägt jedoch allen diesen Fakten nicht Rechnung. Weder die von den Betroffenen seit Jahrzehnten erwartete Anhebung der schalltechnischen Mindestanforderungen noch ein plausibles und praktikables Nachweisverfahren, welches auch dem nur gelegentlich mit Schallschutzproblemen befassten Planer sofort zugänglich ist, wurde der Öffentlichkeit vorgelegt. Hier muss man wissen, dass ca. 15.000 Architekten und Ingenieure sich bei den zuständigen Ingenieur- oder Architektenkammern der Länder für die Aufstellung von Schallschutznachweisen zertifizieren ließen und somit berechtigt sind, derartige Nachweise aufzustellen (leider ist das Qualifizierungsniveau dieser Nachweisberechtigten erschreckend niedrig, wie die Autoren aus ihrer Tätigkeit in Eintragungsausschüssen wissen).

Das vorliegende Buch soll dabei helfen, die geschilderten Unzulänglichkeiten zumindest teilweise auszugleichen. Das nach Auffassung Vieler geradezu anachronistische Medium „Buch" haben die Autoren deshalb gewählt, weil das Internet leider keine Alternativen bietet. Sucht man beispielsweise „Schallschutz" im Internet, bekommt man diverse Schaumstoffplatten angeboten, findet Hinweise auf die einschlägigen Herstellerfirmen und unzählige Portale, die sich mit Fragen von (Selbsthilfe-) Bauherren zu einzelnen Themen befassen und denen zu diesen Fragen dann gegebene Antworten mitteilungsbedürftiger, gleichwohl unkundiger anderer Selbsthilfe-Bauherren folgen. Selbst die Informationen der Hersteller im Internet zu ihren Produkten sind aus schalltechnischer Sicht unbefriedigend und zum Teil falsch, da sie überwiegend Marketingaspekte abdecken.

Mit dem vorliegenden Buch sollen deshalb Architekten und Ingenieure, aber auch Studenten und Bauherren einen lieferunabhängigen praxisbezogenen Überblick über die angesprochenen Themenkreise des Schallschutzes im Hochbau erhalten und durch die zahlreichen Literaturnachweise Hinweise zu weitergehenden Recherchen bekommen.

Die Autoren

Wolfgang Moll,
Annika Moll
Schallschutz im Wohnungsbau
Gütekriterien, Möglichkeiten, Konstruktionen
2011. 138 S.
€ 59,–*
ISBN 978-3-433-02936-7
Auch als ebook erhältlich

Schallschutz im Wohnungsbau

Das Buch beantwortet die Fragen nach dem erwünschten, erforderlichen oder geschuldeten Schallschutz und nach den Möglichkeiten der Schalldämmung. Ein Praxisbuch für Architekten und Ingenieure, für die Wohnungswirtschaft, für Mieter und Eigentümer, sowie für Juristen im Baurecht.

Online Bestellung: www.ernst-und-sohn.de

Ernst & Sohn
Verlag für Architektur und technische
Wissenschaften GmbH & Co. KG

Kundenservice: Wiley-VCH
Boschstraße 12
D-69469 Weinheim

Tel. +49 (0)6201 606-400
Fax +49 (0)6201 606-184
service@wiley-vch.de

Der €-Preis gilt ausschließlich für Deutschland. Inkl. MwSt. zzgl. Versandkosten. Irrtum und Änderungen vorbehalten. 1058106_dp

Inhaltsverzeichnis

1	**Einleitung**	1
1.1	**Zur Situation**	1
1.2	**Zum Inhalt**	3
2	**Anforderungen**	5
2.1	**Geschichtliche Entwicklung**	5
2.1.1	Vorgeschichte	5
2.1.2	Die Entwicklung der DIN 4109 „Schallschutz im Hochbau"	5
2.2	**DIN 4109 „Schallschutz im Hochbau" 11/1989 [21]**	8
2.3	**E DIN 4109 „Schallschutz im Hochbau", September 2013**	16
2.3.1	Anforderungen in Mehrfamilienhäusern und gemischtgenutzten Gebäuden	16
2.3.2	Einfamilien-Reihenhäuser und Doppelhäuser	19
2.3.3	Hotels und Beherbergungsstätten	20
2.3.4	Krankenhäuser und Sanatorien	20
2.3.5	Schulen und vergleichbare Einrichtungen	24
2.3.6	Schallschutz gegenüber Außenlärm	24
2.3.7	Schallschutz zwischen besonders lauten und schutzbedürftigen Räumen	26
2.3.8	Geräusche haustechnischer Anlagen	28
2.4	**VDI 4100 „Schallschutz im Hochbau – Wohnungen"**	30
2.5	**Sonstige Anforderungen**	32
2.5.1	Verwaltungsgebäude	32
2.5.2	Hotels	34
2.6	**Schalltechnische Anforderungen in Nachbarländern**	36
3	**Bauakustische Grundlagen**	37
3.1	**Luftschalldämmung**	37
3.1.1	Begriffsbestimmungen	37
3.1.1.1	Schallpegeldifferenz	37
3.1.1.2	Schalldämmmaß	38
3.1.1.3	Standard-Schallpegeldifferenz	39
3.1.1.4	Flankenübertragung, Schalllängsdämmung	40
3.1.2	Einflüsse auf die Schalldämmung	41
3.1.2.1	Einschalige Bauteile	41
3.1.2.2	Zweischalige Bauteile	46
3.1.3	Drei- und mehrschalige Bauteile	52

3.1.4	Schalldämmung zusammengesetzter Bauteile	52
3.1.4.1	Anwendung	52
3.1.4.2	Zusammengesetzte Bauteile mit unterschiedlicher Dämmung und unterschiedlicher Bezugsfläche	52
3.1.4.3	Resultierendes Schalldämmmaß bei unterschiedlicher Dämmung, jedoch gleicher Bezugsfläche	54
3.1.4.4	Berechnung mit der Norm-Schallpegeldifferenz $D_{n,w}$	55
3.1.5	Schalllängsdämmung	56
3.1.5.1	Monolithische Massivbauteile	56
3.1.5.2	Durchlaufende leichte Bauteile	57
3.2	**Trittschalldämmung**	**58**
3.2.1	Begriffsbestimmungen	58
3.2.1.1	Norm-Trittschallpegel	58
3.2.1.2	Standard-Trittschallpegel L'_{nT}	59
3.2.1.3	Trittschallminderung	60
3.2.1.4	Flankenübertragung	61
3.2.2	Einflüsse auf die Trittschalldämmung	62
3.2.2.1	Rohdecke	62
3.2.2.2	Estrich und Bodenbelag	65
3.2.3	Große Distanzen bei der Trittschallübertragung	66
3.2.3.1	Horizontale große Distanzen	66
3.2.3.2	Vertikale große Distanzen	68
3.3	**Körperschall**	**70**
3.3.1	Körperschallentstehung	70
3.3.2	Körperschallausbreitung in Bauwerken	70
3.3.3	Körperschallabstrahlung	71
3.3.4	Körperschallschutz	71
3.3.4.1	Einsatz lärmarmer Anlagentechnik	71
3.3.4.2	Maßnahmen bei der Einleitung in die Baukonstruktion	72
3.3.4.3	Erhöhung der Ausbreitungsdämpfung	72
3.3.4.4	Verringerung der Körperschallabstrahlung	72
3.3.4.5	Baulicher Körperschallschutz und „lärmarme" Anlagentechnik bei haustechnischen Anlagen	73
4	**Konstruktionen**	**75**
4.1	**Decken**	**75**
4.1.1	Massivdecken	75
4.1.1.1	Massive Rohdecken	75
4.1.1.2	Massivdecken mit konventionellem schwimmendem Estrich	77
4.1.1.3	Massivdecken mit Trockenestrichen	79
4.1.1.4	Massivdecken mit Estrichen auf Trennlage und gehweichen Belägen	80
4.1.1.5	Massivdecken mit Systemböden	81
4.1.1.6	Massivdecken mit abgehängten Unterdecken	81

4.1.1.7	Schalllängsdämmung von Massivdecken	81
4.1.1.8	Orientierende Werte der Trittschallminderung	81
4.1.2	Holzbalkendecken	83
4.1.2.1	Geschichtlicher Kontext und historische Holzbalkendecken	83
4.1.2.2	Trittschalldämmung	84
4.1.2.3	Luftschalldämmung	93
4.1.3	Holz-Beton-Verbunddecken	95
4.1.3.1	Allgemeines	95
4.1.3.2	Neubaudecken	95
4.1.3.3	Altbaudecken	96
4.2	**Trittschallschutz von Treppenkonstruktionen**	**97**
4.2.1	Unterscheidung nach Art der Treppenkonstruktion	97
4.2.1.1	Massivtreppen	97
4.2.1.2	Leichtbautreppen	97
4.2.2	Berechnung des zu erwartenden Norm-Trittschallpegels von Treppenkonstruktionen	98
4.2.2.1	Massivtreppen	98
4.2.2.2	Leichtbautreppen	100
4.2.3	Planung und Ausführung von Treppenkonstruktionen	101
4.2.3.1	Räumliche Lage	101
4.2.3.2	Luftschalldämmung der Treppenraumwand	102
4.2.3.3	Befestigungsvarianten Massivtreppen	102
4.2.3.4	Befestigungsvarianten Leichtbautreppen	105
4.2.4	Tieffrequente Geräuschübertragung bei Leichtbautreppen	107
4.3	**Wände**	**108**
4.3.1	Einschalige Wände	108
4.3.1.1	Schwere Massivwände	108
4.3.1.2	Leichte Massivwände mit Koinzidenzeinfluss	109
4.3.2	Zweischalige Wände	110
4.3.2.1	Biegesteife, schwere, zweischalige Wände	110
4.3.3	Zweischalige Leichtwände	117
4.3.3.1	Metallständerwände	117
4.3.3.2	Holzständerwände	128
4.3.3.3	Umsetzbare Montagewände	129
4.3.3.4	Mobilwände (öffenbare Wände)	134
4.3.3.5	Fassadenanschlussschotten	136
4.3.3.6	Wände mit Vorsatzschalen	138
4.4	**Dächer**	**145**
4.4.1	Geneigte Dächer mit Zwischensparrendämmung	145
4.4.1.1	Allgemeines	145
4.4.1.2	Einfluss der Dämmstoffqualität	145
4.4.1.3	Einfluss der Dämmstoffdicke	147
4.4.1.4	Einfluss der raumseitigen Beplankung	148

4.4.1.5	Einfluss der Dacheindeckung und der Unterdeckung bei Dächern mit Unterdeckbahnen	149
4.4.1.6	Einfluss von Unterdeckungen aus Holzweichfaserplatten und geschlossenen Schalungen	150
4.4.1.7	Einfluss von Federschienen bei Dächern mit Unterdeckbahnen	151
4.4.1.8	Einfluss von Federschienen bei Dächern mit Unterdeckung aus Holzweichfaserplatten	152
4.4.1.9	Einfluss der Zwischensparrendämmung	154
4.4.1.10	Konstruktionen mit Zinkblech-Eindeckung	155
4.4.2	Geneigte Dächer mit Aufsparrendämmung	156
4.4.2.1	Vergleich der Schalldämmung von Dächern mit Aufsparrendämmung und Dächern mit Zwischensparrendämmung	156
4.4.2.2	Einfluss der Beschwerung für Dächer mit Aufsparrendämmung	157
4.4.2.3	Verschraubung der Traglattung am Sparren	158
4.4.2.4	Zur bauakustischen Qualität verschiedener Dämmstoffe	159
4.4.2.5	Zunahme der Schalldämmung mit zunehmender Dicke der Dämmschicht	161
4.4.2.6	Abschätzung der Schalldämmung von Dächern mit Aufsparrendämmung (Mineralfaser- und Holzweichfaserplatten)	162
4.4.3	Dächer mit Auf- und Zwischensparrendämmung	162
4.4.4	Geneigte Dächer mit raumseitig verputzter HWL-Platte („Altdach"-Varianten)	164
4.4.5	Geneigte Massivdächer	167
4.4.6	Dachflächenfenster	170
4.4.6.1	Einflussparameter auf die Schalldämmung von Dachflächenfenstern	170
4.4.6.2	Einfluss der Fenstergröße auf die Schalldämmung	171
4.4.6.3	Einfluss der Verglasung auf die Schalldämmung	171
4.4.7	Leichte Hallendächer und Industriedächer	172
4.4.7.1	Allgemeines	172
4.4.7.2	Stahlleichtdächer	173
4.4.7.3	Sonstige Leichtdächer	176
4.4.7.4	Besonderheiten bei leichten Dächern	179
4.4.8	Oberlichter, Glasdächer, Lichtkuppeln (Dachflächenfenster in geneigten Dächern siehe 4.4.6)	183
4.4.8.1	Allgemeines	183
4.4.8.2	Oberlichter, Glasdächer	183
4.4.8.3	Lichtkuppeln	184
4.4.8.4	RWA-Anlagen (Rauch- und Wärmeabzugsanlagen)	186
4.5	**Innentüren**	**188**
4.5.1	Allgemeines	188
4.5.2	Anforderungen	188
4.5.3	Schalldämmung im Labor	188
4.5.4	Einfluss der Komponenten auf den Schallschutz	191
4.5.4.1	Türblätter	191

4.5.4.2	Zargendichtungen, Rohbauanschluss	191
4.5.4.3	Zargen	193
4.5.4.4	Bodendichtung	194
4.5.4.5	Oberlichter, Seitenlichter	197
4.5.4.6	Große Türelemente	197
4.5.5	Schalldämmende Glastüren	198
4.5.6	Übersicht	199
4.5.7	Türen in Montagewandsystemen	200
4.6	**Abgehängte Unterdecken**	**204**
4.6.1	Allgemeines	204
4.6.2	Schalllängsdämmung	205
4.6.2.1	Bestimmung der Norm-Flankenpegeldifferenz $D_{n,f}$ im Prüfstand	205
4.6.2.2	Konstruktive Einflüsse auf die Schalllängsdämmung	206
4.6.3	Verbesserung des Schallschutzes durch abgehängte Unterdecken	211
4.6.3.1	Luftschalldämmung	211
4.6.3.2	Trittschalldämmung	211
4.6.4	Luftschalldämmung im einfachen Durchgang	212
4.7	**Systemböden**	**216**
4.7.1	Allgemeines	216
4.7.2	Doppelböden	217
4.7.2.1	Schalllängsdämmung	217
4.7.2.2	Norm-Flankentrittschallpegel	220
4.7.2.3	Vertikaler schalltechnischer Einfluss von Doppelböden	222
4.7.2.4	Schalldämmung von Doppelböden (im einfachen Durchgang)	225
4.7.2.5	Schallabsorption spezieller Doppelböden	225
4.7.2.6	Gehgeräusche auf Doppelböden	226
4.7.2.7	Schalltechnische Mängel bei Doppelbodenkonstruktionen	226
4.7.3	Hohlböden	228
4.7.3.1	Zur Messung im Labor	228
4.7.3.2	Norm-Flankenpegeldifferenz $D_{n,f}$	228
4.7.3.3	Norm-Flankentrittschallpegel $L_{n,f}$	229
4.7.3.4	Vertikale Einflüsse von Hohlböden	231
4.7.3.5	Akustische Mängel im Zusammenhang mit Hohlböden	233
4.8	**Fertigbäder (Sanitärzellen)**	**237**
4.8.1	Allgemeines	237
4.8.1.1	Beschreibung	237
4.8.1.2	Zum schalltechnischen Nachweis	237
4.8.2	Luftschalldämmung	239
4.8.2.1	Luftschalldämmung zwischen nebeneinander stehenden Zellen	239
4.8.2.2	Schalldämmung Fertigbad zum Flur sowie zum „eigenen" Zimmer	240
4.8.2.3	Vertikale Luftschalldämmung	241
4.8.3	Trittschalldämmung	241
4.8.3.1	Trittschallminderung	241
4.8.3.2	Ausführungsmängel	243

4.8.3.3	Trittschallschutz kompletter Systeme	244
4.8.3.4	Geräusche haustechnischer Anlagen	245
4.9	**Fenster und Fassaden**	**246**
4.9.1	Einleitung	246
4.9.2	Einflüsse auf die Schalldämmung	246
4.9.2.1	Verglasung	246
4.9.2.2	Einbausituation	249
4.9.3	Konstruktionen	250
4.9.3.1	Fenster	250
4.9.3.2	Fassaden	254
4.9.3.3	Sonderfassaden	259
4.9.3.4	Besonderheiten beim Schallschutz von Fenstern und Fassaden	261
4.9.4	Geschlossene Fassaden	264
4.9.4.1	Wärmedämmverbundsysteme (WDVS)	264
4.9.4.2	Vorgehängte Fassaden	266
5	**Schalltechnische Messungen**	**271**
5.1	**Allgemeines**	**271**
5.2	**Nachweis der Güte der Ausführung („Güteprüfungen")**	**271**
5.2.1	Nach DIN 4109 „Schallschutz im Hochbau" [21]	271
5.2.2	Nach der neuen DIN 4109 [1]	271
5.3	**Prüfstellen**	**271**
5.4	**Messgeräte**	**273**
5.5	**Mikrofone**	**274**
5.6	**Mikrofonstative**	**275**
5.7	**Lautsprecher**	**275**
5.8	**Norm-Hammerwerk**	**277**
5.9	**Luftschalldämmung in Gebäuden und von Bauteilen**	**277**
5.9.1	Erzeugung des Schallfeldes im Senderaum	278
5.9.2	Bestimmung des mittleren Schalldruckpegels	278
5.9.3	Mittelungszeit	279
5.9.4	Frequenzbereich	279
5.9.5	Messung der Nachhallzeit und Berechnung der äquivalenten Schallabsorptionsfläche	280
5.9.6	Schalldämmmaß	280
5.9.7	Fläche des Trennbauteils	281
5.9.8	Ermittlung des bewerteten Schalldämmmaßes	282
5.9.9	Spektrum-Anpassungswerte	283
5.9.10	Darstellung der Ergebnisse	284

5.10	**Trittschalldämmung von Decken, Treppen usw. in Gebäuden**	284
5.10.1	Erzeugung des Schallfeldes im Senderaum	284
5.10.2	Bestimmung des Trittschallpegels	285
5.10.3	Norm-Trittschallpegel	285
5.10.4	Luftschallbeitrag des Norm-Hammerwerkes	285
5.10.5	Ermittlung des bewerteten Norm-Trittschallpegels	286
5.10.6	Spektrum-Anpassungswert	287
5.10.7	Angabe der Ergebnisse	288
5.11	**Haustechnische Anlagen**	288
5.11.1	Allgemeines	288
5.11.2	DIN 52 219	288
5.11.2.1	Zustand der Anlage	288
5.11.2.2	Messung des Schallpegels	289
5.11.2.3	Berücksichtigung der Schallabsorption	289
5.11.2.4	Bestimmung des Installationsschallpegels	289
5.11.3	DIN EN ISO 10 052 [76]	290
5.11.3.1	Allgemeines	290
5.11.3.2	Messung der Schalldruckpegel von haustechnischen Anlagen	290
5.11.3.3	Berücksichtigung der Schallabsorption	290
5.11.3.4	Betriebszyklen	291
5.12	**Fehler bei der Bestimmung der Messergebnisse**	291
5.12.1	Während der Messungen	291
5.12.2	Auswertung der Messergebnisse	292
5.13	**Leckagen bei der Messung der Luftschalldämmung**	292
5.13.1	Ortung	292
5.13.2	Typische Leckagen	293
5.14	**Messverfahren nach Entwurf DIN EN ISO 16 283-1**	293
5.14.1	Allgemeines	293
5.14.2	Personen in den zu untersuchenden Räumen	293
5.14.3	Ermittlung des Schalldämmmaßes pro Lautsprecherposition	293
5.14.4	Niederfrequenzmethode	293
5.15	**Messverfahren nach Entwurf DIN EN ISO 16 283-2**	294
6	**Nachweise des Schallschutzes**	295
6.1	**Allgemeines, Geschichtliches**	295
6.2	**Luftschalldämmung**	295
6.2.1	Direktschall und Flankenübertragung	295
6.2.2	Berechnungsprinzip nach E DIN 4109:2013 [1]	296
6.2.2.1	Berechnungsprinzip für den Massivbau	296
6.2.2.2	Berechnungsprinzip nach E DIN 4109:2013 für den Skelettbau	297
6.2.2.3	Berechnungsprinzip für leichte Massivfassaden	297

6.2.3	Beispielrechnungen nach alter Norm [22] und neuer Norm [1, 2]	299
6.2.3.1	Luftschalldämmung im Skelettbau	299
6.2.3.2	Luftschalldämmung im Massivbau, schwere Massivbauteile	301
6.2.3.3	Luftschalldämmung mit leichten Massivfassaden	303
6.2.3.4	Zweischalige Massivwände	307
6.3	**Trittschalldämmung**	**307**
6.3.1	Trittschalldämmung im Massivbau	307
6.3.2	Trittschalldämmung im Holzbau	308
6.3.2.1	Trittschalldämmung von Holzdecken mit flankierenden Holzwänden	308
6.3.2.2	Trittschalldämmung von Holzdecken mit flankierenden Massivwänden	309
6.3.3	Trittschalldämmung zwischen Gebäuden mit zweischaliger massiver Haustrennwand (Doppel- und Reihenhäuser)	309
6.3.4	Trittschalldämmung von Treppen	310
6.4	**Schallschutz gegen Außenlärm**	**310**
6.4.1	Allgemeines	310
6.4.2	Ermittlungen des maßgeblichen Außenlärmpegels	310
6.4.3	Ermittlung des erforderlichen resultierenden Schalldämmmaßes $R'_{w,ges}$	311
6.4.4	Ermittlung der erforderlichen Schalldämmung der Einzelbauteile	312
6.5	**Haustechnische Anlagen**	**313**
6.6	**Regelungen des Rechenverfahrens**	**313**
6.6.1	Vorhaltemaß contra Prognosestreuung	313
6.6.2	Numerische Genauigkeit der Berechnung	313
6.6.3	Benennung von Rechen- und Anforderungswerten	313
6.6.4	Die Bedeutung von Bemessungstabellen	314
6.6.5	Kritik an dem neuen Rechenverfahren	314
6.7	**Nachweis nach VDI 4100**	**315**
6.7.1	Nachweis nach der neuen DIN 4109 [1]	315
6.7.2	Nachweis nach der Methodik der DIN 4109 Beiblatt 1 [22]	315
6.7.2.1	Schallschutzstufe SSt II	315
6.7.2.2	Beispiel für ein Mehrparteienwohnhaus mit SSt III	316
6.8	**Sonstige Nachweise**	**317**
6.8.1	Verkehrswege-Schallschutzmaßnahmenverordnung (24. BImSchV) [113]	317
6.8.2	Schallschutzmaßnahmen gegen Fluglärm	320

Anhang 1 ABP-Prüfstellen 323

Anhang 2 VMPA-Prüfstellen 325

Literatur 337

Stichwortverzeichnis 347

1 Einleitung

1.1 Zur Situation

Der Schallschutz im Hochbau hat in den letzten Jahrzehnten in Mitteleuropa eine überaus positive Entwicklung genommen.

Im *Wohnungsbau* ist der Anteil der Wohnungen, in denen ein erhöhter Schallschutz (im Regelfall nach VDI 4100, Schallschutzstufe II) realisiert wurde, auf schätzungsweise über 40 % der ausgeführten Neubauten angestiegen, ohne dass die befürchteten Probleme mit den Bauunternehmungen eintraten. Nicht immer wurde jedoch der Nachweis nach VDI 4100 offiziell geführt, in vielen Fällen genügt dem Bauherren das Wissen, dass er auf „der sicheren Seite" liegt. Gleichzeitig sind die Wohnungen durchaus komfortabler geworden, was sich in größeren Räumen, intensiverer Installation, aber auch größeren Balkonen, Loggien, Terrassen etc. ausdrückt.

Im Komfortwohnungsbau kommen zunehmend komfortsteigernde Maßnahmen hinzu, wie Whirlpool's in den Bädern, schallgeschützte Freiräume (z. B. verglaste Loggien) oder Energiesparmaßnahmen, die ihrerseits wieder zu Schallschutzproblemen führen. Neue Trends bei den Anforderungen zum Schallschutz gegen Außenlärm fordern die Einhaltung von Innenpegeln (z. B. 30 dB(A)) bei „geöffneten" Fenstern, was spezielle Fensterkonstruktionen erforderlich macht.

Bei *Verwaltungsgebäuden* sind Systemböden (Doppel- und Hohlböden) mit ihren schalltechnischen Problemstellungen heute Standard. Die innerstädtische Lage der meisten Verwaltungsgebäude erfordert schalldämmende Fenster, im Regelfall in Kombination mit Klima- oder Lüftungsanlagen, oftmals aber auch in Verbindung mit (dezentralen) schallgedämpften Zuluftsystemen. Die von den Investoren geforderte Flexibilität der Grundrisse bei gleichzeitig differenzierter Festlegung der Schallschutzanforderungen in Abhängigkeit von der erforderlichen Vertraulichkeit macht es erforderlich, dass frühzeitig gemeinsam mit Planern und Bauherrschaft die notwendigen Festlegungen getroffen werden.

Im *Gesundheitswesen* führt der zunehmende Trend, auch in klassischen Krankenhäusern einzelne Abteilungen mit Belegärzten zu betreiben, die dann höhere Schallschutzanforderungen stellen, in Verbindung mit der hier gewünschten Flexibilität der Grundrisse zu zusätzlichen Planungsaufwendungen. In Gesundheitszentren werden Praxen neben Handwerksbetrieben (z. B. lärmintensiven Orthopädiewerkstätten oder Fitnesszentren mit medizinischer Abteilung) oder Apotheken angeordnet. In HNO-Abteilungen mit Audiometrie oder in Abteilungen mit Schlaflabors sind differenzierte Nachweise zur Erfüllung der medizinisch definierten Anforderungen erforderlich.

Hochschul- und Schulgebäude weisen ein sehr breites Spektrum bei den Schallschutzanforderungen auf; von Werten über 70 dB bei der Luftschalldämmung in Musikhochschulen bis zu Gebäuden (wie Laborgebäuden) wo aufgrund des hohen Betriebsgeräusches keine Anforderungen an die Luftschalldämmung der Raumtrennwände gestellt werden.

Sowohl in Verwaltungsgebäuden als auch bei Bauten des Gesundheitswesens dominieren heute Skelettbauten mit „leichtem" elementiertem Ausbau. Die vorliegende Literatur befasst sich jedoch vorrangig mit dem Massivbau, was nicht zuletzt daran liegt, dass in Bezug auf den Schallschutz im Hochbau in den letzten Jahren wenig Neues erschienen ist.

Auch die Nachweisverfahren der neuen DIN 4109 [1] befassen sich in epischer Breite mit dem Massivbau, insbesondere dem Mauerwerksbau, lassen im Bereich des elementierten Ausbaus jedoch erhebliche Lücken erkennen. Andererseits werden die (wenigen) Nachweise im Mauerwerksbau überwiegend von Tragwerksplanern aufgestellt, die mit der neuen Norm völlig überfordert sind.

Das Buch soll deshalb dazu beitragen, die Bandbreite der heute üblichen, für den Schallschutz relevanten Konstruktionen hinlänglich zu beschreiben und die für die Planung des Schallschutzes mit diesen Konstruktionen notwendigen Kenntnissen zu vermitteln. Guter Schallschutz kann wirtschaftlich und funktionsgerecht nur dann erreicht werden, wenn er sorgfältig geplant wird. Bereits in der Vorentwurfsphase ist deshalb die Abstimmung mit der Bauherrschaft und den Architekten erforderlich, welche Anforderungen zu stellen sind.

In der Entwurfsphase erfolgt dann sukzessive die Umsetzung in Konstruktionen mit vorläufigen, orientierenden Berechnungen, im Regelfall in Alternativen, um die wirtschaftlichste Lösung finden zu können.

Als Abschluss der Bauantragsunterlagen dient dann im Regelfall der förmliche Nachweis des Schallschutzes nach DIN 4109. Formal ist dieser nur für diejenigen Bauteile erforderlich, für die bauaufsichtliche Anforderungen bestehen, somit nicht für den Nachweis eines erhöhten Schallschutzes oder für den Nachweis des Schallschutzes nach zivilrechtlich festgelegten Anforderungen, z. B. innerhalb des Mietbereiches. Der „Nachweis nach DIN 4109" ist somit nur ein kleiner formeller Baustein bei der Planung des Schallschutzes. Während der Ausführungsplanung erfolgt dann schrittweise die Umsetzung der Vorgaben und die exakte ausschreibungsreife Festlegung der Konstruktionen, deren textliche Beschreibung und zeichnerische Darstellung für die Ausschreibung anschließend erfolgt.

Die öffentlich bestellten und vereidigten Sachverständigen für Schallschutz sind hier einer Meinung, dass von den Planungsfehlern, die vor deutschen Gerichten in Bezug auf den Schallschutz verhandelt werden, der größte Teil in der Ausführungsplanungs- und Vergabephase zu verzeichnen ist.

Letztlich verbleibt die sorgfältige Überwachung der Bauausführung in Bezug auf die schalltechnisch korrekte Ausführung der Konstruktionen. Auch hierzu werden im vorliegenden Buch Hinweise gegeben.

1.2 Zum Inhalt

Die Einleitung dieses Buches erfolgt mit der Darstellung der Interpretation der schalltechnischen Anforderungen. Neben der Darstellung der bauaufsichtlich geschuldeten („gesetzmäßigen") Anforderungen sind auch die Vorschläge für einen erhöhten Schallschutz sowie Anforderungen aus speziellen Rechtsverordnungen dargestellt und bewertet. Ein kurzer Überblick über die Anforderungen in den Nachbarländern wird gegeben.

Nachfolgend werden die bauakustischen Grundlagen für die Luft- und Trittschalldämmung der wichtigsten schalltechnischen Konstruktionsprinzipien dargelegt, unter dem besonderen Aspekt der Baupraxis.

Auf die Darstellung theoretischer Zusammenhänge, die nur von geringer baupraktischer Relevanz sind, wurde verzichtet. Für den hier näher Interessierten können die umfangreichen Literaturverweise hilfreich sein.

Der größte Teil des vorliegenden Buches ist der Darstellung der Konstruktionen, insbesondere der verschiedenen Deckenkonstruktionen, Wandkonstruktionen und Konstruktionen des elementierten Ausbaus gewidmet. Zum elementierten Ausbau zählen Gipskartonständerwände, Mobil- und Montagewände, Doppelböden, Hohlböden, Fenster, Türen etc..

Ein weiteres Kapitel befasst sich mit der messtechnischen Erfassung der schalltechnischen Parameter, insbesondere mit der messtechnischen Bestimmung der Luftschalldämmung und der Trittschalldämmung. Der Planer muss unbedingt wissen, dass (etwa im Gegensatz zur Tragwerksplanung oder zum Brandschutz, wo dies natürlich nicht möglich ist) beim Schallschutz die (stichprobenartige) messtechnische Prüfung der fertigen betriebsbereiten Konstruktion erfolgen sollte, um die korrekte Abnahme nach VOB in Bezug auf die zugesicherten schalltechnischen Eigenschaften zu ermöglichen. Zum anderen jedoch auch, um im Falle von mangelhaftem Schallschutz die Ursachen der Mängel zu ermitteln und Maßnahmen zur Abstellung der Mängel beschreiben zu können. Auch der Aspekt der Beweissicherung ist durch die Messungen gegeben, im Falle des Zusammenwirkens mehrerer Ausführungsfehler bei Problemen unzureichenden Schallschutzes kann die Messung auch der Quotelung des Schadenersatzes oder der Mängelbeseitigungskosten dienen.

Es folgt der Abschnitt des Nachweises des Schallschutzes nach der neuen DIN 4109 mit kritischen Anmerkungen, da die neue DIN 4109 nach über 25 Jahren der Überarbeitung in keiner Weise die Erwartungen erfüllt hat. Ebenso wie bei der DIN 4109 von 1989, die bis zum letzten Jahr galt, werden auch bei der neuen DIN 4109 ein großer Teil der fachlich qualifizierten Einsprüche nicht ordnungsgemäß abgearbeitet.

Ein umfangreiches Literaturverzeichnis und ein Stichwortverzeichnis runden die Darstellung des vorliegenden Buches ab.

2 Anforderungen

2.1 Geschichtliche Entwicklung

2.1.1 Vorgeschichte

In den 1930er Jahren des letzten Jahrhunderts existierten in Deutschland zunächst noch keine zentralen Vorschriften zum Schallschutz in Bezug auf das Baurecht. Zum Beispiel konnte man in der Bauordnung des Regierungsbezirks Köln [11] von 1932 lediglich folgendes zu Wohnungstrennwänden finden:

D   Scheidewände

Die Scheidewände, die verschiedene Wohnungen desselben Geschosses voneinander trennen, müssen mindestens ½ Stein stark und in der Regel feuerbeständig hergestellt sein, jedoch sind auch Wände aus doppelten Gips- oder Zementdielen, doppelten Schlackenbetonplatten und dergleichen, mit ausgefülltem Zwischenraum (Koksasche, Torfmull) in gleicher Stärke zulässig.

Zum Glück waren die meisten Wohnungstrennwände jedoch auch Brandmauern, die mindestens 25 cm dick sein mussten!

1938 erschien die DIN 4110 „Technische Bestimmungen für Zulassung neuer Bauweisen" [12], die für Wohnungstrennwände eine Mindestdicke von 25 cm und eine Flächenmasse von 450 kg/m^2 forderte.

Anhand erster schalltechnischer Messungen, die an derartigen Wänden seit Mitte der 1930er Jahre durchgeführt worden waren, haben sich dann in dieser Zeit einige Akustiker in Berlin zusammengesetzt und ihre Kurven miteinander verglichen. Mit genialer Vereinfachung wurde in die Kurven dann eine abstrakte Kurve eingezeichnet (im unteren Bereich der Streuung), die uns heute noch als Bezugskurve vertraut ist. Die Bezugskurve ergab eine arithmetisch über die einzelnen Terzwerte gemittelte Zahl von 50 dB, die man später Schalldämmmaß und noch später mittleres Schalldämmmaß nannte.

2.1.2 Die Entwicklung der DIN 4109 „Schallschutz im Hochbau"

1944, mitten im Krieg und somit von vornherein praktisch zur Bedeutungslosigkeit verurteilt, erschien dann die erste DIN 4109 „Richtlinien für den Schallschutz im Hochbau" [13]. Dem nach dem Krieg einsetzenden Wildwuchs in Bezug auf den Schallschutz, der insbesondere durch die notwendige Verwendung von Trümmerschutt-Hohlblocksteinen für Wohnungstrennwände entstand, versuchte man 1952, mit relativ geringer Wirkung, durch ein Beiblatt zur DIN 4109 [14] sowie durch ergänzende Normen und Bestimmungen beizukommen. Durch fehlende Bauaufsicht entstanden dann noch bis Ende der 1950er Jahre Gebäude, die noch heute gelegentlich schalltechnisch saniert werden müssen.

Erst ab der Vorlage der neuen DIN 4109 im Jahr 1962 (Blätter 1 bis 4) sowie Blatt 5 zur DIN 4109 (1963), die dann bis Ende 1990 gültig blieb, entstand dann ein schalltechnisches Zahlenwerk mit auch heute noch respektabler Vollständigkeit und Praxisbezogenheit [15].

Die in der Norm enthaltenen Vorschläge für einen erhöhten Schallschutz wurden bereits damals bei öffentlichen Wohnungsbauten häufig realisiert und es gab von den Oberfinanzdirektionen mehrerer Bundesländer hierzu Förderungen. Die Förderungen waren jedoch gekoppelt an die messtechnische Abnahme, für die jeweils die Messungen mehrerer Wohnungstrennwände und mehrerer Wohnungstrenndecken (letztere sowohl luft- als auch trittschalltechnisch) für jedes größere Wohnungsbauvorhaben den Prüfstellen insbesondere in Nordrhein-Westfalen Arbeit verschaffte. Bereits damals waren diese Messungen den amtlich anerkannten Güteprüfstellen für den Schallschutz im Hochbau (heute zertifizierte Prüfstellen im Verzeichnis des VMPA) vorbehalten.

1963 wurde durch ergänzende Bestimmungen der bis dahin mit $L_A = 30$ dB(A) (L = 30 DIN-phon) definierte Geräuschpegel von Wasserinstallationen auf $L_A = 35$ dB(A) angehoben, da erste (wenngleich auch fachlich nicht begründete) Versuche einer Industrielobby, sich Sondervorteile zu Lasten der Bevölkerung zu beschaffen, zum Erfolg führten [16].

Um neu entwickelte pädagogische Konzepte, die z. B. den Einsatz variabler Wände zwischen Klassenräumen forderten, zu ermöglichen, wurden die Anforderungen an den Schallschutz im Schulbau durch ergänzende Bestimmungen zur DIN 4109 „Schallschutz bei Schulen" gesenkt und durch die Einführungserlasse der Länder verbindlich, z. B. in Hessen 1976 [17]. Durch die seit Mitte der 1960er Jahre verstärkte Motorisierung der Deutschen wurde spätestens Anfang der 1970er Jahre die Notwendigkeit einer Anforderung zum Schallschutz gegenüber Außenlärm notwendig, die durch eine „Richtlinie für bauliche Maßnahmen zum Schutz gegenüber Außenlärm" geregelt wurde, die als ergänzende Bestimmung zur DIN 4109 im Jahr 1975 herausgegeben wurde [18].

Im Prinzip sind die damals festgelegten praxisgerechten Regelungen noch heute Bestandteil der DIN 4109. Durch die erhöhte Wohndichte, den wachsenden Anteil der Jugendlichen an der Gesamtbevölkerung sowie in Folge des allgemein verbesserten Wohlstandes (Fernseher, HiFi-Anlagen etc.) wurde der Wunsch nach höherem Schallschutz deutlich und durch zahlreiche Veröffentlichungen auch substantiiert. Durch die Energiekrise 1973 wurde jedoch der Fokus der Öffentlichkeit zunächst auf den Wärmeschutz gelenkt, so dass erst 1979 der Entwurf der DIN 4109 „Schallschutz im Hochbau" [19] neu erschien.

Unter Fachleuten gilt dieser unter dem Obmann Prof. *Karl Gösele* erarbeitete Entwurf als „die beste DIN 4109 aller Zeiten" (wobei leider auch die neue DIN 4109 hier eingeschlossen werden muss). Der Entwurf sah die Anhebung der wesentlichen Anforderungen vor und berücksichtigte auch die seit 1962 hinzugekommenen neuen Bauweisen und deren schalltechnischen Nachweis in praktikabler Form. Insbesondere die Anhebung der Anforderungen stieß jedoch auf den Widerstand der Bauindustrie, so dass 1984 ein neuerer Entwurf mit wiederum reduzierten Anforderungen (mit

Ausnahme des Trittschallschutzes) erschien [20]. Danach begann das traurigste Kapitel bei der Normung des Schallschutzes. Die Einspruchsverfahren zur Norm wurden nicht zeitnah, sondern erst 1987 durchgeführt, der größte Teil der Einsprüche wurde überhaupt nicht abgehandelt. Zur Verblüffung aller erschien dann 1989 nicht etwa ein Weißdruck des Entwurfes 1984, sondern eine völlig anders gegliederte Norm mit neuen Inhalten (die somit nicht durch das Einspruchsverfahren gegangen waren) und fachlichen Fehlern, die im Einspruchsverfahren nicht behandelt worden waren (auch die neue E DIN 4109-2014 zeigt zum Teil noch die gleichen fachlichen Fehler wie 1984).

2.2 DIN 4109 „Schallschutz im Hochbau" 11/1989 [21]

Die im November 1989 erschienene Neufassung wurde durch Einführungserlass (durch die Deutsche Einheit zeitlich etwas verzögert) für Bauanträge nach dem 01.01.1991 in allen Bundesländern einschließlich des Beiblattes 1 [22] rechtsverbindlich eingeführt. Beiblatt 2 [23] wurde dagegen nicht bauaufsichtlich eingeführt. Bis dahin galt die 1962er Fassung! Noch 1995 legten Investoren Wert darauf, dass die alte Norm realisiert wurde (von der neuen Norm erwartete man fälschlicherweise Mehrkosten), wenn der Bauantrag noch 1990 gestellt wurde. Die Kenntnis der Anforderungen der DIN 4109-89 ist insofern wichtig, als bis 2015 deren Anforderungen verbindlich waren und sicherlich noch bis 2020 Bauten aus dem Rechtsstand dieser Norm entstehen. Tabelle 2.2-1 zeigt für *Geschosshäuser mit Wohn- und Arbeitsräumen* eine verkürzte Fassung der Tabelle 3 aus DIN 4109. Die umfangreichen Fußnoten wurden weggelassen, hierzu wird auf die Norm verwiesen.

Tabelle 2.2-1 Erforderliche Luft- und Trittschalldämmung zum Schutz gegen Schallübertragung aus einem fremden Wohn- und Arbeitsbereich nach Tabelle 3 aus DIN 4109:1989, Fußnoten siehe dort

Bauteile		Anforderungen	
		erf. R'_w dB	erf. $L'_{n,w}$ dB
1 Geschosshäuser mit Wohnungen und Arbeitsräumen			
Decken	Decken unter allgemein nutzbaren Dachräumen, z. B. Trockenböden, Abstellräumen und ihren Zugängen	53	53
	Wohnungstrenndecken (auch -treppen) und Decken zwischen fremden Arbeitsräumen bzw. vergleichbaren Nutzungseinheiten	54	53
	Decken über Kellern, Hausfluren, Treppenräumen unter Aufenthaltsräumen	52	53
	Decken über Durchfahrten, Einfahrt von Sammelgaragen und ähnliches unter Aufenthaltsräumen	55	53
	Decken unter/über Spiel- oder ähnlichen Gemeinschaftsräumen	55	46
	Decken unter Terrassen und Loggien über Aufenthaltsräumen	–	53
	Decken unter Laubengängen	–	53
	Decken und Treppen innerhalb von Wohnungen, die sich über zwei Geschosse erstrecken	–	53

2.2 DIN 4109 „Schallschutz im Hochbau" 11/1989 [21]

	Decken unter Bad und WC ohne/mit Bodenentwässerung	54	53
	Decken unter Hausfluren	–	53
Treppen	Treppenläufe und -podeste	–	58
Wände	Wohnungstrennwände und Wände zwischen fremden Arbeitsräumen	53	–
	Treppenraumwände und Wände neben Hausfluren	52	–
	Wände neben Durchfahrten, Einfahrten von Sammelgaragen u. ä.	55	–
	Wände von Spiel- oder ähnlichen Gemeinschaftsräumen	55	–
Türen	Türen, die von Hausfluren oder Treppenräumen in Flure und Dielen von Wohnungen und Wohnheimen oder von Arbeitsräumen führen	27	–
	Türen, die von Hausfluren oder Treppenräumen unmittelbar in Aufenthaltsräume – außer Flure und Dielen – von Wohnungen führen	37	–

Für *Einfamilien-, Doppel- und Einfamilien-Reihenhäuser* waren die 1989 eingeführten Mindestanforderungen von Anfang an in Bezug auf die Luftschalldämmung obsolet. Mit einem bewerteten Schalldämmmaß von erf. R'_w = 57 dB sollte die Verwendung von einschaligen Haustrennwänden ermöglicht werden, da damals die Politik preiswerte Reihenhäuser fördern wollte. Manchen sind die „Hollandhäuser" noch in Erinnerung, mit PVC-Böden, halbhoch billig gefliesten Bädern und geringen Zimmergrößen, die sich in Deutschland jedoch nicht vermarkten ließen. Tabelle 2.2-2 zeigt die Anforderungen nach Tabelle 3 DIN 4109:1989.

Tabelle 2.2-2 Luft- und Trittschalldämmung zum Schutz gegen Schallübertragung für Einfamilien-Doppel- und Einfamilien-Reihenhäuser nach Tabelle 3 DIN 4109:1989

	Bauteile	Anforderungen	
		erf. R'_w dB	erf. $L'_{n,w}$ dB
Decken	Decken	–	48
	Treppenläufe und -podeste und Decken unter Fluren	–	53
Wände	Haustrennwände	57	–

Die zu geringen Anforderungen an Reihenhaus-Trennwände haben die Wertschätzung gegenüber DIN 4109 untergraben. Mittlerweile wurde in vielen Gerichtsurteilen festgestellt, dass hierdurch nicht die allgemein anerkannten Regeln der Technik (a. a. R. d. T.) wiedergegeben werden und ein höheres Schallschutzniveau geschuldet ist.

Ebenso absurd waren die Anforderungen für *Beherbergungsstätten*, die bestenfalls für einfache Dorfgasthäuser ausreichend waren. Mit einem bewerteten Schalldämmmaß von erf. R'_w = 47 dB zwischen Hotelzimmern ist sicherlich in den letzten Jahrzehnten kein einziges deutsches Hotel gebaut worden. Tabelle 2.2-3 stellt die Inhalte nach Tabelle 3 DIN 4109:1989 dar.

Tabelle 2.2-3 Erforderliche Luft- und Trittschalldämmung zum Schutz gegen Schallübertragung für Beherbergungsstätten nach Tabelle 3, DIN 4109:1989 (Bemerkungen siehe Norm)

Bauteile		Anforderungen	
		erf. R'_w dB	erf. $L'_{n,w}$ dB
Decken	Decken	54	53
	Decken unter/über Schwimmbädern, Spiel- oder ähnlichen Gemeinschaftsräumen zum Schutz gegenüber Schlafräumen	55	46
	Treppenläufe und -podeste	–	58
	Decken unter Fluren	–	53
	Decken unter Bad und WC ohne/mit Bodenentwässerung	54	53
Wände	Wände zwischen – Übernachtungsräumen – Fluren und Übernachtungsräumen	47	–
Türen	Türen zwischen Fluren und Übernachtungsräumen	32	–

Dagegen sind die in Tabelle 2.2-4 dargestellten Anforderungen für Krankenhäuser nach wie vor noch aktuell. Bei Krankenhäusern ist im Übrigen auch fast immer ein beratender Ingenieur für Bauakustik eingeschaltet, der über die DIN 4109 hinausgehende, zivilrechtlich zu vereinbarende Anforderungen gemeinsam mit Nutzern und Investor abklärt, z. B. für Schlaflabors, Belegarzträume, Audiometrieräume etc.

Tabelle 2.2-4 zeigt wiederum den für Krankenhäuser geltenden Auszug nach Tabelle 3 DIN 4109:1989.

2.2 DIN 4109 „Schallschutz im Hochbau" 11/1989 [21]

Tabelle 2.2-4 Erforderliche Luft- und Trittschalldämmung zum Schutz gegen Schallübertragung in Krankenhäusern und Sanatorien, nach Tabelle 3, DIN 4109:1989

	Bauteile	Anforderungen	
		erf. R'_w dB	erf. $L'_{n,w}$ dB
Decken	Decken	54	53
	Decken unter/über Schwimmbädern, Spiel- oder ähnlichen Gemeinschaftsräumen	55	46
	Treppenläufe und -podeste	–	58
	Decken unter Fluren	–	53
	Decken unter Bad und WC ohne/mit Bodenentwässerung	54	53
Wände	Wände zwischen Krankenräumen	47	
	Fluren und Krankenräumen		
	Untersuchungs- bzw. Sprechzimmern		
	Fluren und Untersuchungs- bzw. Sprechzimmern		
	Krankenräumen und Arbeits- und Pflegeräumen		
	Wände zwischen Operations- bzw. Behandlungsräumen	42	
	Fluren und Operations- bzw. Behandlungsräumen		
	Wände zwischen Räumen der Intensivpflege	37	
	Fluren und Räumen der Intensivpflege		
Türen	Türen zwischen Untersuchungs- und Sprechzimmern	37	
	Fluren und Untersuchungs- und Sprechzimmern		
	Türen zwischen Fluren und Krankenräumen	32	
	Operations- bzw. Behandlungsräumen		
	Fluren und Operations- bzw. Behandlungsräumen		

Die Anforderungen aus Tabelle 3 DIN 4109:1989 für *Schulen* sind in Tabelle 2.2-5 dargestellt. Auch hier kann davon ausgegangen werden, dass bei Realisierung dieser Anforderungen ein zufriedenstellender Schulbetrieb möglich ist. Gewarnt werden muss jedoch vor der Anwendung bei Hochschulen, insbesondere die für „Musikräume in Schulen" ausreichende Schalldämmung von Decken und Wänden ist in Musikhochschulen etc. bei weitem nicht ausreichend.

Tabelle 2.2-5 Erforderliche Luft- und Trittschalldämmung zum Schutz gegen Schallübertragung in Schulen, nach Tabelle 3, DIN 4109:1989

	Bauteile	Anforderungen	
		erf. R'_w dB	erf. $L'_{n,w}$ dB
Decken	Decken zwischen Unterrichtsräumen oder ähnlichen Räumen	55	53
	Decken unter Fluren	–	53
	Decken zwischen Unterrichtsräumen oder ähnlichen Räumen und „besonders lauten" Räumen (z. B. Sporthallen, Musikräume, Werkräume)	55	46
Wände	Wände zwischen Unterrichtsräumen oder ähnlichen Räumen	47	–
	Wände zwischen Unterrichtsräumen oder ähnlichen Räumen und Fluren	47	–
	Wände zwischen Unterrichtsräumen oder ähnlichen Räumen und Treppenhäusern	52	–
	Wände zwischen Unterrichtsräumen oder ähnlichen Räumen und „besonders lauten" Räumen (z. B. Sporthallen, Musikräumen, Werkräumen)	55	–
Türen	Türen zwischen Unterrichtsräumen oder ähnlichen Räumen und Fluren	32	–

Die haustechnischen Anlagen dürfen die in Tabelle 4 DIN 4109 dargestellten zulässigen Schalldruckpegel in schutzbedürftigen Räumen nicht überschreiten.

Dies gilt nach Abs. 1, DIN 4109 nicht für Geräusche aus haustechnischen Anlagen *im eigenen Bereich*. Zum Beispiel sind für die Geräusche haustechnischer Anlagen in einem Hotelzimmer (insbesondere durch die dort typischen Fancoils) oder in Passivhaus-Wohnungen (Zu-/Abluftanlagen) die Anforderungen zivilrechtlich festzulegen. Tabelle 2.2-6 zeigt die Inhalte nach Tabelle 4 aus der Norm.

Tabelle 2.2-6 Werte für die zulässigen Schalldruckpegel in schutzbedürftigen Räumen von Geräuschen aus haustechnischen Anlagen und Gewerbebetrieben, nach Tabelle 4 aus DIN 4109:1989

Geräuschquelle	Art der schutzbedürftigen Räume	
	Wohn- und Schlafräume	Unterrichts- und Arbeitsräume
	Kennzeichnender Schalldruckpegel dB(A)	
Wasserinstallationen (Wasserversorgungs- und Abwasseranlagen gemeinsam)	$\leq 30^{a), b)}$	$\leq 35^{a)}$
Sonstige haustechnische Anlagen	$\leq 30^{c)}$	$\leq 35^{c)}$
Betriebe tags 6 bis 22 Uhr	≤ 35	$\leq 35^{c)}$
Betriebe nachts 22 bis 6 Uhr	≤ 25	$\leq 35^{c)}$

a) Einzelne, kurzzeitige Spitzen, die beim Betätigen der Armaturen und Geräte nach Tabelle 6 (Öffnen, Schließen, Umstellen, Unterbrechen u. a.) entstehen, sind zurzeit nicht zu berücksichtigen.

b) Werkvertragliche Voraussetzungen zur Erfüllung des zulässigen Installationsschalldruckpegels:
  – Die Ausführungsunterlagen müssen die Anforderungen des Schallschutzes berücksichtigen, d. h. u. a. zu den Bauteilen müssen die erforderlichen Schallschutznachweise vorliegen.
  – Außerdem muss die verantwortliche Bauleitung benannt und zu einer Teilnahme vor Verschließen bzw. Verkleiden der Installation hinzugezogen werden. Weitergehende Details regelt das ZVSHK-Merkblatt. (Zu beziehen durch: Zentralverband Sanitär Heizung Klima (ZVSHK), Rathausallee 6, 53757 St. Augustin)

c) Bei lüftungstechnischen Anlagen sind um 5 dB(A) höhere Werte zulässig, sofern es sich um Dauergeräusche ohne auffällige Einzeltöne handelt.

Durch die Änderung A1 zu DIN 4109 wurde für Wasserinstallationen die Kennzeichnung der Schalldruckpegel von $L_{In} = 35$ dB(A) auf $L_{In} = 30$ dB(A) gesenkt [24], so dass der bereits 1962 gegebene Anforderungszustand nun endlich wieder erreicht wurde. Dabei konnte das Bundesumweltamt bereits 1991 nachweisen, dass der größte Teil der Installationsgeräusche einen Wert von $L_{In} = 30$ dB(A) unterschritt und die höheren Pegel auf Ausführungsmängel zurückzuführen waren.

Für besonders laute Räume, insbesondere in Handwerksbetrieben, Gewerbebetrieben, lauten Technikzentralen etc., gelten höhere Anforderungen an die Luft- und Trittschalldämmung als nach Tabelle 3. Gleichwohl sind auch die höheren Anforderungen lediglich Mindestanforderungen und haben mit dem Begriff des „erhöhten Schallschutzes" nichts zu tun. Tabelle 2.2-7 führt die Anforderungen an.

Tabelle 2.2-7 Anforderungen an die Luft- und Trittschalldämmung von Bauteilen zwischen besonders lauten und schutzbedürftigen Räumen, nach Tabelle 5 aus DIN 4109:1989

Art der Räume	Bauteile	Bewertetes Schalldämmmaß erf. R'_w dB		Bewerteter Norm-Trittschallpegel [1], [2] erf. $L'_{n,w}$ dB
		Schalldruckpegel L_{AF} = 75 bis 80 dB(A)	Schalldruckpegel L_{AF} = 81 bis 85 dB(A)	
Räume mit besonders lauten haustechnischen Anlagen oder Anlagenteilen	Decken, Wände	57	62	–
	Fußböden	–	–	43 [3]
Betriebsräume von Handwerks- und Gewerbebetrieben; Verkaufsstätten	Decken, Wände	57	62	–
	Fußböden	–	–	43
Küchenräume der Küchenanlagen von Beherbergungsstätten, Krankenhäusern, Sanatorien, Gaststätten, Imbissstuben und dergleichen	Decken, Wände	55		–
	Fußböden	–	–	43
Küchenräume wie vor, jedoch auch nach 22.00 Uhr in Betrieb	Decken, Wände	57 [4]		–
	Fußböden	–	–	33
Gasträume, nur bis 22.00 Uhr in Betrieb	Decken, Wände	55		–
	Fußböden	–	–	43
Gasträume (max. Schalldruckpegel $L_{AF} \leq 85$ dB(A)), auch nach 22.00 Uhr in Betrieb	Decken, Wände	62		–
	Fußböden	–	–	33
Räume von Kegelbahnen	Decken, Wände	67		–
	Fußböden a) Keglerstube b) Bahn	– –	– –	33 13
Gasträume (maximaler Schalldruckpegel 85 dB(A) $\leq L_{AF} \leq 95$ dB(A)), z. B. mit elektroakustischen Anlagen	Decken, Wände	72		–
	Fußböden	–	–	28

[1] Jeweils in Richtung der Lärmausbreitung.

[2] Die für Maschinen erforderliche Körperschalldämmung ist mit diesem Wert nicht erfasst; hierfür sind ggf. weitere Maßnahmen erforderlich – siehe auch Beiblatt 2 zu DIN 4109/11.89, Abschnitt 2.3. Ebenso kann je nach Art des Betriebes ein niedrigeres erf. $L'_{n,w}$ notwendig sein, dies ist im Einzelfall zu überprüfen.

[3] Nicht erforderlich, wenn geräuscherzeugende Anlagen ausreichend körperschallgedämmt aufgestellt werden; eventuelle Anforderungen nach Tabelle 3 bleiben hiervon unberührt.

[4] Handelt es sich um Großküchenanlagen und darüber liegende Wohnungen als schutzbedürftige Räume, gilt erf. R'_w = 62 dB.

2.2 DIN 4109 „Schallschutz im Hochbau" 11/1989 [21]

Auf die parallele Gültigkeit des Bundesimmissionsschutzgesetzes wird verwiesen, hierzu siehe die Anmerkungen in der Darstellung der neuen DIN 4109, Abs. 2.3.7, die unverändert aus der alten DIN 4109 übernommen wurden.

Seit 1975 nahezu unverändert, somit regelmäßig in den Normentwürfen von 1979, 1984 ebenso wie in den Weißdrucken von 1989 und 2015 wiederzufinden, sind die Anforderungen an den *Schallschutz gegenüber Außenlärm*. Die praxisbezogene Darstellung lässt allerdings den Anwender nicht erkennen, welcher Innengeräuschpegel erreicht werden kann, wenn eine normgerechte Bemessung erfolgt. 1975 galt ein Innengeräuschpegel, definiert durch den Mittelungspegel $L_m = 35$ dB(A) als niedrig genug, um „offiziell" einen ungestörten Schlaf zu ermöglichen. Andererseits wurde die Ermittlung der Maßnahmen auf eine relativ geringe äquivalente Absorptionsfläche im schutzbedürftigen Raum bezogen, so dass sich bei heute üblichen Raumausstattungen mit höherer äquivalenter Absorptionsfläche und durch die 5-dB-Klassierung bedingt, Innengeräuschpegel zwischen $L_{AF} = 27$–33 dB bei Einhaltung der DIN 4109 ergeben, auch heute noch akzeptable Werte. Eine weitere Senkung der nächtlichen Innengeräuschpegel durch Erhöhung der Schalldämmung ist nicht sinnvoll, worauf später noch einzugehen sein wird. Tabelle 2.2-8 zeigt Tabelle 8 aus DIN 4109:1989 mit den Anforderungen an den Schallschutz von Außenbauteilen.

Tabelle 2.2-8 Anforderungen an die Luftschalldämmung von Außenbauteilen nach Tabelle 8, DIN 4109:1989

Lärm-pegel-bereich	„Maßgeblicher Außenlärmpegel" dB(A)	Raumarten		
		Bettenräume in Krankenanstalten und Sanatorien	Aufenthaltsräume in Wohnungen, Übernachtungsräume in Beherbergungsstätten, Unterrichtsräume u. ä.	Büroräume[1]) und ähnliches
	dB(A)	erf. $R'_{w,res}$ des Außenbauteils in dB		
I	bis 55	35	30	–
II	56 bis 60	35	30	30
III	61 bis 65	40	35	30
IV	66 bis 70	45	40	35
V	71 bis 75	50	45	40
VI	76 bis 80	[2])	50	45
VII	> 80	[2])	[2])	50

[1]) An Außenbauteile von Räumen, bei denen der eindringende Außenlärm aufgrund der in den Räumen ausgeübten Tätigkeiten nur einen untergeordneten Beitrag zum Innenraumpegel leistet, werden keine Anforderungen gestellt.

[2]) Die Anforderungen sind hier aufgrund der örtlichen Gegebenheiten festzulegen.

2.3 E DIN 4109 „Schallschutz im Hochbau", September 2013

Die unlängst als Entwurf erschienene DIN 4109 [1] in ihrer ersten Neufassung nach über 25 Jahren entspricht in weiten Bereichen nicht der DIN 820 „Normungsarbeit", Teil 1 „Grundsätze" vom Mai 2009 [25]. Insbesondere ist das Anforderungsniveau nicht an den „Erfordernissen der Allgemeinheit orientiert", die Norm dient auch nicht der „Entwicklung und der Humanisierung der Technik". Die Vorgabe, dass die Normen des Deutschen Normwerkes sich als „Anerkannte Regeln der Technik" etablieren, wird von der neuen Norm bei weitem nicht erfüllt. Auch die Vorgabe, dass Normen „so knapp wie möglich zu fassen" sind, wird bei einem um 400 % aufgeblähten Umfang konterkariert, der Preis von knapp 1.000 € wird von kleineren Büros nicht aufzubringen sein.

Zu begrüßen ist allerdings, dass nach über 20 Jahren langer Irrungen quasi in letzter Minute der Normenausschuss entschieden hat, es bei den seit Jahrzehnten gebräuchlichen und praktikablen bauteilbezogenen Messgrößen, nämlich dem bewerteten Bauschalldämmmaß R'_w und dem bewerteten Norm-Trittschallpegel $L'_{n,w}$ zu belassen. Es werden somit nicht die nachhallzeitbezogenen Messgrößen (bewertete Standard-Schallpegeldifferenz $D_{n,T,w}$ für die Luftschalldämmung und den bewerteten Standard-Trittschallpegel $L'_{n,T,w}$ für den Trittschallschutz) für die Festlegung der Anforderungen zugrunde gelegt. Hierdurch hätten sich erhebliche Irritationen bei den nur gelegentlich mit Aufstellung von Schallschutznachweisen befassten Tragwerksplanern und voraussichtlich völliges Unverständnis bei den Fachjuristen für Bauwesen, und zwar sowohl bei den Rechtsanwälten als auch bei den Richtern, ergeben, was nunmehr vermieden worden ist. Hierzu siehe Abschnitt 3.1 für die Luftschalldämmung und 3.2 für die Trittschalldämmung. Die „kennzeichnenden Größen" für die schalltechnischen Anforderungen sind in Tabelle 2.3-1 enthalten.

2.3.1 Anforderungen in Mehrfamilienhäusern und gemischtgenutzten Gebäuden

Gegenüber der seit 1989 geltenden Fassung sind die Anforderungen an die Luftschalldämmung von Wohnungstrennwänden und Decken nicht geändert worden, während die Werte für den bewerteten Trittschallpegel um (sage und schreibe) 3 dB verbessert wurden. Dem Anwender kann nur empfohlen werden, die unnötig aufgeblähte und kleinliche Differenzierung der Anforderungen zu ignorieren und erf. $R'_w = 55$ dB und zul. $L'_{n,w} = 46$ dB im Wohnungsbau zu planen.

Tabelle 2.3-2 zeigt die Anforderungen aus Tabelle 2, DIN 4109, für Mehrfamilienhäuser und gemischt genutzte Gebäude. In Bezug auf die Anforderungen an den Luftschallschutz muss klar und deutlich darauf hingewiesen werden, dass diese Werte nicht mehr den allgemein anerkannten Regeln der Technik entsprechen [26]. Nach der vorherrschenden Rechtsprechung muss der Planer deshalb darauf hinweisen, dass es sich hier nur um die Mindestanforderungen der DIN 4109 handelt, auch wenn der Normenausschuss die Wiedereinführung des Begriffes „Mindestanforderungen" mit der Mehrheit der Industrievertreter im Ausschuss abgelehnt hat. Gleichwohl ist völlig unstrittig, dass es sich um Mindestanforderungen handelt, zumal schon seit 1962 der

Tabelle 2.3-1 Kennzeichnende Größen für die Anforderungen an die Luft- und Trittschalldämmung und die zulässigen Schalldruckpegel, nach Tabelle 1 aus E DIN 4109 [1]

Bauteile[a]	Berücksichtigte Schallübertragung	Kennzeichnende Größe für	
		Luftschalldämmung dB	Trittschalldämmung dB
Wände	über das trennende und die flankierenden Bauteile sowie gegebenenfalls über Nebenwege	erf. R'_w	–
Decken		erf. R'_w	zul. $L'_{n,w}$
Treppen		–	zul. $L'_{n,w}$
Türen	nur über die Tür	erf. R_w	–
Gebäudetechnische Anlagen, einschließlich Wasserinstallationen		Maximaler Schalldruckpegel $L_{AF,max,n}$ nach E DIN 4109-4	
Baulich verbundene Gewerbebetriebe (für die Nachtzeit gilt der Pegel der lautesten Stunde)		Beurteilungspegel L_r nach DIN 45 645-1 bzw. TA Lärm, dabei ist $L_{AF,max}$ zu ermitteln	
		Maximaler Schalldruckpegel $L_{AF,max}$	

[a] Im betriebsfertigen Zustand.

Tabelle 2.3-2 Anforderungen an die Schalldämmung in Mehrfamilienhäusern und gemischt genutzten Gebäuden, nach Tabelle 2 aus E DIN 4109 [1]

Bauteile		Anforderungen		Bemerkungen
		erf. R'_w dB	zul. $L'_{n,w}$ dB	
Decken	Decken unter allgemein nutzbaren Dachräumen, z. B. Trockenböden, Abstellräumen und ihren Zugängen	53	50	
	Wohnungstrenndecken (auch -treppen) und Decken zwischen fremden Arbeitsräumen bzw. vergleichbaren Nutzungseinheiten	54	50	Wohnungstrenndecken sind Bauteile, die Wohnungen voneinander oder von fremden Arbeitsräumen trennen.
	Decken über Kellern, Hausfluren, Treppenräumen unter Aufenthaltsräumen	52	50	Die Anforderung an die Trittschalldämmung gilt nur für die Trittschallübertragung in fremde Aufenthaltsräume in waagerechter, schräger oder senkrechter (nach oben) Richtung.
	Decken über Durchfahrten, Einfahrt von Sammelgaragen und ähnliches unter Aufenthaltsräumen	55	50	

Decken	Decken unter/über Spiel- oder ähnlichen Gemeinschaftsräumen	55	46	Wegen der verstärkten Übertragung tiefer Frequenzen können zusätzliche Maßnahmen zur Körperschalldämmung erforderlich sein.
	Decken unter Terrassen und Loggien über Aufenthaltsräumen	–	53	Bezüglich der Luftschalldämmung gegen Außenlärm siehe Abschnitt 7.
	Decken unter Laubengängen	–	53	Die Anforderung an die Trittschalldämmung gilt nur für die Trittschallübertragung in fremde Aufenthaltsräume in waagerechter, schräger oder senkrechter (nach oben) Richtung.
	Decken und Treppen innerhalb von Wohnungen, die sich über zwei Geschosse erstrecken	--	53	Die Anforderung an die Trittschalldämmung gilt nur für die Trittschallübertragung in fremde Aufenthaltsräume, in waagerechter, schräger oder senkrechter (nach oben) Richtung. Die Prüfung der Anforderungen an die Trittschalldämmung nach DIN EN ISO 140-7 erfolgt bei einer ggf. vorhandenen Bodenentwässerung nicht in einem Umkreis von r = 60 cm.
	Decken unter Bad und WC ohne/mit Bodenentwässerung	54	53	
	Decken unter Hausfluren	–	50	Die Anforderung an die Trittschalldämmung gilt nur für die Trittschallübertragung in fremde Aufenthaltsräume in waagerechter, schräger oder senkrechter (nach oben) Richtung.
Treppen	Treppenläufe und -podeste	–	53	

Wände	Wohnungstrennwände und Wände zwischen fremden Arbeitsräumen	53	–	Wohnungstrennwände sind Bauteile, die Wohnungen voneinander oder von fremden Arbeitsräumen trennen.
	Treppenraumwände und Wände neben Hausfluren	53	–	Für Wände mit Türen gilt die Anforderung erf. R'_w (Wand) = erf. R_w (Tür) + 15 dB. Darin bedeutet erf. R_w (Tür) die erforderliche Schalldämmung der Tür nach Zeile 16 oder Zeile 17. Wandbreiten ≤ 30 cm bleiben dabei unberücksichtigt.
	Wände neben Durchfahrten, Einfahrten von Sammelgaragen u. ä.	55	–	
	Wände von Spiel- oder ähnlichen Gemeinschaftsräumen	55	–	
Türen	Türen, die von Hausfluren oder Treppenräumen in Flure und Dielen von Wohnungen und Wohnheimen oder von Arbeitsräumen führen	27	–	Bei Türen gilt nach Tabelle 1 erf. R_w.
	Türen, die von Hausfluren oder Treppenräumen unmittelbar in Aufenthaltsräume – außer Flure und Dielen – von Wohnungen führen	37		

Begriff des „Erhöhten Schallschutzes" mit entsprechenden Vorschlägen den „Mindestanforderungen" gegenübergestellt wurde und heute die Vorschläge für den „Erhöhten Schallschutz" in VDI 4100 [27] zu finden sind.

2.3.2 Einfamilien-Reihenhäuser und Doppelhäuser

In Tabelle 3 der neuen DIN 4109 sind die durchaus angemessenen Anforderungen in Reihen- und Doppelhäusern genannt. Die Luftschalldämmung der Haustrennwände wurde von R'_w = 57 dB auf R'_w = 62 dB moderat erhöht. Gleichzeitig wurde dem Umstand, dass bei durchgängigen Fundamenten geringere Werte erwartet werden müssen, die Anforderungen für Haustrennwände im untersten Geschoss auf erf. R'_w = 59 dB reduziert. Beim Trittschallschutz der Standarddecken wurde der Norm-Trittschallpegel von zul. $L'_{n,w}$ = 48 dB auf zul. $L'_{n,w}$ = 41 dB moderat gesenkt.

Zum Glück weist der größte Teil der fertiggestellten Reihenhäuser deutlich bessere Werte auf, nämlich R'_w = 65 bis 75 dB. In Tabelle 2.3-3 sind die Anforderungen der Tabelle 3 ersichtlich.

Tabelle 2.3-3 Anforderungen an die Luft- und Trittschalldämmung zwischen Einfamilien-, Reihenhäusern und zwischen Doppelhäusern, nach Tabelle 3 aus E DIN 4109 [1]

	Bauteile	Anforderungen	
		erf. R'_w dB	zul. $L'_{n,w}$ dB
Decken	Decken	–	41*)
	Bodenplatte	–	46
	Treppenläufe und -podeste und Decken unter Fluren	–	53
Wände	Haustrennwände zu Aufenthaltsräumen, die im untersten Geschoss (erdberührt oder nicht) eines Gebäudes gelegen sind	59	–
	Haustrennwände zu Aufenthaltsräumen, unter denen mindestens 1 Geschoss (erdberührt oder nicht) des Gebäudes vorhanden ist	62	–

*) Die Anforderung an die Trittschalldämmung gilt nur für die Trittschallübertragung in fremde Aufenthaltsräume in waagerechter oder schräger Richtung.

2.3.3 Hotels und Beherbergungsstätten

Galten bereits die Anforderungen der alten DIN 4109 von 1989 (unverändert seit 1962!) als bestenfalls für einfache Gasthäuser als angemessen, so kann aus der Tatsache, dass diese seit 50 Jahren obsoleten Anforderungen auch in der neuen Norm nicht verändert wurden, nur geschlussfolgert werden, dass niemand diese Anforderungen anwendet. Ein bewertetes Schalldämmmaß von erf. R'_w = 47 dB für Zimmertrennwände lässt keinerlei Vertraulichkeit zu und man kann (muss) den Fernseher im Nachbarzimmer voll verstehen. Zum Glück baut seit Jahrzehnten keiner so. In Tabelle 2.3-4 sind die Anforderungen nach Tabelle 4 der Norm dargestellt.

Dem Planer sei empfohlen, hier die in Abhängigkeit von der Hotelklassifikation vorgeschlagenen Werte unter Abschn. 2.5.2 der Planung zugrunde zu legen.

2.3.4 Krankenhäuser und Sanatorien

Die Anforderungen an die Decken in Krankenhäusern (siehe Tabelle 5 aus DIN 4109) sind in höchstem Maße obsolet. In *jedem* Krankenhausneubau werden heute bei den Decken bewertete Schalldämmmaße zwischen R'_w = 60–70 dB geplant, realisiert und messtechnisch nachgeprüft, der Trittschallpegel unterschreitet regelmäßig $L'_{n,w}$ = 48 dB. Dagegen sind die Anforderungen an die Wände und Türen ange-

Tabelle 2.3-4 Anforderungen an die Luft- und Trittschalldämmung in Hotels, nach Tabelle 4 aus E DIN 4109 [1]

Bauteile		Anforderungen		Bemerkungen
		erf. R'_w dB	zul. $L'_{n,w}$ dB	
Decken	Decken	54	53	
	Decken unter/über Schwimmbädern, Spiel- oder ähnlichen Gemeinschaftsräumen zum Schutz gegenüber Schlafräumen	55	46	Wegen der verstärkten Übertragung tiefer Frequenzen können zusätzliche Maßnahmen zur Körperschalldämmung erforderlich sein.
	Treppenläufe und -podeste	–	58	Keine Anforderungen an Treppenläufe und Zwischenpodeste in Gebäuden mit Aufzug.
	Decken unter Fluren	–	53	Die Anforderung an die Trittschalldämmung gilt nur für die Trittschallübertragung in fremde Aufenthaltsräume, in waagerechter, schräger oder senkrechter (nach oben) Richtung.
	Decken unter Bad und WC ohne/mit Bodenentwässerung	54	53	Die Anforderung an die Trittschalldämmung gilt nur für die Trittschallübertragung in fremde Aufenthaltsräume, in waagerechter, schräger oder senkrechter (nach oben) Richtung. Die Prüfung der Anforderungen an den bewerteten Norm-Trittschallpegel nach DIN EN ISO 140-7 erfolgt bei einer vorhandenen Bodenentwässerung nicht in einem Umkreis von r = 60 cm.
Wände	Wände zwischen Übernachtungsräumen, Fluren und Übernachtungsräumen	47	–	
Türen	Türen zwischen Fluren und Übernachtungsräumen	32	–	Bei Türen gilt erf. R_w nach Tabelle 1.

messen und entsprechen den allgemein anerkannten Regeln der Technik sowie der jahrzehntelangen Praxis der Planer. Trennwände zwischen Fachbereichen sollten, zwischen Belegärzten müssen als „Trennwände zwischen fremden Arbeitsräumen" (erf. R'_w = 53 dB) nach Tabelle 2, DIN 4109, Zeile 12, dimensioniert werden. Die Anforderungen an Sonderräume (Schlaflabors, Audiometrieräume, spezielle Untersuchungsräume) und gegenüber besonders lauten Räumen (z. B. MRT) sind individuell vom Fachplaner mit Nutzern und Planern abzustimmen. Tabelle 2.3-5 zeigt die Anforderungen nach Tabelle 5, E DIN 4109 [1].

Tabelle 2.3-5 Anforderungen an die Luft- und Trittschalldämmung zwischen Räumen in Krankenhäusern und Sanatorien, nach Tabelle 5 aus E DIN 4109 [1]

	Bauteile	Anforderungen		Bemerkungen
		erf. R'_w dB	zul. $L'_{n,w}$ dB	
Decken	Decken	54	53	
	Decken unter/über Schwimmbädern, Spiel- oder ähnlichen Gemeinschaftsräumen	55	46	Wegen der verstärkten Übertragung tiefer Frequenzen können zusätzliche Maßnahmen zur Körperschalldämmung erforderlich sein.
	Treppenläufe und -podeste	–	58	Keine Anforderungen an Treppenläufe und Zwischenpodeste in Gebäuden mit Aufzug.
	Decken unter Fluren	–	53	Die Anforderung an die Trittschalldämmung gilt nur für die Trittschallübertragung in fremde Aufenthaltsräume in waagerechter, schräger oder senkrechter (nach oben) Richtung.
	Decken unter Bad und WC ohne/mit Bodenentwässerung	54	53	Die Anforderung an die Trittschalldämmung gilt nur für die Trittschallübertragung in fremde Aufenthaltsräume in waagerechter, schräger oder senkrechter (nach oben) Richtung. Die Prüfung der Anforderungen an den bewerteten Norm-Trittschallpegel nach DIN EN ISO 140-7 erfolgt bei einer vorhandenen Bodenentwässerung nicht in einem Umkreis von r = 60 cm.

Wände	Wände zwischen
	– Krankenräumen
	– Fluren und Kranken-
	  räumen
	– Untersuchungs- bzw.
	  Sprechzimmern
	– Fluren und Unter-
	  suchungs- bzw. Sprech-
	  zimmern
	– Krankenräumen und
	  Arbeits- und Pflege-
	  räumen
	– Büros und Bespre-
	  chungsräume
	– Fluren und Büros und
	  Besprechungsräume
		47	–

	Wände zwischen Räumen mit Anforderungen an erhöhtes Ruhebedürfnis und besondere Vertraulichkeit (Diskretionsschutz)	52	–

	Wände zwischen
	– Operations- bzw. Be-
	  handlungsräumen
	– Fluren und Operations-
	  bzw. Behandlungs-
	  räumen
		42	–

	Wände zwischen
	– Räumen der Intensiv-
	  pflege
	– Fluren und Räumen der
	  Intensivpflege
		37	–

Türen	Türen zwischen
	– Untersuchungs- bzw.
	  Sprechzimmern
	– Fluren und Unter-
	  suchungs- bzw. Sprech-
	  zimmern
		37	–

	Türen zwischen Räumen mit Anforderungen an erhöhtes Ruhebedürfnis und besondere Vertraulichkeit (Diskretionsschutz)	37	–

Türen	Türen zwischen – Fluren und Krankenräumen – Operations- bzw. Behandlungsräumen – Fluren und Operations- bzw. Behandlungsräumen	32	–	

2.3.5 Schulen und vergleichbare Einrichtungen

Ebenso wie bei Krankenhäusern sind auch bei Schulen heute wesentlich bessere Werte für die Geschossdecken üblich und ohne Mehrinvestitionen realisierbar. Bei den Wänden wurde dem Umstand Rechnung getragen, dass zwischen Räumen mit elektroakustischen Anlagen die bisherige Anforderung mit erf. $R'_w = 55$ dB nicht ausreichend war und die Anforderung auf nunmehr knapp ausreichende erf. $R'_w = 60$ dB erhöht wurde. Dass es auch Decken zwischen derartigen Räumen gibt, ist im Normenausschuss offensichtlich nicht aufgefallen. Es empfiehlt sich, auch hier erf. $R'_w = 60$ dB oder mehr zu realisieren.

Hochschulen sollten jedoch nicht nach diesen Anforderungen dimensioniert werden. In Musikhochschulen aber auch bei Sonderräumen in geistes- oder naturwissenschaftlichen Fachbereichen sind Decken- und Wandkonstruktionen erforderlich, die bewertete Schalldämmmaße von $R'_w = 67\text{–}77$ dB erreichen können und deren Trittschallpegel auf Werte von $L'_{n,w} \leq 28$ dB beschränkt werden muss, um die „Tauglichkeit zu dem gewöhnlichen oder dem nach dem Vertrag vorausgesetzten Gebrauch" zu gewährleisten, der entsprechenden Formulierung des § 633 BGB. Die Festlegung der Anforderungen und die Dimensionierung der entsprechenden Maßnahmen kann hier jedoch nur durch Fachleute erfolgen. Tabelle 2.3-6 fasst die Anforderungen der DIN 4109, Tabelle 6 zusammen.

2.3.6 Schallschutz gegenüber Außenlärm

Die bereits seit 1976 bewährten Anforderungen an die Luftschalldämmung von Außenbauteilen sind in der neuen Norm in Tabelle 7 dargestellt und gelten nach wie vor als allgemein anerkannte Regeln der Technik. Im Regelfall ist hier auch kein „erhöhter Schallschutz" möglich, da bei einer Erhöhung des nach Tabelle 7 vorgegebenen resultierenden Schalldämmmaßes des Außenbauteils um mehr als ca. 5 dB die Benutzer die dann entstehende Situation in Bezug auf den Außenlärm als „unangenehm" empfinden. Tabelle 2.3-7 zeigt die Anforderungen gegenüber Außenlärm (nach Tabelle 7, DIN 4109). Die weiteren Nachweisschritte sind in Abschn. 6.4.1 dieses Buches beschrieben.

Tabelle 2.3-6 Anforderungen an die Schalldämmung in Schulen und vergleichbaren Einrichtungen, nach Tabelle 6 aus E DIN 4109 [1]

Bauteile		Anforderungen		Bemerkungen
		erf. R'_w dB	zul. $L'_{n,w}$ dB	
Decken	Decken zwischen Unterrichtsräumen oder ähnlichen Räumen	55	53	
	Decken unter Fluren	–	53	Die Anforderung an die Trittschalldämmung gilt nur für die Trittschallübertragung in fremde Aufenthaltsräume in waagerechter, schräger oder senkrechter (nach oben) Richtung.
	Decken zwischen Unterrichtsräumen oder ähnlichen Räumen und „besonders lauten" Räumen (z. B. Sporthallen, Musikräume, Werkräume)	55	46	Wegen der verstärkten Übertragung tiefer Frequenzen können zusätzliche Maßnahmen zur Körperschalldämmung erforderlich sein.
Wände	Wände zwischen Unterrichtsräumen oder ähnlichen Räumen	47	–	
	Wände zwischen Unterrichtsräumen oder ähnlichen Räumen und Fluren	47	–	
	Wände zwischen Unterrichtsräumen oder ähnlichen Räumen und Treppenhäusern	52	–	
	Wände zwischen Unterrichtsräumen oder ähnlichen Räumen und besonders lauten Räumen (z. B. Speiseräume, Cafeterien, Technikzentralen)	55	–	
	Wände zwischen Hörsälen mit elektroakustischen Anlagen, Sporthallen, Musikräumen, Werkräumen	60	–	
Türen	Türen zwischen Unterrichtsräumen oder ähnlichen Räumen und Fluren	32	–	Bei Türen gilt erf. R_w nach Tabelle 1.

Tabelle 2.3-7 Anforderungen an die Luftschalldämmung zwischen Außen und Räumen in Gebäuden, nach Tabelle 7 aus E DIN 4109 [1]

Lärm-pegel-bereich	„Maßgeblicher Außenlärmpegel" dB(A)	Raumarten		
		Bettenräume in Krankenanstalten und Sanatorien	Aufenthaltsräume in Wohnungen, Übernachtungsräume in Beherbergungsstätten, Unterrichtsräume und ähnliches	Büroräume[a] und ähnliches
	dB(A)	erf. $R'_{w,res}$ des Außenbauteils in dB		
I	bis 55	35	30	–
II	56 bis 60	35	30	30
III	61 bis 65	40	35	30
IV	66 bis 70	45	40	35
V	71 bis 75	50	45	40
VI	76 bis 80	b)	50	45
VII	> 80	b)	b)	50

[a] An Außenbauteile von Räumen, bei denen der eindringende Außenlärm aufgrund der in den Räumen ausgeübten Tätigkeiten nur einen untergeordneten Beitrag zum Innenraumpegel leistet, werden keine Anforderungen gestellt.

[b] Die Anforderungen sind hier aufgrund der örtlichen Gegebenheiten festzulegen.

2.3.7 Schallschutz zwischen besonders lauten und schutzbedürftigen Räumen

Wie in der bisher gültigen Norm in Tabelle 5 sind nunmehr auch in der neuen Norm höhere Anforderungen an die Luft- und Trittschalldämmung bei Bauteilen zwischen „besonders lauten" und schutzbedürftigen Räumen in Tabelle 9 gestellt. Die Anforderungen sind gegenüber der alten Tabelle 5 nicht verändert. Trotz der zahlenmäßig höheren Werte sind auch diese Anforderungen „Mindestanforderungen" und keinesfalls Werte zur Erfüllung eines „erhöhten Schallschutzes"! Die gestellten Anforderungen in Tabelle 9, die in der nachfolgenden Tabelle 2.3-8 dargestellt sind, sind angemessen und seit Jahrzehnten bewährt.

Unabhängig von diesen bauakustischen Anforderungen (nach Landesrecht, jeweilige Landesbauordnung) bestehen jedoch parallel Anforderungen nach dem Bundesrecht, und zwar nach dem Bundesimmissionsschutzgesetz (BImSchG). Hiernach sind die Immissionsrichtwerte nach TA Lärm [29] einzuhalten. Diese können aus vielerlei Gründen auch dann überschritten werden, wenn die bauakustischen Anforderungen

Tabelle 2.3-8 Anforderungen an die Luft- und Trittschalldämmung von Bauteilen zwischen „besonders lauten" und schutzbedürftigen Räumen, nach Tabelle 9 aus E DIN 4109 [1]

Art der Räume	Bauteile	Bewertetes Schalldämmmaß erf. R'_w dB		Bewerteter Norm-Trittschallpegel[a), b)] zul. $L'_{n,w}$ dB
		Schalldruckpegel L_{AF} = 75 bis 80 dB(A)	Schalldruckpegel L_{AF} = 81 bis 85 dB(A)	
Räume mit „besonders lauten" gebäudetechnischen Anlagen oder Anlagenteilen	Decken, Wände	57	62	–
	Fußböden	–	–	43[c)]
Betriebsräume von Handwerks- und Gewerbebetrieben; Verkaufsstätten	Decken, Wände	57	62	–
	Fußböden	–	–	43
Küchenräume der Küchenanlagen von Beherbergungsstätten, Krankenhäusern, Sanatorien, Gaststätten, Imbissstuben und dergleichen	Decken, Wände		55	–
	Fußböden	–	–	43
Küchenräume wie vor, jedoch auch nach 22:00 Uhr in Betrieb	Decken, Wände		57[d)]	–
	Fußböden	–	–	33
Gasträume, nur bis 22:00 Uhr in Betrieb	Decken, Wände	55	57	–
	Fußböden	–	–	43
Gasträume $L_{AF,max} \leq 85$ dB(A), auch nach 22:00 Uhr in Betrieb	Decken, Wände		62	–
	Fußböden	–	–	33
Räume von Kegelbahnen	Decken, Wände		67	–
	Fußböden a) Keglerstube b) Bahn	– –	– –	33 13
Gasträume 85 dB(A) $\leq L_{AF} \leq$ 95 dB(A)), z. B. mit elektroakustischen Anlagen	Decken, Wände		72	–
	Fußböden	–	–	28

[a)] Jeweils in Richtung der Lärmausbreitung.
[b)] Die für Maschinen erforderliche Körperschalldämmung ist mit diesem Wert nicht erfasst; hierfür sind ggf. weitere Maßnahmen erforderlich. Ebenso kann je nach Art des Betriebes ein niedrigeres erf. $L'_{n,w}$ notwendig sein, dies ist im Einzelfall zu überprüfen.
[c)] Nicht erforderlich, wenn geräuscherzeugende Anlagen ausreichend körperschallgedämmt aufgestellt werden; eventuelle Anforderungen nach Tabelle 3 bleiben hiervon unberührt.
[d)] Handelt es sich um Großküchenanlagen und darüber liegende Wohnungen als schutzbedürftige Räume, gilt erf. R'_w = 62 dB.

eingehalten sind, insbesondere bei tieffrequent wirksamen Schallquellen. Die Behandlung dieses Themas kann in diesem Buch jedoch nicht erfolgen, auf die Literatur sei verwiesen [30].

2.3.8 Geräusche haustechnischer Anlagen

Mit geringen Modifikationen, die jedoch nur formaler Natur sind, stellt Tabelle 10 der neuen Norm die Anforderungen an den maximal zulässigen Schalldruckpegel von gebäudetechnischen Anlagen. Scheinbar wurden die Anforderungen gesenkt, da

Tabelle 2.3-9 Maximal zulässiger A-bewerteter Norm-Schalldruckpegel in fremden schutzbedürftigen Räumen, erzeugt von gebäudetechnischen Anlagen und baulich mit dem Gebäude verbundenen Betrieben, nach Tabelle 10 aus E DIN 4109 [1]

Geräuschquellen		Maximal zulässige A-bewertete Norm-Schalldruckpegel in dB(A)	
		Wohn- und Schlafräume	Unterrichts- und Arbeitsräume
Sanitärtechnik/Wasserinstallationen (Wasserversorgungs- und Abwasseranlagen gemeinsam)		$L_{AF,max,n} \leq 32$[a), b), c)]	$L_{AF,max,n} \leq 37$[a), b), c)]
Sonstige hausinterne, fest installierte technische Schallquellen der technischen Ausrüstung, Ver- und Entsorgung sowie Garagenanlagen		$L_{AF,max,n} \leq 32$[c)]	$L_{AF,max,n} \leq 37$[d)]
Gaststätten einschließlich Küchen; Verkaufsstätten, Betriebe u. Ä.	tags 6 Uhr bis 22 Uhr	$L_r \leq 35$ $L_{AF,max} \leq 45$	$L_r \leq 35$
	nachts 22 Uhr bis 6 Uhr	$L_r \leq 25$ $L_{AF,max} \leq 35$	$L_r \leq 35$ $L_{AF,max} \leq 45$

[a)] Einzelne, kurzzeitige Geräuschspitzen, die beim Betätigen der Armaturen und Geräte nach Tabelle 11 (Öffnen, Schließen, Umstellen, Unterbrechen) entstehen, sind nicht zu berücksichtigen.

[b)] Werkvertragliche Voraussetzungen zur Erfüllung des zulässigen Schalldruckpegels:
- Die Ausführungsunterlagen müssen die Anforderungen des Schallschutzes berücksichtigen, d. h. zu den Bauteilen müssen die erforderlichen Schallschutznachweise vorliegen.
- Außerdem muss die verantwortliche Bauleitung benannt und zu einer Teilnahme vor Verschließen bzw. Bekleiden der Installation hinzugezogen werden.

[c)] Aufgrund des geänderten Messverfahrens nach DIN EN ISO 10 052 (gegenüber DIN 52 219) ergeben sich etwa von 2 dB höhere Messwerte. Damit sind Messergebnisse aus Prüfzeugnissen oder Prüfberichten, die auf Messungen nach DIN 52 219 beruhen, entsprechend zu korrigieren.

[d)] Bei lüftungstechnischen Anlagen sind um 5 dB(A) höhere Werte zulässig, sofern es sich um Dauergeräusche ohne auffällige Einzeltöne handelt.

ANMERKUNG: Die erforderlichen Maßnahmen zur Minderung der Geräuschausbreitung sind vom Hersteller anzugeben.

anstelle der bisher zulässigen Schalldruckpegel von $L_{AF,max} = 30$ dB(A) nunmehr 32 dB(A) zulässig sind. Faktisch ist dies jedoch darauf zurückzuführen, dass das erheblich aufwendiger und unpraktikabler gewordene Messverfahren für die schalltechnische Überprüfung der Anforderungen um 2 dB(A) höhere Werte ergibt, als das bisher übliche praxisgerechte Messverfahren. Dies gilt jedoch nur für die Anforderungen nach Zeilen 1 und 2 der Tabelle 10 für die Ermittlung des $L_{AF,max,n}$. Für die Anforderungen nach Zeile 3 und 4 (Gaststätten einschließlich Küchen, Verkaufsstätten, Betriebe u. ä.) bleibt es bei den bisherigen Prüfungsnormen und somit auch bei den bisher gestellten Anforderungen, die sich als angemessen und praktikabel erwiesen haben.

In Tabelle 2.3-9 sind die Anforderungen nach Tabelle 10 dargestellt. Im Gegensatz zu der bei besonders lauten und schutzbedürftigen Räumen gegebenen fehlenden Korrelation zwischen DIN 4109 und TA Lärm (siehe Abschn. 2.3.7) sind bei den haustechnischen Anlagen bei Einhaltung der DIN 4109 auch die Anforderungen der TA Lärm eingehalten.

2.4 VDI 4100 „Schallschutz im Hochbau – Wohnungen"

Die neue VDI 4100 [27] nennt Empfehlungen (nicht Anforderungen!) nicht mehr nach den vertrauten, allgemein bekannten bauteilbezogenen Größen, dem bewerteten Schalldämmmaß R'_w für die Luftschalldämmung einerseits und dem bewerteten Normtrittschallpegel $L'_{n,w}$ für die Trittschalldämmung anderseits, sondern führt „nachhallzeitbezogene" Größen ein. Die Luftschalldämmung wird in der VDI-Richtlinie durch die Standard-Schallpegeldifferenz $D'_{n,T,w}$ definiert, die Trittschalldämmung durch den Standard-Trittschallpegel $L'_{n,T,w}$. Aus diesen Größen sind dann die bisher üblichen bauteilbezogenen Größen R'_w und $L_{n,w}$ zu berechnen. Zwar ist unter allen Akustikern unstrittig, dass die nachhallbezogenen Größen die physiologische Wirkung des Schallschutzes besser determinieren als die bauteilbezogenen Größen, die Nachteile der Umstellung sind jedoch enorm und rechtfertigen diese nicht (siehe hierzu auch Abschn. 3).

Tabelle 2.4-1 zeigt die Empfehlungen für den Schallschutz in Mehrfamilienhäusern, Tabelle 2.4-2 diejenigen in Einfamilien-Reihenhäusern und Doppelhäusern, jeweils in drei Schallschutzstufen SSt I, SSt II und SSt III. Gegenüber früheren Fassungen entspricht die SSt I nicht mehr den Mindestanforderungen der DIN 4109. Zu sicherlich mehr als 80 % wird aber ohnehin SSt II angewendet, so dass dies nicht bedeutsam ist.

Tabelle 2.4-1 Schalltechnische Empfehlungen der VDI 4100 für Mehrfamilienhäuser [27]

Schallschutzkriterien			Kennzeichnende akustische Größe dB	SSt I**)	SSt II	SSt III
Luftschallschutz	Mehrfamilienhaus	vertikal, horizontal oder diagonal	erf. $D_{n,T,w}$*)	≥ 56	≥ 60	≥ 65
Trittschallschutz	Mehrfamilienhaus		zul. $L'_{n,T,w}$	≤ 51	≤ 44	≤ 37
Gebäudetechnische Anlagen (einschließlich Wasserversorgungs- und Abwasseranlagen gemeinsam)	Mehrfamilienhaus		$L_{AFmax,nT}$	≤ 30	≤ 27	≤ 24

*) bezieht sich auf Werte zwischen 3,1 m und 6,2 m Raumtiefe (quaderförmige Räume Vell)

**) Bei Räumen mit Maßen senkrecht zur Wohnungstrennwand < 3,1 m ist der Nachweis über R'_w mit dem für $D_{n,T,w}$ geforderten Wert zu führen.
Betätigungsspitzen sollten die Kennwerte der SSt II und SSt III beim Öffnen, Umstellen und Schließen um nicht mehr als 10 dB übersteigen (bestimmungsgemäßer Gebrauch wird vorausgesetzt).

2.4 VDI 4100 „Schallschutz im Hochbau – Wohnungen"

Wegen der bereits geschilderten juristischen und baupraktischen Probleme mit den nachhallzeitbezogenen Anforderungen wird von Bauträgern eine Variante der VDI 4100 in Erwägung gezogen, die auf zahlenmäßig gleichlautenden, jedoch klassisch bauteilbezogenen Anforderungen aufbaut. Dies bedarf allerdings der sorgfältigen juristischen Absicherung.

Tabelle 2.4-2 Schalltechnische Empfehlungen der VDI 4100 für Einfamilienreihen- und Doppelhäuser [27]

Schallschutzkriterien			Kennzeichnende akustische Größe dB	SSt I[**]	SSt II	SSt III
Luftschallschutz	Einfamilienreihenhäuser Doppelhäuser	ohne Keller	erf. $D_{n,T,w}$[*]	≥ 65[***]	≥ 68	≥ 71
		mit Keller		≥ 65	≥ 68	≥ 71
Trittschallschutz	Einfamilienreihenhäuser Doppelhäuser	horizontal oder diagonal	zul. $L'_{n,T,w}$	≤ 46	≤ 39	≤ 32
Gebäudetechnische Anlagen (einschließlich Wasserversorgungs- und Abwasseranlagen gemeinsam)	Einfamilienreihenhäuser Doppelhäuser		$L_{AFmax,nT}$	≤ 30	≤ 25	≤ 22

[*] bezieht sich auf Werte zwischen 3,1 m und 6,2 m Raumtiefe (quaderförmige Räume VeII)

[**] Bei Räumen mit Maßen senkrecht zur Wohnungstrennwand < 3,1 m ist der Nachweis über R'_w mit dem für $D_{n,T,w}$ geforderten Wert zu führen.

[***] Bei nicht unterkellerten Einfamilienreihenhäusern ist für Räume im Erdgeschoss $D_{n,T,w}$ = 63 dB für SSt I anzusetzen.

Betätigungsspitzen sollten die Kennwerte der SSt II und SSt III beim Öffnen, Umstellen und Schließen um nicht mehr als 10 dB übersteigen (bestimmungsgemäßer Gebrauch wird vorausgesetzt).

2.5 Sonstige Anforderungen

2.5.1 Verwaltungsgebäude

In Verwaltungsgebäuden hat sich in den letzten 25 Jahren bei großen Investoren die Zweckmäßigkeit individueller, zivilrechtlich zu vereinbarender schalltechnischer Anforderungen herausgestellt. Hierbei steht die Störfreiheit gegenüber unerwünschten schalltechnischen Ereignissen in den angrenzenden Räumen, vor allem aber die Vertraulichkeit im Vordergrund. Die Zusammenhänge hierzu sind aus Tabelle 2.5-1 ersichtlich. In Tabelle 2.5-2 ist hierzu ein von den Autoren seit Jahrzehnten angewendeter Vorschlag für die zu vereinbarende Schalldämmung dargestellt, der sich sowohl durch Wirtschaftlichkeit als auch durch eine hohe Akzeptanz der Mieter auszeichnet. Verwaltungsgebäude, die nach diesen Vorschlägen für den Schallschutz realisiert wurden, sind praktisch beschwerdefrei [28]. Außerdem gestattet die Staffelung der Anforderungen eine praxisgerechte Anpassung an Sonderwünsche der Mieter. Zum Beispiel kann bei Gipskarton-Ständerwänden (siehe hierzu auch

Tabelle 2.5-1 Praktische Auswirkung der Schalldämmung zwischen Räumen auf Vertraulichkeit und Störungsfreiheit in Verwaltungsgebäuden

Grundgeräuschpegel im eigenen Raum [dB(A)]			Beurteilung von Ereignissen im Nachbarraum			
35	30	25				
bew. Schalldämmmaß R'_w in dB zum Nachbarraum am Bau gemessen nach DIN EN ISO 140			PC-Tastatur oder Telefon (leise eingestellt) Schall-Leistungspegel ca. L = 60 dB(A)	Gespräche normaler Lautstärke Schall-Leistungspegel ca. L = 65 dB(A)	lautstarke Gespräche u. Telefonate Schall-Leistungspegel L = 70–75 dB(A)
(10)	(15)	(20)	(sehr störend, eigene Telefonate gestört)	(unzumutbar)	(unzumutbar)
(15)	(20)	25	sehr störend, eigene Telefonate noch möglich	sehr störend, eigene Telefonate gestört	unzumutbar
(20)	25	30	störend hörbar	sehr störend, eigene Telefonate möglich	sehr störend, eigene Telefonate noch möglich
25	30	35	deutlich hörbar	störend	sehr störend, eigene Telefonate noch möglich

2.5 Sonstige Anforderungen

30	35	40	hörbar	noch voll verständlich	störend
35	40	45	schwach hörbar, aber nicht mehr störend	nahezu volle Verständlichkeit	noch voll verständlich
40	45	50	unhörbar	Verständlichkeit nicht mehr voll gegeben, Beginn geringer Vertraulichkeit	nahezu volle Verständlichkeit
45	50	55	unhörbar	praktisch ausreichende Vertraulichkeit	Verständlichkeit nicht mehr gegeben, Beginn geringer Vertraulichkeit
50	55	60	unhörbar	völlige Vertraulichkeit	praktisch ausreichende Vertraulichkeit
55	60	65	unhörbar	völlige Vertraulichkeit	völlige Vertraulichkeit
60	65	70	unhörbar	völlige Vertraulichkeit	völlige Vertraulichkeit

Tabelle 2.5-2 Zivilrechtlich zu vereinbarende schalltechnische Anforderungen in Verwaltungsgebäuden in Abhängigkeit von der gewünschten Vertraulichkeit [28]

Nutzung	bew. Bauschalldämmmaß erf. R'_w in dB		
	zwischen Räumen und zwischen Raum und Flur	Verbindungstür	Flurtür
Büros einfacher Nutzung	37	27	–
Einzelbüros mit einfachen Anforderungen an die Vertraulichkeit, Mehrpersonenbüro	42	32	27
Büros mit mittlerem Vertraulichkeitsanspruch, Büros für häufig konzentrierte Tätigkeit, z. B. Abteilungs- oder Gruppenleiterbüros, einfache Besprechungsräume	47	37	32
Räume zur Behandlung höherer vertraulicher Angelegenheiten sowie Räume für höchstqualifizierte geistige Tätigkeit, z. B. Vorstandsräume, Anwaltskanzleien, Ärzteräume, Besprechungsräume	52	42	37
Räume für höchste Vertraulichkeit	57	–	47

Abschn. 4.3.2) das gesamte Spektrum der Anforderungen mit der gleichen Grundkonstruktion (10 cm Gesamtdicke) jedoch unterschiedlicher Platten-Beplankung abgedeckt werden. So können z. B. erst dann, wenn der Käufer oder der Mieter der Immobilie feststeht, die Beplankungen nach den individuellen Anforderungen an den Schallschutz aufgebracht werden.

2.5.2 Hotels

Das Spektrum der schalltechnischen Anforderungen innerhalb von Hotelbauten ist groß und im Wesentlichen von der Klassifizierung abhängig. Der Gast eines Fünf-Sterne-Hotels möchte (bedingt durch den Time Lag) vielleicht tagsüber schlafen oder andererseits nachts fernsehen können, ohne selbst gestört zu werden oder die Zimmernachbarn zu stören. Basierend auf den bekanntesten Klassifizierungs-Systemen, die in Tabelle 2.5-3 synoptisch gegenübergestellt wurden, zeigt Tabelle 2.5-4 in Abhängigkeit vom Hotel-Standard die wesentlichsten Anforderungen an den Luft- und Trittschallschutz sowie an die haustechnischen Anlagen als Empfehlung.

Tabelle 2.5-3 Übersicht der wichtigsten Hotelklassifizierungen in Mitteleuropa

Nr.	Guide Michelin		Varta-Führer		Klassifikation der Fremdenverkehrsverbände in Deutschland	
	Symbol	Beschreibung	Symbol	Beschreibung	Symbol	Beschreibung
1		großer Luxus und Tradition	*****	Hotel mit außergewöhnlich anspruchsvoller Ausstattung	*****	Luxus
2		großer Komfort	****	Hotel mit großzügiger Ausstattung	****	First Class
3		sehr komfortabel	***	Hotel mit sehr guter Ausstattung	***	Komfort
4		mit gutem Komfort	**	Hotel oder Gasthof mit guter Ausstattung	**	Standard
5		mit Standardkomfort	*	Hotel oder Gasthaus mit Standardausstattung	*	Tourist
(6)		bürgerlich	–	–	–	–

Tabelle 2.5-4 Empfehlungen zur zivilrechtlichen Vereinbarung schalltechnischer Anforderungen in Hotels in Abhängigkeit vom Hotelstandard

Bauteil	erf. bew. Schalldämmmaß erf. R'_w in dB	erf. bew. Normtrittschallpegel erf. $L'_{n,w}$ in dB	Bemerkung
Wände			
zw. Gästezimmern			
5-Sterne-Klassifizierung	≥ 57		
4-Sterne-Klassifizierung	55		
3-Sterne-Klassifzierung	53		
2-Sterne-Klassifzierung	50		
1-Sterne-Klassifizierung	47		Mindestanforderung nach DIN 4109
sonstige Wände nach DIN 4109			
Decken			
5-Sterne-Klassifizierung	≥ 65	38	
3-/4-Sterne-Klassifizierung	60	43	
1-/2-Sterne-Klassifizierung	55	53	Mindestanforderung nach DIN 4109
Haustechnische Anlagen, Gewerbebetriebe, Wasserinstallationen, Aufzüge	$L_{AF,max,n} \leq 32$ dB(A)		ab 3-Sterne-Klassifizierung $L_{AF,max,n} \leq 27$ dB(A)
baulich vorhandene Gewerbebetriebe nachts	$L_{AF,max,n} \leq 25$ dB(A)		ab 3-Sterne-Klassifizierung $L_{AF,max,n} \leq 20$ dB(A)

2.6 Schalltechnische Anforderungen in Nachbarländern

Neben der Kenntnis der bauaufsichtlichen Mindestanforderungen im eigenen Land sollte auch (orientierend) bekannt sein, welche Anforderungen in Nachbarländern bestehen.

In Österreich, der Schweiz und in Dänemark sind die Anforderungen höher als in Deutschland, in den meisten anderen europäischen Ländern etwa gleich oder (z. B. in Polen) geringfügig geringer. In der Tabelle 2.5-5 sind einige Anforderungen dargestellt. Dabei muss beachtet werden, dass sich in mehreren Ländern die Normungsarbeit intensiv in Richtung Anhebung der Anforderungen entwickelt, und die Spektrum-Anpassungswerte, die in der Schweiz, den Niederlanden, Polen, Frankreich und Dänemark schon Praxis sind, zunehmend Bedeutung erlangen.

Tabelle 2.5-5 Synopse der wichtigsten Mindest-Schallschutzanforderungen im Geschosswohnungsbau in ausgewählten europäischen Ländern [nach 31]

	Luftschalldämmung Wohnungstrennwand	Trittschalldämmung
Deutschland	$R'_w = 53$ dB	$L'_{n,w} = 53$ dB
Österreich	$D_{n,T,w} = 55$ dB	$L'_{n,T,w} = 48$ dB
Schweiz*)	$D_{n,T,w} + C = 52$ dB	$L'_{n,T,w} + C_I \leq 53$ dB
Frankreich*)	$D_{n,T,w} + C = 53$ dB	$L'_{n,T,w} \leq 58$ dB
Niederlande*)	$D_{n,T,w} + C = 55$ dB	$I_{CO} \cong 59 - (L'_{n,T,w} + C_I)$ dB
Belgien	$D_{n,T,w} = 54$ dB	$L'_{n,T,w} \leq 58$ dB
Dänemark*)	$R'_w = 55$ dB	$L'_{n,w} + C_{I,50-2500} \leq 43$ dB
Polen	$R'_w + C = 50$ dB	$L'_{n,w} \leq 58$ dB
Tschechien	$R'_w = 52$ dB	$L'_{n,w} \leq 58$ dB
Ungarn	$R'_w + C = 51$ dB	$L'_{n,w} \leq 55$ dB

*) 3 oder mehr Schallschutzstufen, davon ist die niedrigste zitiert

3 Bauakustische Grundlagen

3.1 Luftschalldämmung

3.1.1 Begriffsbestimmungen

Nachfolgend werden sowohl die „klassischen" bauteilbezogenen Messgrößen dargestellt, die sich seit Jahrzehnten, praktisch seit den Anfängen der Bauakustik in den 1930er Jahren, bewährt haben, als auch die den Schallschutzcharakter besser repräsentierenden nachhallzeitbezogenen Messgrößen, die insbesondere für das Verständnis der VDI 4100 [27] benötigt werden. Zum Glück für die Baupraktiker ist die Einführung der nachhallzeitbezogenen Messgrößen in der DIN 4109 der Allgemeinheit erspart geblieben. Gleichwohl werden nachfolgend die Vor- und Nachteile objektiv gegenübergestellt.

3.1.1.1 Schallpegeldifferenz

Im Allgemeinen wird die *Schallpegeldifferenz* als Differenz des mittleren Schalldruckpegels (nach räumlicher und zeitlicher Mittelung) im Senderaum und dem gleichermaßen gemittelten Schalldruckpegel im Empfangsraum gebildet.

$$D = L_1 - L_2 \; [dB]$$

Hierin bedeuten:

D   Schallpegeldifferenz in dB
L_1 mittlerer Schalldruckpegel im Senderaum in dB
L_2 mittlerer Schalldruckpegel im Empfangsraum in dB

Die Schallpegeldifferenz ergibt bei gleichgroßen Räumen und gleichgroßen Bauteilen unterschiedliche Werte, wenn die Nachhallzeit im Empfangsraum verschieden ist. Eine kürzere Nachhallzeit führt zu einer größeren Schallpegeldifferenz, da der Pegel L_2 sinkt.

Aus diesem Grund wurde die *Normschallpegeldifferenz* eingeführt, die eine Korrektur auf die Nachhallzeit beinhaltet:

$$D_n = D + 10 \lg A_0/A \; [dB]$$

Hierin bedeuten:

D_n Norm-Schallpegeldifferenz in dB
D   Schallpegeldifferenz $L_1 - L_2$
A_0 Bezugsabsorptionsfläche 10 m² (in Klassenräumen 25 m²)
A   gemessene äquivalente Absorptionsfläche des Empfangsraums in m²

Aus den Werten für D_n kann die bewertete Normschallpegeldifferenz $D_{n,w}$ errechnet werden (analog zum bewerteten Schalldämmmaß, siehe Abschn. 3.1.1.2):

$D_{n,w}$ bewertete Normschallpegeldifferenz.

Schallschutz im Hochbau. Grundbegriffe, Anforderungen, Konstruktionen, Nachweise.
1. Auflage. Elmar Sälzer, Georg Eßer, Jürgen Maack, Thomas Möck, Markus Sahl.
© 2015 Ernst & Sohn GmbH & Co. KG. Published 2015 by Ernst & Sohn GmbH & Co. KG.

3.1.1.2 Schalldämmmaß

Das Schalldämmmaß bezeichnet die Luftschalldämmung von Bauteilen nach der Beziehung

$$R = D + 10 \lg S/A$$

Hierin bedeuten:

R Schalldämmmaß in dB
D Schallpegeldifferenz in dB
S Prüffläche des Bauteils in m^2
A äquivalente Schallabsorptionsfläche im Empfangsraum in m^2

Das Schalldämmmaß ist durch den Bezug auf die Trennfläche eine „bauteilbezogene Kenngröße" und wird insbesondere für Messungen in Prüfständen, bei denen die Übertragung über flankierende Bauteile praktisch ausgeschlossen ist, herangezogen, ebenso für Messungen an Türen und Fenstern, bei denen ebenfalls unterstellt wird, dass (auch am Bau) der Einfluss flankierender Bauteile zu vernachlässigen ist.

Wird dagegen auf Baustellen gemessen, sind auch flankierende Bauteile an der Schallübertragung beteiligt und verringern im Regelfall das Schalldämmmaß. In diesem Fall wird das Schalldämmmaß durch einen Apostroph gekennzeichnet und mit *Bau-Schalldämmmaß* beschrieben: R' = Bau-Schalldämmmaß in dB

Früher (vor ca. 1990) wurden auch Messergebnisse, die in damals noch üblichen Prüfständen „mit bauähnlicher Flankenübertragung" oder (in den Jahren vor 1975) mit „bauüblicher Flankenübertragung" erzielt wurden, als Bau-Schalldämmmaß R' dargestellt.

Aus dem Schalldämmmaß oder dem Bau-Schalldämmmaß kann das *bewertete Schalldämmmaß* (Bau-Schalldämmmaß) ermittelt werden. Das bewertete Schalldämmmaß ist eine Einzahlangabe, die aus den Messwerten des Schalldämmmaßes durch Vergleich mit einer Bezugskurve nach DIN EN ISO 717-1 [33] rechnerisch bestimmt wird:

R_w bewertetes Schalldämmmaß in dB
R'_w bewertetes Bau-Schalldämmmaß in dB

Früher wurde bis zum Inkrafttreten der neuen DIN 4109 [21] im Jahr 1991 anstelle des Schalldämmmaßes das *Luftschallschutzmaß LSM* verwendet. Mit dem bewerteten Schalldämmmaß (Bauschalldämmmaß) ist das Luftschallschutzmaß nach der Beziehung

$$LSM = R_w - 52 \text{ dB verknüpft.}$$

Hierin bedeuten:

LSM Luftschallschutzmaß in dB
R_w bewertetes Schalldämmmaß in dB

Die Mindestanforderungen der DIN 4109-1962/63 [15] betrugen für Geschossdecken und Wohnungstrennwände LSM = 0 dB. Bessere Bauteile ergaben einen positiven Betrag des LSM, schlechtere Bauteile einen negativen Betrag des LSM. Seit etwa 1985 überwiegt im Bauwesen die Verwendung des bewerteten Schalldämmmaßes.

3.1.1.3 Standard-Schallpegeldifferenz

In letzter Zeit hat durch die Diskussionen um DIN 4109 sowie VDI 4109 die *Standard-Schallpegeldifferenz* an Aufmerksamkeit gewonnen, die auf die Nachhallzeit korrigiert wird:

$$D_{n,T} = D + 10 \lg T/T_0 \text{ [dB]}$$

Hierin bedeuten:

$D_{n,T}$ Standardschallpegeldifferenz in dB
D Schallpegeldifferenz $D = L_1 - L_2$ in dB
T Nachhallzeit im Empfangsraum in s
T_0 Bezugsnachhallzeit in s, im Regelfall $T_0 = 0{,}5$ s

Die *bewertete Standard-Schallpegeldifferenz* wird aus der Standard-Schallpegeldifferenz nach den unter Abschn. 3.1.1.2 für das bewertete Schalldämmmaß beschriebenen Maßgaben rechnerisch ermittelt:

$D_{n,f,w}$ bewertete Standard-Schallpegeldifferenz in dB

Die Standardschallpegeldifferenz ist physiologisch besser für die Beurteilung des Schallschutzes geeignet als das Schalldämmmaß, hat jedoch von der Handhabung her erhebliche Nachteile in der Praxis:

- Gleiche Bauteile haben im gleichen Bau unterschiedliche Werte für $D_{n,T,w}$, wenn die angrenzenden Räume unterschiedlich groß sind.
- Bei großen Räumen ergeben sich durch den Bezug auf die Raummitte gute Werte für $D_{n,T,w}$ trotz unzureichender Werte für R_w, was insbesondere direkt an der Wohnungstrennwand kritisch ist.
- In einer Luxuswohnung mit großen, hohen Räumen „darf" die Schalldämmung der Wohnungstrennwände geringer sein, als in einer Wohnung mit kleineren Räumen.
- Verdingungstechnisch ist $D_{n,T,w}$ ungeeignet, als juristisch einwandfreie Eigenschaft kann nur das bewertete Schalldämmmaß ausgeschrieben werden, für ein $D_{n,T,w}$ kann nur ein Generalunternehmer, nicht jedoch ein Einzelunternehmer (z. B. Maurer) haften.
- Bei nachträglichen Grundrissänderungen müsste der Schallschutznachweis neu aufgestellt werden, weil sich die Raumgrößen ändern.

Der Zusammenhang zwischen R'_w und $D_{nT,w}$ ist in Bild 3.1-1 dargestellt.

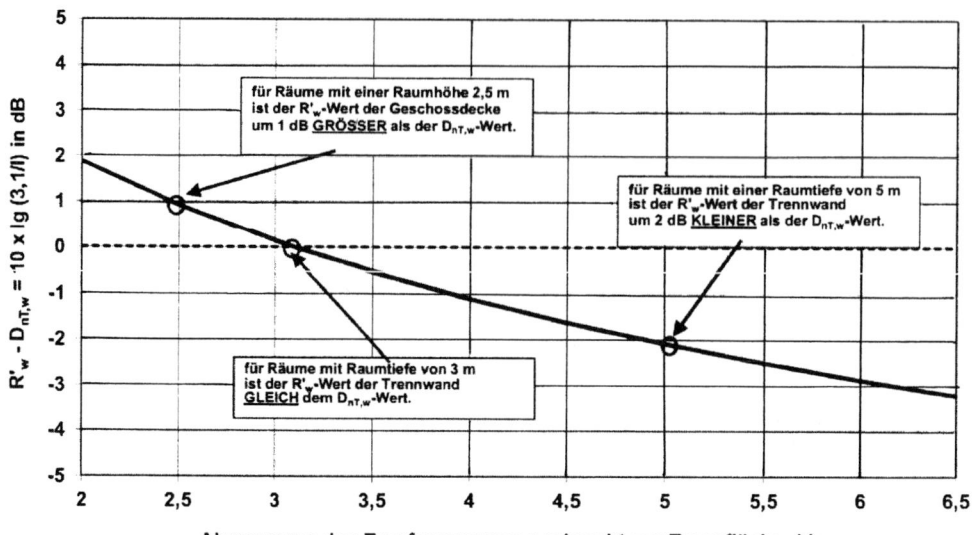

Bild 3.1-1 Zusammenhang zwischen bauteil- und raumbezogenen Kenngrößen der Luftschalldämmung R'_w und des Luftschallschutzes $D_{nT,w}$. Gekennzeichnet sind die Bereiche für typische Wohnungstrenndecken (Raumhöhe 2,50 m) und Wohnungstrennwände (Raumtiefe senkrecht zur Wohnungstrennwand 3,00 m bzw. 5,00 m) [6].

3.1.1.4 Flankenübertragung, Schalllängsdämmung

Wird der Schall nahezu ausschließlich über ein flankierendes Bauteil übertragen, spricht man von Flankenübertragung. Die Messung der Flankenübertragung ist in DIN EN ISO 10 848 [35] genormt. Die heute übliche Messgröße ist die *Norm-Flankenschallpegeldifferenz*, die der Normschallpegeldifferenz entspricht:

$$D_{n,f} = L_1 - L_2 - 10 \lg A/A_0 \; [dB]$$

Hierin bedeuten:

$D_{n,f}$ Norm-Flankenschallpegeldifferenz in dB
L_1 mittlerer Schalldruckpegel im Senderaum in dB
L_2 mittlerer Schalldruckpegel im Empfangsraum in dB
A_0 Bezugsabsorptionsfläche 10 m² (in Klassenräumen 25 m²)
A gemessene äquivalente Absorptionsfläche des Empfangsraums in m²

Die Norm-Flankenschallpegeldifferenz, seit etwa 2008 überwiegend gebräuchlich, entspricht dem früher üblichen *Schalllängsdämmmaß*, welches noch in der „alten" DIN 4109 [21] als Rechengröße beim Schallschutznachweis gebräuchlich ist:

$$D_{n,f} = R_L$$

3.1 Luftschalldämmung

Hierin bedeuten:

$D_{n,f}$ Norm-Flankenschallpegeldifferenz in dB
R_L Schalllängsdämmmaß in dB

Auch aus der Norm-Flankenschallpegeldifferenz kann die *bewertete Norm-Flankenschallpegeldifferenz* gebildet werden, so wie früher aus dem Schalllängsdämmmaß das bewertete Schalllängsdämmmaß errechnet wurde. Die Maßgaben sind die gleichen wie bei der bewerteten Schallpegeldifferenz (siehe Abschn. 3.1.1.1):

$$D_{n,f,w} = R_{L,w}.$$

3.1.2 Einflüsse auf die Schalldämmung

3.1.2.1 Einschalige Bauteile

Masse, Dichtheit der Bauteile

Bereits Anfang des letzten Jahrhunderts wurde die allgemeine Lebenserfahrung, dass dickere (schwerere) Wände eine bessere Schalldämmung haben als dünnere Wände, von Berger [32] wissenschaftlich nachgewiesen. Mit dem Entwurf der DIN 4109 1979 [19] wurde eine auf den Erkenntnissen von Berger aufgebaute empirische Massenkurve erstmals für Planungszwecke in der Normung eingebunden.

Bild 3.1-2 zeigt diese Massekurve als Kurve 4 im Kontext zu weiteren Kurven, die nachstehend erläutert werden. Allen Kurven zu eigen ist, dass bei geringen Flächenmassen, etwa unter 50 kg/m², die Imponderabilien am größten sind, worauf noch einzugehen sein wird. Ab etwa 100 kg/m² steigen alle Kurven stetig an.

Kurve 2 zeigt für ideal-biegeweiche Baustoffe (Bleiblech, Gummi oder Sandwichplatten), die annähernd erreichbare Schalldämmung nach der Beziehung:

$$R_w = 20 \lg m' \; 12 \; [dB]$$

Darin bedeuten:

R_w bewertetes Schalldämmmaß in dB
m' Flächenmasse in kg/m²

Deutlich geringere Werte, die den Einfluss bauüblicher flankierender Bauteile berücksichtigen sollten, sind in den Kurven 3 und 4 (E DIN 4109-1979) dargestellt [19]. Im Sinne eines Kompromisses zwischen Akustikern und Industrievertretern wurde jedoch in der 1989 erschienenen, bis vor kurzem noch gültigen DIN 4109 [21] die um 2 dB geminderte Kurve R für Planungszwecke zugrunde gelegt:

$$R'_{w,R} = 28 \lg m' - 20 \; [dB]$$

Hierin bedeuten:

$R'_{w,R}$ Rechenwert des bewerteten Schalldämmmaßes bei einer mittleren Flächenmasse der flankierenden Bauteile von ~ 300 kg/m²
m' Flächenmasse (einschließlich Putz etc.)

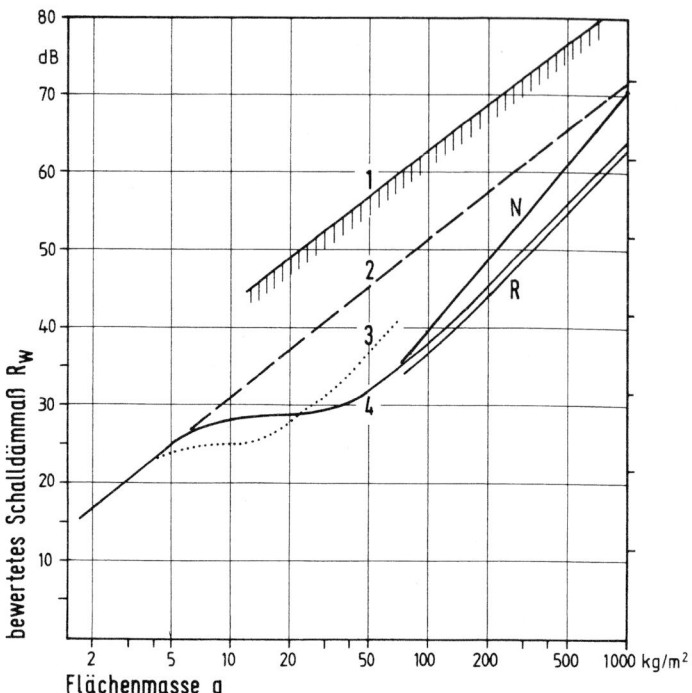

Bild 3.1-2 Abhängigkeit der Schalldämmung von Bauteilen von der Flächenmasse (bewertetes Schalldämmmaß R_w)
Kurve 1 Obergrenze zweischaliger Bauteile mit Hohlraumdämpfung
Kurve 2 Nach Massentheorie für einschalige Bauteile annähernd erreichbar (biegeweiche Baustoffe, wie Bleichblech, Gummi, Sandwichplatten)
$R_w = 20 \lg m' - 12$ in dB
Kurve 3 Holz- und Holzwerkstoffe in einschaliger Bauweise nach E DIN 4109, 1979, Teil 2 [19]
Kurve 4 Beton, Mauerwerk, Gips etc. in einschaliger Bauweise nach E DIN 4109/1979, Teil 2 [19]
Kurve R Rechenwert nach DIN 4109/89 [21] $R'_{w,R} = 28 \lg m' - 20$ dB
Kurve N Neue Massenkurve nach DIN 4109 [1] $R_{w,R} = 30,9 \lg m' - 22,2$ dB

Für die Berechnungen nach der neuen Norm ist dagegen nach der Beziehung

$$R_{w,R} = 30,9 \lg (m'_{ges}/m'_o) - 22,2 \; [\text{dB}]$$

zu rechnen.

Hierin bedeuten:

$R_{w,R}$ Rechenwert des bewerteten Schalldämmmaßes nach DIN 4109 für Beton, Betonsteine, Kalksandsteine, Mauerziegel und Verfüllsteine in dB
m' Gesamtflächenmasse einschließlich Putz
m'_0 1 kg/m²

Für Leichtbeton und Porenbeton sind in der Norm abweichende, zum Teil befremdliche Regelungen vorgegeben.

Sowohl nach den bisher gebräuchlichen Rechenverfahren nach Beiblatt 1 zu DIN 4109 als auch nach der neuen Norm sind die Werte zu korrigieren, in Bezug auf die mittlere Flächenmasse der flankierenden Bauteile nach dem bisher üblichen Verfahren, in Bezug auf die Verzweigungsdämmung (Stoßstellendämmung), der angrenzenden Bauteile nach dem neuen Verfahren. Hierzu siehe insbesondere Abschn. 6.1. Die so ermittelten bewerteten Schalldämmmaße gelten nur für dichte Bauteile, Undichtheiten mindern die Schalldämmung erheblich.

Bild 3.1-3 zeigt die Schalldämmung einer unverputzten 17,5 cm dicken Kalksand-Vollsteinwand im Vergleich zur gleichen, anschließend verputzten Wand. Die Differenz beider Werte ist erheblich und überschreitet die allein von der Flächenmasse des Putzes zu erwartende Differenz um ein Mehrfaches.

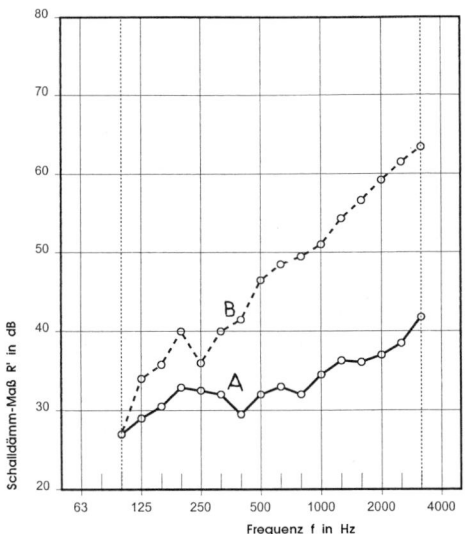

Bild 3.1-3 Schalldämmung einer unverputzten („undichten") Kalksand-Vollsteinwand d = 17,5 cm im Vergleich zur Schalldämmung derselben Wand, anschließend verputzt, nach Trocknung
A unverputzt, R'_w = 36 dB
B beidseitig verputzt, R'_w = 49 dB

Auch dann, wenn Kalksandstein-Planblöcke oder -Planelemente sowie sonstige großformatige Blöcke mit unvermörtelter Stoßfuge unverputzt bleiben und lediglich einen Spachtel erhalten, werden diese „undicht", da der Spachtel im Bereich der Stoßfugen Haarrisse bekommt. Diese können trotz „Abdeckung" mit einer Raufasertapete zu einer Minderung des bewerteten Schalldämmmaßes von bis zu 4 dB führen, wie Güteprüfungen gezeigt haben. Ein dünner Putz wäre hier vorbeugend sinnvoll.

Unverputzte Wände mit beidseitigem oder auch nur einseitigem „Trockenputz" aus Gipskarton- oder Gipsfaserplatten, die im üblichen „Punkt-Wulst-Verfahren" angesetzt werden, sind ebenfalls schalltechnisch mangelhaft und liegen beim bewerteten Schalldämmmaß um 3 bis 6 dB unter den Rechenwerten. Durch vollflächiges Spachteln und Ansetzen der Platten mit Zahnspachtel („nass" in „nass") können dagegen die Rechenwerte sicher erreicht werden.

Ein Beispiel eines Falles, bei dem (um den Bezug des Reihenhauses noch vor Weihnachten zu ermöglichen) der Trockenbauer dem Bauleiter einen beidseitigen Trockenputz aus angesetzten Fermacellplatten empfohlen hatte, zeigt Bild 3.1-4. Bei nur $R'_w = 48$ dB hörte man die Weihnachtslieder im Nachbarhaus. Mit einer einseitigen Vorsatzschale konnte $R'_w = 55$ dB erreicht werden. Da der Bauträger nur $R'_w = 53$ dB vereinbart hatte somit ein (juristisch) ausreichendes Ergebnis. Heute sind zum Glück derartige Vereinbarungen nicht mehr zulässig.

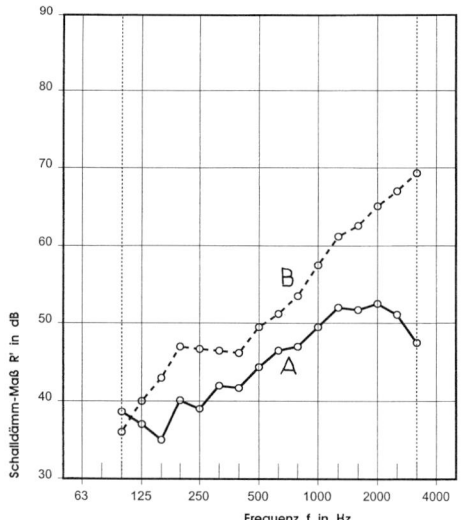

Bild 3.1-4 Unzureichender Schallschutz einer 24 cm dicken Kalksand-Vollsteinwand mit beidseitigem Trockenputz, ausreichender Schallschutz nach Sanierung

A 24 cm KSV-1.8, unverputzt, beidseitig je 10 mm Fermacell-Trockenputz im Punkt-Wulst-Verfahren angesetzt, $R'_w = 48$ dB

B wie vor, Trockenputz einseitig entfernt, 5 mm Gipsputz und Vorsatzschale aus 75 mm MF und 15 mm Fermacell angesetzt, $R'_w = 55$ dB

Neben dem Einfluss der Masse und der Dichtheit sind jedoch bei vielen Bauteilen noch Einflüsse durch Plattenschwingungen sowie durch die Spuranpassungsfrequenz (Koinzidenzfrequenz) mindernd in Bezug auf die Schalldämmung wirksam. Während die Plattenschwingungen vor allem im tieffrequenten Bereich wirksam sind, wirkt sich die Koinzidenzfrequenz im mittleren bis hohen Frequenzbereich aus. Bild 3.1-5 zeigt dies schematisch in Abhängigkeit von der Frequenz. Der mittlere Frequenzbereich zeigt im Regelfall einen homogenen Anstieg der Schalldämmung, der praktisch zwischen 5 dB und 6 dB pro Oktave erreicht. Die darunter liegenden Plattenschwingungen sind bei einschaligen Bauteilen im Regelfall in einem Frequenzbereich angesiedelt, der für praktische Betrachtungen ohne Bedeutung ist, dagegen sind die Koinzidenzeinflüsse so bedeutsam, dass sie nachstehend ausführlich behandelt werden.

Koinzidenz

Die Spuranpassung (Koinzidenz) einschaliger Bauteile wurde nach dem Phänomen benannt, dass insbesondere dünne, leichte einschalige Bauteile mit wellenförmigen Schwingungen den frequenzabhängigen Druckschwankungen der mit Schallgeschwindigkeit an der Oberfläche des Bauteils vorüber eilenden Schallwellen sich anpassen. Die Koinzidenz einschaliger Bauteile ist für die Minderung der Schalldämmung insbesondere bei Plattenbaustoffen die wesentlichste Ursache. Bild 3.1-6 zeigt schematisch den Zusammenhang bei der Spuranpassung.

3.1 Luftschalldämmung

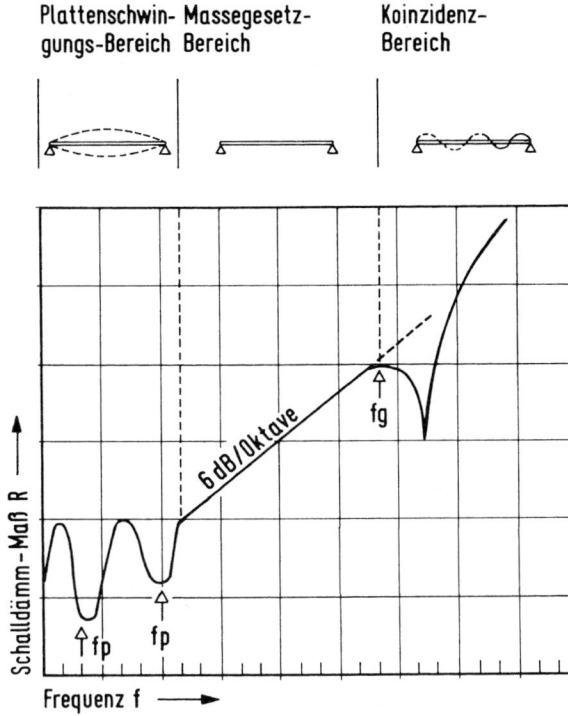

Bild 3.1-5 Schematische Darstellung der kennzeichnenden Frequenzbereiche einschaliger Bauteile
f_p Plattenfrequenzen
f_g Koinzidenzgrenzfrequenz

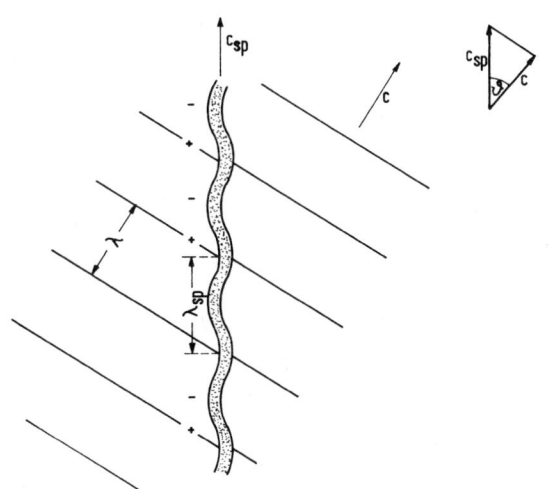

Bild 3.1-6 Koinzidenzfrequenz, zur Verdeutlichung des Effektes
c   Schallgeschwindigkeit in der Luft in m/s
c_{sp} Geschwindigkeit der Biegewelle in m/s
λ   Wellenlänge des Luftschalls in m
λ_{sp} Wellenlänge der Biegewelle in m
$90° - \delta$ Schalleinfallswinkel in °
+, − symbolisch für den Schalldruck

Die schematische Darstellung übertreibt natürlich, in der Praxis betragen die Auslenkungen der Schwingwegamplituden nur wenige µm und erreichen nur bei sehr dünnen hochelastischen Bauteilen die Größenordnung von mm. Bei rechtwinkligem Schalleinfall ist kein Einfluss der Koinzidenz zu erwarten. Auf der gesamten Bauteiloberfläche sind bei einer derartigen Beschallung nahezu gleiche Schalldrücke gegeben. Von Bedeutung wird der Koinzidenzeinfluss erst bei Schalleinfallswinkeln von $\alpha \geq 45°$ oder bei diffusem Schall, in dem auch entsprechend flach einfallende Energieanteile vorhanden sind.

Die Empfindlichkeit des Bauteils in Bezug auf Koinzidenz hängt von der Flächenmasse und der dynamischen Biegesteifigkeit des verwendeten Materials ab. Hierbei ist die niedrigste Koinzidenzfrequenz, die bei streifendem Schalleinfall gegeben ist, die so genannte Koinzidenz-Grenzfrequenz, wichtig.

Bei dünnen Bauteilen mit geringen Abständen der Biegewellen im Zentimeterbereich gleichen sich durch den so genannten „Koinzidenzkurzschluss" die Luftdruckdifferenzen direkt vor dem Bauteil aus, so dass der Einfluss im Raum gering bleibt.

In Bild 3.1-7 ist grafisch die Koinzidenzfrequenz häufiger Plattenbaustoffe in Abhängigkeit von deren Dicke angegeben. Sowohl dann, wenn die Koinzidenzfrequenz unterhalb des bauakustischen Frequenzbereiches (≤ 100 Hz) oder oberhalb des bauakustischen Frequenzbereiches (≥ 3.150 Hz) liegt, ist nur ein im Regelfall vernachlässigbarer Einfluss gegeben. Die praktische Auswirkung der Koinzidenz ist vor allem bei Glasscheiben, aber auch bei Gipskartonplatten erheblich, deren Koinzidenzfrequenz im genannten Bereich liegt.

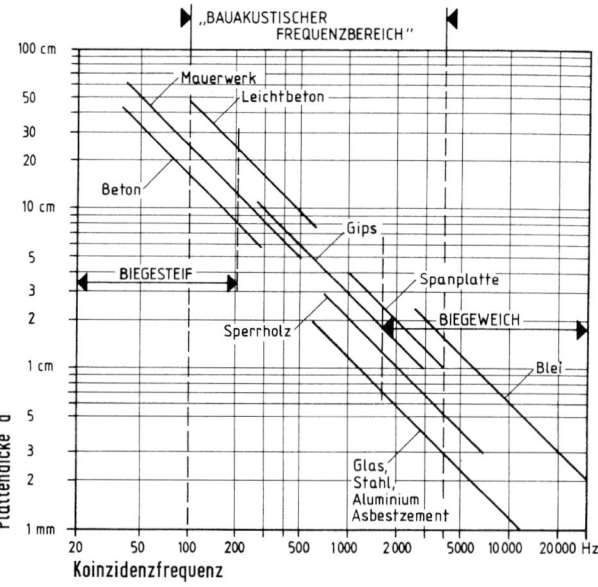

Bild 3.1-7 Koinzidenzfrequenz (Spuranpassungsfrequenz) bauüblicher Plattenbaustoffe in Abhängigkeit von der Plattendicke, Zuordnung des „bauakustischen Frequenzbereiches"

3.1.2.2 Zweischalige Bauteile

Zwei-Schalen-Theorie

Ebenso wie bei einschaligen Bauteilen ist auch bei zweischaligen Bauteilen der Einfluss der Masse dominierend. Es gelten somit zunächst auch für jede der beiden Schalen die unter 3.1.2 beschriebenen Zusammenhänge. Hinzu kommt bei den Beur-

3.1 Luftschalldämmung

teilungsparametern jedoch die Kopplung der beiden Schalen. Ist diese sehr stark, wenn z. B. zwei Mauerwerkswände zwar separat voneinander gemauert werden, sich aufgrund eines zu geringen Abstandes jedoch eine Vielzahl von Mörtelbrücken durch herausquellenden Mörtel in der Fuge bilden, so ist die Schalldämmung nur derjenigen einer einschaligen Wand vergleichbar, die die Masse beider Teilwände aufweist.

Bei *leichten biegeweichen Schalen* erhöht sich die Schalldämmung bei zweischaligen Konstruktionen jedoch beträchtlich, wenn beide Schalen konstruktiv voneinander gelöst sind und einen ausreichenden Abstand voneinander haben, so dass die zwischen beiden Schalen eingeschlossene Luft nur wenig Schallenergie weitergibt. Bei leichten zweischaligen Konstruktionen kann man deshalb von einem Schwingungssystem aus zwei Massen, gebildet aus den beiden Schalen und einer dazwischen liegenden Feder sprechen. Bild 3.1-8 zeigt das Schema. Rechnerisch hat ein derartiges Schwingungssystem eine Resonanzfrequenz, die wie folgt definiert ist:

$$f_0 = \frac{600}{\sqrt{d}} \sqrt{\frac{1}{m_1} + \frac{1}{m_2}} \; [Hz]$$

Hierin bedeuten:

f_0 Resonanzfrequenz der Zwei-Schalen-Konstruktion in Hz
d Schalenabstand in cm
m_1, m_2 Flächenmasse der Schalen in kg/m²

Bei symmetrischem Aufbau reduziert sich die Gleichung auf

$$f_0 \cong \frac{850}{\sqrt{d \cdot m}} \; [Hz]$$

Bild 3.1-9 zeigt diese Beziehung als Diagramm.

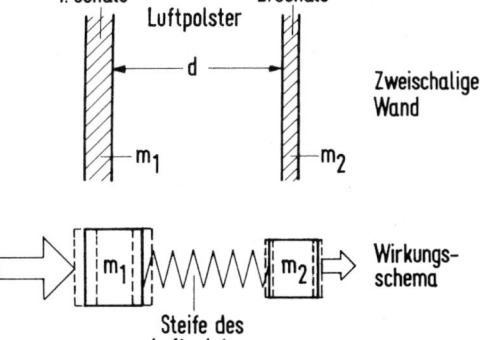

Bild 3.1-8 Wirkungsschema einer zweischaligen Konstruktion mit eingeschlossenem Luftpolster als „Feder" [37]

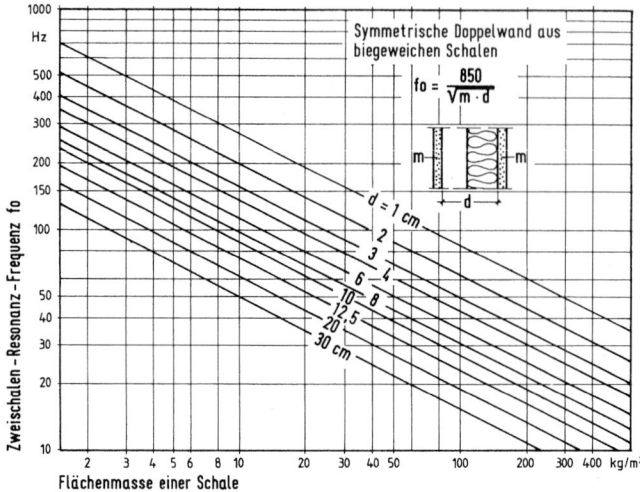

Bild 3.1-9 *Symmetrische Doppelwände aus biegeweichen Schalen* Resonanzfrequenz in Abhängigkeit von der Flächenmasse der Schalen m in kg/m² und deren Abstand d in cm bei loser Einlage einer Hohlraumdämpfung (z. B. aus Mineralfaserplatten) [37]

Ist dagegen eine Schale sehr viel schwerer als die andere, kann der Einfluss der Schwerschale vernachlässigt werden, die Resonanzfrequenz ermittelt sich dann ausschließlich aus der Flächenmasse der Vorsatzschale wie folgt:

$$f_0 \cong \frac{600}{\sqrt{m \cdot d}} \ [Hz]$$

Hierin bedeuten:

f_0 Resonanzfrequenz der Vorsatzschale in Hz
m Flächenmasse der (leichteren) Vorsatzschale in kg/m²

Die sich ergebende Resonanzfrequenz ist grafisch in Bild 3.1-10 dargestellt.

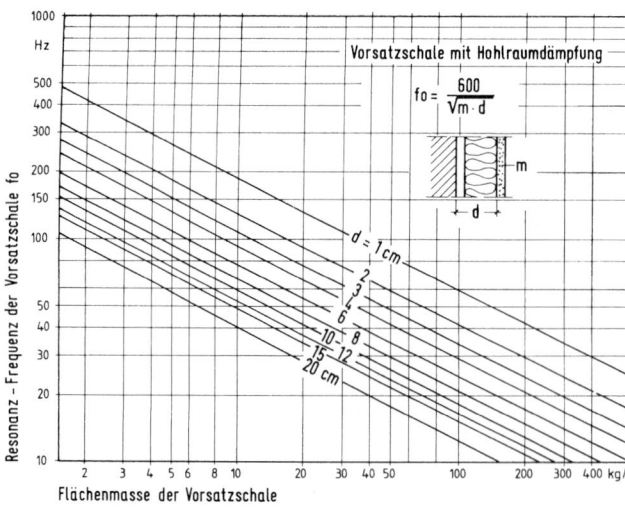

Bild 3.1-10 *Wände mit Vorsatzschalen* Resonanzfrequenz in Abhängigkeit von der Flächenmasse der Vorsatzschale und dem Abstand [37]

3.1 Luftschalldämmung

Zu den hier beschriebenen *Wänden mit Vorsatzschalen* siehe auch Abschn. 4.2. Ein häufiger Anwendungsfall sind zweischalige Wände aus schweren, biegesteifen Schalen, z. B. Reihenhaustrennwände oder *doppelschalige schwere Wände* aus Mauerwerk oder Beton, wie sie z. B. zwischen nebeneinander stehenden mehrgeschossigen Wohn- oder Geschäftshäusern in geschlossener Bauweise entstehen. Hier liegt die Resonanzfrequenz höher und ist nach *Gösele* [36] mit

$$f_0 \cong \frac{3.200}{\sqrt{m \cdot d}} \; [\text{Hz}]$$

zu ermitteln.

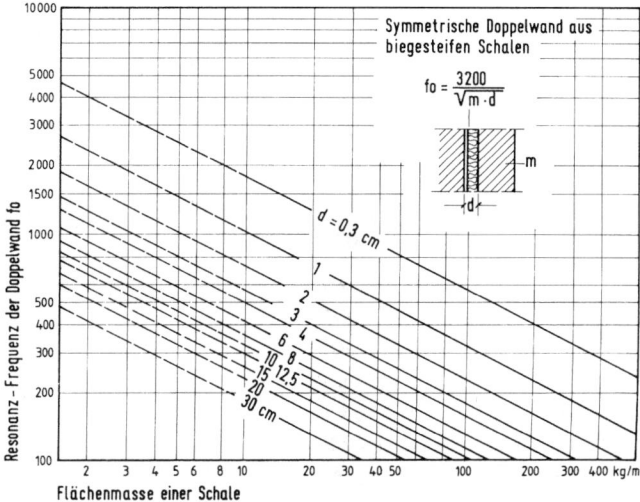

Bild 3.1-11 *Symmetrische schwere Doppelwände* Resonanzfrequenz in Abhängigkeit von der Flächenmasse und dem Schalenabstand (bei lose eingelegter Hohlraumdämpfung) [37]

Wie Bild 3.1-11 erkennen lässt, liegt die Resonanzfrequenz bei den meisten schweren Doppelwandkonstruktionen unter 200 Hz und ist kaum von Einfluss auf das bewertete Schalldämmmaß. Gelegentlich findet man jedoch noch im Bestand Doppelwände aus Gipsdielen, bei denen die zwischen 200 Hz und 400 Hz liegende Resonanzfrequenz interessant ist. Die Hohlraumdämpfung ist bei derartigen Konstruktionen im Regelfall lose in den konstruktiven Fugenbereich eingestellt. Schalltechnisch ist es auch nicht lohnend, hier eine kraftschlüssige Verbindung herzustellen, weil hierdurch die Schalldämmung nicht verbessert wird. Liegt dagegen (bei Deckenkonstruktionen) ein *„schwimmender" Estrich* auf der Trittschalldämmschicht kraftschlüssig auf, so ermittelt sich die Resonanzfrequenz nach der Beziehung:

$$f_0 \cong 160 \sqrt{\frac{s'}{m}} \; [\text{Hz}]$$

Hierin bedeuten:

s' dynamische Steifigkeit der Dämmschicht in MN/m³
m Flächenmasse des schwimmenden Estrichs oder der Vorsatzschale in kg/m²

Die Resonanzfrequenz von schwimmenden Estrichen ist von großer Bedeutung, da dünne Estriche mit steifen Dämmschichten mit ihrer Resonanzfrequenz mitten im bauakustischen Frequenzbereich zu liegen kommen und teilweise sogar zu Verschlechterungen der Trittschalldämmung führen. Bild 3.1-12 zeigt, dass jedoch bei üblichen dynamischen Steifigkeiten der Estrichdämmschicht von s′ ≤ 30 MN/m³ und Flächenmassen um 50 kg/m² die Resonanzfrequenz unter 200 Hz fällt, bei dynamischen Steifigkeiten von s′ = 10 MN/m³ bei allen praktischen Flächenmassen sogar unter f_0 = 100 Hz.

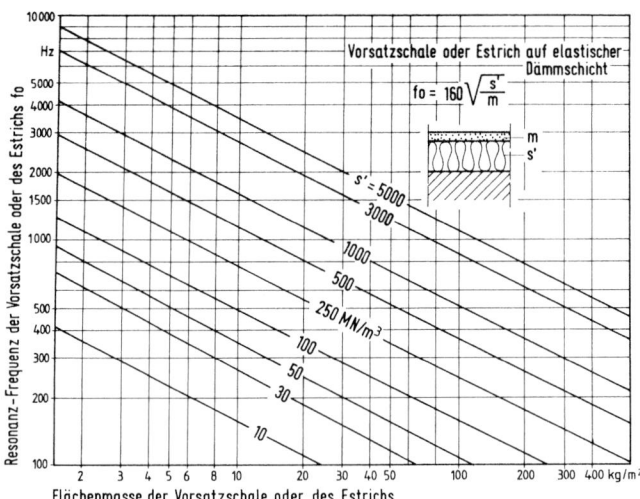

Bild 3.1-12 *Vorsatzschale oder Estrich auf elastischer Dämmschicht* Resonanzfrequenz in Abhängigkeit von der Flächenmasse der Vorsatzschale m in kg/m² und der dynamischen Steife der Dämmschicht s′ in MN/m³ [37]

Bild 3.1-13 zeigt, dass bei zweischaligen Konstruktionen die Resonanzfrequenz unter 125 Hz liegen sollte, damit innerhalb des bauakustischen Frequenzbereiches der theoretisch mögliche Anstieg der Schalldämmung von 12 dB/Oktave möglich ist. Resonanzfrequenzen im Bereich oberhalb von 1.000 Hz sind wiederum in Bezug auf die Form der Bezugskurve im Regelfall unkritisch.

Hohlraumdämpfung
Die bereits beschriebenen Hohlraumdämpfungen aus schallabsorbierenden Materialien im Zwischenraum, insbesondere Mineralfaserplatten, bewirken zum einen eine Senkung der Zwei-Schalen-Resonanz und dadurch eine deutliche Verbesserung der Schalldämmung im bauakustischen Frequenzbereich. Daneben wird jedoch auch die Koinzidenzfrequenz entschärft; die Dämmungseinbrüche im Bereich der Koinzidenzfrequenz sind mit guter Hohlraumdämpfung deutlich geringer. Die praktischen Auswirkungen der Hohlraumdämpfung sind in den Fachkapiteln für leichte zweischalige Wände und leichte Dachkonstruktionen (Abschnitte 4.3.3 und 4.4.3) mit praktischen Beispielen erläutert.

3.1 Luftschalldämmung

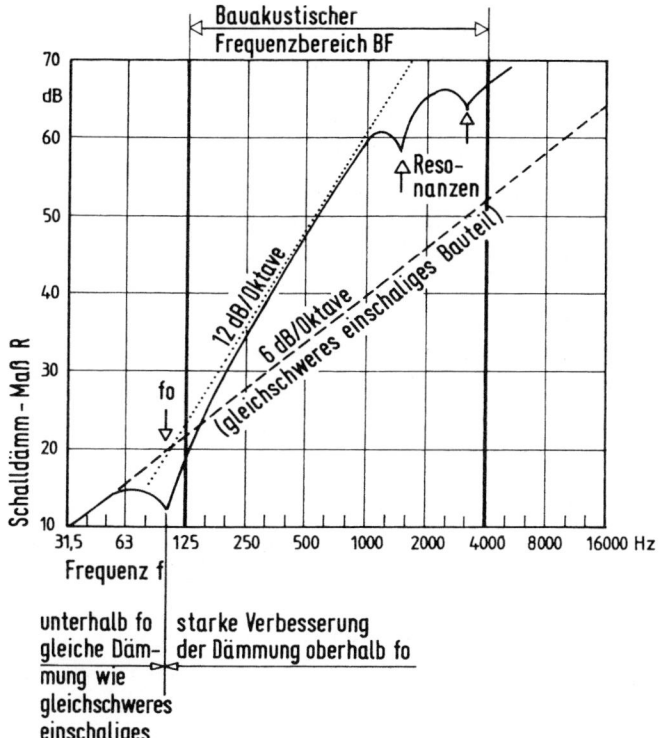

Bild 3.1-13 Schematischer Verlauf der Schalldämmung zweischaliger Konstruktionen über der Frequenz [37]

Undichtheiten der Schalen

Gegenüber einschaligen Konstruktionen (siehe 3.1.2.1) sind Undichtheiten bei zweischaligen Konstruktionen von geringerer Bedeutung in Bezug auf die Schalldämmung. Dennoch können auch bei zweischaligen Konstruktionen Undichtheiten zur Minderung der Schalldämmung und zur Beanstandung führen, wenn z. B. der Ausbau von Reihenhäusern dem Käufer überlassen wird und dieser in Selbsthilfe – ohne einen Putz aufzubringen – auf seiner Seite der doppelschaligen Haustrennwand z. B. nur eine Verbretterung auf Lattung aufbringt, durch die offene Stoßfugen etc. nicht dicht geschlossen werden.

Konstruktive Kopplung der Schalen

Wird das voneinander unabhängige Schwingungsverhalten der beiden Schalen zweischaliger Konstruktionen durch konstruktive Verbindungen gemindert, reduziert sich der schalltechnische Vorteil der Konstruktion gegenüber einer gleichschweren einschaligen Konstruktion. Typische Beispiele hierfür sind:

– harte, kraftschlüssig verbundene Dämmschichten zwischen Mauerwerkswänden (z. B. XPS)
– Befestigung von Gipskartonbeplankungen an konstruktiv erforderlichen Walzstahlprofilen oder Rechteckrohrprofilen (siehe hierzu auch 4.3.2)

- Ankopplung von Putzschichten bei WDVS-Systemen an die Rohwand durch zu steife Dämmschichten (siehe auch Abschn. 4.9.5.1)
- Verschraubung von Gipskartonplatten an Holzbalkendecken ohne Federschienen bzw. an Federhängern abgehängte Unterkonstruktionen (siehe auch Abschn. 4.1.2).

3.1.3 Drei- und mehrschalige Bauteile

Im Regelfall lässt sich gegenüber einer korrekt aufgebauten zweischaligen Konstruktion durch eine weitere Schale keine Verbesserung der Schalldämmung erzielen, die über den von der entsprechenden Masseerhöhung zu erwartenden Betrag hinausgeht. Bei den nachfolgend aufgeführten Ausnahmen sollte deshalb, um einen Misserfolg zu vermeiden, grundsätzlich ein Akustikfachmann hinzugezogen werden:

- biegeweiche Gipskartonvorsatzschalen an doppelschaligen Reihenhaustrennwänden
- biegeweiche freistehende Gipskartonvorsatzschale an Gipskartonwänden mit unzureichender Schalldämmung (als dritte Schale)
- federnd abgehängte Unterdecken an Rohdecken mit schwimmendem Estrich.

3.1.4 Schalldämmung zusammengesetzter Bauteile

3.1.4.1 Anwendung

Die Schalldämmung zusammengesetzter Bauteile, definiert durch das resultierende bewertete Schalldämmmaß res. R_w, ist in vielen praktischen Fällen von Interesse. Beim Schallschutz gegenüber Außenlärm sind fast immer neben den Fenstern auch Massivbauteile, Lüftungselemente, Brüstungen, Rollladenkästen oder andere Bauteile an der Schallübertragung beteiligt, weswegen auch die Anforderungen in DIN 4109 an das resultierende Schalldämmmaß (erf. $R'_{w,res}$) definiert sind. Aber auch bei Innenbauteilen, z. B. bei Flurwänden mit Türen und Oberlichtern oder Seitenlichtern, ist die Kenntnis des resultierenden Schalldämmmaßes unverzichtbar für die Beurteilung des Schallschutzes.

Letztlich kann auch die nach der alten DIN 4109-89 erforderlich gewesene Ermittlung des Schalldämmmaßes unter Mitwirkung der Längsschalldämmung der flankierenden Bauteile unter diesem Aspekt gesehen werden.

3.1.4.2 Zusammengesetzte Bauteile mit unterschiedlicher Dämmung und unterschiedlicher Bezugsfläche

Wenn zwischen zwei Räumen z. B. die Trennfläche aus zwei Bauteilen unterschiedlicher Schalldämmung gebildet wird, typischerweise z. B. eine Wand mit Tür, so kann man das resultierende Schalldämmmaß von Raum zu Raum nach der Beziehung

$$R_{res} = R_1 - 10 \lg \left[1 + \frac{S_2}{S_{ges}} (10^{0,1(R_1 - R_2)} - 1) \right] [dB]$$

3.1 Luftschalldämmung

berechnen. Hierin bedeuten:

R_{res} resultierendes Schalldämmmaß in dB
S_{ges} Gesamtfläche des Trennbauteils einschließlich der Fläche mit geringerer Schalldämmung in m²
S_1 Fläche des Hauptbauteiles (z. B. Wand) in m²
S_2 Fläche des Bauteils mit geringerer Schalldämmung (z. B. Türfläche) in m²
R_1 Schalldämmmaß des Hauptbauteiles (z. B. der Wand) in dB
R_2 Schalldämmung des Bauteils mit geringerer Schalldämmung (z. B. Tür) in dB.

Die grafische Darstellung in Bild 3.1.4-1 gestattet „auf einen Blick" die Auswirkungen auf das resultierende Schalldämmmaß zu erkennen. Insbesondere dann, wenn verschiedene Alternativen planerisch zu untersuchen sind, z. B. unterschiedliche Schalldämmmaße der Tür bei vorgegebener Wand.

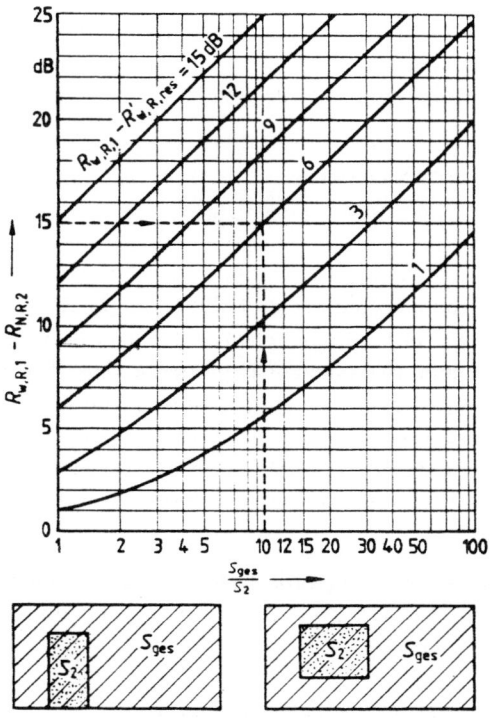

Bild 3.1.4-1 Grafische Ermittlung der resultierenden Schalldämmung aus Fläche und Schalldämmung der Teilflächen aus DIN 4109 [21]

S_{ges}/S_2 Verhältnis der gesamten Wandfläche S_{ges} einschließlich der Tür- oder Fensterfläche zur Tür- oder Fensterfläche S_2

R_1/R_2 Unterschied der Schalldämmmaße der Wand R_1 und demjenigen von Tür oder Fenster R_2

R_1/R_{res} Unterschied zwischen dem Schalldämmmaß der Wand (ohne Tür oder Fenster) R_1 und dem resultierenden Schalldämmmaß R_{res} der Wand mit Tür oder Fenster

Bei der planerischen Anwendung sind folgende allgemeine Zusammenhänge von Bedeutung. Bei kleinen Flächenverhältnissen S_{ges}/S_2, z. B. wenn die Fläche der Flurwand nur drei bis sechs Mal so groß ist wie die Türfläche, und relativ großer Differenz der Schalldämmmaße, z. B. Wand mit $R_w = 50$ dB und Tür mit $R_w = 32$ dB, ist die resultierende Schalldämmung nur unwesentlich höher als die Schalldämmung des schwächeren Bauteils (hier der Tür).

In diesen Fällen kann eine Kompensation des Schalldämmmaßes z. B. der Tür durch Erhöhung der Schalldämmung der Wand kaum den gewünschten Erfolg bringen. Anders sieht dies bei großen Flächenverhältnissen aus, z. B. wenn eine 18 m² große Zimmertrennwand in einem Verwaltungsgebäude mit einer Fassadenanschlussschotte von $S_2 = 1$ m² an die Fassade angeschlossen wird. Hier kann sehr wohl durch Erhöhung der eigentlichen Schalldämmung der Wand ein bis zu 5 dB geringeres Schalldämmmaß der Fassadenanschlussschotte kompensiert werden.

Für einen häufig vorkommenden Fall, nämlich einer Flurwand mit Oberlichtern und Tür, ist in Bild 3.1.4-2 dargestellt, wie sich das resultierende Schalldämmmaß $R_{w,res}$ verändert, wenn sowohl für das Oberlicht als auch für die Tür unterschiedliche Schalldämmmaße gewählt werden. Mit einem Blick kann erkannt werden, dass ohne entsprechende Schalldämmwerte der Tür kein guter Schallschutz erreicht werden kann, sei die Schalldämmung der Wand (50 dB) und des Oberlichtes noch so gut.

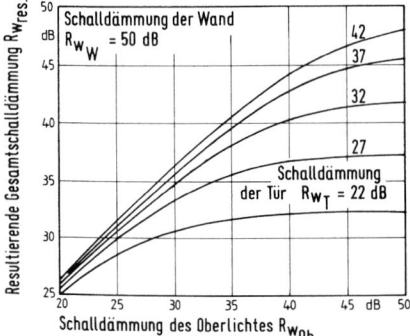

Bild 3.1.4-2 Resultierendes Schalldämmmaß einer Flurwand mit Oberlicht und Tür bei konkreten Flächenverhältnissen und vorgegebener Schalldämmung der Wand mit $R_w = 50$ dB. Bei geringen Schalldämmmaßen der Tür bewirkt z. B. die Erhöhung der Schalldämmung des Oberlichtes (die im Regelfall mit hohen Kosten verbunden ist) keine Verbesserung des bewerteten Schalldämmmaßes. [37]

3.1.4.3 Resultierendes Schalldämmmaß bei unterschiedlicher Dämmung, jedoch gleicher Bezugsfläche

Werden Bauteile, insbesondere flankierende Bauteile nach der alten DIN 4109-89 [21], auf die gleiche Bezugsfläche definiert, z. B. die Bezugsfläche $S = 10$ m² oder die gemeinsame Trennwandfläche, kann das bewertete Schalldämmmaß auch durch einfache energetische Addition mit Hilfe von Bild 3.1.4-3 erfolgen. Sind mehr als zwei Bauteile vorhanden, bildet man „Paare" und geht mit dem Zwischenergebnis erneut in das Diagramm, wie das dargestellte Beispiel deutlich macht.

3.1 Luftschalldämmung

Tabelle zur grafischen Ermittlung des resultierenden Gesamtdämmmaßes

Einzelschalldämmmaß bzw. -schalllängsdämmmaß R_w, R_{Lw} in dB	Zwischen- „Summen"	Resultierendes Gesamtschalldämmmaß in dB
52 54	50	
52 48	46,5	45 43,5
50 56	49	

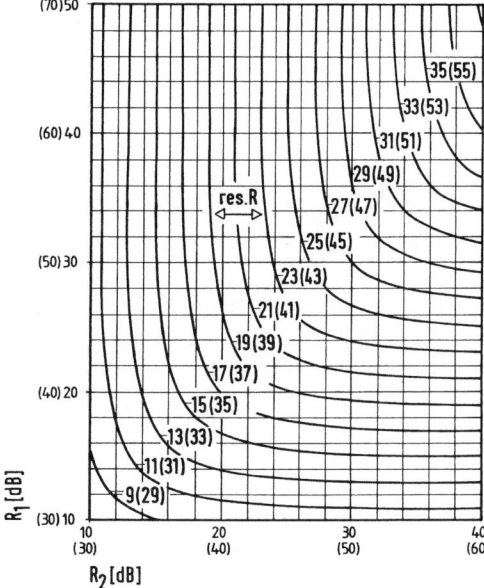

Bild 3.1.4-3 Diagramm zur grafischen Bildung eines resultierenden Schalldämmmaßes res. R aus jeweils zwei Einzelschalldämmmaßen R_1 und R_2 in dB, bei Bezug auf die gleiche Bezugsfläche [37]

3.1.4.4 Berechnung mit der Norm-Schallpegeldifferenz $D_{n,w}$

Für kleinformatige Bauteile, wie z. B. Lüftungselemente in Fassaden, Überströmelemente in Flurwänden und ähnlichen Bauteilen, wird nach DIN EN ISO 140-4 [38] die bewertete Norm-Schallpegeldifferenz $D_{n,w}$ ermittelt, die auf eine Bezugsabsorptionsfläche von $A_0 = 10$ m^2 zu beziehen ist. Für den nur gelegentlich mit solchen Aufgaben betrauten Bauleiter ist dies insofern irritierend, als das im Prüfbericht bescheinigte Maß für die bewertete Norm-Schallpegeldifferenz sehr viel höher ist, als das auf die eigentliche Fläche des Elementes bezogene bewertete Schalldämmmaß.

Wer z. B. neben einem Fenster mit erf. $R'_w = 45$ dB ein Lüftungselement mit $D_{n,w} = 50$ dB einbaut und als Laie der Auffassung ist, „5 dB Reserve sind doch wohl genug", begeht einen schwerwiegenden Planungsfehler, denn das auf die Fensterfläche bezogene Schalldämmmaß des Lüftungselementes kann z. B. bei nur $R_w = 40$ dB zu liegen kommen.

Bild 3.1.4-4 gestattet die schnelle Umrechnung, wenn z. B. nur die bewertete Norm-Schallpegeldifferenz eines Bauteils (z. B. Lüfter) bekannt ist. Man erhält als Ergebnis das resultierende Schalldämmmaß res. R'_w, mit dem man dann gemäß Abschnitt 4.9 weiterrechnen kann.

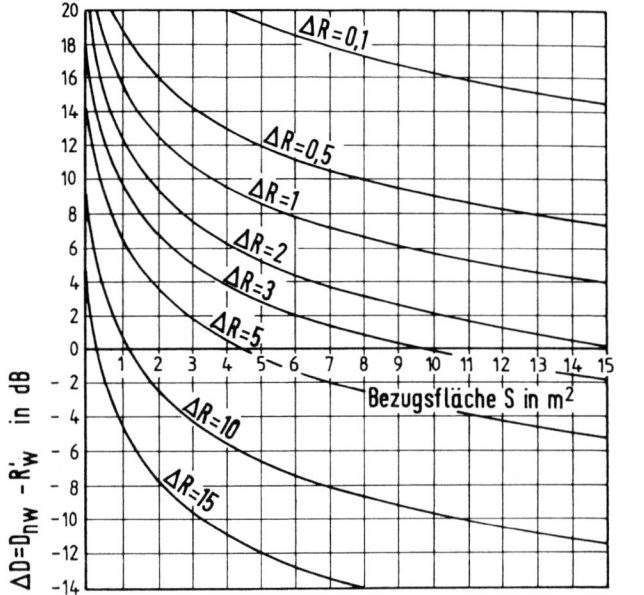

Bild 3.1.4-4 Umrechnung der bewerteten Norm-Schallpegeldifferenz $D_{n,w}$ auf das bewertete Schalldämmmaß R'_w, bezogen auf dessen Bezugsfläche

Beispiel:
Lüfterelement
$D_{n,w} = 45$ dB
Fenster
$R_w = 40$ dB
Fensterfläche
$S = 5$ m
$\Delta D = D_{n,w} - R'_w = 45 - 40$
$= 5$ dB
$\Delta R \cong 2$ dB
res. $R_w = 40 - 2 = 38$ dB

3.1.5 Schalllängsdämmung

3.1.5.1 Monolithische Massivbauteile

Zur Definition der Schalllängsdämmung und ihrer Messgrößen sei auf Abschnitt 3.1.1.3 des Buches verwiesen. Bei massiven monolithischen Bauteilen ist ebenso wie bei der Transmissionsdämmung das früher gebräuchliche bewertete Schalllängsdämmmaß $R_{L,w}$, welches im Übrigen identisch ist mit der heute gebräuchlichen bewerteten Norm-Flankenpegeldifferenz $D_{n,F,w}$, von der Masse des Bauteils abhängig. Für erste orientierende Abschätzungen kann Bild 3.1.5-1 herangezogen werden. Vereinfachend kann man sagen, dass bei flankierenden Massivbauteilen, die eine Flächenmasse 300 kg/m² überschreiten, bei üblichen Bemessungen im Wohnungs- oder Verwaltungsgebäude sowie in Krankenhäusern etc. die flankierende Übertragung unkritisch ist.

Für den genaueren Nachweis im Massivbau mit durchlaufenden flankierenden monolithischen Massivbauteilen ist das neue Rechenverfahren der DIN 4109 [1] anzuwenden, um die unterschiedlichen Anbindungen der Trennbauteile an die durchlaufenden flankierenden Massivbauteile korrekt erfassen zu können. Zurzeit fehlen hier jedoch noch die erforderlichen Daten der Hersteller.

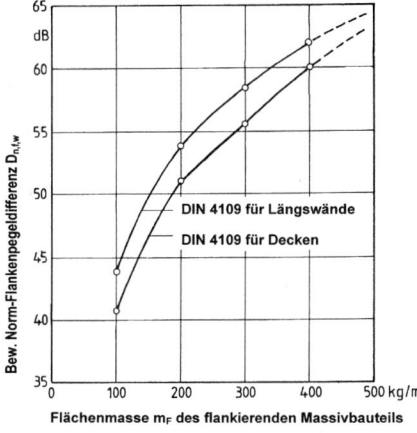
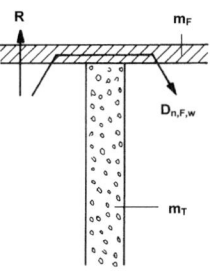

Bild 3.1.5-1 Bewertetes Schalllängsdämmmaß (bewertete Norm-Flankenpegeldifferenz) von Massivbauteilen, Orientierungswerte

3.1.5.2 Durchlaufende leichte Bauteile

Durchlaufende, im Regelfall biegeweiche flankierende Bauteile können insbesondere sein:

- abgehängte Unterdecken mit durchgängig offenem Hohlraum
- Hohlraumböden mit durchgängig offenem Hohlraum
- Doppelböden mit durchgängig offenem Hohlraum
- Wandvorsatzschalen
- durchlaufende schwimmende Estriche
- Fassaden in Leichtbauweise.

Näheres zu den erzielbaren bewerteten Norm-Flankenpegeldifferenzen und den zu beachtenden Randbedingungen in den entsprechenden Abschnitten:

Bauteil	Abschnitte des Buches
abgehängte Unterdecken	4.6
Doppelböden	4.7.2
Hohlraumböden	4.7.3
Vorsatzschalen	4.3.2.5
Fassaden	4.9

3.2 Trittschalldämmung

3.2.1 Begriffsbestimmungen

Auch für die Trittschalldämmung werden nachfolgend sowohl die seit Jahrzehnten vom Bauakustiker genutzten „klassischen" bauteilbezogenen Messgrößen dargestellt, als auch die den Schallschutz in konkreten Raumsituationen – die allerdings im Rahmen der grundlegenden Planung oftmals noch nicht feststehen – besser charakterisierenden nachhallzeitbezogenen Messgrößen. Diese Aussage gilt auch für Anregungen, die nicht im ursprünglichen Sinne auf „Trittschall" zurückzuführen sind, wie Stühlerücken, fallende Gegenstände etc.

3.2.1.1 Norm-Trittschallpegel

Im Gegensatz zur Luftschalldämmung stellt der Norm-Trittschallpegel keine Dämmung, sondern ein Maß für das zu erwartende Störgeräusch dar. Insofern bedeuten daher hohe Werte des Norm-Trittschallpegels einen schlechteren Trittschallschutz.

Aus diesem Grund ist bei der Messung des Trittschallschutzes ein eigens für diesen Zweck entwickeltes Anregegerät (sog. Normhammerwerk) erforderlich, um die erforderlichen Absolutwerte in den einzelnen Terzbändern zu erhalten. Zur messtechnischen Bestimmung des Luftschallschutzes könnte im Grunde genommen mit beliebigen Geräuscherzeugern, z. B. menschlicher Sprache oder Musik, die Schallpegeldifferenz und damit die Luftschalldämmung bestimmt werden (die aus normativen Gründen jedoch natürlich mit genormten synthetischen Geräuschen ermittelt wird). Näheres zur Messtechnik siehe Abschn. 5 dieses Buches.

Mit Einführung der DIN 52 210:1984 [44] wurde die bis heute gültige Messmethode der Ermittlung der Trittschallpegel in Terzbandbreite auch in Deutschland zum Standard und löste damit die bis dahin durchgeführte Messung in Halboktavschritten mit überlappenden Oktavbändern ab.

Der Norm-Trittschallpegel bezeichnet die Trittschalldämmung von Bauteilen nach der Beziehung

$$L_n = L + 10 \log (A/A_0)$$

Hierin bedeuten:

L_n Norm-Trittschallpegel in dB
L gemessener Schallpegel je Terz (Trittschallpegel) in dB
A äquivalente Schallabsorptionsfläche des Empfangsraums in m^2
A_0 Bezugs-Absorptionsfläche ($A_0 = 10$ m^2).

Wie beim Schalldämmmaß wird auch der Norm-Trittschallpegel insbesondere für Messungen in Prüfständen, bei denen die Schallübertragung über flankierende Bauteile praktisch ausgeschlossen ist, herangezogen.

Bei Messungen auf Baustellen, bei denen auch die Schallübertragung über flankierende Bauteile Einflüsse auf das Messergebnis haben kann, die in der Regel zu einer

3.2 Trittschalldämmung

schlechteren Trittschalldämmung der untersuchten Konstruktionen gegenüber Labormessungen führen, wird der Norm-Trittschallpegel ebenfalls durch einen Apostroph gekennzeichnet, aber nach wie vor als Norm-Trittschallpegel beschrieben.

L'_n Norm-Trittschallpegel in dB (mit Nebenwegübertragung, gemessen am Bau)

Aus dem Norm-Trittschallpegel für einzelne Terzen, der nach oben beschriebener Vorgehensweise ermittelt werden kann, wird der bewertete Norm-Trittschallpegel als Einzahlangabe durch Vergleich mit einer Bezugskurve nach DIN EN ISO 717-2 [45] bestimmt.

Bis zur Einführung der heute noch gültigen DIN 4109/89 [21] wurde anstelle des bewerteten Norm-Trittschallpegels $L'_{n,w}$ das Trittschallschutzmaß TSM verwendet. Zwischen den beiden Größen besteht folgender Zusammenhang:

$$TSM = 63 - L'_{n,w} \text{ [dB]}$$

Hierin bedeuten:

TSM Trittschallschutzmaß in dB
$L'_{n,w}$ bewerteter Norm-Trittschallpegel in dB

Die Mindestanforderungen der DIN 4109/1962/63 [15] betrugen für Geschossdecken TSM = 0 dB. Bessere Bauteile ergaben positive Werte des TSM, schlechtere Bauteile negative. Seit ungefähr 1985 überwiegt im Bauwesen die Verwendung des bewerteten Norm-Trittschallpegels, der allerdings den für Laien irritierenden Effekt hat, dass hohe Zahlenwerte „schlecht" sind.

Die bislang geschichtlich gewachsenen Anforderungen an bestimmte schalldämmende Bauteilqualitäten sollen teilweise durch raumbezogene Kenngrößen abgelöst werden. In Österreich und der Schweiz ist dies bereits geschehen. Bei der Beurteilung des Trittschallschutzes wird damit zukünftig auch das Empfangsraumvolumen mit zu berücksichtigen sein, was gleichzeitig das Beurteilungsverfahren um einen Rechenschritt aufwändiger macht. Ob sich für die Nutzer Vorteile durch dieses neue Beurteilungsverfahren ergeben, ist zweifelhaft (In der neuen DIN 4109 [1] ist es deshalb bei den alten bauteilbezogenen Größen geblieben).

3.2.1.2 Standard-Trittschallpegel L'_{nT}

In der VDI 4100/2012 [27] wird als neue raumbezogene Kenngröße für den Trittschallschutz der Standard-Trittschallpegel L'_{nT} bzw. als Einzahl-Angabe der bewertete Standard-Trittschallpegel $L'_{nT,w}$ verwendet:

$$L'_{nT} = L + 10 \log T/T_0$$

Hierin bedeuten:

L'_{nT} Standard-Trittschallpegel in dB
L gemessener Schallpegel je Terz (Trittschallpegel) in dB
T Nachhallzeit im Empfangsraum in s
T_0 Bezugs-Nachhallzeit ($T_0 = 0{,}5$ s)

Der Zusammenhang zwischen bauteilbezogener Kenngröße $L'_{n,w}$ und raumbezogener Kenngröße $L'_{nT,w}$ ist:

$$L'_{n,w} = L'_{nT,w} + 10 \log(V) - 15 \text{ dB}$$

Darin bedeuten:

$L'_{n,w}$ bewerteter Norm-Trittschallpegel in dB
$L'_{nT,w}$ bewerteter Standard-Trittschallpegel, Bezugs-Nachhallzeit von 0,5 s
V   Raumvolumen des Empfangsraums in m³

Je größer das Raumvolumen ist, desto geringer ist bei gleicher trittschalldämmender Bauteilqualität $L'_{n,w}$ der Wert $L'_{nT,w}$. Für in Reihenhäusern übliche Raumvolumina für kombinierte Wohn-, Ess- und Kochbereiche von V = 100 m³ ergeben sich nach oben aufgeführtem Zusammenhang bewertete Standard-Trittschallpegel, deren Wert um 5 dB geringer ist, als der bewertete Norm-Trittschallpegel.

Vergleichbar mit dem Luftschallschutz kann auch dem Standard-Trittschallpegel eine physiologisch bessere Eignung für die Beurteilung des Trittschallschutzes zwischen verschiedenen schutzbedürftigen Nutzungseinheiten bescheinigt werden. Im Hinblick auf die baupraktischen Anwendungen ergeben sich bei der Verwendung der raumbezogenen Kenngrößen erhebliche Nachteile in der Praxis:

– In Abhängigkeit von der Größe des jeweiligen Empfangsraumes ergeben sich für gleiche Bauteile unterschiedliche Werte für $L'_{n,T,w}$.
– Bei großen Räumen ergeben sich durch den Bezug auf die Raummitte gute Werte für $L'_{n,T,w}$ trotz evtl. unzureichender Werte für $L'_{n,w}$, was insbesondere direkt in der Nähe der Trennbauteile zwischen fremden Nutzungseinheiten kritisch ist.
– Verdingungstechnisch ist $L'_{n,T,w}$ ungeeignet, als juristisch einwandfreie Eigenschaft kann nur der bewertete Norm-Trittschallpegel ausgeschrieben werden. Für ein $L'_{n,T,w}$ kann nur ein Generalunternehmer, nicht jedoch ein Einzelunternehmer (z. B. Estrichleger) haften.
– Bei nachträglichen Grundrissänderungen müsste der Schallschutznachweis neu aufgestellt werden. Bei Volumenänderungen könnten dabei u. U. Anforderungswerte nicht mehr eingehalten werden, wenn die jeweilige Grundrissänderung erst relativ spät während der Bauausführung vorgesehen wird. Dies ist heutzutage bei größeren Projekten zur Sicherstellung der größtmöglichen Flexibilität für den späteren Nutzer durchaus bereits als üblich zu bezeichnen.

3.2.1.3 Trittschallminderung

Wird auf eine Rohdeckenkonstruktion ein Fußboden (z. B. als schwimmender Estrich oder gehweicher Belag) aufgebracht, ergibt sich dadurch ein gegenüber der Rohdecke geringerer Norm-Trittschallpegel für das gesamte Bauteil.

In Bild 3.2-1 sind prinzipielle Verläufe des Norm-Trittschallpegels sowie der Trittschallminderung über der Frequenz für die Rohdecke und verschiedene, darauf aufgebrachte Bodenaufbauten dargestellt.

3.2 Trittschalldämmung

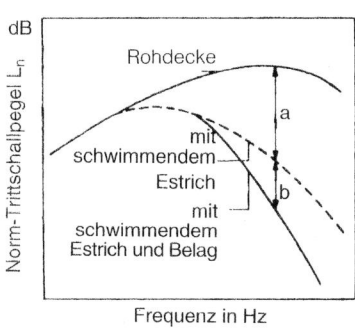 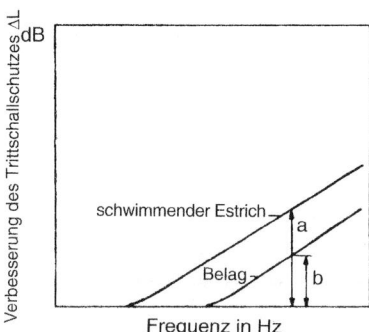

Bild 3.2-1 Verbesserung des Norm-Trittschallpegels einer Rohdecke durch Estrich und Belag

Der Unterschied zwischen dem Norm-Trittschallpegel mit und ohne Fußbodenkonstruktion wird als Trittschallminderung ΔL bezeichnet (Bei dem etwas aufgeblähten Begriff „Trittschallpegelminderung", der in DIN EN ISO 717-2 [45] gelegentlich genannt wird, handelt es sich offensichtlich um eine übersehene Korrektur.):

$$\Delta L = L_0 - L_1$$

Hierin bedeuten:

ΔL   Trittschallminderung in dB
L_0 Norm-Trittschallpegel der Decke ohne Fußboden in dB
L_1 Norm-Trittschallpegel der Decke mit Fußboden in dB

Aus baupraktischen Gründen wurde auch für die Trittschallminderung eine Einzahlangabe eingeführt, um verschiedene Produkte und ihre trittschallmindernde Qualität direkt miteinander vergleichen zu können. Hierfür wird die bewertete Trittschallminderung ΔL_w als Einzahlangabe nach dem in DIN EN ISO 717-2 [45] beschriebenen Verfahren bestimmt.

Früher wurde diese Kenngröße als Trittschall-Verbesserungsmaß ΔL_w [44] oder Verbesserungsmaß VM (damals noch ermittelt aus Messungen in Halboktaven bei überlappenden Oktavbändern) [44, 15] bezeichnet.

3.2.1.4 Flankenübertragung

Wird die Schallenergie nahezu ausschließlich über ein flankierendes Bauteil übertragen, spricht man von Flankenübertragung. Die Messung der Flankenübertragung ist in DIN EN ISO 10 848 [35] genormt. Die heute übliche Messgröße ist der Norm-Flankentrittschallpegel $L_{n,f}$:

$$L_{n,f} = L_2 + 10 \log A/A_0$$

Hierin bedeuten:

$L_{n,f}$ Norm-Flankentrittschallpegel in dB
L_2 Empfangsraumpegel in dB
A   äquivalente Schallabsorptionsfläche des Empfangsraums in m²
A_0 Bezugs-Absorptionsfläche ($A_0 = 10$ m²)

Auch aus dem Norm-Flankentrittschallpegel kann der bewertete Norm-Flankentrittschallpegel $L_{n,f,w}$ als Einzahlangabe nach dem in DIN EN ISO 717-2 [45] beschriebenen Verfahren berechnet werden.

3.2.2 Einflüsse auf die Trittschalldämmung

3.2.2.1 Rohdecke

Massiv- und Hohlkörperdecken

Die heutzutage am Bau üblichen Massivdecken und Hohlkörperdecken weisen für sich alleine eine sehr schlechte Trittschalldämmung auf und werden darum in Gebäuden mit Anforderungen an die Trittschalldämmung praktisch ausschließlich mit trittschallmindernden Auflagen (schwimmenden Estrichen, Trockenestrichen, weichfedernden Bodenbeläge, etc.) eingesetzt (ausführliche Hinweise hierzu siehe Abschn. 4.1.1 dieses Buches).

Damit interessiert i. d. R. nicht die Trittschalldämmung der Rohdecke, sondern deren „Trittschallverbesserungsfähigkeit" bei Verwendung einer trittschallmindernden Deckenauflage. Die entsprechende Einzahl-Angabe ist der äquivalente Norm-Trittschallpegel $L_{n,w,eq}$ nach DIN EN ISO 717-2 [45].

Praktisch alle trittschallmindernden Deckenauflagen verbessern insbesondere die hochfrequente Trittschalldämmung der Rohdecken, während sich bei der tieffrequenten Trittschalldämmung keine wesentlichen Verbesserungen – und teilweise sogar Verschlechterungen durch Resonanzeffekte – ergeben. Insofern ist insbesondere die tieffrequente Trittschalldämmung der Rohdecken für den äquivalenten bewerteten Norm-Trittschallpegel $L_{n,w,eq}$ von zentraler Bedeutung.

Massiv-Rohdecken und Hohlkörper-Rohdecken unterscheiden sich im mittleren und hochfrequenten Bereich deutlich in der frequenzabhängigen Trittschalldämmung. Dagegen ist die tieffrequente Trittschalldämmung sehr ähnlich und es ergibt sich näherungsweise für den äquivalenten bewerteten Norm-Trittschallpegel $L_{n,w,eq}$ ein Zusammenhang mit der flächenbezogenen Masse der Rohdecke. Der analoge Zusammenhang – allerdings mit um 0,3 dB höheren Werten – ist in DIN EN 12 354-2 [46] formuliert:

$$L_{n,w,eq} = 164 - 35 \cdot \log (m'/1 \text{ kg/m}^2)$$

Hierin bedeuten:

$L_{n,w,eq}$ äquivalenter bewerteter Norm-Trittschallpegel in dB
m' flächenbezogene Masse der Massiv-Rohdecke bzw. Hohlkörper-Rohdecke in kg/m²

Verbundestriche aus Zement oder Calciumsulfat und Putz sowie Estriche auf Trennlage können bei der Berechnung der flächenbezogenen Masse ebenso wie in der Decke verbleibende Schalkörper direkt der Flächenmasse der Rohdecke zugerechnet werden.

3.2 Trittschalldämmung

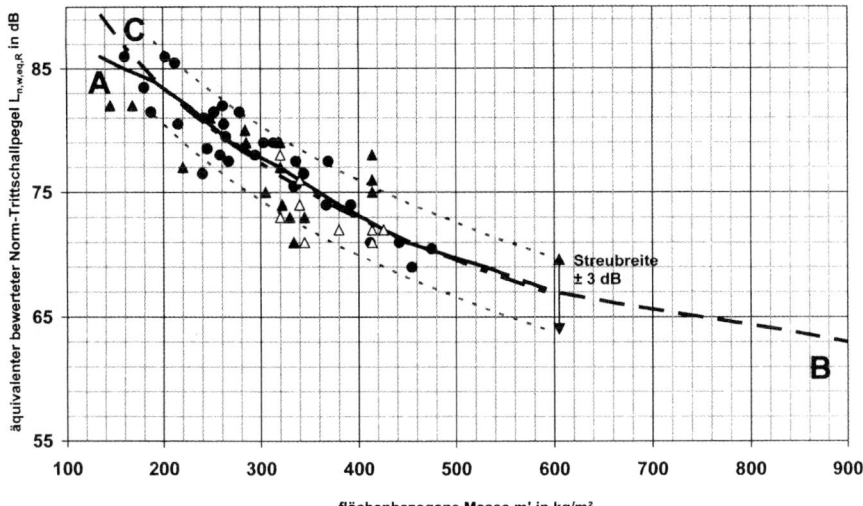

Bild 3.2-2 Äquivalenter bewerteter Norm-Trittschallpegel in Abhängigkeit von der flächenbezogenen Masse der Rohdecke, Angaben aus verschiedenen Quellen
A   Rechenwerte $L_{n,w,eq,R}$ nach Bbl. 1 zu DIN 4109, Tabelle 16 [22]
B   Erweiterung Bbl. 1 zu DIN 4109, Tabelle 16 nach Sälzer [47]
C   Werte nach DIN EN 12 354-2, Gl. B.5 $L_{n,w,eq}$ = 164 − 35 · lg (m'/1 kg/m²), gilt bis 600 kg/m² [46]
● Messwerte Stahlbetondecken und Hohlkörperdecken, *Gösele* [48]
▲ Messwerte Zusammenstellung *Fischer* [49], Labormessungen mit bauähnlicher Flankenübertragung
△ Messwerte Zusammenstellung *Fischer* [49], Labormessungen mit unterdrückter Flankenübertragung

Man erkennt in Bild 3.2-2, dass die Abweichungen der einzelnen Messwerte zu den Bemessungskurven etwa ± 3 dB betragen. Ein Teil dieser Streuungen dürfte dabei auf Unsicherheiten bei der Bestimmung der flächenbezogenen Masse der Rohdecke zurückzuführen sein. Weitere Einflussparameter sind vorhanden (z. B. Körperschallnachhallzeit, Stoßstellenausbildung) [46, 49], werden aber im Rahmen dieses Buches nicht detaillierter betrachtet.

Daneben sind in Bild 3.2-2 Messwerte $L_{n,w,eq}$ dargestellt. Hierbei sind neben Messwerten in Prüfständen mit bauähnlicher Flankenübertragung auch Messwerte in Prüfständen mit unterdrückter Flankenübertragung angegeben. Letztgenannte Messwerte liegen um etwa 1 bis 2 dB niedriger, als solche aus Prüfständen mit bauähnlicher Flankenübertragung [49].

Nach DIN 4109 [21], Abs. 6.4.2 konnte man Messwerte des äquivalenten Norm-Trittschallpegels im Labor direkt, d.h. ohne weitere Vorhaltemaße, aus Prüfungen in Prüfständen mit bauähnlicher Flankenübertragung erzielen. Nach europaweit erfolgter Umstellung auf bauakustische Prüfstände mit unterdrückter Flankenübertragung nach DIN EN ISO 140-1 [38] sind solche Prüfstände nun allerdings nicht mehr verfügbar. Hilfsweise muss – zur Wahrung des Sicherheitsniveaus im Hinblick auf das Rechenverfahren nach Beiblatt 1 zu DIN 4109, Ausgabe 1989 [22] – auf Messwerte, erzielt in Prüfständen mit unterdrückter Flankenübertragung ein geeigneter Zuschlag erhoben werden. Hinweise hierzu kann DIN EN 12 354-2, Tabelle 1 [46] liefern.

In der Baupraxis werden heute in vielen Fällen (z. B. Krankenhäuser, Verwaltungs- und Laborgebäude) Stahlbeton-Massivdecken mit Dicken um 25 bis 30 cm eingesetzt. Mit Verbundestrichen o. ä. ergeben sich wirksame Schichtdicken von bis zu 40 cm, entsprechend einer flächenbezogenen Masse von 920 kg/m². Auch im modernen Wohnungsbau beträgt die Dicke der Stahlbeton-Massivdecken in vielen Fällen um 22 bis 25 cm. Leider reichen die Angaben zum äquivalenten Norm-Trittschallpegel nach Beiblatt 1 zu DIN 4109, Tabelle 16 [22], nur bis zu 525 kg/m² (22 cm Stahlbeton) und nach DIN EN 12 354-2 [46] nur bis zu 600 kg/m² (26 cm Stahlbeton). Eine für die Baupraxis erforderliche Extrapolation der Rechenwerte der äquivalenten Norm-Trittschallpegels ist in [50] angeben und in Bild 3.2-3 eingetragen.

Das Verfahren der neuen DIN 4109-2 [2] sieht die Berechnung des Rechenwertes und die Berücksichtigung weiterer Parameter vor, die allerdings in 90 % aller praktischen Fälle ohne jegliche Bedeutung sind, ohne dass hierauf hingewiesen wird.

Holzbalkendecken
Unter dem Begriff Holzbalkendecken werden mehrschalige Deckenkonstruktionen bestehend aus Holzbalken als Tragkonstruktion mit einer oberseitigen, aussteifenden Abdeckung sowie evtl. einer unterseitigen Verkleidung, in der Regel mit einer Füllung der Gefachbereiche, bezeichnet.

Grundsätzlich ergeben sich bei Holzbalkendecken aufgrund ihrer geringen flächenbezogenen Masse in der Regel Probleme beim Trittschallschutz im tiefen Frequenzbereich.

Das für Massivdecken anzuwendende Verfahren zur Vorausberechnung der zu erwartenden Trittschalldämmung ist für Holzbalkendecken nicht anwendbar. Ein genormtes Verfahren zur Berechnung des äquivalenten bewerteten Norm-Trittschallpegels von Holzbalken-Rohdecken liegt gegenwärtig ebenfalls nicht vor.

Konstruktive Hinweise und Bemessungsregeln für Holzbalkendecken sind unter Abschn. 4.1.2 zu finden.

Bestimmend für den bewerteten Norm-Trittschallpegel $L'_{n,w}$ sind nur die tieffrequenten Terzbänder. Aus diesem Grund hat *Gösele* 1979 die Ermittlung des äquivalenten bewerteten Norm-Trittschallpegels als arithmetisches Mittel der tiefen Frequenzen (damals noch für die Messmethode der überlappenden Oktavbänder [51]) angegeben. Umgerechnet auf die heutige Messnorm ergibt sich daraus:

$$L'_{H,n,w,eq} = 1/6 \; (L'_{n,100Hz} + L'_{n,125Hz} + L'_{n,160Hz} + L'_{n,200Hz} + L'_{n,250Hz} + L'_{n,315Hz}) - 4 \text{ dB}$$

Eine etwas andere Methode zur Ermittlung der Werte $L'_{H,n,w,eq}$ bzw. $L_{H,n,w,eq}$ wird in [52, 53] verwendet.

Konstruktive Hinweise und Bemessungsregeln für Holzbalkendecken sind unter Abschn. 4.1.2 dieses Buches zu finden.

3.2.2.2 Estrich und Bodenbelag

Schwimmende Gussasphalt-, Calciumsulfat- und Zementestriche auf Mineralfaser- und Polystyrol-Trittschalldämmplatten

Mineralisch gebundene Estriche auf Mineralfaser- bzw. auf Polystyrol-Trittschalldämmplatten gehören mit zu den am häufigsten eingesetzten Baukonstruktionen. Durch das Aufbringen dieser Konstruktionen können erhebliche Verbesserungen des Trittschallschutzes von Rohdecken erreicht werden. Gleichzeitig ergibt sich auch eine Verbesserung des Luftschallschutzes.

Die verbessernde Wirkung des schwimmenden Estrichs ist um so größer, je tiefer seine Eigenfrequenz liegt, da – wie bei allen zweischaligen Konstruktionen – die Schalldämmung erst oberhalb der Eigenfrequenz gegenüber gleichschweren einschaligen Konstruktionen stark ansteigt.

Die vertikale Eigenfrequenz schwimmender Estriche lässt sich nach folgender Beziehung berechnen:

$$f_0 = 160 \sqrt{(s'/m)}$$

Hierin bedeuten:

f_0 vertikale Eigenfrequenz in Hz
s' dynamische Steifigkeit der Dämmschicht in MN/m³
m Flächenmasse des Estrichs in kg/m²

Die Gleichung zeigt, dass bei schweren Estrichen auf Dämmschichten mit geringer dynamischer Steifigkeit die niedrigste Eigenfrequenz und damit die höchste Trittschallpegelminderung zu erreichen ist.

Konstruktive Hinweise zum Schallschutz mit schwimmenden Estrichen sind im Abschn. 4.1.1.2 zu finden.

Trockenestriche

Bei schwimmend verlegten Trockenestrichen müssen die Trittschalldämmschichten i. d. R. deutlich steifer sein, als unter schwimmenden Zement- und Calciumsulfatestrichen. Grund hierfür ist einerseits die Begrenzung der Durchbiegungen der Trockenestrichplatte (u. a. zur Vermeidung von Schäden an aufgebrachten Fliesenbelägen). Andererseits zeigen Trockenestriche mit zu weichen Trittschalldämmschichten einen schlechten Gehkomfort. Daher sollten die Herstellerangaben zum Aufbau der Trockenestrichkonstruktionen (auch aus haftungsrechtlichen Gründen) unbedingt beachtet werden.

Unebenheiten im Untergrund können durch Trockenestriche nur sehr begrenzt ausgeglichen werden – die Dämmschichten haben nur eine relativ geringe Einfederungstiefe und die Estrichplatte ist ja vorgefertigt und in ihrer Schichtdicke festgelegt. Daher ist in Altbauten häufig eine Ausgleichsschicht unterhalb des Trockenestrichs erforderlich, um bestehende Unebenheiten und Höhenunterschied zu nivellieren. Auch zu schwimmenden Trockenestrichen sei aus konstruktiver Sicht auf Abschn. 4.1.1 des Buches verwiesen.

Weichfedernde Bodenbeläge
Eine weitere Möglichkeit, den Trittschallschutz von Rohdeckenkonstruktionen zu verbessern besteht darin, oberseitig einen weichfedernden Bodenbelag aufzubringen. Für verschiedene übliche Bodenbeläge ist die bewertete Trittschallpegelminderung in Abschn. 4.1.1 angegeben.

3.2.3 Große Distanzen bei der Trittschallübertragung

3.2.3.1 Horizontale große Distanzen

In Sonderfällen ist bei großen Entfernungen die Kenntnis der konstruktionsbedingten Abnahme des Trittschallpegels mit der Entfernung von Interesse, wie nachfolgendes Beispiel belegen kann: Bei einem Großprojekt wurden Steinzeugfliesen unmittelbar in den Frischbeton der Rohdecken eingerüttelt, so dass keine Trittschalldämmschicht vorhanden war. Ohne Gebäudefuge wurden am Rande des gewerblich genutzten Gebäudes mehrere Wohnungen angeordnet. Bild 3.2-3 zeigt die Situation schematisch. Bei Anregung im Nahbereich der Wand zwischen den Wohnungen und dem gewerblichen Teil (bis zu ca. 9 m Entfernung) wurden die Mindestanforderungen an den bewerteten Norm-Trittschallpegel in den Wohnungen überschritten. Eine Sanierung der Geschossdecken selbst war praktisch unmöglich. Es wurde deshalb zunächst untersucht, ab welcher Entfernung von der Wohnungstrennwand befriedigende Ergebnisse angenommen werden konnten. Hierbei wurde allerdings ein bewerteter Norm-Trittschallpegel von erf. $L'_{n,w}$ = 43 dB für angemessen angesehen, da in den gewerblichen Flächen zum Teil auch nachts und in den Ruhezeiten gearbeitet wurde. Dieser Pegel wurde in 22 m Entfernung erreicht, wie Bild 3.2-4 zeigt. Durch biegeweiche Vorsatzschalen in den Wohnungen konnte die „kritische Entfernung" noch weiter reduziert werden, was durch entsprechende Grundrissgestaltung dann relativ praktika-

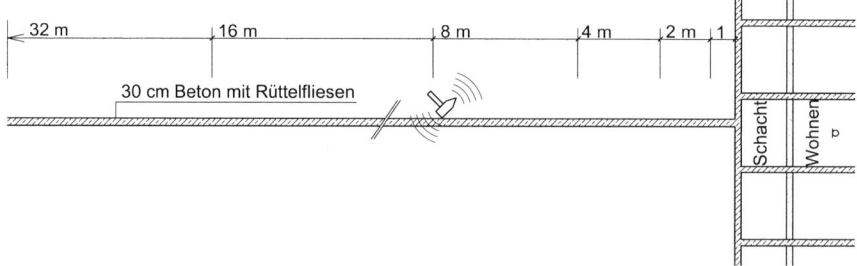

Bild 3.2-3 Schematische Situation einer gewerblich genutzten Geschossdecke mit „Rüttelfliesen" (ohne Trittschalldämmung), monolithisch mit angrenzenden Wohnungen verbunden, mit Messpositionen des Normhammerwerkes in bis zu 32 m Entfernung von der Wohnungstrennwand

3.2 Trittschalldämmung

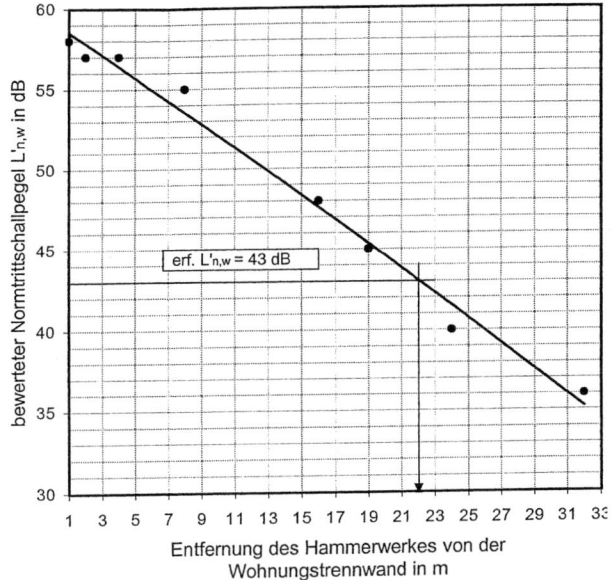

Bild 3.2-4 Abhängigkeit des bewerteten Norm-Trittschallpegels in einer Wohnung nach Bild 3.2-3 von der Entfernung des Hammerwerks von der Wohnungstrennwand

bel realisiert werden konnte. Bild 3.2-5 zeigt ausgewählte Verläufe des Norm-Trittschallpegels über der Frequenz für die unterschiedlichen Entfernungen. Signifikant hierbei ist, dass bei tiefen Frequenzen der Norm-Trittschallpegel auch bei großen Entfernungen nur um ca. 5 dB sinkt. Aber auch bei hohen und mittleren Frequenzen ist die Minderung mit der Entfernung geringer, als dies bei vertikaler Übertragung des Trittschallpegels über große Entfernungen festzustellen ist, wie nachfolgend beschrieben wird.

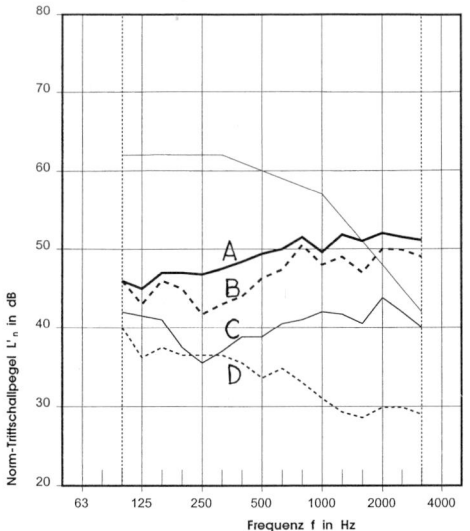

Bild 3.2-5 Auswahl charakteristischer Verläufe des Norm-Trittschallpegels über der Frequenz von unterschiedlich weit von der Wohnungstrennwand entfernt liegenden Hammerwerkspositionen nach Bild 3.2-3
A Abstand Hammerwerk 2 m, $L_{n,w}$ = 57 dB
B Abstand Hammerwerk 8 m, $L_{n,w}$ = 55 dB
C Abstand Hammerwerk 16 m, $L_{n,w}$ = 48 dB
D Abstand Hammerwerk 32 m, $L_{n,w}$ = 36 dB

3.2.3.2 Vertikale große Distanzen

Die vertikale Minderung des Norm-Trittschallpegels über größere Distanzen ist unter anderem dann von Interesse, wenn haustechnische Zentralen oder gewerblich genutzte Flächen mit hoher Trittschallbeanspruchung in mehrgeschossigen Gebäuden, in denen auch Wohnungen untergebracht sind, schalltechnisch zu beurteilen sind. Bild 3.2-6 zeigt die Abnahme des bewerteten Norm-Trittschallpegels in Abhängigkeit von der Frequenz über mehrere Geschosse hinweg. Im Gegensatz zur horizontalen Ausbreitung ist durch die bei vertikaler Ausbreitung im konventionellen Massivbau bei hohen Frequenzen gegebene Verzweigungsdämmung eine deutlich stärkere Abnahme des Pegels mit wachsender Entfernung gegeben. Angelehnt an Bild 36 der DIN 4109-89 bzw. an Tabelle 5 der neuen DIN 4109 sind in Bild 3.2-7 für den konventionellen Massivbau in schematisierter, vereinfachter Form die Werte k_T für die Ausbreitungsdämpfung im Geschosswohnungsbau dargestellt.

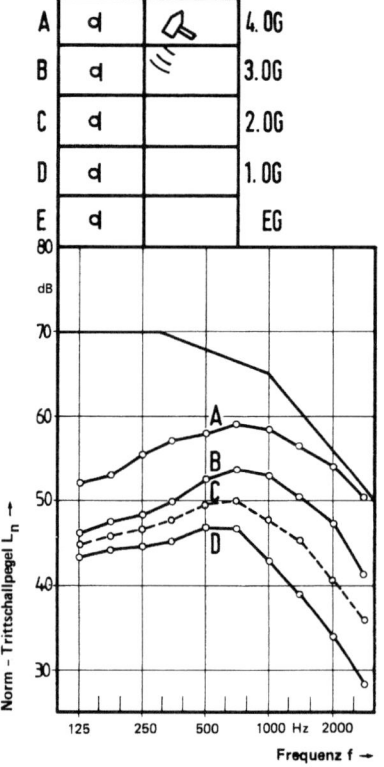

Bild 3.2-6 Vertikale Abnahme des Norm-Trittschallpegels pro Geschoss (Anregung im Dachgeschoss, Stahlbeton-Massiv-Schottenbauweise)
A 4. OG, $L'_{n,w}$ = 56 dB
B 3. OG, $L'_{n,w}$ = 49 dB
C 2. OG, $L'_{n,w}$ = 44 dB
D 1. OG, $L'_{n,w}$ = 39 dB
nicht dargestellt: EG, $L'_{n,w}$ = 34 dB

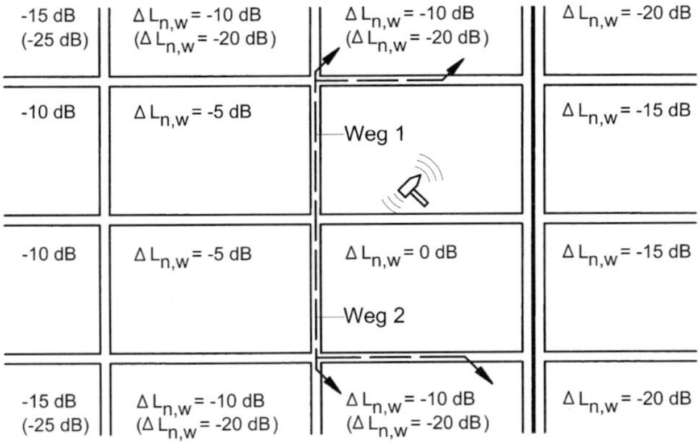

3.2 Trittschalldämmung

-15 dB (-25 dB)	$\Delta L_{n,w}$ = -10 dB ($\Delta L_{n,w}$ = -20 dB)	$\Delta L_{n,w}$ = -10 dB ($\Delta L_{n,w}$ = -20 dB)	$\Delta L_{n,w}$ = -20 dB
-10 dB	$\Delta L_{n,w}$ = -5 dB	Weg 1	$\Delta L_{n,w}$ = -15 dB
-10 dB	$\Delta L_{n,w}$ = -5 dB	$\Delta L_{n,w}$ = 0 dB — Weg 2	$\Delta L_{n,w}$ = -15 dB
-15 dB (-25 dB)	$\Delta L_{n,w}$ = -10 dB ($\Delta L_{n,w}$ = -20 dB)	$\Delta L_{n,w}$ = -10 dB ($\Delta L_{n,w}$ = -20 dB)	$\Delta L_{n,w}$ = -20 dB

Bild 3.2-7 Der Trittschallpegel im Geschoss über der angeregten Decke ist näherungsweise der gleiche, wie zwei Geschosse darunter. Die Ausbreitungswege 1 und 2 sind gleich. Näherungsweise entsprechen die dargestellten Werte den K_T-Werten nach Tabelle 36, DIN 4109/89

3.3 Körperschall

3.3.1 Körperschallentstehung

Neben den Körperschallproblemen des Trittschallschutzes tritt Körperschall vor allem bei haustechnischen oder betriebstechnischen Einrichtungen störend in Erscheinung; die Anregung erfolgt z. B. durch freie Massekräfte (beispielsweise Unwuchten, Motoren oder Maschinen), die zur Anregung von Körperschall, insbesondere zu Biegewellen in den Baukonstruktionen, führen.

Insbesondere zählen Aufzüge, (früher auch Müllabwurfanlagen), Heizungs-, Lüftungs- und Sanitäranlagen, elektrische Rollläden oder Garagentore sowie Türöffner und -schließer zu den störenden Körperschallquellen. In Wohnhäusern speziell stören häufig auch körperschallerzeugende Küchenmaschinen (Geschirrspüler, Waschmaschinen).

Weiterhin sind Netzersatzanlagen (Notstromanlagen), Kälteaggregate und Rückkühlwerke zu nennen. Wärmepumpen und Blockheizkraftwerke (BHKW) zählen zu den Einrichtungen mit besonders hoher Körperschallabstrahlung; anders als bei Netzersatzanlagen, die nur temporär im Probebetrieb betrieben werden, erfolgt der Betrieb der BHKW dauerhaft, z. B. auch während der Nachtstunden mit einem hohen Ruheanspruch in nahe gelegenen Wohn-/Schlafräumen.

3.3.2 Körperschallausbreitung in Bauwerken

Während der Ausbreitung im Bauwerk erfährt der Körperschall zum einen eine geometrisch bedingte Minderung, da die meist auf kleiner Fläche eingeleitete Energie einer Körperschallquelle (z. B. Aufzugsmaschine) mit wachsendem Ausbreitungsradius eine ständig größer werdende Fläche in der Gebäudestruktur abdecken muss und darüber hinaus auch durch verzweigende Bauteile Energie abfließt. Bei gleicher Ausbildung von Wänden und Decken führt somit dieser geometrisch bedingte Einfluss in einem Gebäude mit großen Räumen und großen Geschosshöhen zu geringeren Ausbreitungsverlusten pro Längeneinheit als in einem Gebäude mit sehr kleinen Räumen und geringerer Geschosshöhe.

Zum geometrisch bedingten Teil kommt die sogenannte Ausbreitungsdämpfung, bei der Schwingungsenergie im Bauteil durch Dissipation in Wärme umgewandelt wird. Die Ausbreitungsdämpfung ist damit im Wesentlichen vom verwendeten Material und dessen Verlustfaktor abhängig und erreicht beispielsweise in Mauerwerkswänden höhere Werte als in Stahlbetonwänden hoher Betongüte. Der näher interessierte Leser sei – wegen des Umfangs der Materie – auf die entsprechende Fachliteratur verwiesen [39, 40, 41].

Einen groben ersten Anhaltswert, die mögliche Summe der Körperschallminderungen (geometrische Minderung plus Ausbreitungsdämpfung) in der Vorplanung pro Geschoss zu ermitteln, gestattet Bild 3.3-1 (für verschiedene Bauweisen).

3.3 Körperschall

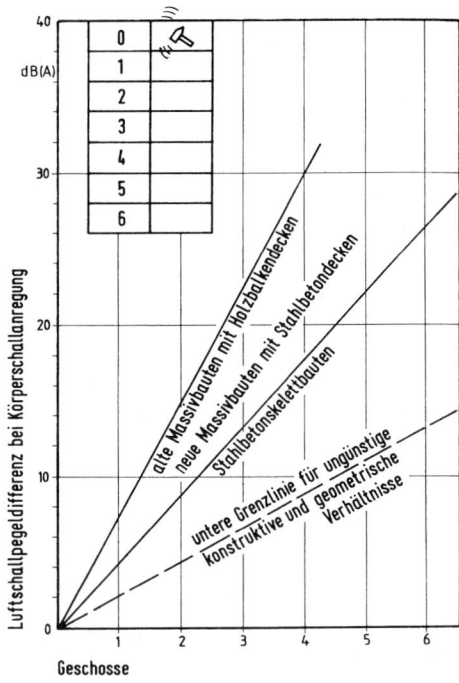

Bild 3.3-1. Luftschallpegeldifferenz in Abhängigkeit von der Anzahl der Geschosse bei Körperschallanregung. Orientierungswerte für verschiedene Bauweisen [37]

3.3.3 Körperschallabstrahlung

Verschieden dicke Wandschalen mit gleichgroßen Biegeschwingungen strahlen durchaus nicht die gleiche Schallenergie in einen angrenzenden Raum ab.

Die Schallabstrahlung von Wänden und Decken ist unterhalb der Koinzidenzfrequenz (siehe Abschn. 3.1.2.1.2) ganz wesentlich reduziert. Dadurch ergibt sich bei der Schallabstrahlung für biegeweiche Bauplatten eine wesentlich geringere Schallabstrahlung als für biegesteife Massivwände und Massivdecken [39]. Die Anordnung biegeweicher (Gipskarton-)Vorsatzschalen ist deshalb ein probates Werkzeug zur Verhinderung der Körperschallabstrahlung, Minderungen des (Luft-) Schallpegels zwischen 5 dB und 15 dB, je nach Körperschallspektrum, sind hiermit möglich.

Die gleiche Wirkung weisen schwimmende Estriche (auch schwimmende Trockenestriche) und (begrenzt) auch Doppel- und Hohlböden auf.

3.3.4 Körperschallschutz

3.3.4.1 Einsatz lärmarmer Anlagentechnik

Es sind Maschinen und Anlagen einzusetzen, die eine möglichst geringe Körperschallemission aufweisen. Hierzu sind körperschallarme technische Aggregate/ Motoren zu verwenden. Andererseits ist eine geeignete und regelmäßige Wartung (z. B. Beseitigung von Kolben- und Ventilator-Unwuchten) erforderlich.

Bei Fahranlagen sind Schienenstöße und Beschädigungen der Schienenoberfläche zu vermeiden.

3.3.4.2 Maßnahmen bei der Einleitung in die Baukonstruktion

Kenngröße für die Körperschall-Anregbarkeit einer Baukonstruktion ist die Impedanz, die ganz wesentlich von der Masse der Baukonstruktion abhängt. Schwere Baukonstruktionen zeigen allgemein eine geringere Körperschall-Anregbarkeit.

Die Einleitung von Körperschall in die Baukonstruktion kann bei richtiger Dimensionierung durch elastische Lagerungen von Maschinen und Geräten auf Stahlfedern, schwimmenden Fundamenten aus Beton auf Mineralfaser- oder Gummimattenunterlagen sowie Gummimetallelementen reduziert werden. Die Reduzierung erfolgt dabei erst oberhalb $\sqrt{2}$ · Resonanzfrequenz. Im Bereich der Resonanzfrequenz erfolgt hingegen sogar eine Verstärkung der Körperschalleinleitung. Je nach Art der Körperschallemissionen, der Rohbaukonstruktion sowie weiterer Einflussgrößen ist die elastische Lagerung geeignet zu bemessen.

Auch doppelt elastische Lagerungen werden eingesetzt, z. B. die Aufstellung von Anlagen auf Stahlfederisolatoren auf einem schwimmenden Betonfundament.

3.3.4.3 Erhöhung der Ausbreitungsdämpfung

Bei besonders kritischen Körperschallquellen, z. B. bei haustechnischen Zentralen mit lärmintensiven Anlagen, wird man quasi aus Sicherheitsgründen zusätzlich zu den aktiven Maßnahmen an den Geräten versuchen, ausbreitungsmindernde Maßnahmen zu treffen, indem z. B. ohnehin erforderliche Gebäudetrennfugen körperschalltechnisch wirksam angeordnet werden.

Derartige Gebäudetrennfugen sind jedoch körperschalltechnisch nur dann voll wirksam, wenn sie mit weichen Dämmstoffen – zweckmäßig mehr als 30 mm dicke Mineralfaser-Dämmplatten – bedämpft werden. Als verlorene Schalung verwendete Holzwolle-Styropor-Verbundplatten oder eine in die Schalung eingelegte Styrodur- oder Styroporplatten bewirken keine ausreichende Körperschallminderung.

Bei nichttragenden Wänden im Bereich mit hohen Körperschallpegeln sollte auch überlegt werden, ob diese bis zur Rohdecke hochgeführt werden können, frei unter dieser enden oder von dieser mit eingelegten Weichfaserplattenstreifen körperschalltechnisch getrennt werden können.

3.3.4.4 Verringerung der Körperschallabstrahlung

Passiver Schallschutz für Körperschall ist auch dadurch möglich, dass die in Wänden, Stützen und Decken vorhandene Schallenergie an der Abstrahlung in die zu schützenden Räume gehindert wird.

Hierzu eigenen sich biegeweiche Wand- und Deckenvorsatzschalen, wie sie für abgehängte Unterdecken in Abschn. 4.6 und für Wandvorsatzschalen in Abschn. 4.3.1 beschrieben werden.

3.3 Körperschall

Bei abgehängten Unterdecken wird man zweckmäßig solche, deren bewertete Schalldämmung im einfachen Durchgang mindestens 30 dB betragen, verwenden. Auch schwimmende Estriche wirken der Körperschallabstrahlung von Rohdecken nach oben entgegen.

3.3.4.5 Baulicher Körperschallschutz und „lärmarme" Anlagentechnik bei haustechnischen Anlagen

Für haustechnische Anlagen gilt allgemein, dass ein ausreichender Schallschutz nur in Kombination von

– geeigneter lärmarmer Anlagentechnik und
– geeignetem baulichen Schallschutz

sichergestellt werden kann. Diese Begrifflichkeit wird in VDI-Richtlinie 2566, Ausgabe 1988 [42], treffend verwendet und sollte weiterhin Anwendung finden, auch wenn in den neueren Ausgaben dieser VDI-Richtlinie [43] diese Begriffe leider nicht mehr vorhanden sind.

Bild 3.3-2 zeigt eine schematische Übersicht verschiedener Maßnahmen des Körperschallschutzes.

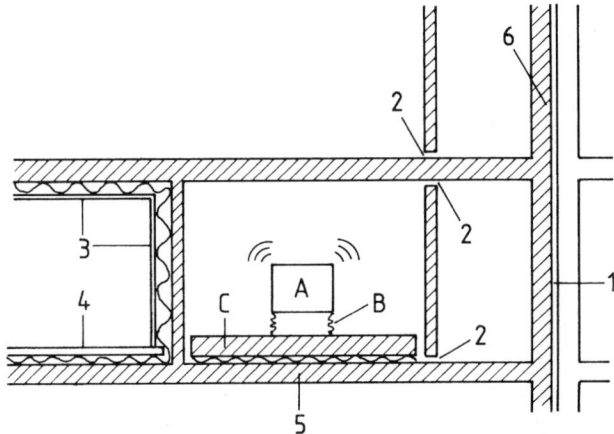

Bild 3.3-2. Schematische Übersicht der aktiven und passiven Maßnahmen zum Körperschallschutz

Aktive Maßnahmen
A) Maßnahmen an der Körperschallquelle
B) Elastische Lagerung mit Stahlfeder- oder Gummimetallelementen
C) Elastische und körperschalldämmende Lagerung auf flächenhaften schwimmenden Fundamenten

Passive Maßnahmen
1) Gebäudefugen
2) Körperschalldämpfende Anschlüsse nichttragender Wände an die Decken
3) Biegeweiche Wand- und Deckenvorsatzschalen
4) Schwimmende Estriche
5) Erhöhung der Masse des Rohbaues
6) Erhöhung der inneren Dämpfung der Wände (z. B. Mauerwerk statt Beton)

Der Nachweis der schalltechnischen Eignung für haustechnische Anlagen erfolgt durch Messungen des Schalldruckpegels im schutzbedürftigen Raum bei einem Referenzobjekt mit bekannter Baukonstruktion und bekannter Anlagentechnik. Im Labor können die räumlichen Gegebenheiten vielfach nicht hergestellt werden, so dass auch Messungen am Bau mit genau beschriebenen Konstruktionen und Messbedingungen zu berücksichtigen sind. Leider liegen solche Messungen für viele haustechnische Anlagen nicht vor.

4 Konstruktionen

4.1 Decken

4.1.1 Massivdecken

4.1.1.1 Massive Rohdecken

Während bis Anfang der 1970er Jahre massive Beton-Rohdecken geringer Dicke (12 bis 14 cm) dominierten, da man bei geringen Spannweiten deutliche Durchbiegungen akzeptierte und für größere Spannweiten Konstruktionen mit Plattenbalken oder Rippendecken wählte, sind seit den 1990er Jahren dicke Massivplatten zwischen 18 und 30 cm Dicke Standard. Bei hohen Belastungen und großen Spannweiten sind größere Dicken mit hohlraumbildenden Füllkörpern (Bubble-Deck, Cobiax), Röhreneinlagen oder Trapezblech-Stahlbetonverbunddecken (Hoesch Additiv, Cofrastra, Holorib) sowohl in Ortbetonbauweise als auch als Fertigteile im Einsatz.

Schalltechnisch ist all diesen Konstruktionen zu eigen, dass sowohl die Luftschalldämmung als auch die Trittschalldämmung ausschließlich von der Flächenmasse des Systems abhängig ist, wobei die Flächenmasse lediglich im Feld, somit ohne die anteilige Masse von Rippen und Plattenbalken zu bestimmen ist. Bei oben und unten planebenen Betondecken mit vollständig eingeschlossenen röhrenförmigen oder körperhaften (z. B. kugelförmigen) Hohlkörpern wird die Flächenmasse der Gesamtkonstruktion der Berechnung zugrunde gelegt, wobei Putzschichten und Verbundestriche ebenso wie Estriche auf Trennlage bei der Ermittlung der Flächenmasse zu berücksichtigen sind, schwimmende Estriche jedoch nicht. Bild 4.1.1-1 zeigt heute übliche moderne Massivdecken.

Bei der *Luftschalldämmung* zeigen Massivdecken einen relativ kontinuierlichen Verlauf des Schalldämmmaßes über der Frequenz, der bei ca. 30 dB beginnt, mit ca. 5 bis 6 dB pro Oktave ansteigt und bei 65 bis 75 dB endet. Decken mit Hohlräumen haben kongruente Verläufe zu Massivdecken. Bild 4.1.1-2 stellt einige Messergeb-

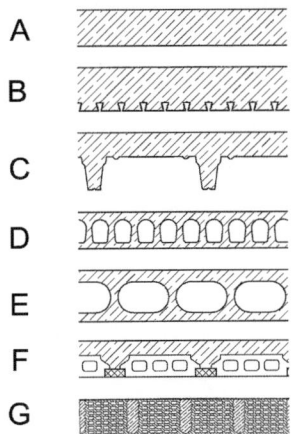

Bild 4.1.1-1 Schematische Darstellung heute üblicher Stahlbeton-Massivdecken

A Stahlbeton-Massivdecke

B Stahlbeton-Verbunddecke auf mittragender Stahlblechschale

C wie vor, jedoch als Rippendecke, Ermittlung der Flächenmasse nur im Plattenfeld

D Spannbeton-Hohlkörperdecke

E Cobiax-Hohlkörperdecke mit kugelförmigen oder geoid geformten Hohlkörpern

F Stahlbeton-Rippendecke mit Zwischenbauteilen aus Leichtbeton-Füllkörpern (beispielhaft)

G Stahlsteindecke mit Ziegeln (beispielhaft)

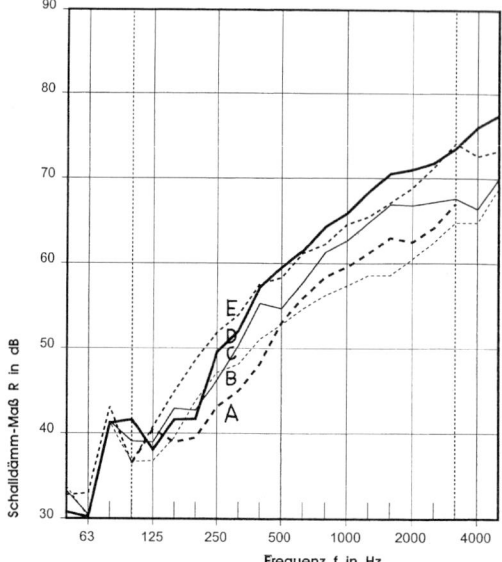

Bild 4.1.1-2 Massivdecken und Hohldecken (Rohdecken). Charakteristische Verläufe der Luftschalldämmung über der Frequenz
A Spannbeton-Hohlkörper-FT-Decke, 27 cm, 426 kg/m^2, $R_{w,P}$ = 55 dB
B Cobiax-Hohlkörperdecke, 20 cm, 340 kg/m^2, $R_{w,P}$ = 56 dB
C Spannbeton-Hohlkörperdecke, 27 cm, 426 kg/m^2, $R_{w,P}$ = 58 dB
D Stahlbeton-Massivdecke, 15 cm, 360 kg/m^2, $R_{w,P}$ = 60 dB
E Cobiax-Hohlkörperdecke, 35 cm, 622 kg/m^2, $R_{w,P}$ = 61 dB

nisse gegenüber. Auch bei der *Trittschalldämmung* ergeben sich ähnliche Verläufe, siehe Bild 4.1.1-3. Bei tiefen Frequenzen liegt der Norm-Trittschallpegel zwischen 50 und 60 dB, steigt mit ca. 2 bis 3 dB/Oktave an und erreicht Werte zwischen 60 und 75 dB bei hohen Frequenzen.

Die in Bild 4.1.1-3 dargestellten Verläufe des Normtrittschallpegels über der Frequenz sind charakteristisch für großflächige Decken und im Labor. Bei Baumessun-

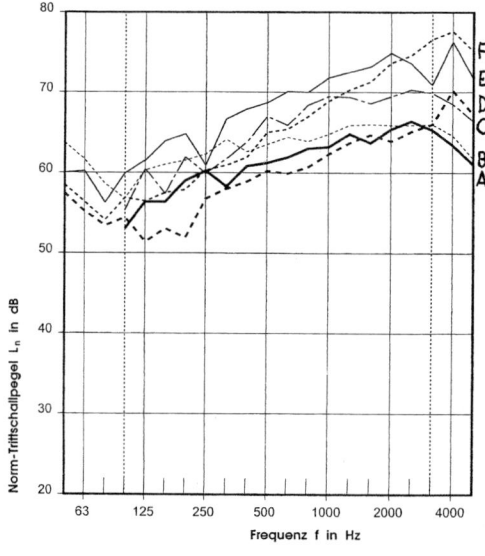

Bild 4.1.1-3 Massivdecken und Hohlkörperdecken (Rohdecken). Charakteristische Verläufe des Trittschallpegels über der Frequenz
A Massivdecke, 150 mm, 360 kg/m^2, $L'_{n,w,P}$ = 71 dB
B Massivdecke, 150 mm, 360 kg/m^2, $L'_{n,w,P}$ = 72 dB
C Massivdecke, 100 mm, 240 kg/m^2, $L'_{n,w,P}$ = 76 dB
D Bubble-Deck-Platte, 350 mm, 620 kg/m^2, $L'_{n,w,P}$ = 71 dB
E Cobiax-Decke, 200 mm, 340 kg/m^2, $L'_{n,w,P}$ = 79 dB
F Spannbet.-Hohldecke, 270 mm, 420 kg/m^2, $L'_{n,w,P}$ = 80 dB

gen in relativ kleinen Räumen mit Massivwänden zeigen sich ähnliche Verläufe im mittleren Frequenzbereich, jedoch geringere Pegel im tiefen und im hohen Frequenzbereich durch die dämpfende Wirkung der Wände.

4.1.1.2 Massivdecken mit konventionellem schwimmendem Estrich

Zement- und Calziumsulfatestrich

Bei heute üblichen Rohdecken mit Flächenmassen zwischen 400 und 800 kg/m² kann mit schwimmenden Estrichen ausreichender Dimensionierung allein das komplette Spektrum der Anforderungen im Standard-Geschossbau erfüllt werden. Bei der Luftschalldämmung sind bewertete Schalldämmmaße von $R'_w \geq 70$ dB auch ohne abgehängte Unterdecken möglich. Die schwimmenden Estriche erreichen eine bewertete Trittschallminderung zwischen $\Delta L_{w,R} = 25$ bis 45 dB, so dass die überwiegende Anzahl der in DIN 4109 und VDI 4100 gestellten Anforderungen an die Trittschalldämmung auch ohne abgehängte Unterdecke erfüllt werden können. Lediglich bei Decken zwischen besonders lauten Räumen und schutzbedürftigen Räumen (Nachweise nach Tabelle 5 alte DIN 4109 oder Tabelle 7 neue DIN 4109) sind abgehängte Unterdecken und/oder Maßnahmen an den flankierenden Bauteilen zusätzlich erforderlich.

Die in DIN 4109, Beiblatt 34 [8] angegebenen Rechenwerte für die bewertete Trittschallminderung sind traditionell sehr „konservativ". Bild 4.1.1-4 zeigt einen Auszug aus dem Bemessungsdiagramm aus Beiblatt 34 [8], und zwar für eine Flächenmasse von 80 kg/m² und im Vergleich hierzu eine seit Jahrzehnten in der Praxis bewährte Kurve für eine Flächenmasse des Estrichs von 70 kg/m². Insbesondere bei heute üblichen geringen dynamischen Steifigkeiten s' der Dämmschicht von weniger als $s' = 15$ MN/m³ sind bei sorgfältiger Ausführung zwischen 3 bis 7 dB höhere Werte der bewerteten Trittschallminderung möglich, ebenso natürlich auch bei höheren Flächenmassen.

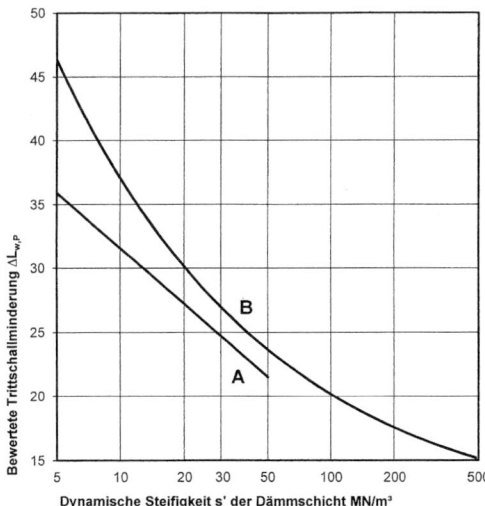

Bild 4.1.1-4 Bewertete Trittschallminderung schwimmender Estriche (außer Gussasphalt)
Kurve A für Flächenmasse 80 kg/m² aus DIN 4109, Bbl. 34 [8]
Kurve B gebräuchliche Bemessungskurve für vergleichbare Estriche [37] aufgrund langjähriger Erfahrungen

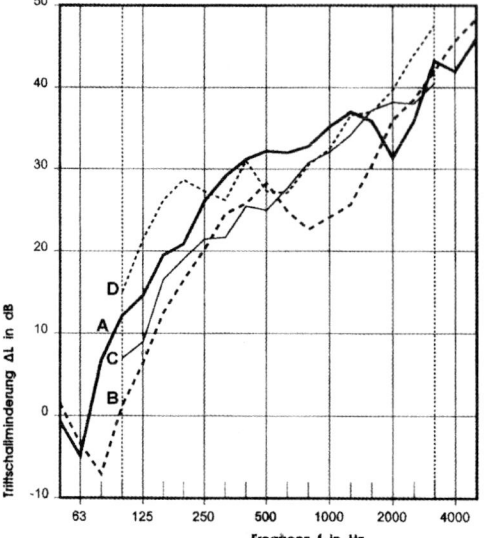

Bild 4.1.1-5 Trittschallminderung von schwimmenden Calciumsulfat- und Zementestrichen [67]
A Calciumsulfatestrich, m' = 79 kg/m², auf Polystyrol-Trittschalldämmplatte, s' = 7 MN/m³, $L_{w,R}$ = 33 dB
B Calciumsulfatestrich, m' = 77 kg/m², auf Polystyrol-Trittschalldämmplatte, s' = 31 MN/m³, $L_{w,R}$ = 26 dB
C Zementestrich, m' = 80 kg/m², auf Mineralfaser-Trittschalldämmplatte, s' = 7 MN/m³, $L_{w,R}$ = 35 dB
D Zementestrich, m' = 80 kg/m², auf Mineralfaser-Trittschalldämmplatte, s' = 20 MN/m³, $L_{w,R}$ = 29 dB

Gussasphaltestriche

Gussasphaltestriche gelten aufgrund der begrenzten Auswahl der notwendigerweise hitzebeständigen Trittschalldämmstoffe zu unrecht als schalltechnisch schwierig, wozu sicher auch beiträgt, dass mit 25 mm bis 35 mm Dicke nur geringe Massen erreicht werden.

Dennoch gibt es eine Auswahl von gut geeigneten Konstruktionen mit einer bewerteten Trittschallminderung bis $\Delta L_{w,R} \geq 30$ dB, siehe Beispiele in Bild 4.1.1-6.

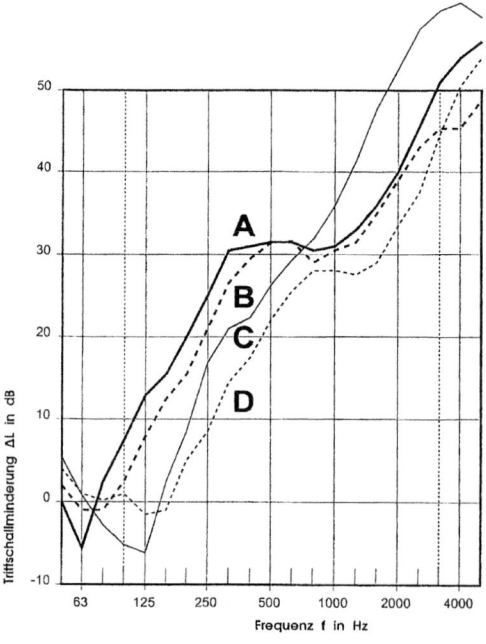

Bild 4.1.1-6. Trittschallminderung von Gussasphaltestrichen
A Gussasphaltestrich, m' = 60 kg/m², Rippenpappe, 30 mm Verbundplatte mit MF-Trittschalldämmplatte, s' = 30 MN/m³, 30 mm Trockenschüttung, $\Delta L_{w,R}$ = 31 dB
B Gussasphaltestrich, m' = 60 kg/m², Rippenpappe, 30 mm Verbundplatte mit MF-Trittschalldämmplatte, s' = 30 MN/m³, $\Delta L_{w,R}$ = 27 dB
C Gussasphaltestrich, m' = 90 kg/m², Rippenpappe, 5 mm Gummischrotbahn Regupol E48, s' = 38 MN/m³, $\Delta L_{w,R}$ = 18 dB
D Gussasphaltestrich, m' = 60 kg/m², Rippenpappe, 30 mm steife Abdeckplatte, 7 mm Trockenschüttung, $\Delta L_{w,R}$ = 18 dB

Auch bei Gussasphaltestrichen ist leider das Bemessungsdiagramm in Bild 2, DIN 4109-34 [8] deutlich zu „pessimistisch", eine wirtschaftliche Bemessung, zu der jeder Ingenieur verpflichtet ist, kann damit nicht erfolgen. Es wird empfohlen, von den Herstellern Eignungsprüfungen der Trittschallminderung anzufordern und dem Nachweis zugrunde zu legen.

4.1.1.3 Massivdecken mit Trockenestrichen

Trockenestriche aus Gipsplatten, überwiegend aus Gipsfaserplatten (Fermacell, Norit), aber auch aus speziellen Gipskartonplatten (Knauf, Knauf Integral, Lafarge Rigips) werden auf Schüttungen oder auf relativ steifen Trittschalldämmplatten verlegt. Mit Schüttungen, abgedeckt mit Mineralfasertrittschalldämmplatten, lassen sich hohe Werte der Trittschallminderung erzielen. Dabei überwiegen heute mineralische Schüttungen.

Bild 4.1.1-7 zeigt eine Messserie der Trittschallminderung eines Gipsfaser-Trockenestrichs mit Einfluss einer Trockenschüttung. Man erkennt den günstigen Einfluss der Trockenschüttung, sowohl mit als auch ohne weitere Trittschalldämmschicht, die durch die Erhöhung der federn wirkenden Luftschicht zu einer Absenkung der dynamischen Steifigkeit und damit zu einer Verbesserung der Trittschalldämmung führt. Auf dem Trockenestrich verklebtes Parkett ergibt im Vergleich zu einem rohen Trockenestrich nur ca. 1 bis 2 dB Verbesserung. Dagegen bewirken natürlich textile Beläge eine deutlichere Verbesserung, wobei allerdings zu beachten ist, dass bei tiefen Frequenzen keine nennenswerte Verbesserung zu erwarten ist.

Bild 4.1.1-8 zeigt weitere Beispiele der Trittschallminderung von Trockenestrichen mit nicht für die Trittschalldämmung zertifizierten Dämmschichten (Typ DEO), die dennoch gute Ergebnisse erbringen, da offensichtlich die kleineren Biegeradien der Trockenestriche durch Kontaktsteife-Effekte wirken.

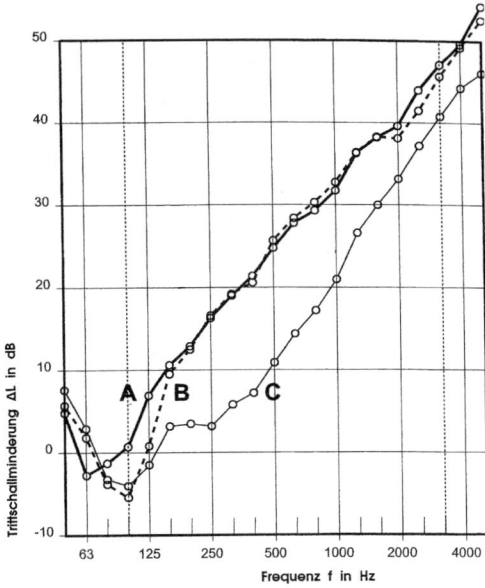

Bild 4.1.1-7 Trittschallminderung eines schwimmend verlegten Trockenestrichs
A Gipsfaser-Trockenestrich, Mineralfaser-Trittschalldämmplatte, 25 mm Trockenschüttung: $\Delta L_{w,R}$ = 25 dB
B Gipsfaser-Trockenestrich, Mineralfaser-Trittschalldämmplatte: $\Delta L_{w,R}$ = 22 dB
C Gipsfaser-Trockenestrich, 25 mm Trockenschüttung: $\Delta L_{w,R}$ = 16 dB

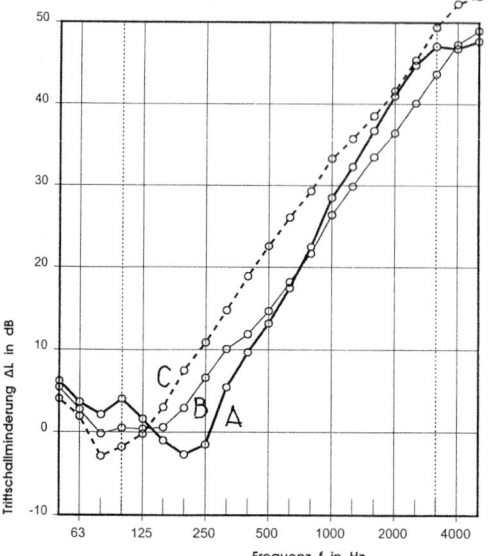

Bild 4.1.1-8 Trittschallminderung von Norit-Trockenestrichen aus 20 mm dicken Trockenestrichplatten TE 20 (25,5 kg/m²) auf verschiedenen Dämmschichten in Abhängigkeit von der Frequenz:
A 20 mm EPS-DEO (Wärmedämmplatte ohne qualifizierte schalltechnische Eigenschaften), $\Delta L_{w,P}$ = 18 dB
B 10 mm Holzfaserdämmplatte (ohne qualifizierte schalltechnische Eigenschaften), $\Delta L_{w,P}$ = 20 dB
C 10 mm Steinwolle-Trittschalldämmplatte $s' \leq 75$ MN/m³, $\Delta L_{w,P}$ = 22 dB [65]

4.1.1.4 Massivdecken mit Estrichen auf Trennlage und gehweichen Belägen

Bereits bei normalen Trennlagen aus PE-Folie kann – insbesondere bei Krankenhausbauten mit 25 bis 30 cm dicken Rohdecken und 6 bis 10 cm dicken Estrichen auf Trennlage – bei Wahl geeigneter elastischer Bodenbeläge nicht nur eine hervorragende Luftschalldämmung, sondern auch eine gute Trittschalldämmung erreicht werden. Insbesondere die tieffrequente Wirkung derartiger Konstruktionen ist sehr positiv zu bewerten. Einen Sonderfall stellt eine Estrichtrennlage aus 3 mm dicken Gummischrotbahnen dar, die einerseits von den Estrichsachverständigen als Trennlage im Sinne der DIN 18 560 eingestuft wird, andererseits eine bewertete Tritt-

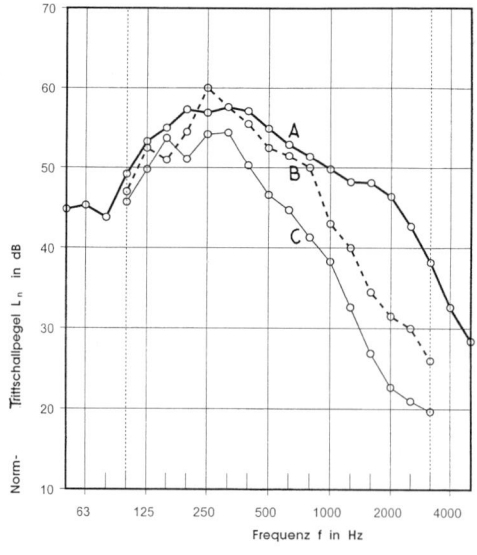

Bild 4.1.1-9 Massivdecken mit Estrich auf Trennlage und gehweichen Belägen, Normtrittschallpegel über der Frequenz
A 25 cm Stahlbeton
   5 cm Estrich auf Trennlage
   3 mm Kautschuk (ΔL_w = 12 dB)
   $L'_{n,w}$ = 53 dB
B 25 cm Stahlbeton
   7 cm Zementestrich auf Trennlage
   4 mm Kautschuk (ΔL_w = 18 dB)
   $L'_{n,w}$ = 49 dB
C 20 cm Stahlbeton
   5 cm Zementestrich auf Trennlage
   7 mm Veloursteppich (ΔL_w = 25 dB)
   $L'_{n,w}$ = 46 dB

schallminderung von $\Delta L_{w,R} \geq 10$ dB sicherstellt. Bild 4.1.1-9 zeigt Beispiele derartiger Decken aus dem Krankenhausbereich für den Trittschallschutz. Die Luftschalldämmung lag in allen Fällen bei Werten von $R'_w \geq 60$ dB und bedarf nicht der Darstellung.

4.1.1.5 Massivdecken mit Systemböden

Mit Doppel- oder Hohlböden (früher Hohlraumböden) können insbesondere Massivdecken mit höheren Flächenmassen hervorragende Werte für den Luft- und Trittschallschutz erreichen. Hierzu siehe Abschn. 4.7 dieses Buches.

4.1.1.6 Massivdecken mit abgehängten Unterdecken

Bei Massivdecken mit geringen Flächenmassen, insbesondere historischen Hohlkörper- oder Stahlsteindecken oder Rippendecken mit dünnen Druckplatten aus den 1940er und 1950er Jahren können durch abgehängte Unterdecken zusätzlich zum schwimmenden Estrich verbessert werden. Hierzu im Detail Abschnitt 4.6. Die besten Wirkungen können mit geschlossenen Gipsplattensystemen mit Mineralfaserauflage, ggf. an Federhängern abgehängt oder auf Federschienen montiert, erreicht werden.

4.1.1.7 Schalllängsdämmung von Massivdecken

Bei der Vordimensionierung des Schallschutzes während der Entwurfsphase kann die Schalllängsdämmung massiver Decken von Interesse sein. In Abhängigkeit von der Flächenmasse des flankierenden Bauteils zeigt Bild 3.1.5-1 das bewertete Schalllängsdämmmaß $R_{L,w}$ (Norm-Flankenpegeldifferenz $D_{n,f,w}$) für Massivdecken und -wände.

4.1.1.8 Orientierende Werte der Trittschallminderung

Für die grobe Bemessung des Trittschallpegels im Entwurfsstadium können die in Tabelle 4.1.1-1 dargestellten Werte der bewerteten Trittschallminderung (nach Herstellerangaben und Messungen der Autoren) herangezogen werden.

Tabelle 4.1.1-1 Bewertete Trittschallminderung üblicher Bodenbeläge (Orientierungswerte für entwurfsmäßige Bemessungen)

Bodenbelag	Dicke in mm	bewertete Trittschallminderung $\Delta L_{w,R}$ in dB	Bemerkung
Textile Beläge			
Kugelgarnteppich	2,5	13	
Kugelgarnteppich	5,5	20	
Nadelvlies	6,0	22	
Velourspeppich	7,0	25	
Velourspeppich	8,0	28	
Velourspeppich	12,0	31	

Linoleum, PVC, Kautschuk			
Linoleum	2,0	3	
Linoleum	2,5	4	
Linoleum	3,2	6	
Linoleum auf Korkment	4,0	14	mit Korkmentrücken
Linoleum auf PUR-Schaum	4,0	17	mit Schaumstoffrücken
PVC	2,0	3	
PVC mit Schaumstoff	4,0	16	mit Schaumstoffrücken
Kautschukbeläge	2,0	6	
Kautschukbeläge	3,0	8	
Kautschukbeläge	4,0	20	mit Schaumstoffrücken
Gummigranulatboden	8,0	18	
Systemböden			
Doppelböden		14–18	
Hohlraumböden mit Estrich		11–25	
Trockenhohlböden		9–23	
Doppel- und Hohlböden mit Teppich/Trittschallpads		20–35	
Fertigparkett und Laminat			
ohne Trennlage		8–12	
mit PE-Schaum-Trennlage		7–22	
Sonstige			
Fliesen auf Elastomerdünnbett		3–8	
Terrazzo auf Elastomerdünnbett		3–8	

Für den rechnerischen Nachweis des Schallschutzes nach DIN 4109-89/4109-14 dürfen diese Werte nicht verwendet werden. Hier sind grundsätzlich durch Prüfzeugnisse der Trittschallminderung belegte Rechenwerte oder die (stark auf der sicheren Seite liegenden und oft unwirtschaftlichen) Rechenwerte nach DIN 4109 [8] beziehungsweise nach der alten DIN 4109 [22] anzuwenden.

4.1.2 Holzbalkendecken

4.1.2.1 Geschichtlicher Kontext und historische Holzbalkendecken

Die wesentlichen historischen Holzbalkendecken zeigt Bild 4.1.2-1 [55].

Die klassische Holzbalkendecke mit Einschub und einer Füllung aus Sand, Stroh-Lehm oder Schlacke, unterseitigem Putz auf Lattung oder Schilf und einer oberseitigen Fußbodenkonstruktion aus Blindboden und Dielen/Parkett (siehe Bild 4.1.2-1, Deckentyp d) war bekanntlich die Basis für die Festlegung der heutigen Bezugskurven, nämlich der damaligen Sollkurven für DIN 4109 in den 1930er Jahren.

Das statistische Mittel subjektiv als mangelfrei und „gut" empfundener Beispiele derartiger Holzbalkendecken in Bezug auf die Luftschalldämmung wurde von einigen praktisch orientierten Akustikern in Berlin Ende der 1930er Jahre abstrahiert zur „Sollkurve" des Luftschallschutzes mit einem Luftschallschutzmaß LSM 0 dB (heute $R'_w = 52$ dB), die heute international als Bezugskurve gebräuchlich ist.

Man kann vereinfachend davon ausgehen, dass die „guten" alten Holzbalkendecken eine Gesamt – Flächenmasse von 150 kg/m² bis 200 kg/m² erreichen, was im Sanierungsfall unbedingt rechtzeitig zu prüfen ist. Negativbeispiele aus der Beratungstätigkeit der Autoren waren historische (100 bis 200 Jahre alte) Holzbalkendecken, die mit extrem leichten Füllungen versehen waren, die offensichtlich nur für den Wärmeschutz konzipiert waren, wie

– Flusen und andere Textilabfälle in der Villa eines Textilfabrikanten
– Gerstenspelzen in einem Wohnhaus für Bedienstete einer fürstlichen Brauerei
– Sägespäne mit etwas Kalkbeimischung.

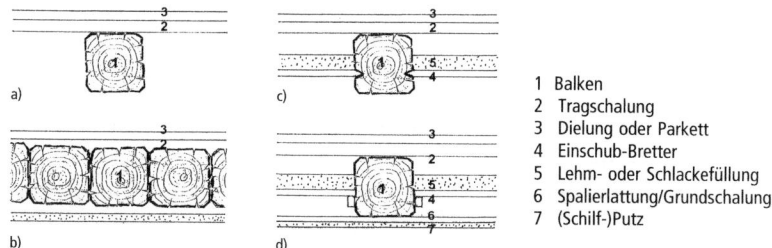

1 Balken
2 Tragschalung
3 Dielung oder Parkett
4 Einschub-Bretter
5 Lehm- oder Schlackefüllung
6 Spalierlattung/Grundschalung
7 (Schilf-)Putz

Bild 4.1.2-1 Historische Holzbalkendecken [55]
a) Holzbalkendecke mit von unten sichtbarer Tragschalung und Dielung (ab 12. Jh.)
b) Balken-an-Balken-Decke (ab 12. Jh.) unters. geputzt, oberseitig Lehmstrich und Fußboden
c) Holzbalkendecke mit gestemmtem Einschub, von unten sichtbar und Lehmeinschlag (auch Einschub aus „Lehmwickeln" unterseitig geputzt) ab 14. Jh.
d) Holzbalkendecke mit Einschub auf Latten und unterseitigem Schilfputz (ab 17. Jh.)

Vielleicht haben die damaligen Autoren der Sollkurven, obwohl sie nur „schwere" Decken ausgewählt hatten, beim Trittschallschutz außerdem etwas Optimismus einfließen lassen, denn nur selten werden bei heute durchgeführten Messungen an ursprünglich erhaltenen Konstruktionen aus jener Zeit derartig gute Werte des Tritt-

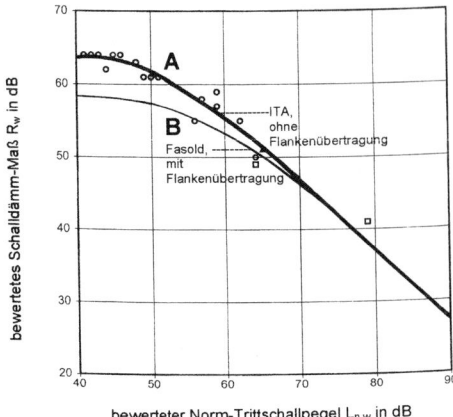

Bild 4.1.2-2 Abhängigkeit zwischen bewertetem Schalldämmmaß R_w und bewertetem Norm-Trittschallpegel von Holzbalkendecken
A Messungen im Prüfstand ohne Flankenübertragung [56]
B Messungen im historischen Prüfstand mit „bauähnlicher Flankenübertragung" [57] (Unterhalb von R_w = 45 dB und oberhalb von $L_{n,w}$ = 70 dB ist die Flankenübertragung vernachlässigbar.)

schallpegels TSM = 0 dB (heute $L'_{n,w}$ = 63 dB) erreicht. Im Regelfall liegen sie um 1 bis 5 dB schlechter. Die Relation zwischen Luftschallschutz und Trittschallschutz ist bis heute aktuell. Auch neueste Laborergebnisse bestätigen die Relation zwischen dem bewerteten Schalldämmmaß und dem bewerteten Norm-Trittschallpegel (Bild 4.1.2-2) und so ist diese gleichzeitig Ausgangsbasis für den alten Grundsatz, dass die Trittschalldämmung bei Holzbalkendecken von vorrangigem Interesse ist. *K. Gösele*:

„*Man kümmere sich um einen ausreichenden Trittschallschutz der Decke. Ist dieser erreicht, ist auch automatisch ein ausreichender Luftschallschutz vorhanden.*" [66]

Daher wird zunächst die Trittschalldämmung betrachtet. Durchaus häufiger auftretende „Sonderfälle" (z. B. „lauter" Gastraum unter schutzbedürftigem Raum) erfordern selbstverständlich auch Betrachtungen der Luftschalldämmung.

4.1.2.2 Trittschalldämmung

Allgemeines

Auch für Holzbalkendecken hat *Gösele* 1979 ein Prognoseverfahren zur Ermittlung der Trittschalldämmung zusammengesetzter Deckenkonstruktionen – damals noch für Messungen in überlappenden Oktavbändern – entwickelt [51]. Dieses Verfahren wurde allerdings nicht in Beiblatt 1 zu DIN 4109 [22] aufgenommen und hat damit keine baurechtliche Relevanz. Aufgrund der im Holzbau auftretenden größeren Inhomogenität ist die Streubreite der prognostizierten Werte naturgemäß größer, als beim Verfahren für den Massivbau. Noch größere, bis heute nicht abschließend gelöste Schwierigkeiten werden durch die teilweise dominierende Flankenübertragung im Holzbau verursacht.

Das Prognoseverfahren nach *Gösele* lautet:

$$L'_{n,w} = L'_{H,n,w,eq} - \Delta L_{H,w} - \Delta L_{H2,w}$$

4.1.2 Holzbalkendecken

Dabei bezeichnen:

$L'_{n,w}$ bewerteter Norm-Trittschallpegel in dB
$L'_{H,n,w,eq}$ äquivalenter bewerteter Norm-Trittschallpegel der Rohdecke, inkl. Einfluss der abgehängten raumseitigen Beplankung in dB
$\Delta L_{H,w}$ bewertete Trittschallminderung des Fußbodens
$\Delta L_{H2,w}$ bewertete Trittschallminderung eines weichfedernden Teppichbelags

Der äquivalente bewertete Norm-Trittschallpegel $L'_{H,n,w,eq}$ ist normativ nicht definiert. Die in der Literatur angegebenen Definitionen variieren etwas [67].

Ähnlich ist der Fall bei der bewerteten Trittschallminderung; die aufgefächerten Definitionen nach DIN EN ISO 140-11 haben sich in der Praxis nicht durchgesetzt.

Rohdecken mit abgehängten Unterdecken

Als „Rohdecke" betrachtet man im Sinne des Prognoseverfahrens gemäß *Gösele* die Holzbalkendecke einschließlich der Putzebene oder der abgehängten Unterdecke.

Die Befestigung der abgehängten unterseitigen Beplankung hat ganz maßgeblichen Einfluss auf die Trittschalldämmung von Holzbalkendecken. Die genaue Ausführung der Gefachfüllung – ob Faserdämmstoffe oder eine Sand-/Lehm- oder Schlackefüllung – ist bei einer federnden Abhängung dagegen nicht so entscheidend; siehe Beispiele in Bild 4.1.2-3, Kurven B und C. Durch eine federnde Abhängung verbessert sich die Trittschalldämmung um größenordnungsmäßig 10 dB!

Konstruktion A,
12,5 mm GKB an Lattung
Hohlraumtiefe > 200 mm
$L'_{n,w,P}$ = 72 dB, $L'_{H,n,w,eq}$ = 73 dB,

Konstruktion B,
12,5 mm Gipsfaserplatte an Federbügeln
Hohlraumtiefe > 200 mm
$L'_{n,w,P}$ = 62 dB, $L'_{H,n,w,eq}$ = 63 dB,

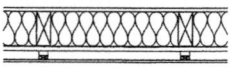

Konstruktion C (Altbauvariante),
12,5 mm Gipsfaserplatte an Federbügeln
Hohlraumtiefe > 100 mm
$L'_{n,w,P}$ = 61 dB, $L'_{H,n,w,eq}$ = 62 dB,

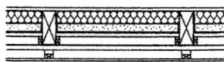

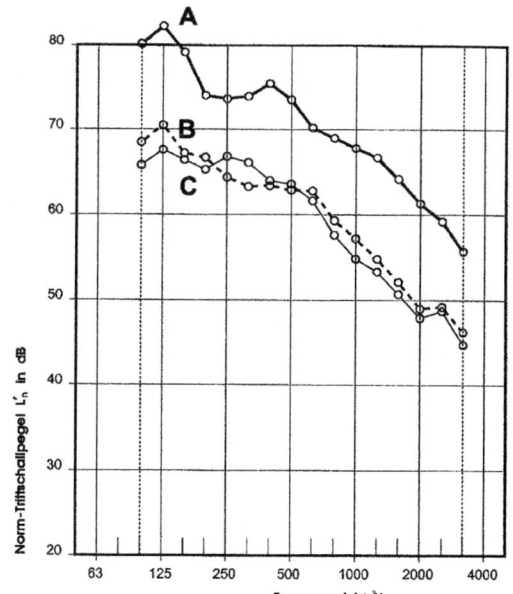

Bild 4.1.2-3 Einfluss verschiedener Befestigungsarten der unterseitigen Beplankung auf die Trittschalldämmung; Norm-Trittschallpegel L'_n im Prüfstand mit bauähnlicher Flankenübertragung; mit angegeben ist die Hohlraumtiefe entspr. Bild 4.1.2-4

Als Konstruktionsgrundsätze für die unterseitige Beplankung sind zu benennen (siehe Bild 4.1.2-4):

- Hohlraumtiefe ≥ 8 bis 10 cm, größere Hohlraumtiefen erhöhen die Wirksamkeit bei tiefen Frequenzen
- Faserdämmstoff im Hohlraum, z. B. > 2 cm Mineralfaser-Dämmplatten, Zellulosedämmung mit geeignetem längenbezogenen Strömungswiderstand
- entkoppelte Abhängung der raumseitigen Beplankung
- möglichst schwere raumseitige Beplankung (mehrlagige und schwere Beplankung erhöht die Wirksamkeit)

Bei frei montierten abgehängten Unterdecken, die nur an den Wänden befestigt sind und keinen Kontakt zur Deckenkonstruktion aufweisen, sind noch weitere Verbesserungen erreichbar.

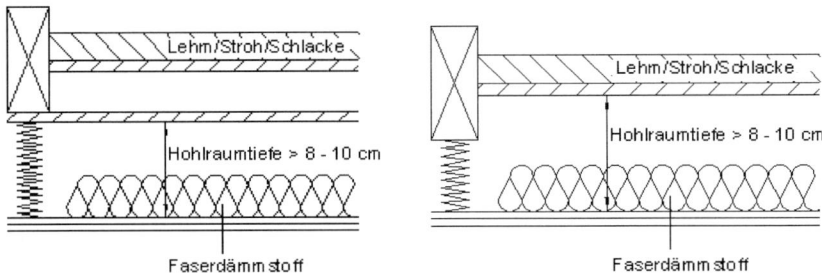

Bild 4.1.2-4 Konstruktionsgrundsätze für die unterseitige Beplankung am Beispiel einer „klassischen" Holzbalkendecke

Bei Konstruktionen mit federnder Abhängung erfolgt die Trittschallübertragung häufig im Wesentlichen über die flankierenden Wände.

Fußböden
Die bewertete Trittschallminderung von Fußböden auf Holzbalkendecken zeigt deutlich geringere Werte als auf Massivdecken. Soweit keine Messungen der Trittschallminderung der Fußböden auf Holzbalkendecken vorliegen, kann hilfsweise als erste Näherung $\Delta L_{H,w} \approx 2/5 \times \Delta L_w$ angesetzt werden. Bild 4.1.2-5 zeigt die Synopse anhand von Messergebnissen.

Die Gründe hierfür sind:
- Holzbalken-Rohdecken weisen – anders als Massivdecken – bereits einen Abfall der Trittschalldämmkurven bei höheren Frequenzen auf. Entsprechend ist das Potential zur Verbesserung der Holzbalkendecken zur Verbesserung geringer als bei Massivdecken.
- Die relativ leichten Holzbalkendecken vermindern die Wirksamkeit der Fußbodenaufbauten. (Die Impedanz der Massivdecken ist wesentlich höher, als die der Holzbalkendecken, daher diese ungünstige Wechselwirkung.)

4.1.2 Holzbalkendecken

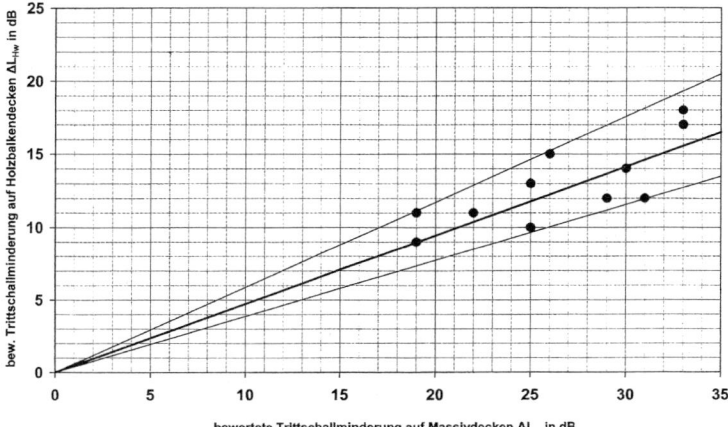

Bild 4.1.2-5 Trittschallmindernde Wirkung von Deckenauflagen: Zusammenhang für die Werte auf Massivdecken ΔL_w und auf Holzbalkendecken $\Delta L_{H,w}$

Beispiele für Messkurven ΔL_{Hw} sind in Bild 4.1.2-6 für Gussasphaltestriche, in Bild 4.1.2-7 für Trockenestriche und in Bild 4.1.2-8 für Fußbodenaufbauten mit entkoppelt verlegten Dielenbrettern gezeigt.

Konstruktion A, $\Delta L_{H,w}$ = 12 dB
- 25 mm Gussasphaltestrich
- 30 mm Verbundplatte mit MF-Trittschalldämmplatte, dyn. Steifigkeit < 30 MN/m³

Konstruktion B, $\Delta L_{H,w}$ = 15 dB
- 30 mm Gussasphaltestrich
- 30 mm steife Abdeckplatte
- 15 mm MF-Trittschalldämmplatte, dyn. Steifigkeit < 30 MN/m³

Konstruktion C, $\Delta L_{H,w}$ = 14 dB
- 50 mm Zementestrich
- 33/30 mm Polystyrol-Trittschalldämmplatte, dyn. Steifigkeit < 15 MN/m³

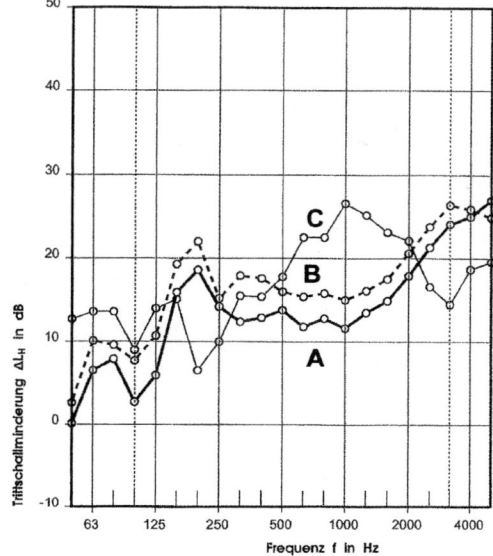

Bild 4.1.2-6 Trittschallminderung von Zementestrichen und Gussasphaltestrichen auf Holzbalken-Rohdecken

Konstruktion A: $\Delta L_{H,w} = 19$ dB
- 20 mm Trockenestrich-Element
- 10 mm Holzweichfaserplatte
- 30 mm Fermacell-Wabe mit Schüttung

Konstruktion B: $\Delta L_{H,w} = 14$ dB
- 22 mm zementgeb. Trockenestrich
- 11 mm MF-Dämmplatte,
  dyn. Steifigkeit 40 MN/m³
- 30 mm Trockenschüttung

Konstruktion C: $\Delta L_{H,w} = 9$ dB
- 25 mm Trockenestrich-Element
- 10 mm MF-Dämmplatte,
  dyn. Steifigkeit 70 MN/m³

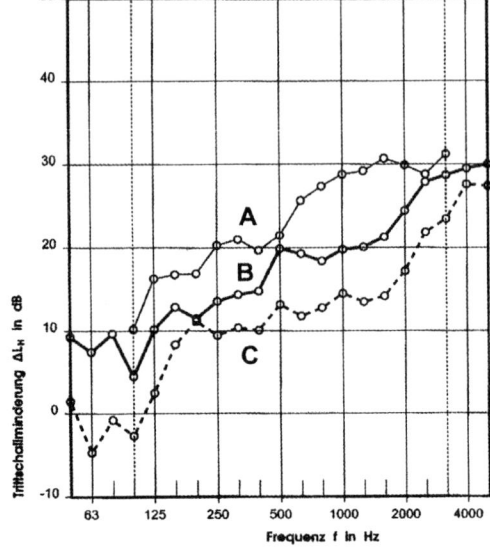

Bild 4.1.2-7 Trittschallminderung von Trockenestrichen auf Holzbalken-Rohdecken

Konstruktion A: $\Delta L_{H,w} = 23$ dB
Dielenboden auf Holzweichfaserplatte,
Beschwerung aus Gehwegplatten

Konstruktion B: $\Delta L_{H,w} = 18$ dB
Dielenboden auf federnden Streifenlagern,
zusätzlich Sandschüttung und Zellulosedämmstoff

Konstruktion C: $\Delta L_{H,w} = 10$ dB
Dielenboden auf Holzweichfaserplatte

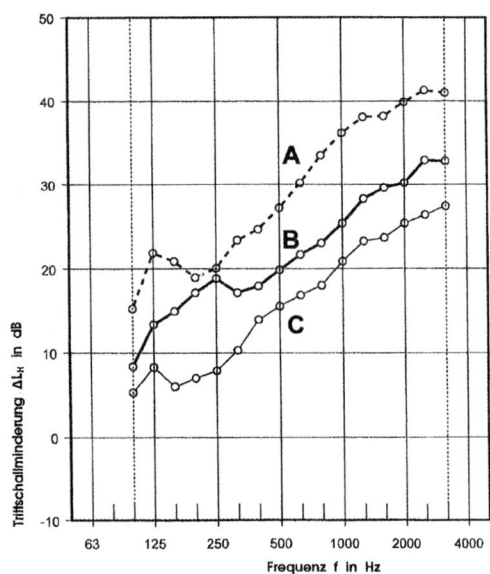

Bild 4.1.2-8 Trittschallminderung von Deckenauflagen mit entkoppelt verlegten Holzdielen auf Holzbalken-Rohdecken

Zur Trittschallminderung weichfedernder Beläge

Weichfedernde Beläge wirken sich bekanntlich trittschallmindernd aus. Bild 4.1.2-9 nach *Gösele* [41, 70] gibt den näherungsweisen Zusammenhang – ausgehend von den Werten ΔL_w auf Massivdecken – an (die Unterlagen der Teppichhersteller weisen i.d.R. nur die Werte ΔL_w auf Massivdecken aus). Bei der Benutzung des Diagramms

4.1.2 Holzbalkendecken

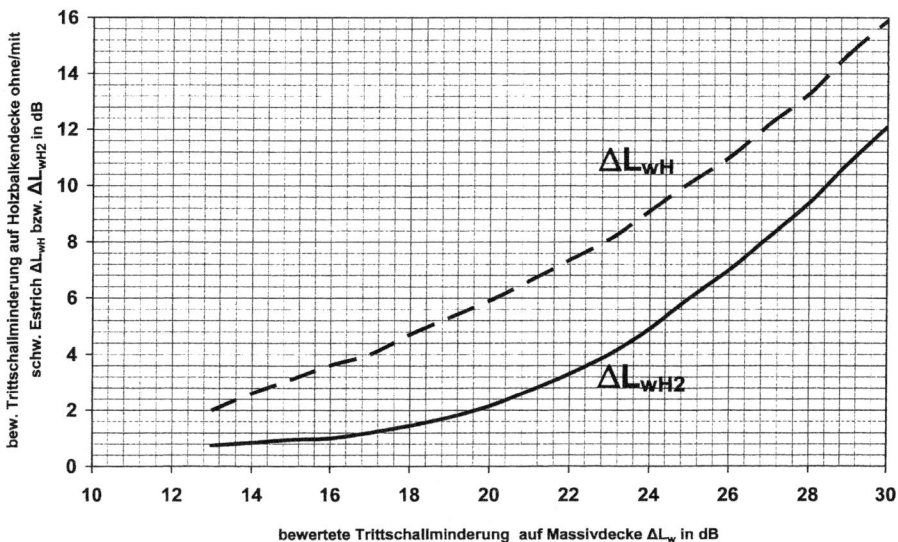

Bild 4.1.2-9 Trittschallminderung weichfedernder Beläge auf Holzbalkendecken, Werte nach *Gösele* [41, 70]. Dabei bezeichnen:

ΔL_w bewertete Trittschallminderung auf einer Massivdecke in dB, Labormessung

$\Delta L_{H,w}$ bewertete Trittschallminderung auf einer Holzbalken-Rohdecke ohne schwimmenden Estrich in dB

ΔL_{H2w} bewertete Trittschallminderung auf einer Holzbalkenrohdecke mit schwimmendem Estrich in dB

Bild 4.1.2-9 ist zu unterscheiden, ob bereits ein trittschallmindernder Estrich o. ä. vorhanden ist ($\Delta L_{H2,w}$), oder ob der weichfedernde Belag direkt auf die Holzbalken-Rohdecke verlegt wird ($\Delta L_{H,w}$, in diesem Fall ergeben sich höhere Werte).

Beschwerung, Schüttung

Schüttungen, heute im Regelfall aus anorganischen Materialien, wie Porenbetonschotter, Bläh-Perlite, Vermiculite etc., wirken insbesondere unter Faserdämmstoffen zusätzlich trittschallmindernd, wobei folgende Effekte zusammenspielen:

– Verminderung der dynamischen Steifigkeit der Faserdämmschicht durch die Ankopplung eines Luftvolumens (Verminderung der Steifigkeit der eingeschlossenen Luft)
– Verminderung der dynamischen Steifigkeit der Faserdämmschicht durch punktförmige Auflage der Dämmschicht (sogenannte „Kontaktsteifigkeit")
– Erhöhung der Masse der Deckenkonstruktion.

Beschwerungen aus Gehwegplatten oder Lagen von Vollziegeln u. ä. wirken vorrangig durch die Erhöhung der Masse der Deckenkonstruktion.

Wegen der Komplexität der Wirkungsmechanismen, insbesondere bei Schüttungen, wurde bei den hier vorgenommenen Betrachtungen die Beschwerung mit zur Deckenauflage und damit zum Wert $\Delta L_{H,w}$ zugerechnet. Teilweise wird in der Literatur die Verbesserung der Trittschalldämmung einer Beschwerung separat betrachtet [56, 66].

Durch Beschwerungen ergeben sich für Holzdecken mit sichtbaren Holzbalken i. d. R. deutlich größere Verbesserungen der Trittschalldämmung, als für unterseitig geschlossene Holzbalkendecken.

Flankenübertragung
Holzbalkendecken mit schweren massiven flankierenden Wänden
In Mitteleuropa existiert seit dem 17. Jahrhundert eine Vielzahl von Massivbauten mit Holzbalkendecken, von der Menge her sind insbesondere die Gründerzeitgebäude in den „Neubaugebieten" ab Ende des 19. Jahrhunderts zu benennen.

Diese Bauweise mit relativ schweren flankierenden Massivwänden, $m' \geq 400$ kg/m², war bis etwa 1975 der Maßstab, auf den Betrachtungen und Messungen der Trittschalldämmung von Holzbalkendecken abzielten [66]. Durch schwere massive Bauteile ergeben sich geringe bis maßvolle Anteile der flankierenden Trittschallübertragung. Auch heute ist die Altbausanierung dieser Gründerzeitgebäude eine zentrale Aufgabe der bauakustischen Bestandssanierung. Dabei ist auch der Dachausbau in bestehenden Gebäuden mit Holzbalkendecken zu benennen.

Konstruktion A:
Dielenboden auf federnden Streifenlagern, Holzbalken-Rohdecke mit federnd abgehängter GKB-Platte
$L'_{n,w} = 45$ dB (Messwert)

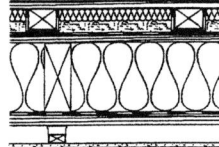

Konstruktion B:
Holzwerkstoffplatte auf Holzweichfaserplatte, Gipsfaserplatten als Beschwerung, Holzbalken-Rohdecke mit federnd abgehängter GKB-Platte
$L'_{n,w} = 51$ dB (Messwert)

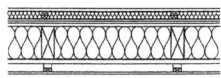

Konstruktion C:
Dielenboden auf Holzweichfaserplatte, Beschwerung aus Gehwegplatten, Holzbalken-Rohdecke mit an Lattung abgehängter GKB-Platte
$L'_{n,w} = 51$ dB (Messwert)

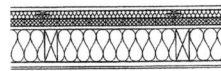

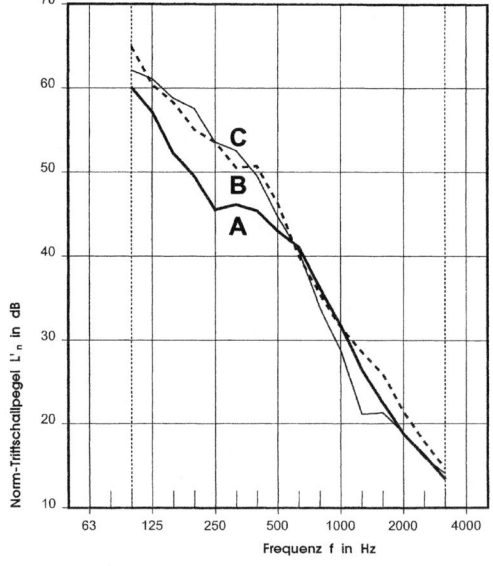

Bild 4.1.2-10 Holzbalkendecken mit $L'_{n,w} \leq 53$ dB, Flankenübertragung über schwere Massivwände

4.1.2 Holzbalkendecken

Messergebnisse der Trittschalldämmung von Holzbalkendecken, gemessen in „alten" Prüfständen mit bauähnlicher Flankenübertragung (flankierende Massivwände mit ca. $m' = 350$ kg/m^2) können i. d. R. direkt auf die Situation in Gebäuden mit schweren Massivwänden übertragen werden. Bild 4.1.2-10 zeigt entsprechende Messergebnisse, die aus den genannten Gründen normgerecht mit $L'_{n,w}$ definiert werden dürfen.

Auch am Bau lassen sich gute Ergebnisse erzielen, wie Bild 4.1.2-11 zeigt, wenn massive, schwere flankierende Wände vorhanden sind.

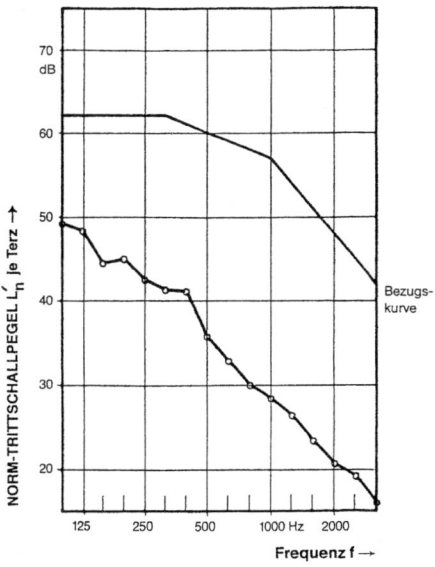

Bild 4.1.2-11 Holzbalkendecke (Altbau) mit gutem Trittschallschutz, Normtrittschallpegel über der Frequenz, $L'_{n,w} = 38$ dB

45 mm	Gussasphalt
30 mm	Mineralfaser-Trittschalldämmplatte 35/38
20 mm	Mineralfaserplatten DEO
5 mm	Perliteschüttung (bis 25 mm)
300 mm	Hist. Holzbalkendecke mit Schlacke im Einschub, u. gep.
25 mm	GK-Decke (2 x 12,5 mm) mit 50 mm Mineralfaserauflage

Flankenübertragung bei Holztafelbauweise
Die Flankenübertragung in Gebäuden in Holztafelbauweise hat sich als wesentlich kritischer herausgestellt, als in Gebäuden mit schweren Massivwänden. Auf das aktuelle Rechenverfahren nach [71] wird verwiesen.

Die Holztafelbauweise wurde in den 1970er und 1980er Jahren vornehmlich bei Einparteien-Fertighäusern verwendet. Diese Bauweise wird heute auch für Mehrfamilienhäuser eingesetzt. Bei der Holztafelbauweise befindet sich in der Regel raumseitig an den tragenden Wänden aus statischen Erfordernissen eine Holzwerkstoffplatte. Durch diese Konstruktionsweise ist eine – gegenüber Gebäuden mit Massivwänden – vollständig veränderte Flankenübertragungssituation gegeben. Dies erklärt sich durch die etwa 20- bis 40-mal geringere flächenbezogene Masse der Beplankungen der Holzrahmenwände im Vergleich zu schweren Massivwänden [70], wodurch ein zusätzlicher Weg der Trittschallübertragung direkt vom schwimmenden Estrich in die Holzrahmenkonstruktion (Weg DFf) [71] bedeutsam wird. In Bild 4.1.2-12 ist die Problematik dargestellt.

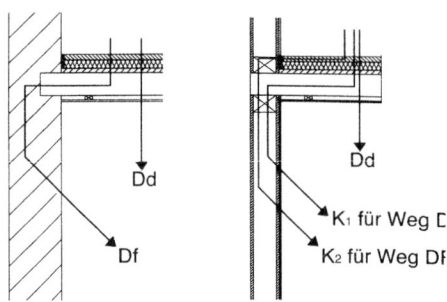

Bild 4.1.2-12 Unterschiedliche Flankensituation bei Holzbalkendecken:
A Massivgebäude, schwere Massivwände
  m′ ≥ 400 kg/m²
B Gebäude in Holztafelbauweise
  (raumseitige Holzwerkstoffplatte)

Flankenübertragung bei Massivholzwänden:
Bauweisen mit Massivholzwänden (Brettstapel- oder Leimholzplattenwände) stellen eine ebenfalls relativ junge Bauweise dar. Durch die leichten biegesteifen Massivholzwände ergibt sich eine im Regelfall kritische Konstellation. Zur Entkopplung der flanierenden Massivwände werden u. a. Metall-/Elastomer-Haltesyteme eingesetzt – Näheres ist der aktuellen Fachliteratur zu entnehmen [72].

Erforderliche Maßnahmen für Wohnungstrenndecken
Für die Einhaltung der Anforderungen an den Trittschallschutz von Wohnungstrenndecken nach DIN 4109, Ausgabe 1989 (erf. $L'_{n,w}$ ≤ 53 dB) sind im Regelfall Entkopplungsmaßnahmen an der abgehängten Unterdecke (Federschienen o. ä.) und zusätzlich die Verwendung eines schwimmenden Fußbodenaufbaus erforderlich.

Bei der Altbausanierung ergibt sich manchmal die Randbedingung, dass z. B. wegen der vom Denkmalschutz geforderten Einhaltung von Stuckdecken oder Deckenbemalungen die Decke nur von oben her verändert werden kann – hier müssen dann hochschalldämmende Fußbodenaufbauten eingesetzt werden.

Auf eine ausreichende Begrenzung der Trittschallübertragung über die flankierenden Bauteile ist zu achten.

Begründet durch die Flankensituation sind Trittschalldämmpegel am Bau von $L'_{n,w}$ ≅ 46 dB praktisch das Äußerste, was planerisch bemessen werden kann.

Zur tieffrequenten Trittschalldämmung von Holzbalkendecken
Allgemein kann gesagt werden, dass Holzbalkendecken im tieffrequenten Bereich eine schlechtere Trittschalldämmung aufweisen als Stahlbeton-Massivdecken. Die baurechtliche Beurteilung der Trittschalldämmung erfolgt allerdings über den bewerteten Norm-Trittschallpegel $L'_{n,w}$ und damit im Frequenzbereich 100 Hz ≤ f ≤ 3.150 Hz. Hörbar sind Trittschallgeräusche allerdings auch unterhalb 100 Hz. Gelegentlich werden auch Vibrationen im Zusammenhang mit dem Trittschallschutz beanstandet, wenn z. B. Kronleuchter klirren. Hierauf kann in dieser Veröffentlichung jedoch nicht eingegangen werden.

Hilfsweise kann auf die Auswertung des Spektrum-Anpassungswertes $C_{I,50-2500}$ zurückgegriffen werden [73], der auch die Norm-Trittschallpegel in den tieffrequenten Terzbänden 50 Hz, 63 Hz und 80 Hz mit berücksichtigt. Werte hierfür sind in [74] (allerdings ohne Flankenübertragung) aufgeführt. Für den Wert ($L'_{n,w} + C_{I,50-5000}$) liegen allerdings keine baurechtlichen Beurteilungsmaßstäbe vor. Auf die erhöhte Streubreite bei der messtechnischen Ermittlung des bewerteten Norm-Trittschallpegels L'_n im Frequenzbereich < 100 Hz sei an dieser Stelle nochmals hingewiesen.

Allgemein zugängliche Prognoseverfahren für die tieffrequente Trittschalldämmung von Holzbalkendecken (und auch für Massivdecken) liegen gegenwärtig nicht vor.

Zur Trittschalldämmung in Altbauten bei Gerichtsstreitigkeiten
Bei Gerichtsstreitigkeiten ist auch heute noch die Trittschalldämmung von alten Holzbalkendecken zu beurteilen. Typischerweise tritt eine solche Streitigkeit auf, wenn in der oberen Wohnung der Teppichbelag durch einen Laminatbelag oder andere harten Beläge ersetzt wird. Für die darunter liegende Wohnung tritt hierdurch eine Erhöhung der Trittschallgeräusche auf.

Als möglichen Anforderungswert für die geschuldete Trittschalldämmung ist das Anforderungsniveau erf. $L'_{n,w} \leq 63$ dB entsprechend DIN 4109, Ausgabe 1962 [15], zu benennen. Allerdings sind die in Blatt 3 dieser Norm angegebenen Deckenkonstruktionen in Deutschland praktisch nicht verwirklicht. Die typische Bestandskonstruktion wird vielmehr ohne Entkopplungsebenen ausgeführt. Durch messtechnische Untersuchungen kann festgestellt werden, ob der Zielwert erf. $L'_{n,w} \leq 63$ dB eingehalten wird.

4.1.2.3 Luftschalldämmung

Wie bereits in Abschn. 4.1.2.1 erläutert, führen konstruktive Verbesserungen des Trittschallschutzes gleichzeitig zu Verbesserungen der Luftschalldämmung.

Bild 4.1.2-13 zeigt die systematische Verbesserung der Luftschalldämmung einer Holzbalkendecke durch sukzessive Verbesserungsmaßnahmen. Die Maßnahmen wurden einzeln untersucht, um für jeden Schritt die erforderlichen Kosten und die damit verbundene schalltechnische Wirkung dokumentieren zu können. Die Untersuchungen wurden in Zusammenhang mit der Revitalisierung eines klassizistischen Ministerialgebäudes aus der ersten Hälfte des 19. Jahrhunderts zu einem städtischen Konservatorium durchgeführt [55].

Wie vorgefunden, erreichte das bewertete Schalldämmmaß der Decke mit $R'_w = 53$ dB ziemlich genau den Wert „guter" Holzbalkendecken, der jedoch für eine Musikhochschule völlig unzureichend gewesen wäre. Mit schwimmenden Trockenestrichen und Gipskarton-Vorsatzschalen an den flankierenden Wänden konnte $R'_w = 59$ dB erreicht werden, ein allerdings immer noch unzureichender Wert.

Erst eine federnd abgehängte Gipskarton-Unterdecke erreichte mit $R'_w = 69$ dB brauchbare Werte, insbesondere durch die deutliche Verbesserung bei 100 Hz auf $R = 48$ dB, die beim ersten Schritt von den ursprünglichen $R' = 39$ dB durch den Einbau des schwimmenden Trockenestrichs auf $R' = 28$ dB abgesunken war.

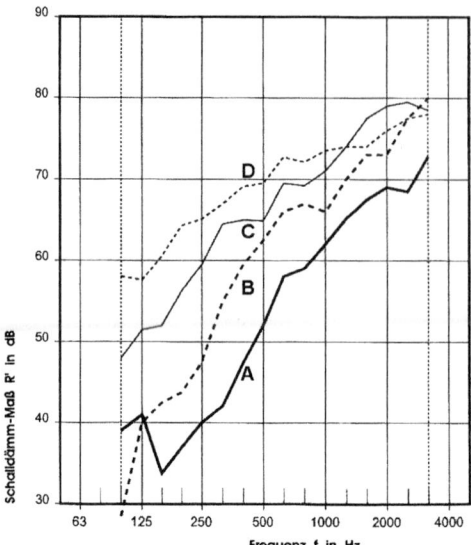

Bild 4.1.2-13 Schrittweise Verbesserung der Luftschalldämmung in einem klassizistischen Gebäude mit Holzbalkendecken mit Lehmeinschub im Zuge der Revitalisierung zu einem städtischen Konservatorium
A wie vorgefunden, $R'_w = 53$ dB
B wie vor, jedoch zusätzlich mit schwimmendem Trockenestrich, Innenwände mit GK-Vorsatzschalen, $R'_w = 59$ dB
C wie vor, jedoch zusätzlich mit federnd abgehängter GK-Unterdecke, $R'_w = 69$ dB
D wie vor, jedoch schwimmender Anhydritestrich anstatt Trockenestrich, $R'_w = 73$ dB

Der Austausch des Trockenestrichs durch einen schwimmenden Anhydritestrich ergab dann eine nochmalige deutliche Verbesserung bei tiefen Frequenzen (ohne Wirkung bei hohen Frequenzen) und ein bewertetes Schalldämmmaß von $R'_w = 73$ dB.

Die gleichen Maßnahmen wurden auch sukzessiv auf ihre trittschallmindernden Auswirkungen hin überprüft. Die historische Decke erwies sich dabei mit $L_{n,w} = 52$ dB als überdurchschnittlich gut. Wie zu erwarten, ergaben alle getroffenen stufenweisen Verbesserungsmaßnahmen auch deutliche Verbesserungen beim bewerteten Norm-Trittschallpegel, wie Bild 4.1.2-14 deutlich macht, wobei auch

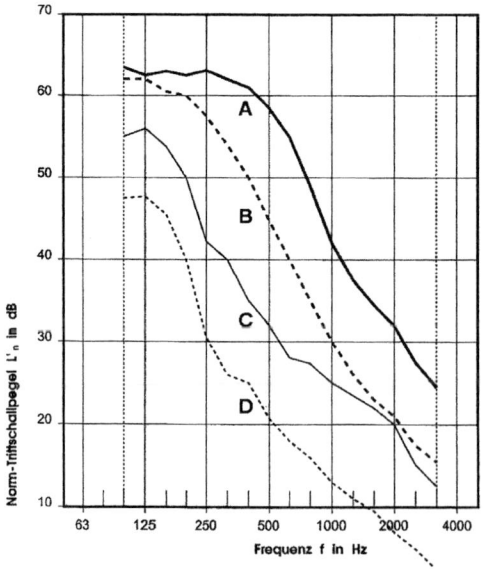

Bild 4.1.2-14 Verbesserung der Trittschalldämmung einer historischen Holzbalkendecke durch stufenweise Ertüchtigung (analog zu Bild 4.1.2-13)
A Decke wie vorgefunden, $L'_{n,w} = 52$ dB
B Decke wie vor, jedoch zusätzlich mit schwimmendem Trockenestrich, Innenwände GK-Vorsatzschalen, $L'_{n,w} = 43$ dB
C wie vor, jedoch zusätzlich mit federnd abgehängter GK-Unterdecke, $L'_{n,w} = 43$ dB
D wie vor, jedoch Anhydritestrich mit Teppichbelag anstatt Trockenestrich, $L'_{n,w} = 36$ dB

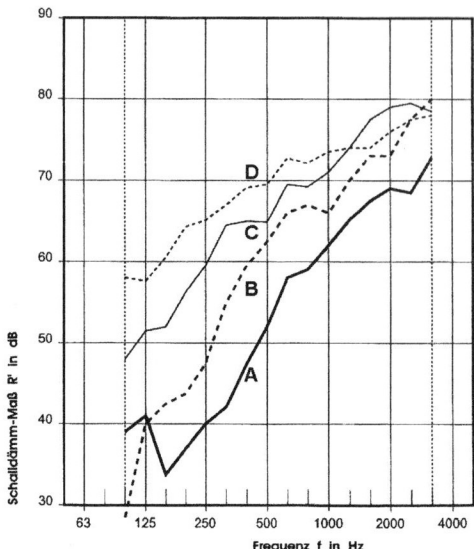

Bild 4.1.2-13 Schrittweise Verbesserung der Luftschalldämmung in einem klassizistischen Gebäude mit Holzbalkendecken mit Lehmeinschub im Zuge der Revitalisierung zu einem städtischen Konservatorium
A wie vorgefunden, $R'_w = 53$ dB
B wie vor, jedoch zusätzlich mit schwimmendem Trockenestrich, Innenwände mit GK-Vorsatzschalen, $R'_w = 59$ dB
C wie vor, jedoch zusätzlich mit federnd abgehängter GK-Unterdecke, $R'_w = 69$ dB
D wie vor, jedoch schwimmender Anhydritestrich anstatt Trockenestrich, $R'_w = 73$ dB

Der Austausch des Trockenestrichs durch einen schwimmenden Anhydritestrich ergab dann eine nochmalige deutliche Verbesserung bei tiefen Frequenzen (ohne Wirkung bei hohen Frequenzen) und ein bewertetes Schalldämmmaß von $R'_w = 73$ dB.

Die gleichen Maßnahmen wurden auch sukzessiv auf ihre trittschallmindernden Auswirkungen hin überprüft. Die historische Decke erwies sich dabei mit $L_{n,w} = 52$ dB als überdurchschnittlich gut. Wie zu erwarten, ergaben alle getroffenen stufenweisen Verbesserungsmaßnahmen auch deutliche Verbesserungen beim bewerteten Norm-Trittschallpegel, wie Bild 4.1.2-14 deutlich macht, wobei auch

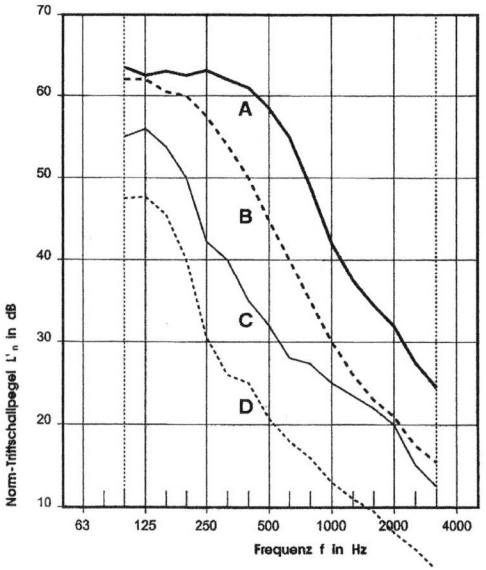

Bild 4.1.2-14 Verbesserung der Trittschalldämmung einer historischen Holzbalkendecke durch stufenweise Ertüchtigung (analog zu Bild 4.1.2-13)
A Decke wie vorgefunden, $L'_{n,w} = 52$ dB
B Decke wie vor, jedoch zusätzlich mit schwimmendem Trockenestrich, Innenwände GK-Vorsatzschalen, $L'_{n,w} = 43$ dB
C wie vor, jedoch zusätzlich mit federnd abgehängter GK-Unterdecke, $L'_{n,w} = 43$ dB
D wie vor, jedoch Anhydritestrich mit Teppichbelag anstatt Trockenestrich, $L'_{n,w} = 36$ dB

hier vor allem die tieffrequenten Verbesserungen (16 dB bei 100 Hz) beachtenswert sind.

4.1.3 Holz-Beton-Verbunddecken

4.1.3.1 Allgemeines

Decken, bei denen auf tragenden Holzbalkendecken Druckplatten aus Stahlbeton mit einer schubübertragenden Spezialschraubenanordnung aufgebracht werden, sind sowohl bei Neubauten als auch bei Altbauten zur Ertüchtigung der Tragfähigkeit der bestehenden Holzbalken eine zunehmend interessante Alternative, die auch vergleichsweise wirtschaftlich ist. Durch die Betonplatte sind auch gute schalltechnische Eigenschaften zu erzielen. Das Prinzip derartiger Decken zeigt Bild 4.1.3-1 für eine neue Holzbalkendecke als auch für eine charakteristische Altbausanierung.

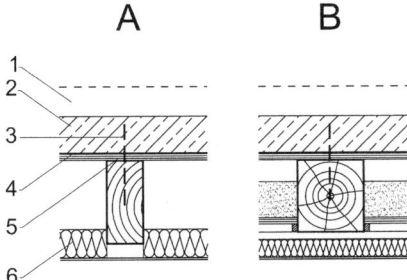

Bild 4.1.3-1 Holz-Beton-Verbunddecke, schematisch
A typische Neubaukonstruktion
B beispielhafte Altbausanierungskonstruktion
1 Schwimmender Estrich
2 Verbundbetonplatte
3 Verbundschrauben, nach statischer Bemessung
4 Trennlage (PE-Folie)
5 Neue Tragschalung/alte Dielung
6 Abgehängte Unterdecke mit Mineralfasermatten-Auflage

4.1.3.2 Neubaudecken

Die schalltechnische Bemessung erfolgt hier wie bei Massivdecken, indem man die Decke zunächst wie eine Betondecke mit der Dicke der Druckplatte bemisst. Im Regelfall wird man einen schwimmenden Estrich aufbringen. Da die Betonplatten im Normalfall recht dünn sind, nämlich zwischen 7 und 14 cm, kann es notwendig werden, eine abgehängte Unterdecke, mit einer hohlraumdämpfenden Auflage aus Mineralfasermatten, zusätzlich zu planen. Bei deren Bemessung kann die schalltechnische Wirkung der Schalung und der Balkenlage bei der Luftschalldämmung mit ca. 6 dB, bei der Trittschalldämmung mit ca. 5 dB angenommen werden.

Zurzeit liegen nur wenige schalltechnische Untersuchungen derartiger Decken vor, weshalb bei der Bemessung noch Reserven eingeplant werden sollten. Projektbezogene Eignungsprüfungen oder Vorabuntersuchungen von Prototyp-Konstruktionen im schalltechnischen Prüfstand sind hier hilfreich.

4.1.3.3 Altbaudecken

Bei der Altbausanierung ist die größte Wirtschaftlichkeit dann gegeben, wenn die alte Konstruktion komplett belassen werden kann, also sowohl die Füllung (meist Lehmeinschlag) als auch die Dielung, die dabei selbstverständlich schadhaft sein darf und nicht vorher saniert werden muss. Die Kosten für Ausbau und Entsorgung entfallen dann. Die Luftschalldämmung derart sanierter Altbaudecken liegt auch ohne schwimmenden Estrich bei $R'_w \geq 57$ dB, der Trittschallpegel bei $L'_{n,w} \leq 63$ dB.

Der Ausgleich von größeren Höhendifferenzen, z. B. infolge von setzungsbedingten Schräglagen oder von Durchbiegungen, ist mit der Verbundbetondecke nicht möglich. Hier müssen oberhalb der Betondecke die entsprechenden Höhen für Ausgleichsschüttungen vorgehalten werden. Bei Altbaudecken sind flache abgehängte Gipskartonunterdecken an Federschienen von Vorteil.

4.2 Trittschallschutz von Treppenkonstruktionen

4.2.1 Unterscheidung nach Art der Treppenkonstruktion

Generell werden Treppen – ebenso wie die Deckenkonstruktionen in den vorangegangenen Abschnitten – in schwere und leichte Treppenkonstruktionen unterschieden. Daneben hat auch die Bauart des Gebäudes – Massivbau oder Konstruktionen in Holzrahmenbauweise – Auswirkungen auf die Trittschalldämmung der Treppen bei Anregung mit einem Normhammerwerk.

Nachfolgend werden, soweit nicht anders erwähnt, Gebäude in Massivbauweise betrachtet. Gebäude in Holzrahmenbauweise werden nur exemplarisch diskutiert.

Ohne weitere trittschallmindernde Maßnahmen weisen Massivtreppen tieffrequent in der Regel geringere Trittschallpegel auf, während Leichtbautreppen zu hohen Frequenzen hin trittschalltechnisch günstigere Messwerte ergeben.

In [81] wird erläutert, dass hierfür nicht nur die Beschaffenheit der Körperschallquelle – bei normgerechten Messungen der Trittschalldämmung von Treppenkonstruktionen also das Normhammerwerk – sondern auch die Strukturimpedanz der leichten Treppenkonstruktionen für das eingeleitete Kraftspektrum verantwortlich sind, was wiederum zu dem prinzipiell unterschiedlichen Verlauf der Trittschalldämmung leichter und massiver Treppenkonstruktionen führt.

4.2.1.1 Massivtreppen

Massivtreppenläufe und -podeste können aus Naturstein, Mauerwerk oder – wie heute allgemein üblich – aus Stahlbeton hergestellt werden. Dieser wird entweder als Fertigteil im Betonwerk produziert oder in Ortbetonbauweise auf der Baustelle gefertigt. Auch Kombinationen aus Fertigteil- und Ortbetonbauteilen sind möglich und üblich.

Treppenanlagen im Geschosswohnungsbau werden meistens als Massivtreppen ausgeführt. Ein starres Befestigen der Treppenläufe und -podeste – wie in Nachkriegsbauten noch häufig anzutreffen – führt allerdings zu einer äußerst geringen Trittschalldämmung. Daher sind bei Massivtreppen Maßnahmen zur Trittschallminderung bzw. Entkopplung erforderlich. Bild 4.2-1 zeigt die beiden prinzipiell möglichen Bauweisen.

4.2.1.2 Leichtbautreppen

Leichtbautreppen werden aus Holz, Stahl oder Glas hergestellt. Auch Kombinationen aus diesen Werkstoffen werden realisiert. Die einzelnen Bauteile einer Leichtbautreppe werden üblicherweise vorgefertigt und auf der Baustelle endmontiert. Gegenüber Massivtreppenläufen weisen diese Treppenkonstruktionen eine deutlich geringere Masse auf.

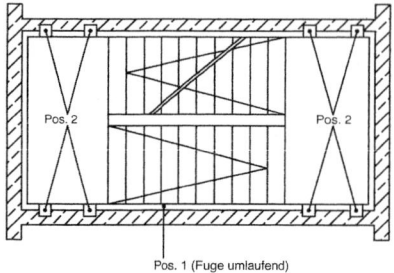 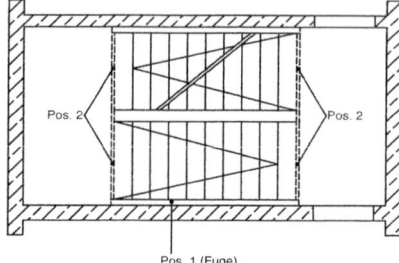

Bauweise A: Bauweise B:

Bild 4.2-1 Schematische Darstellung der prinzipiell möglichen Bauweisen von Massivtreppen
Pos. 1:   Fuge zwischen Treppenlauf bzw. -podest und Wand
Pos. 2:   Lagerung der Treppenläufe bzw. -podeste
Bauweise A: Massivtreppenläufe mit elastischer Lagerung auf Podesten mit schwimmendem Estrich, die starr mit der Rohbaukonstruktion verbunden sind
Bauweise B: Massivtreppenläufe starr auf Podesten, die über körperschallentkoppelnde Auflager von der Rohbaukonstruktion entkoppelt sind

In Wohngebäuden ab Baujahr 1700 wurden standardmäßig Holztreppenanlagen eingebaut. Dabei sind die Treppenwangen und Auflager der Treppenpodeste üblicherweise starr mit der statisch wirksamen Treppenraumwand verbunden.

Heute werden Leichtbautreppen hauptsächlich in Einfamilienhäusern (Doppel- und Reihenhäusern) sowie als wohnungsinterne Treppen im Geschosswohnungsbau angetroffen. Neben den nach wie vor üblichen Wangenkonstruktionen sind heute weitere Variationen (z. B. Einzelstufen in der Trennwand, Stufen auf Unterkonstruktionen aus Stahl oder Holz) möglich. Ohne besondere konstruktive Maßnahmen bzw. günstige räumliche Anordnung der Befestigungspunkte kann i. d. R. kein ausreichender Trittschallschutz erreicht werden. Bei all diesen Konstruktionen werden auch körperschallentkoppelte Lagerungen und Befestigungen eingesetzt.

4.2.2 Berechnung des zu erwartenden Norm-Trittschallpegels von Treppenkonstruktionen

4.2.2.1 Massivtreppen

In Beiblatt 1 zu DIN 4109 [22], Tabelle 20, sind für Treppenläufe und -podeste (äquivalente) bewertete Norm-Trittschallpegel $L_{n,w,eq,R}$ bzw. $L'_{n,w,R}$ angegeben. Dabei ist $L_{n,w,eq,R}$ dann zu verwenden, wenn auf den Treppenlauf oder das Treppenpodest ein trittschalldämmender Gehbelag bzw. schwimmender Estrich aufgebracht wird. Ausgehend von diesen Werten wird unter Berücksichtigung der Trittschallverbesserungsmaße $\Delta L_{w,R}$ aufzubringender oberseitiger Konstruktionen der Norm-Trittschallpegel berechnet.

Das Rechenverfahren ist formal identisch mit dem für die Berechnung der Trittschalldämmung von Massivdecken. Auf die Erhebung eines Vorhaltemaßes von 2 dB wurde bei Treppen allerdings (leider) verzichtet:

$$L'_{n,w,R} = L_{n,w,eq,R} - \Delta L_{w,R}$$

Trittschallschutz auf hohem Niveau.
Die Schöck Tronsole®.

Ob Treppenlauf oder Podest: Die genau aufeinander abgestimmten Varianten der Schöck Tronsole® sorgen für einen exzellenten Trittschallschutz über alle Gewerke hinweg, sowohl bei geraden als auch bei gewendelten Treppen. Erfahren Sie mehr auf www.tronsole.de

Schöck Bauteile GmbH | Vimbucher Straße 2 | 76534 Baden-Baden | Tel.: +49 7223 967-0

Raumakustik und Schallschutz

Lärmschutz, Schallschutz und Raumakustik sind Qualitätskriterien für Gebäude. Normenmacher geben Hintergrundinformationen zu E DIN 4109:2013-11 und VDI 4100 aus erster Hand. Außerdem ausgewählte Beispiele und Erläuterungen, wie z. B. Holzbalkendecken im Bestand, Sporthallen.

Hrsg.: Nabil A. Fouad
Bauphysik-Kalender 2014
Schwerpunkt: Raumakustik und Schallschutz
2014. ca. 700 S.
ca. € 144,–*
Fortsetzungspreis: ca. € 124,–*
ISBN 978-3-433-03050-9
Auch als ebook erhältlich

Weitere Zeitschriften- / Buchempfehlungen:

- Zeitschrift Bauphysik
- Nachhaltigkeit und Energieeffizienz

- Gebäudediagnostik
- Brandschutz

Online Bestellung:
www.ernst-und-sohn.de

Ernst & Sohn
Verlag für Architektur und technische
Wissenschaften GmbH & Co. KG

Kundenservice: Wiley-VCH
Boschstraße 12
D-69469 Weinheim

Tel. +49 (0)6201 606-400
Fax +49 (0)6201 606-184
service@wiley-vch.de

* Der €-Preis gilt ausschließlich für Deutschland. Inkl. MwSt. zzgl. Versandkosten. Irrtum und Änderungen vorbehalten. 1053116_dp

4.2.2 Berechnung des zu erwartenden Norm-Trittschallpegels von Treppenkonstruktionen

Darin bedeuten:

$L'_{n,w,R}$ bewerteter Norm-Trittschallpegel in dB
$L_{n,w,eq,R}$ äquivalenter bewerteter Norm-Trittschallpegel in dB
$\Delta L_{w,R}$ Trittschallverbesserungsmaß in dB.

Die in Beiblatt 1 zu DIN 4109 angegebenen Rechenwerte $L_{n,w,eq,R}$ und $L'_{n,w,R}$ haben bis heute im baurechtlichen Verfahren zentrale Bedeutung. In Tabelle 4.2-1 und Tabelle 4.2-2 sind die wichtigsten dieser Rechenwerte für einschalige Treppenhaus-

Tabelle 4.2-1 Massivtreppenläufe (mit und ohne elastische Lagerung) auf Podesten, die starr mit der Rohbaukonstruktion (einschalige Treppenhaus-Massivwände) verbunden sind (Bauweise A nach Abschn. 4.2.1.1 bzw. Bild 4.2-1); äquivalenter bewerteter Norm-Trittschallpegel $L_{n,w,eq,R}$ und bewerteter Norm-Trittschallpegel $L'_{n,w,R}$ nach Beiblatt 1 zu DIN 4109 [22]

Bauweise	Rechenwerte nach Beiblatt 1 zu DIN 4109	
	$L_{n,w,eq,R}$ in dB	$L'_{n,w,R}$ in dB
Treppenpodest[1)], fest verbunden mit einschaliger, biegesteifer Treppenraumwand (flächenbezogene Masse ≥ 380 kg/m^2)	66[3), 6)]	70[3), 6)]
Treppenlauf[1)], fest verbunden mit einschaliger, biegesteifer Treppenraumwand (flächenbezogene Masse ≥ 380 kg/m^2)	61[3), 5), 6)]	65[3), 6)] (Messwert: 68)[6)]
Treppenlauf[1)], abgesetzt von einschaliger, biegesteifer Treppenraumwand	58[3), 5), 6)]	58[3), 6)] (Messwert: 64)[6)]
Treppenlauf[2)], mit Treppenpodest über eine Entkopplung mit Bewehrungseisen verbunden	–	nach Herstellerangaben erreichbare Werte: 45 bis 53 dB
Treppenlauf[2)], mit Treppenpodest auf einer Elastomerlagerung aufgelagert	–	43[3), 4)] bzw. nach Herstellerangaben < 35 dB möglich
Weitere Fälle mit zweischaliger Haustrennwand	–	siehe Beiblatt 1 zu DIN 4109, Tabelle 20

[1)] gilt für Stahlbetonpodest oder -treppenlauf mit einer Dicke d ≥ 120 mm
[2)] abgesetzt von einschaliger, biegesteifer Treppenraumwand
[3)] Werte nach Beiblatt 1 zu DIN 4109, Ausgabe 1989
[4)] es wird empfohlen, Herstellerangaben der Trittschalldämmung für die jeweiligen Lagerungstypen zu verwenden, da Beiblatt 1 zu DIN 4109 diese Konstruktionen nicht näher charakterisiert
[5)] Sanierungsmaßnahmen siehe Tabelle 4.2-3
[6)] Werte werden im ausgeführten Zustand am Bau oftmals nicht erreicht

Tabelle 4.2-2 Massivtreppenläufe starr auf Podesten, die über körperschallentkoppelnde Auflager von der Rohbaukonstruktion entkoppelt sind (Bauweise B nach Bild 4.2-1); äquivalenter bewerteter Norm-Trittschallpegel $L_{n,w,eq,R}$ und bewerteter Norm-Trittschallpegel $L'_{n,w,R}$

Bauweise	$L_{n,w,eq,R}$ in dB	$L'_{n,w,R}$ in dB
Treppenlauf und Treppenpodest, als Ganzes über körperschallentkoppelnde Auflager elastisch auf der Rohbaukonstruktion gelagert[1]	nach Herstellerangaben	nach Herstellerangaben erreichbare Werte: 40 bis 55 dB[2]

[1] abgesetzt von Treppenraumwand

[2] es wird empfohlen, Herstellerangaben der Trittschalldämmung für die jeweiligen Lagerungstypen zu verwenden, da Beiblatt 1 zu DIN 4109 diese Konstruktionen nicht näher charakterisiert

Massivwände (üblicherweise anzutreffen im Geschosswohnungsbau) zusammengestellt, wobei gleichzeitig ein näherer Überblick über die möglichen Bauweisen gegeben wird.

Messungen an ausgeführten Bauten zeigen, dass die Trittschalldämmung der starren Konstruktionen ohne trittschalldämmende Maßnahmen teilweise noch wesentlich schlechter ausfällt, als nach Beiblatt 1 zu DIN 4109, Tabelle 20 [22] zu erwarten wäre.

Bei Sanierungsmaßnahmen älterer Gebäude, bei denen die vorhandenen Massivtreppenläufe teilweise starr auf den mit der Rohbaukonstruktion verbundenen Treppenpodesten aufliegen, besteht aus statischen oder wirtschaftlichen Gründen oftmals nicht die Möglichkeit, nachträglich eine der oben beschriebenen Entkopplungen zur Verbesserung der Trittschalldämmung zu realisieren. Da es aber aufgrund der gewünschten Komfortsteigerung erforderlich ist, die schlechte Trittschalldämmung dieser Konstruktionen zu verbessern, besteht hier lediglich die Möglichkeit, entweder eine Entkopplungslage unter einem harten Gehbelag aufzubringen oder einen weichfedernden Gehbelag einzubauen. Bei der zweitgenannten Variante ist allerdings zu beachten, dass in manchen Fällen dieser Gehbelag auf Grund seiner Austauschbarkeit nicht zum Nachweis der Konstruktion nach DIN 4109 angerechnet werden darf. Außerdem machen die brandschutztechnischen Anforderungen für Treppenhäuser u. U. einen Einsatz dieser weichfedernden Gehbeläge unmöglich. Tabelle 4.2-3 zeigt die mit diesen Sanierungsmaßnahmen möglichen Trittschallminderungen.

4.2.2.2 Leichtbautreppen

Für Leichtbautreppen existiert derzeit kein genormtes Rechenverfahren zur Vorhersage des zu erwartenden Norm-Trittschallpegels.

Zur Abschätzung des Norm-Trittschallpegels von Leichtbautreppen wurden in den letzten Jahren in verschiedenen Instituten im Rahmen von Forschungsvorhaben Verfahren entwickelt, die dem Planer gewisse Sicherheiten an die Hand geben sollen.

Tabelle 4.2-3 Sanierungsmaßnahmen für Treppenläufe

Bauweise	$L_{n,w,eq,R}$ in dB	$\Delta L^*_{w,R}$ in dB[1]
Treppenbelag mit trittschalldämmender Unterlage	–	nach Herstellerangaben erreichbare Werte: um 8 bis 15 dB
weichfedernder Linoleum bzw. Naturkautschukbelag	–	nach Herstellerangaben erreichbare Werte: bis etwa 15 dB

[1] $\Delta L^*_{w,R}$ bezeichnet die bewertete Trittschallminderung auf Treppenläufen. Ein genormtes Messverfahren zur Bestimmung dieses Wertes existiert gegenwärtig nicht.

Für Stahl-Wangentreppen mit Hartholzstufen bzw. eingestemmte Wangentreppen aus Hartholz in Gebäuden in Holzbauweisen wurde z. B. ein empirisches Rechenverfahren im Auftrag der DGfH – Deutsche Gesellschaft für Holzforschung e.V. (dokumentiert in [82]) entwickelt.

Zur Abschätzung des bewerteten Norm-Trittschallpegels von Leichtbautreppen für die horizontale Übertragung über Wohnungs- und Haustrennwände sowie für die vertikale Übertragung über Wohnungstrenndecken (Treppen in Wohnungen über zwei Geschosse, sog. Maisonettetreppen) in Gebäuden in Massivbauweise wurde in einer seitens eines Herstellers von Leichtbautreppen in Auftrag gegebenen Untersuchung [84] ein halbempirisches Verfahren entwickelt.

Bei diesem Verfahren ist es erforderlich, dass Messergebnisse einer hinsichtlich ihrer Konstruktionsart und der Ankopplungspunkte vergleichbaren Leichtbautreppe als sog. Referenzkonstruktion entweder aus messtechnischen Untersuchungen im schalltechnischen Prüfstand oder in einer ausgeführten Bausituation vorliegen. Basierend auf diesen Referenzwerten kann dann der zu erwartende Norm-Trittschallpegel für die geplante Bauausführung abgeschätzt werden, wobei empfohlen wird, ein zusätzliches Vorhaltemaß von (nach momentanem Kenntnisstand) + 2 dB zu berücksichtigen, um die Prognose gegenüber vertraglich vereinbarten Werten abzusichern.

4.2.3 Planung und Ausführung von Treppenkonstruktionen

4.2.3.1 Räumliche Lage

Unabhängig von der Art der gewählten Treppenkonstruktion können durch eine schalltechnisch günstige Gestaltung des Grundrisses deutliche Verbesserungen der Trittschalldämmung von Treppenkonstruktionen erreicht werden. Werden beispielsweise Treppen in Doppel- und Reihenhäusern nicht an der Haustrennwand angeordnet, ergeben sich dabei wesentlich geringere Trittschallpegel, verbunden mit einer ebenfalls verminderten Störwirkung beim Begehen der Treppen.

In [83] sind Laboruntersuchungen zu unterschiedlicher Anordnung von Treppenkonstruktionen hinsichtlich der Lage zum Empfangsraum dokumentiert. Wie Bild 4.2-2 zeigt, ist bei Einbau der Treppe an der Haustrennwand ein um ≥ 10 dB ungünstigerer Trittschallpegel zu erwarten als bei Anordnung der Treppe an der der Haustrennwand gegenüber liegenden Außenwand des Gebäudes.

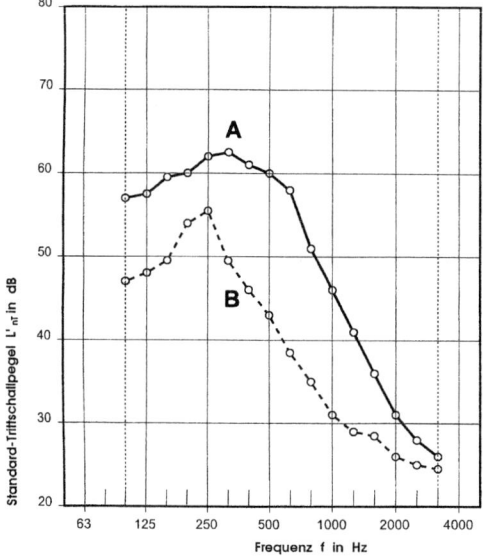

Bild 4.2-2 Standard-Trittschallpegel $L_{nT,w}$ in Abhängigkeit von der Lage im Gebäude, Messwerte nach [83]
A Leichtbautreppe an der Trennwand zum schutzbedürftigen Raum, $L'_{nT,w}$ = 56 dB
B Leichtbautreppe an der dem schutzbedürftigen Raum gegenüberliegenden Trennwand, $L'_{nT,w}$ = 44 dB

4.2.3.2 Luftschalldämmung der Treppenraumwand

Neben der Grundrissgestaltung ist für die Trittschalldämmung einer Treppe die Luftschalldämmung der Treppenraumwand, an der die Treppe befestigt ist bzw. die den Treppenraum vom nächsten schutzbedürftigen Raum trennt, von großer Bedeutung. Generell gilt der Grundsatz, dass die Trittschalldämmung einer Treppe besser wird, je höher die Luftschalldämmung der Treppenraumwand ist.

4.2.3.3 Befestigungsvarianten Massivtreppen

Allgemeines

In Bild 4.2-3 sind gebräuchliche Systeme zur Entkopplung von Massivtreppen prinzipiell dargestellt.

Bei Massivtreppen sind in Zusammenhang mit der Befestigung an der statisch tragenden Baukonstruktion die bereits in Bild 4.2-1 beschriebenen Bauweisen A und B zur Realisierung der Entkopplung gebräuchlich. Bei dieser Ausführung ist allerdings dafür Sorge zu tragen, dass zwischen Treppenlauf bzw. Treppenpodest und Treppenraumwand keine Schallbrücken vorhanden sind. In Bild 4.2-4 ist beispielhaft der Einfluss einer „leichten" Schallbrücke auf die Trittschalldämmung gezeigt; durch Schallbrücken können noch viel gravierendere Verschlechterungen verursacht werden.

4.2.3 Planung und Ausführung von Treppenkonstruktionen

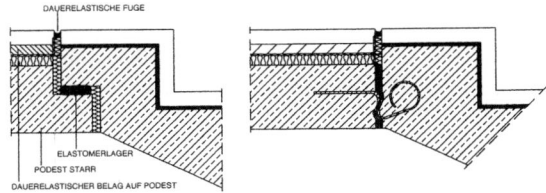

System A: Entkopplung zwischen Treppenlauf und Podest
(links Fertigteilbauweise, rechts Ortbetonbauweise)

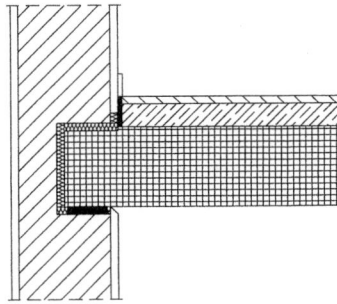

System B: Entkopplung zwischen Podest und Wand

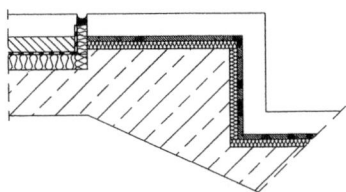

System C: Entkopplung unter Treppenbelag

Bild 4.2-3 Prinzipielle Systemvarianten zur Entkopplung von Massivtreppenläufen und -podesten
A Entkopplung zwischen Treppenlauf und Treppenpodest (siehe Bauweise A in Bild 4.2-1)
B Entkopplung zwischen Treppenpodest und Treppenraumwand (siehe Bauweise B in Bild 4.2-1)
C Entkopplung unter Treppenbelag

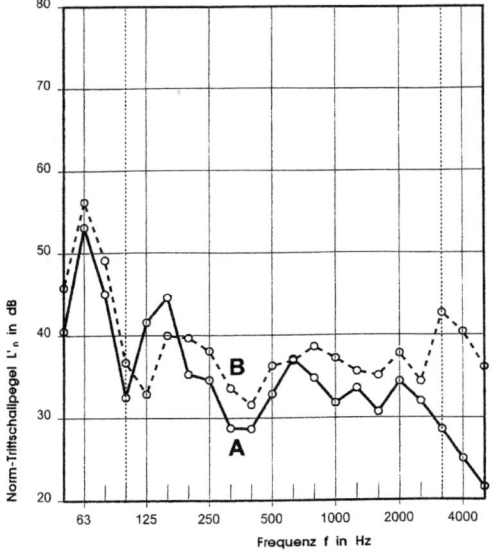

Bild 4.2-4 Trittschalldämmung eines Massivtreppenlaufes an einschaliger Massivwand, Fuge zwischen Trennwand und Treppenlauf:
A schallbrückenfrei, $L'_{n,w} = 39$ dB
B mit einer „leichten" Schallbrücke, $L'_{n,w} = 44$ dB

Maßnahmen an den Treppenstufen

Im Rahmen von Sanierungen von Treppenläufen und -podesten kommen teilweise dünne Trittschalldämmschichten unterhalb der Treppenbeläge zum Einsatz. Die Beanspruchung der Treppenstufen beim Begehen ist wesentlich komplexer, als z. B. bei schwimmenden Estrichen. Eine Folge davon ist, dass die für Treppen verwendeten Trittschalldämmschichten relativ steif sind. Alleine schon aus haftungsrechtlichen Gründen sollten die Konstruktionsempfehlungen der Hersteller umgesetzt werden.

Bei diesem Entkopplungssystem erfolgt eine hauptsächlich hochfrequente Verbesserung der Trittschalldämmung bei Frequenzen f > 500 Hz. Dagegen kann mit einer elastischen Lagerung des Treppenlaufes als Ganzes eine wesentlich niedrigere Resonanzfrequenz erzielt werden, verbunden mit einer deutlich stärkeren Verbesserung der Trittschallminderung vor allem auch im tiefen Frequenzbereich. Bild 4.2-5 zeigt einen Vergleich der mit diesen beiden Entkopplungssystemen erreichbaren Trittschallverbesserung.

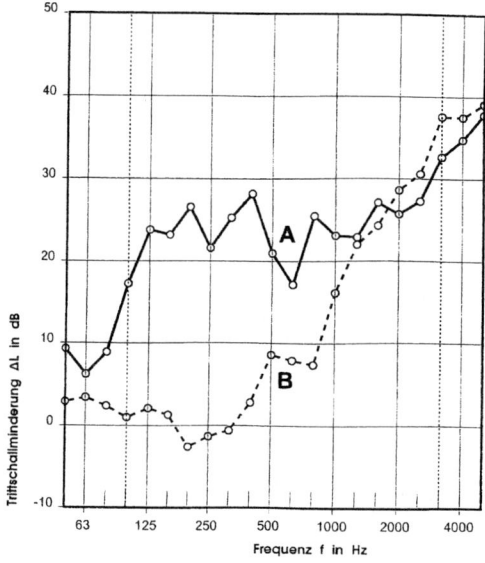

Bild 4.2-5 Trittschallminderung verschiedener Entkopplungssysteme
(* wg. Bestimmung auf Bezugstreppe statt Bezugsdecke)
A   Treppenlauf elastisch auf Treppenpodest gelagert, $\Delta L_w^* = 26$ dB
B   harter Gehbelag elastisch entkoppelt auf Massivtreppenlauf aufgebracht, $\Delta L_w^* = 15$ dB

In Bild 4.2-6 ist die erreichbare Trittschallminderung einer unter dem harten Gehbelag aufgebrachten Entkopplung im Vergleich zu einem weichen Gehbelag auf dem Massivtreppenlauf dargestellt.

Einfluss der Befestigung/Lagerung des Treppenlaufs

In Bild 4.2-7 sind Messwerte der Trittschalldämmung von Treppenläufen mit verschiedener Anbindung an die Rohbaukonstruktion gezeigt. Dabei ergibt sich für die hier untersuchten Konstruktionen, dass die Rechenwerte nach Tabelle 20, Beiblatt 1 zu DIN 4109 [22] ganz wesentlich im ungünstigen Sinne überschritten werden! Kurve C zeigt eine Überschreitung von + 3 dB, Kurve B eine Überschreitung von + 6 dB.

4.2.3 Planung und Ausführung von Treppenkonstruktionen

Im Allgemeinen können bei der elastischen Lagerung eines massiven Treppenlaufes auf einem starr mit der Baukonstruktion verbundenen Treppenpodest die günstigsten Norm-Trittschallpegel erwartet werden (siehe Bild 4.2-7, Kurve A).

4.2.3.4 Befestigungsvarianten Leichtbautreppen

Aufgrund der zahlreichen Varianten hinsichtlich der Befestigungen bei Leichtbautreppen im Gebäude kann hier keine umfassende Darstellung und Bewertung dieser Systeme erfolgen. Hier sind ggf. Systemzeugnisse der Hersteller heranzuziehen und diese im Einzelfall zu beurteilen.

Allerdings wurden in den letzten Jahren gerade derartige Treppensysteme, die zum Einbau in Reihenhäusern oder als Maisonette-Treppen innerhalb von Wohnungen (hier bestehen Anforderungen nach DIN 4109, Ausgabe 1989 von erf. $L'_{n,w} \leq 53$ dB) verstärkt untersucht. Entsprechend kann hier auf Untersuchungsergebnisse zurückgegriffen werden [84] und es sollten nur Treppensysteme (Treppe, Treppenhauswand, räumliche Anordnung etc.) eingesetzt werden, für die die schalltechnische Eignung vom Hersteller garantiert wird.

Bezüglich des Einbaus einer Leichtbautreppe sollten nach [84] folgende Punkte berücksichtigt werden:

- möglichst auf Befestigungs- und Auflagerpunkte in der Haus- bzw. Wohnungstrennwand verzichten, siehe Bild 4.2-8
- kein vollflächiger Kontakt einer evtl. vorhandenen Treppenwange mit der Haus- bzw. Wohnungstrennwand
- Auflagerpunkte sollten auf Grund der schlechteren Anregbarkeit der Konstruktionen möglichst in die Kanten von Bauteilen gerückt werden bzw. sind entsprechend entkoppelt auszuführen.

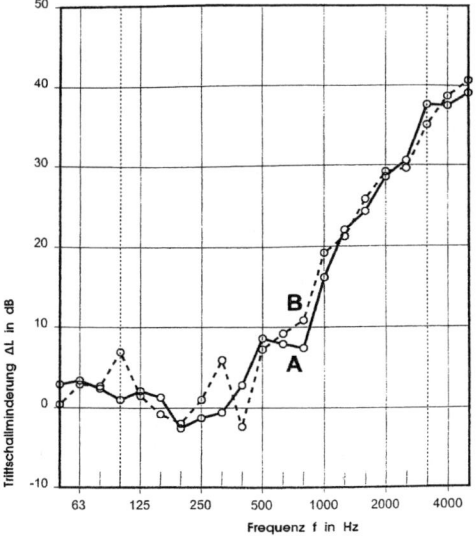

Bild 4.2-6 Trittschallminderung bei Sanierungssystemen (* wg. Bestimmung auf Bezugstreppe statt Bezugsdecke)
A harter Gehbelag elastisch entkoppelt auf Massivtreppenlauf aufgebracht, $\Delta L_w^* = 15$ dB
B weicher Gehbelag auf Massivtreppenlauf aufgebracht, $\Delta L_w^* = 16$ dB (Herstellerangaben: $\Delta L_w = 20$ dB)

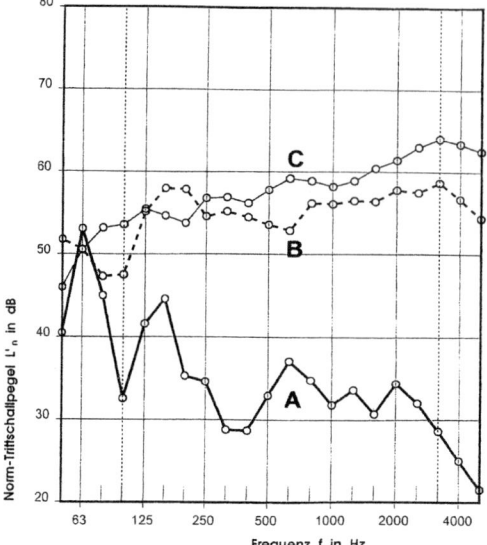

Bild 4.2-7 Norm-Trittschallpegel eines Massivtreppenlaufes in Abhängigkeit von der Anbindung an Treppenpodest und Treppenraumwand
A elastisch auf Treppenpodest aufgelagert, Fuge zur Treppenraumwand, $L'_{n,w}$ = 39 dB
B mit Treppenpodest starr verbunden, Fuge zur Treppenraumwand, $L'_{n,w}$ = 64 dB
C mit Treppenraumwand und Treppenpodest starr verbunden, $L'_{n,w}$ = 68 dB

Für Leichtbautreppen an Wänden in Holzrahmenbauweise sind Sonderbetrachtungen erforderlich [82]. Forschungsergebnisse zu dieser Kombination von Leichtbautreppe und Leichtbauwand, die beide Probleme hinsichtlich der tieffrequenten Geräuschübertragung mit sich bringen können, liegen im Moment leider nur in begrenztem Ausmaß vor. Es bleibt zu wünschen, dass diesbezüglich weitere Untersuchungen durchgeführt werden, um auch bei derartigen Baukonstruktionen die Planungssicherheit weiter anzuheben.

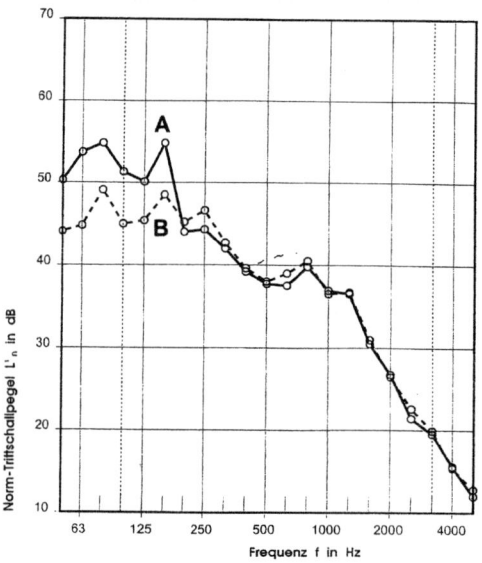

Bild 4.2-8 Norm-Trittschallpegel $L'_{n,w}$ einer Leichtbautreppe in Abhängigkeit von der Befestigung an der massiven, zweischaligen Treppenraumwand
A mit einer Befestigung an der Treppenraumwand, $L'_{n,w}$ = 44 dB
B nach Entfernung der Befestigung an der Treppenraumwand, $L'_{n,w}$ = 40 dB

4.2.4 Tieffrequente Geräuschübertragung bei Leichtbautreppen

Leichtbautreppen weisen oftmals eine sehr ungünstige Trittschalldämmung bei tiefen Frequenzen f < 100 Hz – also außerhalb des bauakustisch interessierenden Frequenzbereiches, der zur Bildung des Einzahlwertes herangezogen wird – auf. Bild 4.2-9 zeigt derartige Beispiele. Hier ergeben sich sehr gute bewertete Norm-Trittschallpegel, so dass die Einhaltung der Vorschläge für einen erhöhten Schallschutz nach Beiblatt 2 zu DIN 4109 [23] bzw. der Kennwerte der Schallschutzstufe II nach VDI 4100 [27] vorliegt. Subjektiv sind die tiefen Geräusche beim Begehen der Treppe allerdings stark hörbar und störend [84, 90].

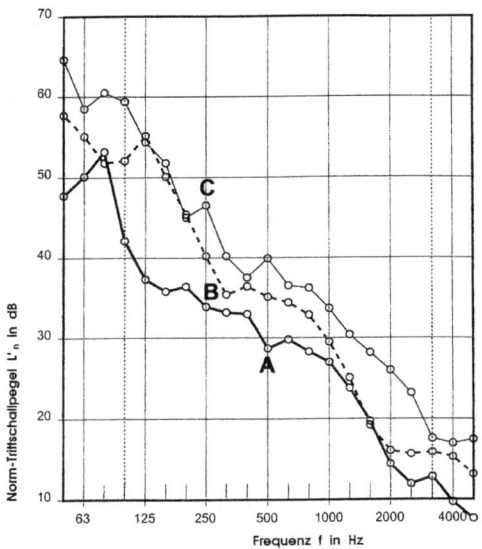

Bild 4.2-9 Norm-Trittschallpegel $L'_{n,w}$ verschiedener Leichtbautreppen an Massivwänden

A Leichtbautreppe, $L'_{n,w}$ = 30 dB; $C_{I,50-2500}$ = 11 dB
B Leichtbautreppe, $L'_{n,w}$ = 41 dB; $C_{I,50-2500}$ = 6 dB
C Leichtbautreppe, $L'_{n,w}$ = 44 dB; $C_{I,50-2500}$ = 9 dB

Der bewertete Norm-Trittschallpegel berücksichtigt den Frequenzbereich < 100 Hz nicht, so dass für die vorliegende Problematik hilfsweise der Spektrumsanpassungswert $C_{I,50-2500}$ ausgewertet wird. Er ist bei diesen Messungen immer deutlich positiv.

Normative Festlegungen zur Beurteilung des Wertes ($L'_{n,w}$ + $C_{I,50-2500}$) liegen derzeit in Deutschland nicht vor. Ferner besteht die Problematik der schlechten Korrelation zwischen der Normhammerwerksanregung und dem tatsächlichen Gehvorgang. Die Anforderungen an den Trittschallschutz von Leichtbautreppen sind damit gegenwärtig in Deutschland unzureichend geregelt.

4.3 Wände

4.3.1 Einschalige Wände

4.3.1.1 Schwere Massivwände

Aus der Sicht des Schallschutzes sind hier vor allem Beton- oder Mauerwerkswände zu sehen. Einschalig sind diese aus akustischer Sicht auch dann, wenn sie beidseitig direkt aufgebrachte Putzschichten aufweisen, die bei der Ermittlung der Flächenmasse der Wand angerechnet werden. Wie anhand der in Abschnitt 3.1.3 dargestellten Beziehung erkannt werden kann, ist bei derartigen Massivwänden ein negativer Einfluss der Koinzidenz nicht gegeben.

Im Gegensatz hierzu besteht bei leichten Massivwänden ein Koinzidenzeinfluss (hierzu siehe Abschn. 4.3.1.2). Bild 4.3.1-1 zeigt für verschiedene einschalige schwere Massivwände den Verlauf der Schalldämmung über der Frequenz. Der Anstieg der Dämmung ist vergleichsweise kontinuierlich und beträgt zwischen 4 und 7 dB pro Oktave (theoretisch wären 6 dB zu erwarten). Bereits bei 125 Hz erreichen derartige Wände hohe Schalldämmmaße, die bei ca. 70 % des Nennwertes des bewerteten Schalldämmmaßes liegen, somit bei Wänden, die für Wohnungstrennwände geeignet sind (erf. $R'_w \geq 53$ dB) um ca. 40 dB.

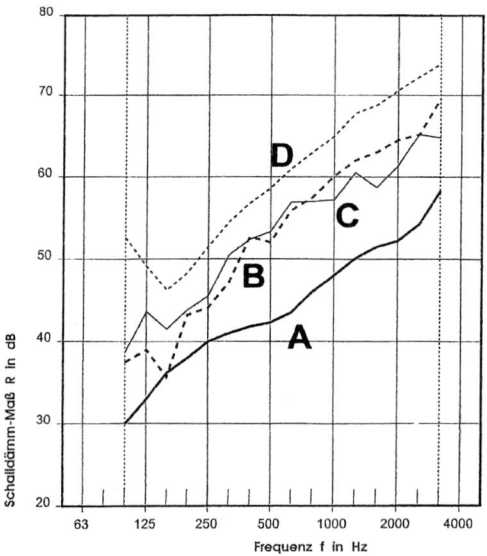

Bild 4.3.1-1 Typischer Verlauf der Schalldämmung über der Frequenz von schweren, einschaligen Wänden
A 11,5 cm KSV, 1,8 kg/dm³, beidseitig ca. 1 cm dick geputzt, R'_w = 47 dB
B 24 cm KSV, 2,0 kg/dm³, beidseitig ca. 1 cm dick geputzt, R'_w = 56 dB
C 20 cm Stahlbeton, gespachtelt, R'_w = 57 dB
D 24 cm Basalt-Schallschutzmauerwerk, Fabrikat FCN, beidseitig 15 mm mit Kalk-Zementputz, $R_{w,P}$ = 63 dB

Planerisch stellt der Anschluss schwerer Massivwände an die flankierenden Bauteile ein größeres Problem dar, als die Bemessung des Schallschutzes der Wand selbst. Für den klassischen Fall des Anschlusses einer Wohnungstrennwand aus schweren Massivwänden an Außenwänden aus leichtem, wärmedämmendem Mauerwerk sind in Bild 4.3.1-2 skizzenhaft bewährte Lösungsvorschläge dargestellt, die seit Ende der 1980er Jahre praktiziert werden. Bedaulicher Weise sieht die neue DIN 4109 [1] hierfür kein Nachweisverfahren vor. Es wird deshalb empfohlen, bei größeren Bauvorhaben projektbezogene Eignungsprüfungen durch messtechnische Untersuchungen eines ersten Prototyp-Bereiches durchführen zu lassen.

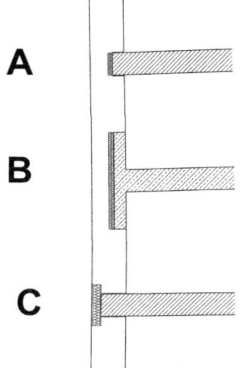

Bild 4.3.1-2 Geeignete Anschlüsse einschaliger schwerer Massivwände als Wohnungstrennwände an leichte Außenwände (AW)
A Wohnungstrennwand in AW eingenutet
B Anschluss an schwere Scheibe
C Wohnungstrennwand „durchgesteckt"

4.3.1.2 Leichte Massivwände mit Koinzidenzeinfluss

Liegt die Koinzidenzfrequenz (siehe hierzu auch Abschn. 3.3.1) im Frequenzbereich zwischen 250 Hz und 1.000 Hz, ergibt sich eine erhebliche Minderung der Schalldämmung gegenüber gleichschweren Wandkonstruktionen ohne Koinzidenzeinfluss. Es sind Minderungen der Schalldämmung von 5–10 dB möglich. Typische Fälle für leichte Massivwände mit Koinzidenzeinfluss sind Gipswandbauplatten („Gipsdielen") sowie Mauerwerkswände aus haufwerksporigem Beton (Lava, Bims) sowie Porenbetonwände.

11,5 cm dicke Mauerwerkswände aus Leichtziegeln, beidseitig geputzt, sind streng genommen ebenfalls als Leichtwände mit Koinzidenzeinfluss einzustufen, in der Baupraxis jedoch unkritisch, weil die Koinzidenzfrequenz unterhalb von 200 Hz liegt und - auch durch den dreischichtigen Aufbau - ohne nennenswerten Einfluss auf die Schalldämmung bleibt. Für Wände mit deutlicherem Einfluss der Koinzidenzfrequenz sind in Bild 4.3.1-3 die Verläufe der Schalldämmung über der Frequenz dargestellt. Die Koinzidenz wirkt sich bei diesen Wänden nicht nur mindernd auf die Schalldämmung aus, sondern vor allem auch auf die Schalldämmung von Trennbauteilen, wenn derartige Leichtwände als flankierende Bauteile eingesetzt werden. Es wird deshalb empfohlen, derartige Wände grundsätzlich mit Bitumenfilzstreifen von Trennbauteilen (Geschossdecken, Wohnungstrennwände etc.) abzutrennen und im Putz dann an eine Fuge im Bereich der Abkopplung anzuordnen.

Im Wohnungsbau besteht hier allerdings die Gefahr, dass spätere Nutzer (z. B. Mieter) bei der Renovierung derartiger Fugen diese wegen ihres unschönen Aussehens auskratzen und überspachteln, wodurch die Schalldämmung um bis zu 3 dB gemindert werden kann.

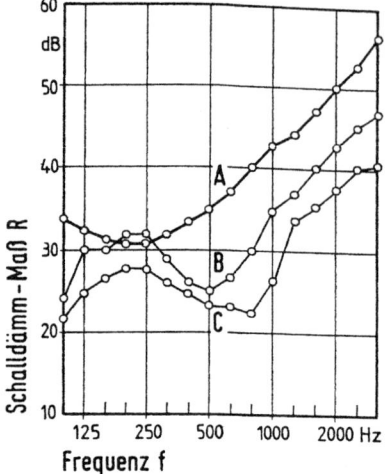

Bild 4.3.1-3 Typischer Verlauf der Schalldämmung über der Frequenz von einschaligen Leichtwänden mit Koinzidenzeinfluss
A 12 cm dicke Schallschutz-Gipswandbauplatten, rundum entkoppelt, beidseitig gespachtelt, $R'_w = 40$ dB
B 8 cm dicke Gipswandbauplatten wie vor, $R'_w = 35$ dB
C 5 cm dicke Bimsdielen, beidseitig ca. 8 mm geputzt, $R'_w = 31$ dB

4.3.2 Zweischalige Wände

4.3.2.1 Biegesteife, schwere, zweischalige Wände

Zweischalige biegesteife Wände, vorwiegend aus Mauerwerk oder Beton, mit Hohlraumbedämpfung sind im Geschosswohnungsbau als Haustrennwände, als Trennwände zwischen Brandabschnitten im Verwaltungs- und Krankenhausbau, aber auch als hochschalldämmende Konstruktionen zwischen großen Sälen, zwischen besonders lauten Räumen und schutzbedürftigen Räumen und vor allem als Reihenhaustrennwände gebräuchlich. Bei Reihenhäusern dominiert die zweischalige Haustrennwand in Mitteleuropa zu sicherlich mehr als 90 % der neueren Projekte.

Die beiden Massiv-Wandscheiben sind dabei durch eine mindestens 3 cm, besser 4 bis 5 cm dicke Haustrennwandfuge getrennt, die in der Regel vollflächig mit einer geeigneten Mineralfaser-Dämmschicht, gelegentlich auch mit anderen Dämmschichten, ausgefüllt ist.

Im Bereich der Fundamente bzw. im Keller wird im Regelfall in der Baupraxis von einer vollständigen Trennung abgewichen. Die Gründe hierfür liegen einerseits in der Erfordernis von handhabbaren Abdichtungsmaßnahmen („Weiße Wanne"), andererseits in der Kostenersparnis durch den Verzicht auf eine getrennte Fundamentierung.

Konstruktionen mit durchgehender Bodenplatte oder durchgehender Kelleraußenwand stehen allerdings häufig im Generalverdacht, einen mangelhaften Schallschutz aufzuweisen. Dies betrifft sowohl den Aufgabenbereich der schalltechnischen Planung als auch den Aufgabenbereich des Sachverständigen bei der Ergründung von Ursachen für schalltechnische Mängel.

Zur Streuung der Schalldämmung

Der Begriff „Berechnung der Schalldämmung" entspricht dem Zweck von Beiblatt 1 zu DIN 4109. Tatsächlich sind die bislang zur Verfügung stehenden Rechenverfahren für zweischalige Haustrennwände bestenfalls als Abschätzung anzusehen. We-

4.3.2 Zweischalige Wände

sentliche Einflussgrößen (aus baupraktischen Gründen) sind beim Rechenverfahren nicht berücksichtigt. Dies wird z. B. deutlich an den in Bild 4.3.2-1 dargestellten Messungen an baugleichen Haustrennwänden mit ganz erheblichen Streuungen, für die trotz intensiver Analyse keine Begründung gefunden wurde. Es handelte sich um gleiche Häuser, denselben Architekten und Bauleiter, dieselbe Baufirma, die gleichen Steine (aus einem Werk) und eine sorgfältig durch Fotos dokumentierte Ausführung, insbesondere im Bereich der Hausfuge.

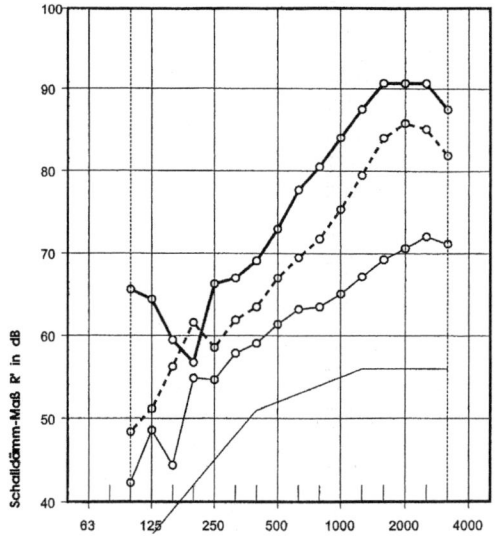

Bild 4.3.2-1 Streuung der Schalldämmung einer zweischaligen Haustrennwand, insgesamt lagen 10 Messungen von *baugleichen* Reihenhauswänden m′ = 2 × 360 kg/m² vor [100]. Nach Beiblatt 1 zu DIN 4109 beträgt der Rechenwert $R'_{w,R}$ = 72 dB. Es wurden bewertete Schalldämmmaße R'_w = 64 bis 76 dB ermittelt.
A Bester Messwert R'_w = 76 dB
B Mittlerer Messwert R'_w = 70 dB
C Schlechtester Messwert R'_w = 64 dB

Betrachtet man allgemein die Messergebnisse an Haustrennwänden mit Mineralfaser-Dämmplatten in der Haustrennfuge, unabhängig von der genauen Konstruktion, so findet man selbstverständlich noch deutlich größere Streubreiten (siehe Bild 4.3.2-2).

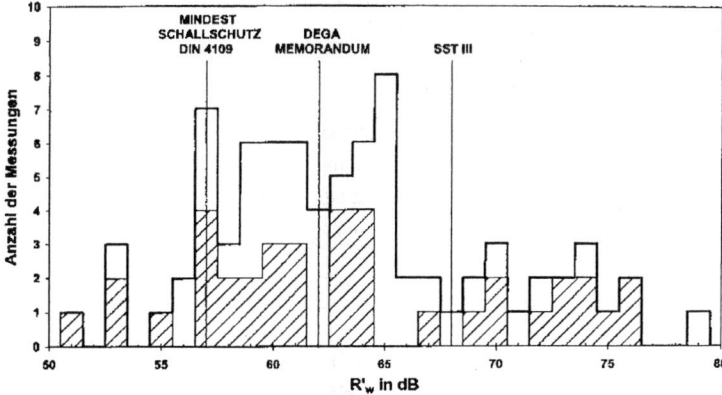

Bild 4.3.2-2 Bewertete Schalldämmmaße R'_w von zweischaligen Haustrennwänden mit einer Trennfuge mit Mineralfaser-Dämmplatten, Messergebnisse ITA (schraffiert) und Nutsch [99]

Dabei muss allerdings bedacht werden, dass sich bei dieser Zusammenstellung auch Konstruktionen mit eindeutigen Ausführungsmängeln befinden.

Vollständige Trennung nach Beiblatt 1 zu DIN 4109
Das bewertete Schalldämmmaß einer zweischaligen Haustrennwand aus biegesteifen Schalen berechnet sich nach Beiblatt 1 zu DIN 4109 [21] wie folgt:

$$R'_{w,R} = R'_{w,R,Tab.1} + 12 \text{ dB}$$

Dabei bezeichnet:

$R'_{w,R}$ bewertetes Schalldämmmaß für die vollständig getrennte zweischalige Haustrennwand, Rechenwert

$R'_{w,R,Tab.1}$ bewertetes Schalldämmmaß nach Tabelle 1, Beiblatt 1 zu DIN 4109, ermittelt aus der flächenbezogenen Masse der Gesamtwand, Rechenwert

Als vollständige Trennung, die den Zweischaligkeitszuschlag von 12 dB rechtfertigen, gilt dabei:

– vollständige Trennung der beiden biegesteifen Wandschalen bis zu einem gemeinsamen Streifenfundament entsprechend Bild 4.3.2-3
– Beiblatt 1 zu DIN 4109 geht implizit davon aus, dass das Gebäude unterkellert ist und dass im UG keine höherwertige Nutzung (Wohnnutzung) gegeben ist

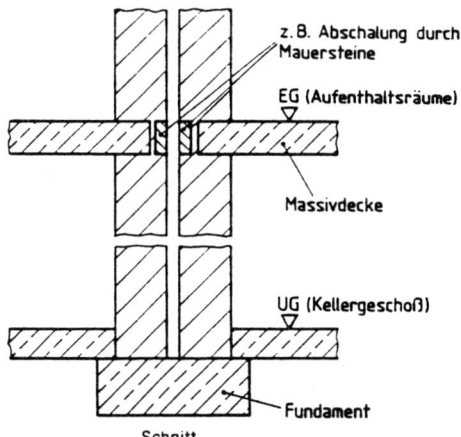

Bild 4.3.2-3 „Zweischalige Hauswand aus zwei schweren, biegesteifen Schalen mit bis zum Fundament durchgehender Trennfuge (schematisch)" [21].

Unvollständig getrennte zweischalige Haustrennwände – Qualitativer Zweischaligkeitszuschlag
Durchlaufende Bodenplatten und Kelleraußenwände schaffen eine erhöhte Kopplung zwischen den Wandscheiben der zweischaligen Haustrennwand. Diese zusätzliche Kopplung führt – in Abhängigkeit von der zu betrachtenden räumlichen Anordnung – zu einer Abminderung der schalltechnischen Wirksamkeit der zweischaligen Konstruktion.

4.3.2 Zweischalige Wände

In Bild 4.3.2-4 sind beispielhaft Messergebnisse an einem derartigen Gebäude dargestellt.

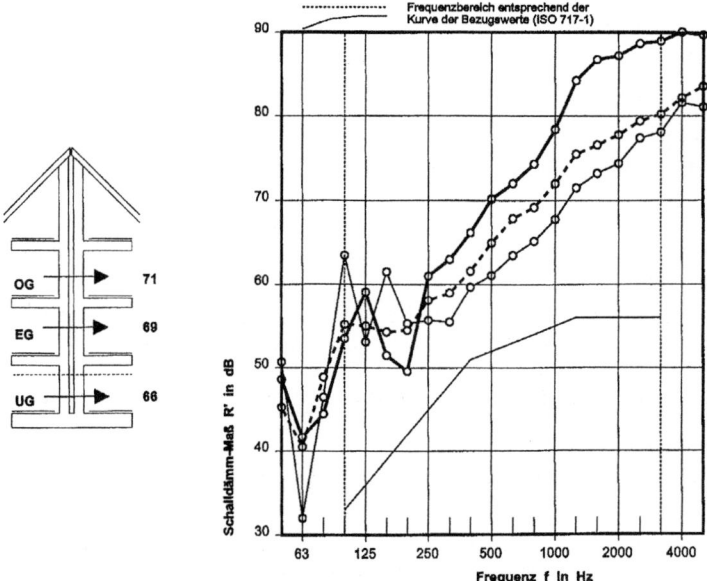

Bild 4.3.2-4 Schalldämmung in einem Reihenhaus mit nahezu unvollständiger Trennung im Obergeschoss, und im EG und im UG unvollständige Trennung.
Aufbau der Trennwand:

1 cm	Gipsputz		A Obergeschoss	R'_w = 71 dB
17,5 cm	KSPE-Steine, Rohdichte 2.000 kg/m³		B Erdgeschoss	R'_w = 69 dB
4 cm	Trennfuge mit MF-Dämmplatten, Typ HW		C Untergeschoss	R'_w = 66 dB
17,5 cm	KSPE-Steine, Rohdichte 2.000 kg/m³			
1 cm	Gipsputz			

In Tabelle 4.3.2-1 ist für die wichtigsten Arten der unvollständigen Trennung ein Vorschlag für einen qualitativen Zweischaligkeitszuschlag $\Delta R_{w,TR}$ in Anlehnung an Beiblatt 1 zu DIN 4109 aufgeführt. Die Schalldämmung der zweischaligen Trennwand mit flankierenden Bauteilen lässt sich damit wie folgt berechnen:

$$R'_{w,R} = R'_{w,R,Tab.1} + \Delta R_{w,TR}$$

Dabei bezeichnet:

$R'_{w,R}$ bewertetes Schalldämmmaß für die unvollständig getrennte zweischalige Haustrennwand, Rechenwert

$R'_{w,R,Tab.1}$ bewertetes Schalldämmmaß nach Tabelle 1, Beiblatt 1 zu DIN 4109, ermittelt aus der flächenbezogenen Masse der Gesamtwand, Rechenwert

$\Delta R_{w,TR}$ qualitativer Zweischaligkeitszuschlag für die Trennung nach Tabelle 4.3.2-1

Dieser qualitative Zweischaligkeitszuschlag ist ein für die Baupraxis sehr gut handhabbarer Gedanken- und Rechenmechanismus.

Tabelle 4.3.2-1 Vorschlag für einen qualitativen Zweischaligkeitszuschlag bei unvollständig getrennten Haustrennwänden [101]

Kurzbezeichnung der Kopplung	Beschreibung	Schema	Qualitativer Zweischaligkeitszuschlag $\Delta R_{w,TR}$ (ΔC; ΔC_{tr}) in dB
TR0	einschalige Trennwand		0 dB[3]
TR1/4	unterstes Geschoss durchgehende Bodenplatte durchgehende Kelleraußenwand gegen Erdreich[1]		+ 3 (0; 0)[3]
TR1/2	unterstes Geschoss durchgehende Bodenplatte Außenwände getrennt (bzw. weit entfernt)		+ 6 (0; 0)[2,3]
TR3/4	Erdgeschoss, unterkellert durchgehender Keller-Außenwand im UG[1]		+ 9 (–1; –1)[3]
TR1	vollständige Trennung		+ 12 bis 18 (–1; –2)[3]

[1] Kelleraußenwand oberhalb OK Gelände getrennt, Kelleraußenwand unterhalb OK Gelände durchgehend und an das Erdreich angrenzend

[2] ist zusätzlich ein schwimmender Estrich vorhanden, so wird die Trennungsqualität TR ¾ erreicht ($\Delta R_{w,TR}$ = 9 dB)

[3] Dieser qualitative Zweischaligkeitszuschlag gilt vorerst für massive Trennwände mit einer flächenbezogenen Masse von m′ ≥ 230 kg/m² sowie für durchgehende und an das Erdreich angrenzende flankierende Bauteile ≥ 25 cm Stahlbeton (bzw. ≥ 575 kg/m²).

SCHALLSCHUTZ IM HOLZBAU

Das tragende Element. Aus Holz.

Interessiert?
Wir beraten Sie gerne.
T +41(0)71 353 04 10

Lignatur AG, CH-Waldstatt
www.lignatur.ch

LIGNATUR silence 12 hat die Bässe im Griff!

Unser Element LIGNATUR silence 12 löst das Problem der tiefen Töne effizient mit Schwingungstilgern. Dumpfes Dröhnen und Poltern gehören der Vergangenheit an.

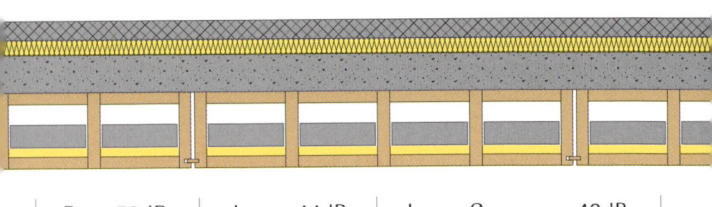

$R_w = 72dB$ | $L_{n,w} = 44dB$ | $L_{n,w} + C_{I,50-2500} = 43dB$

4.3.2 Zweischalige Wände

Der qualitative Zweischaligkeitszuschlag gilt vorerst für massive Trennwände mit einer flächenbezogenen Masse von $m' \geq 230$ kg/m² sowie für durchgehende und an das Erdreich angrenzende flankierende Bauteile ≥ 25 cm Stahlbeton (bzw. ≥ 575 kg/m²). Untersuchungsobjekte mit leichteren Konstruktionen lagen nicht vor, so dass hierüber auch keine messtechnischen Ergebnisse erzielt werden konnten.

Ebenfalls nicht untersucht wurde der Einfluss von durchgehenden flankierenden Bauteilen, die nicht an das Erdreich angrenzen.

In Bezug auf die Streubreiten der Berechnung gelten die gleichen Anforderungen wie für die vollständige Trennung, siehe Abschn. 4.3.2.1. Daher muss akzeptiert werden, dass hier das im Rechenverfahren vorgegebene 2-dB-Vorhaltemaß nicht ausreichend ist.

Schall-Längsleitung über die Dachkonstruktion
Im Dachgeschoss wird die Schalldämmung durch die Schall-Längsleitung der Dachkonstruktion gemindert. Hier sind geeignete Konstruktionen einzusetzen. Aktuelle Werte zur Schall-Längsdämmung von Holzdach-Konstruktionen sind [71] zu entnehmen.

Ortung von Körperschallbrücken
Die Ortung der Körperschallbrücken gelingt häufig ohne aufwändige Messtechnik. Ein einfaches Verfahren ist in Bild 4.3.2-5 beschrieben.

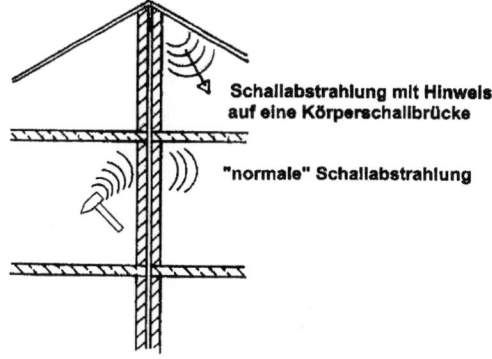

Bild 4.3.2-5 Methode zur Lokalisierung von Körperschallbrücken [91]:
– Abklopfen der Haustrennwand oder eines flankierenden Bauteils senderaumseitig zur Haustrennfuge (z. B. mit einem Klein-Hammerwerk) und
– subjektivem Hören und Ortung der Hauptschallabstrahlung im Empfangsraum.

Flankierende Bauteile
Das Rechenverfahren nach Beiblatt 1 zu DIN 4109 berücksichtigt bei zweischaligen Haustrennwänden nicht den Einfluss der flankierenden Bauteile – tatsächlich ist dieser Einfluss allerdings vorhanden, wie das in Bild 4.3.2-6 dargestellte Messergebnis zeigt. Beide Ergebnisse wurden in einer Reihenhausgruppe in Fertigteilbauweise in sonst gleichen Häusern erzielt, die sich nur durch die Geschossdecke unterschieden.

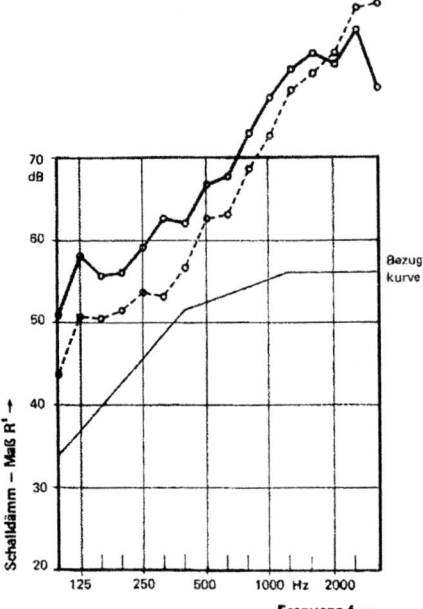

Bild 4.3.2-6. Einfluss der flankierenden Bauteile auf die Schalldämmung von zweischaligen Reihenhaus-Trennwänden, 2 × 17,5 cm Kalksandstein KS 1,8–12, geputzt, mit 3 cm Mineralfaserplatten in der Trennfuge [100].
Rechenwert für beide Varianten nach DIN 4109/89 [21] $R'_{w,R}$ = 70 dB
A Deckenkonstruktionen aus 20 cm Porenbeton, R'_w = 64 dB
B Deckenkonstruktionen aus 20 cm Stahlbeton, R'_w = 70 dB

Der verallgemeinerte Kreuzstoß

Die Stoßstelle der zweischaligen Massivwand auf der Sohlplatte wird in DIN EN 12 354-1 [92] nicht betrachtet – es stehen keine Rechenwerte für die Schnellpegeldifferenzen zur Verfügung.

Um auch diesen Schallübertragungsweg für Berechnungen nach DIN EN 12 354 zugänglich zu machen, kann das Konzept des verallgemeinerter Kreuzstoßes verwendet werden. Die Ähnlichkeit zwischen unvollständig getrennten Konstruktionen und dem Kreuzstoß ist in Bild 4.3.2-7 gezeigt: Wenn man die untere Wand des Kreuzstoßes

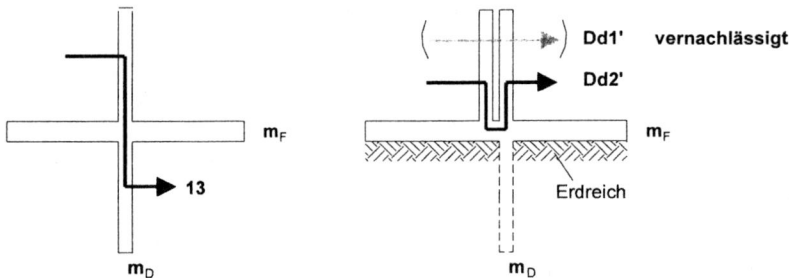

Bild 4.3.2-7 Konzept des verallgemeinerten Kreuzstoßes:
a) klassischer Kreuzstoß nach DIN EN 12 354-1 mit Schallübertragungsweg 1,3 und
b) verallgemeinerter Kreuzstoß bei einer zweischaligen Haustrennwand auf durchgehender Bodenplatte. Der Schallübertragungsweg Dd2' entspricht dem in b) gezeigten Weg 1,3
m_D und m_F bezeichnen die flächenbezogenen Massen der Bauteile.

gedanklich „umklappt" und ferner die durchgehende Platte an Erdreich ankoppelt, so ergibt sich eine zweischalige Haustrennwand auf einer durchgehenden Bodenplatte.

Auf Besonderheiten dieser Betrachtung ist in [101] hingewiesen. Insbesondere ist die Bodenplatte selbst an das Erdreich angekoppelt und dadurch bedämpft, wodurch sich gegenüber dem Kreuzstoß veränderte Körperschall-Nachhallzeiten ergeben.

In [102] wird dieser Rechenansatz aufgegriffen und es wird vorgeschlagen, diese Methodik für die neue DIN 4109 zu verwenden. Damit würde sich ein sehr komplexer Rechenweg für die Schallschutznachweise ergeben – die baupraktischen Vorteile liegen allerdings eindeutig bei dem oben angegebenen Verfahren.

Auch für die Übertragungswege Df, Fd sowie Ff lassen sich analoge verallgemeinerte Kreuzstöße bilden.

4.3.3 Zweischalige Leichtwände

4.3.3.1 Metallständerwände

Allgemeines
Metallständerwände, insbesondere Gipskartonständerwände und Metallständerwände mit Spanplatten-, Gipsfaserplatten- oder Mehrschichtplatten-Beplankung, stellen heute aus Gründen der Flexibilität sowohl bei der Planung als auch bei der Ausführung oder späterem Umbau, der Kosten sowie des Schallschutzes wegen die im Regelfall gegenüber Massivwänden bessere Variante im Verwaltungsgebäude und in vielen anderen Gebäudearten dar. Insbesondere der Einsatz der Gipskartonplatten seit Anfang der 1960er Jahre, zunächst auf Holzständern in zimmermannstechnischer Verarbeitung, ab Mitte der 1960er Jahre bereits auf Metallständern, ist hier zu benennen.

Für die Beurteilung des Schallschutzes ist es wichtig zu wissen, dass theoretisch über eintausend Varianten von Metallständerwänden mit unterschiedlicher Beplankung, verschiedener Dicke und sonstigen unterschiedlichen konstruktiven Merkmalen möglich sind, von denen lediglich ca. 40 bis 60 Systeme baupraktisch üblich sind.

Die schalltechnischen Angaben derartiger Wände basieren im Regelfall auf internen Abschätzungen des Systemgebers, im Regelfall der Hersteller der Beplankungen, auf der Basis einer großen Anzahl interner, beim Hersteller durchgeführter schalltechnischer Laboruntersuchungen. Diese wurden zum Teil durch vereinzelte Kontrollmessungen bei zertifizierten Prüfstellen ergänzt.

Zum Teil sind die Angaben zur Schalldämmung aber auch nur geschätzt oder (wie auch immer) interpoliert worden. Den Maßgaben der DIN 4109 entspricht dies natürlich nicht.

Zum Glück sind die in den Firmenunterlagen angegebenen Rechenwerte des bewerteten Schallschutzes inzwischen recht zurückhaltend definiert und werden im Regelfall auch in der Praxis erreicht. Dennoch gibt es negative Abweichungen, für die letztendlich nach den bisherigen Erfahrungen keiner haftbar gemacht werden kann.

Der Architekt sollte deshalb die Firmenangaben mit der gebotenen Skepsis anwenden, insbesondere die Angaben konkurrierender Firmen zu gleichen Wandsystemen kritisch bewerten.

Gipskartonplatten weisen schwankende Rohdichten auf. Auch E-Moduli, Oberflächenhärte etc. variieren, sowohl von Hersteller zu Hersteller als auch innerhalb der Produktion einzelner Hersteller. Selten verwendet der Trockenbauer am Bau alle Komponenten einer Systemwand aus dem gleichen System, sondern kauft sich – im schlimmsten Fall beim Baumarkt in der Nähe – Komponenten hinzu, für die keine Zertifizierung vorliegt. Dies gilt für Metallständer, Schrauben, Dichtungsbänder und Mineralfaserplatten/-matten für die Hohlraumdämpfung. Während zertifizierte 12,5-mm-GKB-Platten, vom Hersteller bezogen, ca. 8,5 kg/m^2 wiegen, gibt es beim Baumarkt deutlich leichtere, nicht zertifizierte Platten. Andererseits gibt es inzwischen eine Vielzahl schwererer Spezialplatten mit Flächenmassen bis 18 kg/m^2. Die Flächenmasse der Platten ist jedoch nicht der alleinige Einflussparameter beim Schallschutz, aber immer noch der wichtigste.

Wer sicher sein will, sollte somit zusätzliche Reserven bei der Planung des Schallschutzes von Metallständerwänden vorsehen. Hilfreich bei dieser Problematik ist die bei mittleren und großen Bauvorhaben übliche Praxis, vorab in einer Musterraumzone vom beauftragten Unternehmer in der vorgesehenen Bauweise die wichtigsten Bauteile errichten und schalltechnisch durch eine zertifizierte Prüfstelle überprüfen zu lassen. Stellt sich hierbei heraus, dass der ausgeschriebene Schallschutz nicht erreicht wird, kann die Prüfstelle von sich aus feststellen, was die Ursache für die Unterschreitung ist, so dass bei der Serienfertigung noch gegengesteuert werden kann. Es muss natürlich vereinbart werden, dass der Unternehmer dann die im Musterraum geprüfte Bauweise durchhält und nicht während der Bauausführung wechselt. Selbstverständlich erfordert dies eine sorgfältige Dokumentation der Musterraum-Konstruktion und die schriftliche Ankündigung, dass am Schluss der Arbeiten eine schriftliche Übereinstimmungserklärung vorzulegen ist.

Beplankungen
Am gebräuchlichsten für die Beplankungen sind Gipsplatten (früher Gipskartonplatten), mit denen heute Ständerwände überwiegend in doppelter Beplankung aus zwei Lagen jeweils 12,5 mm dicker Platten errichtet werden. Neben Gipskartonplatten sind homogene, monolithisch aus dem gleichen Material bestehende Gipsfaserplatten (mit Faserzusätzen) in unterschiedlichen Dicken, Spanplatten, zementgebundene Platten mit unterschiedlichen Zuschlagsstoffen sowie beschichtete MDF-Platten gebräuchlich.

Tabelle 4.3.3-1 zeigt eine (nicht vollständige) Übersicht der lieferbaren Platten, sowohl für „Gipskartonplatten" als auch für Gipsfaser-, Gipsspan- und Hartgipsplatten sowie zementgebundene Platten.

4.3.3 Zweischalige Leichtwände

Tabelle 4.3.3-1 Übersicht der lieferbaren Gipsplatten und zementgebundenen Platten zur Beplankung von Ständerwänden (schematisch)

Plattendicke in mm	Plattentyp									
	Gipskartonplatten						Gipsfaser-platten		Gipsspan-platten	zement-gebundene Platten
	Gipskarton GKB	Feuerschutzplatten GKF	Imprägnierte Platten GKB	GK-Hartplatten	„Blaue Schallschutzplatten"	Spezial-Pl. mit höchstem SS und weiteren Eigenschaften	Standard-Gipsfaserplatten	Spezial-Gipsfaserplatten		
6 mm	×							×		
9,5 mm	×									
10 mm							×	×	×	
12,5 mm	×	×	×	×	×	×	×	×	× (12 mm)	
15 mm	×	×		×			×	×	×	×
18 mm	×						×			
20 mm	×	×	×							
25 mm	×	×	×							

Tabelle 4.3.3-2 zeigt tabellarisch die Übersicht des Rechenwertes des bewerteten Schalldämm-Maßes derartiger Wände für die üblichen Dicken, allerdings nur für einen kleinen Teil der in Tabelle 4.3.3-1 dargestellten Plattenmaterialien.

Die seit Mitte der 1990er Jahre entwickelte Vielfalt von Gipsplatten unterschiedlicher Fertigungsarten mit deutlich unterschiedlichen Rohdichten/Plattengewichten macht es heute möglich, mit Metallständerwänden der gleichen Dicke ausschließlich durch Verwendung unterschiedlicher Beplankungen erhebliche, bis 15 dB erreichende Unterschiede in der Schalldämmung zu erzielen. Bild 4.3.3-1 zeigt schematisch für die 100 mm dicke Standardwand, doppelt beplankt, das bewertete Schalldämmmaß (Rechenwert nach Herstellerangaben) in Abhängigkeit von der Flächenmasse der verwendeten Platten. Das Diagramm macht deutlich, dass überall dort, wo die tatsächliche Netto-Geschossfläche zwischen den Wänden betriebswirtschaftlich exakt kalkuliert wird, insbesondere bei eigengenutzten Verwaltungsgebäuden, es durchaus lohnend ist, Wände mit erhöhtem Schallschutz nicht mit der bisher üblichen Verwendung dickerer Konstruktionen zu realisieren, sondern durch Verwendung höherwertiger (und teurerer) Beplankungen. Es kann dann durchaus wirtschaftlich sein, 5 cm bei der Dicke der Wand zu sparen, wenn bei der Wand 5 €/m² mehr ausgegeben werden, und dadurch Netto-Geschossfläche gewonnen werden kann.

Der enorme Einfluss der Beplankungsart lässt in der Planung die schalltechnischen Einflüsse der anderen konstruktiven Parameter zurücktreten. Schallschutzständer und Hohlraumdämpfungs-Einlagen aus besonders schweren Mineralfaserplatten sind im Regelfall teurer als eine schalltechnisch bessere Beplankung. Bei unterschiedlichen Anforderungen an den Schallschutz interner Trennwände (z. B. die übliche Staffelung erf. R'_w = 42 dB, 47 dB, 52 dB) kann bei gleichbleibender Gesamtdicke und Unterkonstruktion nur durch Variation der Beplankung das unterschiedliche Schallschutzniveau geschaffen werden. Dies ist insofern von großer Bedeutung, als häufig erst nach Beginn der Ausbauarbeiten die Nutzer feststehen und dann erst die akustischen Anforderungen innerhalb der Mietfläche definiert werden können.

Bild 4.3.3-2 zeigt, zunächst für 100 mm dicke Konstruktionen mit Mineralfaser-Hohlraumdämpfung, die Abhängigkeit des Schalldämmmaßes von der Frequenz für charakteristische Gipskartonständerwände für Standardanwendungsfälle (bis ca. $R'_{w,p}$ = 67 dB). Bei tiefen Frequenzen sind einfach beplankte Systeme schalltechnisch unzureichend, weshalb derartige Wandtypen kaum noch eingesetzt werden.

Bei größeren Wanddicken ist insbesondere in Verbindung mit Gipsfaserplatten oder Schallschutz-Gipskartonplatten in doppelter oder dreifacher Beplankung bei entsprechender Hohlraumdämpfung ein besonders hoher Schallschutz wirtschaftlich erreichbar. Bei bewerteten Schalldämmmaßen am Bau über 75 dB, z. B. in Musikhochschulen, bei „abhörsicheren" Konferenzräumen oder in Industriebetrieben mit lärmintensiven Labors neben Büros oder Besprechungsräumen, sind die Einsatzfälle derartiger Wandsysteme gegeben. Beispielhaft sind in Bild 4.3.3-3 einige Beispiele besonders hochwertiger Metallständerwände mit unterschiedlichen Beplankungen und Wanddicken von über 25 cm dargestellt.

An dieser Stelle ist jedoch der Hinweis angebracht, dass alle angegebenen Konstruktionen nur mit der jeweils beschriebenen Beplankung die zitierte Schalldämmung erreichen. 25 mm dicke Gipsplatten anstelle von zwei Lagen 12,5 mm dicker Gipsplatten führen (bei gleicher Flächenmasse) zu einer geringeren Dämmung durch Reduzierung der Koinzidenzfrequenz. Minderungen zwischen 2 und 5 dB sind bei gleicher Masse möglich!

Der gleiche Effekt entsteht, wenn zwei Lagen 12,5 mm dicker Platten „verkleben", weil die erste Lage noch feuchte Spachtelspuren aufweist. Vor Aufbringen der zweiten Lage muss die Verspachtelung der ersten Lage völlig abgetrocknet sein!

4.3.3 Zweischalige Leichtwände

Tabelle 4.3.3-2 Rechenwerte des Schallschutzes (nach Herstellerangaben) gebräuchlicher Ständerwandsysteme in Abhängigkeit von der Wanddicke, der Beplankungsart und der Hohlraumdämpfung

Wanddicke d in mm	Ständer	Beplankung beidseitig	Hohlraumdämpfung (Mineralwolle)	bez. Schalldämmmaß $R'_{w,R}$ (Rechenwert) nach Herstellerangaben in dB					Bemerkungen
				GKB	GKF	Schallsch.-Pt.	Gipsfaserplatte	Spezialplatte	
75	CW 50	12^5	40	41	41	45	(d = 70 mm, 2 × 10 mm) 46	47*	* Diamant (Fa. Knauf) ** Silentboard (Fa. Knauf) *** 2. Lage geklammert
100	CW 75	12^5	60	43	43		52		
	CW 50	$2 × 12^5$	40	50	50		57	52^{***}	
	CW 100	12^5	80	45	45		52		
125	MW 100	12^5	60	52	52	55	60	59^{***}	
	CW 75	$2 × 12^5$	40					60^{***}	
	CW 50	$3 × 12^5$	80			56		60^{***}	
150	CW 100	$2 × 12^5$	60	53				62^{***}	
	CW 75	$3 × 12^5$	80	54			60		
	MW 100	$2 × 12^5$	2 × 40	59	59	63			
155	Doppelständer 105	$2 × 12^5$	80			60	60		Weitere Angaben zu Sonderkonstruktionen d ≥ 175 mm siehe Bild 4.3.3-3
175	CW 100	$2 × 12^5$	80						
	MW 100	$3 × 12^5$	2 × 60	60	60	65			
205	Doppelständer 155	$2 × 12^5$	2 × 80	60	60	67			
255	Doppelständer 205	$2 × 12^5$	2 × 80			65			
300	2 × MW 100	$2 × 12^5$				68			
325	2 × MW 100	$2 × 12^5$				> 70			
(375, 400)									

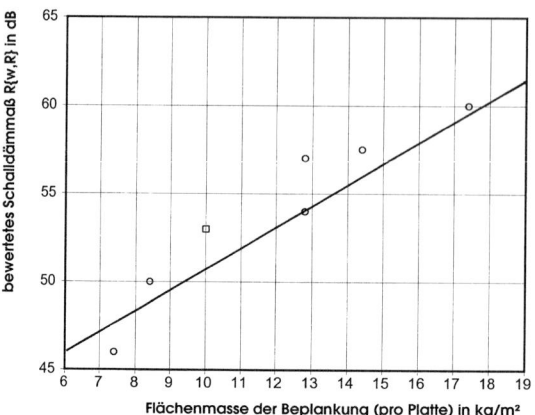

Bild 4.3.3-1 Bewertetes Schalldämmmaß einer Standard-Gipsplattenwand, d = 100 mm, beidseitig doppelt (2 × 12,5 mm) beplankt, in Abhängigkeit von der Flächenmasse der Beplankung (*einer* 12,5 mm dicken Platte). Bei gleicher Unterkonstruktion und Hohlraumdämpfung kann somit ausschließlich durch unterschiedliche Beplankung bei gleicher Wanddicke die Schalldämmung zwischen R'_w = 45 dB bis R'_w = 60 dB variiert werden.

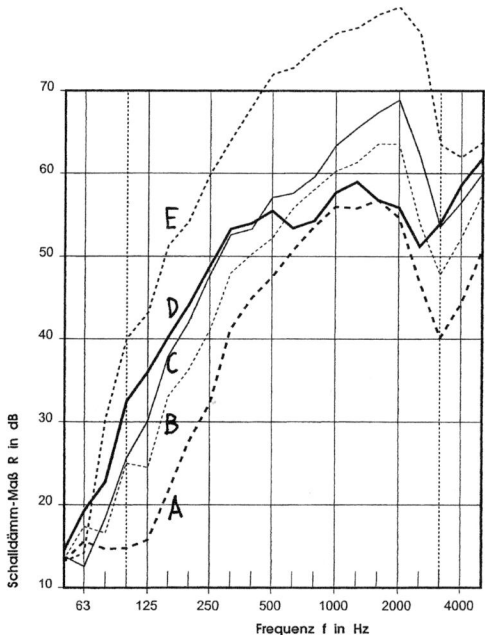

Bild 4.3.3-2 Abhängigkeit der Schalldämmung von der Frequenz charakteristischer 100 mm dicker Gipskarton-Ständerwände (unzureichender tieffrequenter Schallschutz bei einfach beplankten Wandtypen)

A 100 mm, CW 50, 1 × 12,5 GKB, 40 mm, $R_{w,P}$ = 40 dB
B 100 mm, CW 50, 2 × 12,5 GKB, 40 mm, $R_{w,P}$ = 50 dB
C 100 mm, CW 50, 2 × 12,5 Piano, 40 mm, $R_{w,P}$ = 54 dB
D 100 mm, CW 50, 2 × 12,5 Hartgips, 40 mm, $R_{w,P}$ = 55 dB
E 100 mm, CW 50, 2 × 12,5 Silentboard, 40 mm, $R_{w,P}$ = 67 dB

4.3.3 Zweischalige Leichtwände

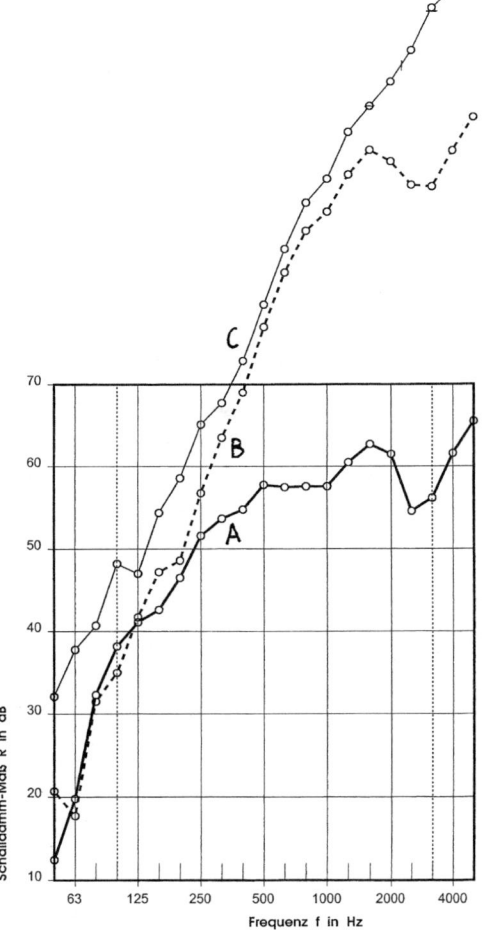

Bild 4.3.3-3 Abhängigkeit der Schalldämmung von der Frequenz einer Auswahl von Gipsplatten-Ständerwänden großer Dicke und hoher Schalldämmung. Die tieffrequente Schalldämmung ist bei mehrlagig beplankten, dicken Systemen teilweise besser als bei Massivwänden und gestattet die Verwendung in Musikhochschulen und ähnlichen Bauten.

A 150-mm-Wand, Ständer CW 100, beidseitig 2 × 12,5 mm mit Hartgipsplatten beplankt, 80 mm Hohlraumdämpfung, $R_{w,P} = 58$ dB

B 260-mm-Wand, 2 Ständer CW 100, mit 35 mm lichtem Abstand, beidseitig einfach mit Fermacellplatten d = 12,5 mm beplankt, 2 × 80 mm Rockwool RP-X als Hohlraumdämpfung, $R_{w,P} = 65$ dB

C 300-mm-Wand, wie B, jedoch beidseitig je 2 × 10 mm und 1 × 12,5 mm beplankt (besonders gute tieffrequente Dämmung), $R_{w,P} = 73$ dB

Bei der Anwendung derartiger Systeme muss der beratende Ingenieur für Bauakustik jedoch noch viel mehr als im Standardbereich auf die flankierenden Bauteile achten. Die Kenntnis der Normflankenpegeldifferenz geeigneter Konstruktionen, insbesondere im tieffrequenten Bereich ist hierbei von Nöten.

Übliche Vorsatzschalen (siehe auch Abschn. 4.3.3.6) genügen bei derartig hochschalldämmenden Wandsystemen nicht mehr als flankierende Bauteile angrenzender Massivbauteile, da sie tieffrequent zu geringe Werte aufweisen.

Die frequenz-selektive Berechnung des Schalldämmmaßes der Wandkonstruktion und die Einrechnung der Norm-Flankenpegeldifferenz der flankierenden Bauteile nach der alten DIN 4109, Beiblatt 1, ist dabei nach wie vor unerlässlich, die neue DIN 4109/2012 bietet hier keinerlei brauchbare Ansätze.

Konstruktionsprofile

Müssen aus konstruktiven Gründen die Abstände der Ständer reduziert werden, so ergibt sich gegenüber den publizierten Rechenwerten, die mit Standard-Achsmaß 62,5 cm ermittelt wurden, eine Minderung der Schalldämmung, Anhaltswerte hierfür sind in der Tabelle 4.3.3-3 dargestellt [64].

Tabelle 4.3.3-3 Abhängigkeit zwischen Schalldämmung und Ständerabstände

Ständerabstand bei 100-mm-GKB-Wand	Veränderung des bewerteten Schalldämm-Maßes $R_{w,R}$ in dB
625 mm	0 dB
417 mm	–1 dB
313 mm	–2 dB
208 mm	–4 dB

Auch dann, wenn zusätzliche (horizontale Profil-)Riegel eingezogen werden, sind Minderungen des Schallschutzes zu erwarten, z. B. wenn bei besonders hohen Wänden raumhohe Beplankungsplatten nicht lieferbar (oder „zu teuer") sind.

Bei erhöhten wandhängenden Lasten, z. B. Wandschränken in Küchen oder Laborgebäuden, und großen Wandhöhen sind verstärkte Blechprofile erforderlich, die ebenfalls die Schalldämmung mindern, Anhaltswerte hierzu in der Tabelle 4.3.3-4 [64].

Tabelle 4.3.3-4 Abhängigkeit zwischen Schalldämmung und Profilstärke der Ständer

Blechdicke der CW-Ständer bei 100-mm-Wänden	Veränderung des bewerteten Schalldämm-Maßes $R_{w,R}$ im Labor
0,60 mm	0 dB
0,75 mm	–1 dB
1,00 mm	–2 dB
2,00 mm	–4 dB

Mit schalltechnisch optimierten Profilen, insbesondere den so genannten „Akustikständern" kann die gleiche Wandkonstruktion in der Schalldämmung um einige dB verbessert werden. Dabei ist im Regelfall jedoch abzuwägen, ob man die gleiche Verbesserung nicht durch eine höherwertigere Beplankung erzielt, da die Spezialständer zum einen recht teuer sind, zum anderen jedoch auch durch ihre Profilierung konstruktive Nachteile bei der Montage und bei der Nutzung mit sich bringen.

Bild 4.3.3-4 zeigt einen historischen und einige aktuelle Schallschutzständer für Ständerwandsysteme.

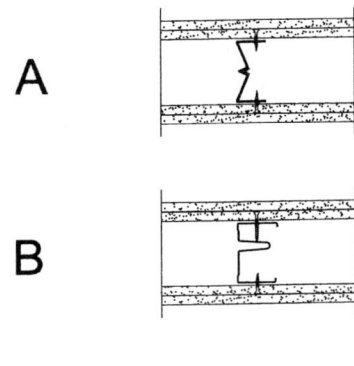

Bild 4.3.3-4 Schalltechnisch verbesserte Blechständer für Gipsplatten-Ständerwandsysteme
A historischer (nicht mehr verwendeter) Sigma-Ständer der Fa. Rigips (1960)
B M-Ständer der Fa. Knauf
C Super-Magnum-plus-Ständer, Richter System

Hohlraumdämpfung mit Mineralfasermaterialien

Vor allem die Hohlraumdämpfung, überwiegend mit Mineralfaserplatten oder Mineralfasermatten, wirkt sich auf die Schalldämmung aus. Besteht kein Körperschallkontakt zwischen der Innenseite der Beplankung und der Mineralfaserplatteneinlage, spielt die Rohdichte der Mineralfaserplatten eine untergeordnete Rolle in Bezug auf die Schalldämmung. Diese Situation ist in 80 oder 90 % aller Fälle allein dadurch gegeben, dass die Mineralfaser-Hohlraumdämpfung in die CW-Ständer gesteckt werden, deren Maulweite ca. 10 mm geringer ist als der lichte Abstand der Beplankung, so dass zwischen Beplankung und Hohlraumdämpfung theoretisch beidseitig ca. 5 mm Abstand verbleibt. Wird die Hohlraumdämpfung jedoch straff zwischen die Beplankung eingepasst, kann mit Materialien größerer Rohdichte eine Verbesserung des Schallschutzes in der Größenordnung von bis zu 3 dB erreicht werden, auch wenn der Ständerquerschnitt in diesem Fall ohne Bedämpfung bleibt. Auch hier ist jedoch abzuwägen, ob nicht der gleiche Effekt durch eine Veränderung der Beplankung erreicht werden kann. Sind jedoch ohnehin Mineralfaserplatten höherer Dichte erforderlich, z. B. aus Brandschutzgründen, kann der Effekt ausgenutzt werden. Früher praktizierte Konstruktionen mit nur teilweiser Ausfüllung des Wandhohlraumes mit Mineralwolle sind aus Gründen der Wirtschaftlichkeit nicht mehr praxisgerecht.

Alternative Materialien zur Hohlraumdämpfung
Alternative Faser- und Flockenmaterialien, Schaumstoffe
Ungeachtet der Tatsache, dass in der Praxis sicher mehr als 95 % der Gipsplatten-Ständerwände mit einer Hohlraumdämpfung aus Mineralfasermaterial gebaut werden, haben sich im Bereich des ökologischen Bauens, vor allem im Holzbau, alternative Materialien eine Nische erobert, insbesondere

– Zellulose-Flocken (aus Altpapier), lose oder gebunden (auch in Platten)
– Holzweichfaserplatten
– Schafwoll- und Baumwollfilze

- Polyestervlies-Matten
- Fasermatten aus Hanf- oder Flachsfasern
- Harnstoff-Schaumplatten.

Da der Strömungswiderstand dieser Materialien teilweise nicht mit wirtschaftlichen Mitteln in den Optimalbereich um 10 kPa · s/m² bis 20 kPa · s/m² zu bringen ist, ist die erreichbare Schalldämmung der Ständerwände mit diesen Materialien etwas geringer als mit Mineralfasermaterialien. Einblas-Flocken sind Mineralfaserdämmstoffen annähernd gleichwertig. Bild 4.3.3-5 zeigt für eine 125-mm-Wand, beidseitig einfach mit 12,5 mm GKB beplankt, dass sich mit alternativen Materialien bewertete Schalldämmmaße $R_{w,P}$ = 39 bis 46 dB erzielen lassen. Bei Zellulose-Flocken kann durch verschiedene Bindungen mit Wasserglas die Schalldämmung variiert werden. Doppelt beplankte Wände, 150 mm dick, erreichen $R_{w,P}$ = 44 dB bis $R_{w,P}$ = 54 dB, Bild 4.3.3-6 zeigt hierzu zwei Beispiele.

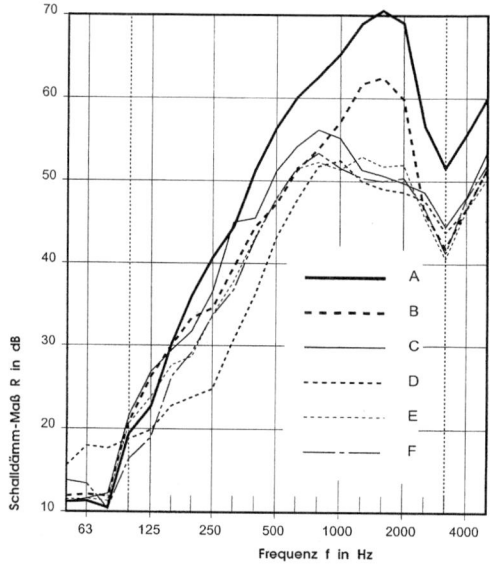

Bild 4.3.3-5 Verlauf der Schalldämmung über der Frequenz für eine 125 mm dicke Gipsplatten-Ständerwand, beidseitig einfach 12,5 mm GKB beplankt, mit alternativen Materialien zur Hohlraumbedämpfung. Signifikant ist der typische Frequenzeinbruch infolge Koinzidenz bei 3.150 Hz, selbstverständlich unabhängig vom Dämmstoff

A 100 mm Zellulose-Dämmstoff-Einblas-Flocken, Fa. Isofloc, ca. 48 kg/m³, $R_{w,P}$ = 48 dB
B 80 mm Schafwollematten, Fa. Doppelmayer, ca. 15,8 kg/m³, $R_{w,P}$ = 45 dB
C 100 mm Holzweichfaserplatten, Fa. Gutex, ca. 146,7 kg/m³, $R_{w,P}$ = 46 dB
D 75 mm Holzweichfaserplatten, Fa. Doser, ca. 254 kg/m³, $R_{w,P}$ = 39 dB
E 80 mm Hanffasermatten, Fa. Hock, ca. 33 kg/m³, $R_{w,P}$ = 43 dB
F 40 mm Melaminharzschaumplatten, Fa. Illbruck, ca. 8,8 kg/m³, $R_{w,P}$ = 42 dB

4.3.3 Zweischalige Leichtwände

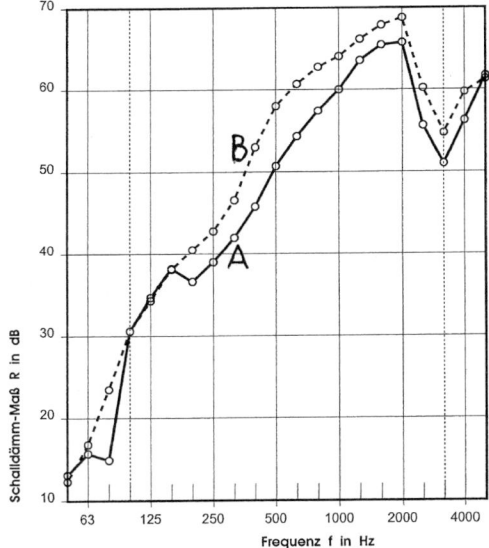

Bild 4.3.3-6 Schalldämmung einer 150 mm dicken Gipsplattenwand, beidseitig doppelt (2 × 12,5 mm) mit GKB beplankt, mit alternativen Materialien zur Hohlraumdämpfung
A 80 mm Flachsdämmstoff, Fa. Heraklith, ca. 28 kg/m², $R_{w,P}$ = 51 dB
B 50 mm Isofloc-Platten, Fa. Isoflock, $R_{w,P}$ = 54 dB

Wandsysteme ohne Hohlraumdämpfung
Auch ohne jegliche Füllung, die als Hohlraumdämpfung wirken könnte, sind vor allem mit Platten höherer Masse und höherer innerer Dämpfung die üblichen schalltechnischen Anforderungen zu erfüllen. Bei einer medizinischen Universitätsklinik war es z. B. Wunsch der Nutzer und der Bauherrschaft aufgrund der damaligen Probleme mit möglicherweise kanzerogenen Mineralfasermaterialien, bei dem gesamten Projekt auf Mineralfasermaterialien zu verzichten. Die Krankenzimmertrennwände aus 150 mm dicken Fermacell-Systemen erreichen auch ohne Füllung R'_w = 47 bis 48 dB, somit ausreichende Werte.

Verschraubung, Verklammerung, gleitende Deckenanschlüsse
Auch die Verschraubung der Beplankung auf der Unterkonstruktion beschäftigt in Bezug auf ihren schalltechnischen Einfluss seit langem die Gemüter. Einzelne Veröffentlichungen ergaben bei bestimmten Verschraubungsarten bei sonst gleichbleibender Konstruktion Verbesserungen des Schallschutzes vor allem dann, wenn nicht in die Mitte der Flansche der CW-Profile geschraubt wurde, sondern die Schrauben im äußeren Drittel des Flansches angeordnet wurden. Derartige Handhabungen sind aus Gründen der Gewährleistung und der Übereinstimmungserklärung nach Bauregelliste jedoch ohne praktische Bedeutung, werden aber regelmäßig auf Baustellen diskutiert. Von praktischer Bedeutung ist jedoch die Möglichkeit, bei zweilagiger Beplankung und Verwendung höherwertiger Gipsplatten die zweite Lage auf der ersten Lage und der Unterkonstruktion zu verklammern. Hierdurch werden bei allen Herstellern deutliche Verbesserungen in der Größenordnung von 2 dB erzielt, ohne dass hiermit Kostenveränderungen einhergehen.

Zusammenfassend muss jedoch für die Planung von Metallständerwänden mit Gipsplatten deutlich festgestellt werden, dass Plattenmaterial und Wanddicke in Verbindung mit üblichen Ständern, üblicher leichter Mineralfaser-Hohlraumdämpfung und normaler Verschraubung zum einen alle zu stellenden Anforderungen an den Schallschutz erfüllen, zum anderen jedoch auch wirtschaftliche Konstruktionen ermöglichen.

Gleitende Deckenanschlüsse („Teleskopanschlüsse"), die nur bei mehr als 10 mm Deckendurchbiegung erforderlich sind, mindern die Schalldämmung um bis zu 3 dB, wenn die Deckendurchbiegung tatsächlich auftritt. Zum Zeitpunkt der Wandmontage sind im Regelfall die Durchbiegungsprozesse jedoch schon weitestgehend abgeschlossen, so dass ein derartiger „Angstzuschlag" im Regelfall entfallen kann. Liegt der Deckenanschluss oberhalb einer abgehängten Unterdecke mit ausreichender Norm-Flankenpegeldifferenz ($D_{n,f,w,R} \geq 36$ dB), ist der Abzug ohnehin nicht erforderlich.

4.3.3.2 Holzständerwände

Konventionelle Holzständerwände
Holzständerwände mit Gipsplatten oder Spanplatten-Beplankungen sind insbesondere in Verbindung mit Holztafelbauweisen gebräuchlich. Derartige Bauweisen werden üblicherweise von Holzbaufachbetrieben errichtet, denen die Verwendung von Holzständern geläufiger ist als diejenige von Metallständern. Mit Holzständerwänden können auch tragende Wandkonstruktionen errichtet werden. Bei den hier erforderlichen Holzquerschnitten muss jedoch beachtet werden, dass durch die Verschraubung der Gipsplatten mit den Holzquerschnitten eine statische Einspannung entsteht, die das Schwingungsverhalten der Beplankung stark beeinträchtigt. Dies ist bei Auflagebreiten von $B \geq 5$ cm der Fall. Bei tragenden Holzquerschnitten empfiehlt es sich deshalb, die Beplankung nicht auf den Ständern und Riegeln aufzubringen, sondern zweckmäßig auf Blechwinkeln (siehe Bild 4.3.3-7), die seitlich am Holzständer befestigt sind.

Die mit derartigen Konstruktionen erreichbare Schalldämmung entspricht bei üblicher Hohlraumdämpfung derjenigen von Metallständerwänden mit gleicher Außenwanddicke und gleicher Beplankung. Insbesondere in der Altbausanierung mit unregelmäßigen und krummen Traghölzern können mit derartigen Konstruktionen sowohl die altbauspezifischen Toleranzen überbrückt und gleichzeitig hohe Schalldämmmaße erreicht werden.

Da die schalltechnische Wirkung fast überwiegend von der zusätzlichen Gipsplattenbeplankung abhängt, ist die vorhergehende Sanierung der alten Wand nicht erforderlich, was insbesondere bei denkmalgeschützten Gebäuden erhebliche Kosten einspart. Die „Konservierung" der unsanierten Wand im vorgefundenen Zustand wird auch von den Denkmalspflegern ausdrücklich befürwortet.

Vorgefertigte Holzständerwände
Auf der Basis von unterschiedlichen Konstruktionsprinzipien werden werksmäßig gefertigte, elementierte Wände verschiedener Hersteller, z. B. auf der Basis von

- Konstruktionssperrholztafeln
- Brettschichtkonstruktionen
- verleimten Kastenkonstruktionen etc.

angeboten, die meist am Bau noch eine fugenabdeckende Gipsplattenverkleidung erhalten. Die Schallschutzwerte sind nicht immer bekannt und im Bedarfsfall beim Hersteller zu erfragen.

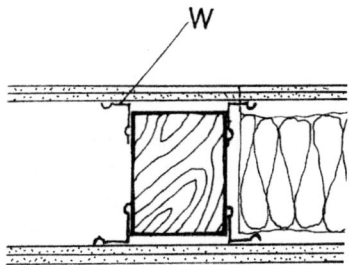

Bild 4.3.3-7 Verbesserung der Schalldämmung von Gipsplatten-Ständerwänden mit Holzständern durch Verschraubung der Beplankung an Blechwinkeln („W")

4.3.3.3 Umsetzbare Montagewände

Zur Definition, Allgemeines
Bei den umsetzbaren Montagewänden dominieren seit Jahrzehnten zwei Hauptgruppen, die schematisch in Bild 4.3.3-8 gegenübergestellt sind.

– Monoblockwände werden in Elementwandbreite (80 bis 120 cm) werksmäßig mit beidseitig fertigen Oberflächen gefertigt und am Bau zu geschlossenen Wandelementen zusammengesetzt. Dabei dominieren Stahlblech- und Glas-Monoblockwände. Bei Stahlblechelementen kann durch die werksmäßige Vorfertigung eine besonders leichte Konstruktion mit Flächenmassen von $m' \geq 35$ kg/m² erreicht werden, was bei doppelt verglasten Elementen natürlich aufgrund allein des Glasgewichtes nicht möglich ist. Mit Monoblockwänden können am Bau bewertete Schalldämmmaße von $R'_w \geq 42$ dB sicher erreicht werden.
– Umsetzbare Montagewände bestehen aus einer bauseits montierten tragenden Stahlunterkonstruktion aus Schwellen, Ständern und Deckenanschlussprofilen, die bauseits mit einer Hohlraumdämpfung und einer beidseitigen Beplankung, im Regelfall aus beschichteten Spanplatten oder Stahlblech-Verbundplatten, gegebenenfalls mit Beschwerungslagen, versehen werden. Mit umsetzbaren Montagewänden können am Bau bewertete Schalldämmmaße bis ca. $R'_w \geq 47$ dB sicher erreicht werden. Bild 4.3.3-9 zeigt ein Beispiel einer solchen Wand, mit Glasschott zur Fassade, und die dazugehörige Prüfkurve der Schalldämmung mit $R'_w = 44$ dB. Die Anforderung lag bei erf. $R'_w = 42$ dB.

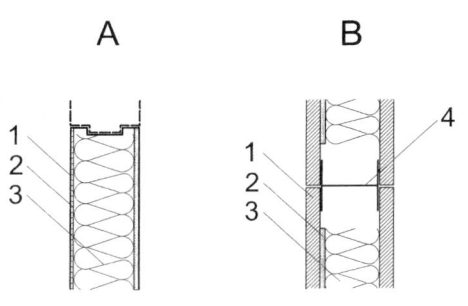

Bild 4.3.3-8 Monoblock- und System-Trennwand, schematisch
A Monoblockwand
B Versetzbare Montagewand (hier mit Spanplatten-Beplankung)
1 Beplankung (Stahlblech, Spanplatte)
2 Beschwerungslage
3 Hohlraumbedämpfung
4 Stahlständer

Bild 4.3.3-9 Montagewand mit Glasschwert (ThyssenKrupp, Essen), Fabrikat Strähle, dazugehörige Prüfkurve (siehe Bild 4.3.3-10)

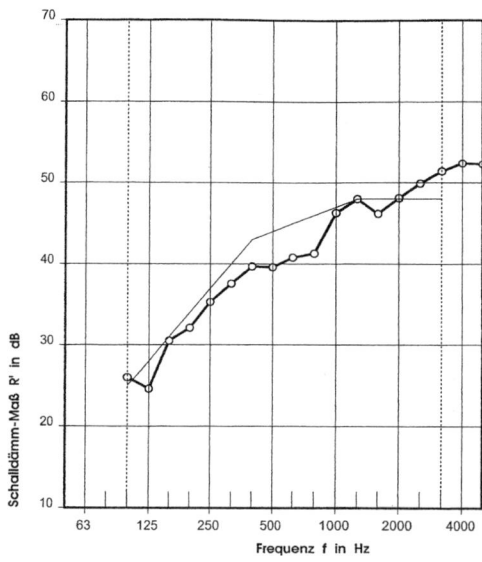

Bild 4.3.3-10 Schalldämmung einer Montagewand (mit Glasschwert zur Fassade), $R'_w = 44$ dB (erf. $R'_w = 42$ dB)

Ingenieure wissen, was sie tun!

Wenn nicht, Ernst & Sohn hilft.

Wissen mit Sprengkraft!
Gratis bestellen:
www.ernst-und-sohn.de/probeheft

RUHE im BÜRO.

feco Systemtrennwände aus Holz, Glas oder Metall bieten uneingeschränkte Zukunftssicherheit – mit erstklassiger Detailqualität und höchstem Schallschutz.

Trennwand: feco**fix**
Projekt: Deutsche Börse, Eschborn

feco®
TRENN **WAND** SYSTEME

www.feco.de

Schwingungsprobleme – Kenngrößen und Beispiele

Obwohl Schwingungsprobleme in der Praxis zunehmend auftreten, werden sie von Tragwerksplanern gern umgangen. Statische Ersatzlasten, Stoßfaktoren oder Schwingbeiwerte werden angewendet, ohne sich der Anwendungsgrenzen bewusst zu sein.

Das Buch weckt das Grundverständnis für die den Theorien zugrunde liegenden Modellvorstellungen und die Begrifflichkeiten der Dynamik. Die wichtigsten Kenngrößen werden beschrieben und mit Beispielen verdeutlicht. Darauf baut der anwendungsbezogene Teil mit den Problemen der Baudynamik – Stoßvorgänge, freie und erzwungene Schwingungen etc. anhand von Beispielen auf.

Helmut Kramer
Angewandte Baudynamik
Grundlagen und Praxisbeispiele
2. Auflage –
April 2013. 344 Seiten
€ 55,–*
ISBN 978-3-433-03028-8
Auch als ebook erhältlich

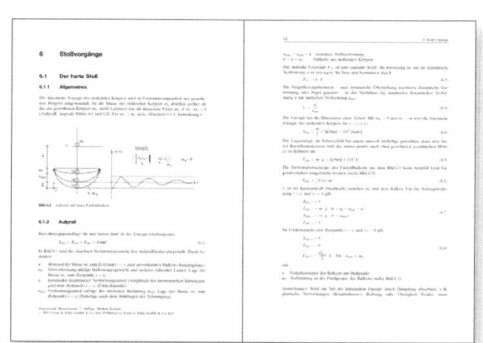

Das könnte sie auch interessieren:

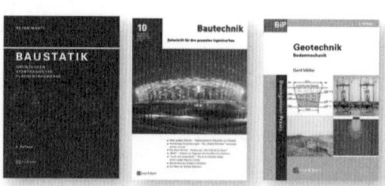

- Baustatik
- Bautechnik
- Geotechnik – Bodenmechanik

Online-Bestellung:
www.ernst-und-sohn.de

Ernst & Sohn
Verlag für Architektur und technische
Wissenschaften GmbH & Co. KG

Kundenservice: Wiley-VCH
Boschstraße 12
D-69469 Weinheim

Tel. +49 (0)6201 606-400
Fax +49 (0)6201 606-184
service@wiley-vch.de

* Der €-Preis gilt ausschließlich für Deutschland. Inkl. MwSt. zzgl. Versandkosten. Irrtum und Änderungen vorbehalten. 1076136_dp

Schallschutzkriterien

Umsetzbare Montagewände werden im Regelfall im elementierten (leichten) Innenausbau verwendet und weisen als flankierende Bauteile oft Hohlraumböden, Doppelböden, Leichtfassaden, abgehängte Unterdecken und Flurwände aus dem gleichen System auf. Die ausreichende Schalllängsdämmung dieser Bauteile (siehe Fachkapitel) ist zu beachten. Jedoch auch innerhalb der umsetzbaren Montagewände sind systemimmanente Einflüsse auf den Schallschutz gegeben, insbesondere im Bereich der Fugen sowie bei Abweichungen der Materialien bei der Serienproduktion von der im Prüfstand untersuchten Prototypkonstruktion.

Sowohl die Fugen zwischen den Elementen als auch zwischen der Wand und den flankierenden Bauteilen sind auch bei sorgfältig montierten Wandsystemen durch so genannte Nahfeldmessungen des Schalldruckpegels auf der Empfangsraumseite schalltechnisch nachweisbar. Bereits im ersten Buch über den Schallschutz elementierter Bauteile [50] wurde in den 1970er Jahren hierzu ein heute noch gültiges Beispiel veröffentlicht. Dieses Beispiel zeigt Bild 4.3.3-11.

Da diese Pegelerhöhungen häufig nahe der flankierenden Bauteile liegen, wird von ausführenden Montagewandunternehmen oft die Gewährleistung mit dem Hinblick auf unzureichende Schalllängsdämmung flankierender Bauteile abgelehnt. Bild 4.3.3-11 macht jedoch deutlich, dass z. B. der Doppelboden nicht auf seiner vollen Länge zu einer Pegelerhöhung führt, sondern punktuell, und eindeutig den Vertikalstößen der Wandelemente zuordenbar die Pegelerhöhungen stattfinden, somit eindeutig der Wand zuzuordnen sind. Hierbei sind jedoch nur solche Pegelerhöhungen, die einen Wert von ca. 6 dB überschreiten, auf Undichtigkeiten zurückzuführen, da auch bei absolut dichten Wänden (z. B. bei geschlossen gespachtelten Gipskartonwänden) in den Raumkanten Pegelerhöhungen von ca. 3 dB und in den Raumecken um ca. 6 dB, bedingt durch Reflexionen von flankierenden Bauteilen, standardmäßig zu verzeichnen sind. Derartige Versuche werden entweder mit Terzrauschen 1.000 Hz oder mit „Rosa Rauschen" durchgeführt, bei anderem Prüfschall ergeben sich andere Werte. Vorbeugen kann man dem geschilderten Phänomen dadurch, dass bei Montagesystemwänden nach Montage der ersten Beplankung (vor Montage der Hohlraumdämpfung und der zweiten Beplankung) von der Wandinnenseite her sämtliche Plattenstöße mit Dichtstoff verfugt werden, was natürlich die Versetzbarkeit geringfügig einschränkt. Bei höheren Anforderungen ist dies ein bei vielen Projekten praktiziertes, erfolgreiches Vorgehen. Bild 4.3.3-12 zeigt ein weiteres Detail eines ebenfalls seit Jahrzehnten bekannten Phänomens. Nur seitlich gehaltene Beplankungen wölben sich in Feldmitte vom Deckenanschlussprofil leicht ab, was vom Raum her nicht bemerkt wird. Sowohl die nachträgliche Durchbiegung der Geschossdecken oder auch Spannungen während der Montage der Beplankung könnten die Ursachen sein. In jüngster Zeit hat die zunehmende Verwendung von im Grundriss gerundeten Wandführungen dazu geführt, dass die handwerkliche Problematik, die Rundung des Deckenanschlussprofiles mit derjenigen der Beplankungen exakt in Übereinstimmung zu bringen, Mängel der beschriebenen Art in verstärkten Maße ergeben. Nur die in Bild 4.3.3-12 dargestellte Dichtung „K" kann hier helfen, muss natürlich regelmäßig nachgebessert werden.

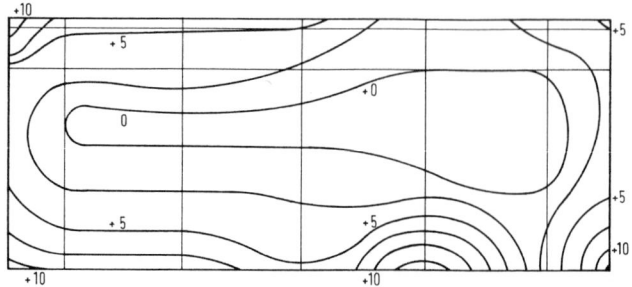

Bild 4.3.3.11 Beschallt man eine Montagewand (auf Doppelboden) senderaumseitig mit 1.000-Hz-Terzrauschen oder „Rosa Rauschen", so ergeben sich auf der Empfangsraumseite erhebliche Pegelunterschiede, die man mit einem Mikrofon mit „Nahfeldwindschirm" quantifizieren kann. Vor allem an den Ecken treten durch Undichtigkeiten Pegelerhöhungen von über 12 dB, bezogen auf den Pegel auf der Wandmitte, auf. Diese Pegelerhöhungen sind nicht durch flankierende Bauteile, sondern ausschließlich durch Undichtheiten der Wand begründet und somit vom Monteur der Wände zu verantworten.

Bild 4.3.3-13 zeigt die sukzessive Verbesserung der Schalldämmung einer Montagewand nach Abstellung diverser Undichtheiten. Neben derartigen Undichtheiten sind die schon beschriebenen Abweichungen von der geprüften Bauweise häufig die Ursache schalltechnischer Probleme.

So erzielte eine Montagewand, die bei vielen Projekten zuverlässig die ausgeschriebene Schalldämmung erreicht hatte, bei einem neuen Großprojekt im Vorversuch nicht mehr die geforderten Werte. Die Prüfstelle stellte fest, dass die verwendete Mineralfaser-Hohlraumdämpfung nur noch ca. 35 kg/m^3 aufwies, während im (ca. 10 Jahre alten) Laborprüfbericht eine 50-kg-Platte (mit der gleichen Typenbezeichnung!) geprüft worden war. Nach Austausch der Mineralfaserplatten konnte die geforderte Schalldämmung erreicht werden.

In einem anderen Fall ergaben stichprobenartige Güteprüfungen der Serienausführung von Montagewänden deutlich schlechtere Werte der Schalldämmung, als noch im gleichen Neubau in der Musterraumzone nachgewiesen werden konnte. Der Bauleiter erinnerte sich, von der Musterwand noch Bauteile in einem „Asservatenraum" aufbewahrt zu haben. So konnte nachgewiesen werden, dass aus Kostengründen in

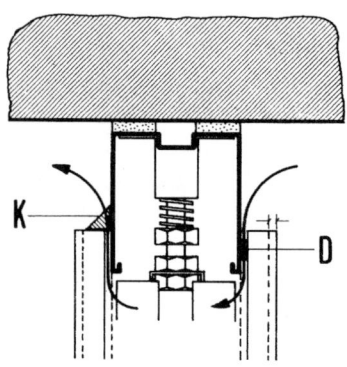

Bild 4.3.3.12 Bei Montagewänden mit lediglich an den vertikalen Außenkanten gehaltenen Beplankungen können sich die Platten vom Deckenanschlussprofil abwölben. Da die Ausbiegung nur wenige Millimeter erreicht, wird dies oft nicht bemerkt. Elastische Dichtungsstreifen (D) verstärken diesen Einfluss. Eine Sanierung ist nur durch eine Verfugung mit Silikondichtstoff (K) möglich.

4.3.3 Zweischalige Leichtwände

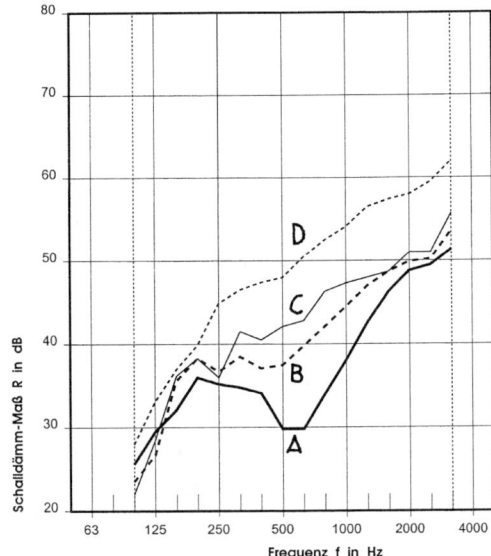

Bild 4.3.3-13 Durch systematische Nachbesserung von Schwachstellen steigt die Schalldämmung einer Montagewand (erf. $R'_w = 47$ dB)
A wie vorgefunden, $R'_w = 37$ dB
B Kabelkanal beidseitig der Wand mit Mineralfasermaterial ausgestopft, $R'_w = 44$ dB
C wie B, zusätzlich Fugen des Kanaldeckels und Deckenanschlussfugen mit Silikon gedichtet, $R'_w = 47$ dB
D gleiche Wand im Prüfstand, $R_w = 52$ dB

der Serie eine ungeeignete, nicht geprüfte, leichtere Spanplatte für die Beplankung gewählt worden war.

Die Bedeutung einer schriftlichen Übereinstimmungserklärung des Herstellers/der Montagefachfirma wird hier deutlich.

Ein Beispiel, wie mit unterschiedlichen Wandaufbauten (bei von außen gleicher Ansicht) mit einer nur 75 cm dicken Systemwand Schalldämmmaße zwischen $R_{w,P} = 39$ dB und $R_{w,P} = 45$ dB gestaffelt erreicht werden können, zeigt Bild 4.3.3-14 (Fabrikat König & Neurath).

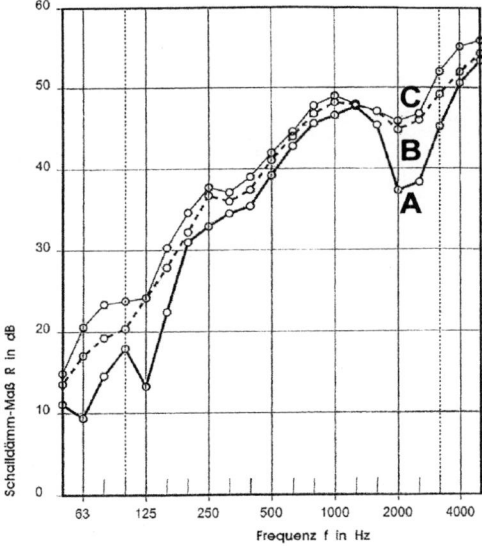

Bild 4.3.3-14 75 mm dicke System-Montagewand
Mit unterschiedlichen Aufbauten werden unterschiedliche Schalldämmmaße bei optisch gleicher Ansicht geboten.
A beidseitig 16 mm Spanplatte, 40 mm Mineralfaserplatte $R_{w,P} = 39$ dB
B wie A, zusätzlich 12,5 mm Knauf-Silentboardplatte an einer Spanplatte im Hohlraum geheftet $R_{w,P} = 43$ dB
C wie B, zusätzlich an der 2. Beplankung, 12,5 mm Diamantplatte $R_{w,P} = 45$ dB

4.3.3.4 Mobilwände (öffenbare Wände)

Funktion, Allgemeines

Für Objekte mit schalltechnischen Anforderungen, insbesondere Konferenzbereiche mit flexibler Grundrissgestaltung in Verwaltungsgebäuden, zwischen kombinierbaren Veranstaltungsräumen in Stadthallen, Kongresszentren etc., dominieren heute einzeln verschiebbare Elementwände aus sich selbsttragenden, scheibenförmigen Einzelelementen. Diese sind überwiegend ca. 10 cm dick und werden im Regelfall in Deckenschienen laufend in Position gebracht und mittels horizontaler Spannelemente formschlüssig miteinander verbunden. Die schalltechnisch erforderliche Andichtung an den Boden, die Decke und die Nachbarelemente erfolgt mit Dichtungselementen, die aus dem Einzelelement ausfahren. Sowohl Systeme mit elektromotorisch betätigten Dichtungen als auch solche Systeme, bei denen die Dichtungen nach Positionierung jedes einzelnen Elementes über eine Handkurbel betätigt werden müssen, sind gebräuchlich. Noch in den 1970er und 1980er Jahren existierten neben diesen Einzelelementwänden noch Faltwände, bei denen die einzelnen Elemente vertikal durch scharnierartige Verbindungselemente gekoppelt waren, Harmonika-Wände, bei denen sich die beidseitigen Beplankungen (meist dünne Hartfaserplatten, auf Folie kaschiert) beidseitig der Wandachse beim Öffnen herausfalteten. Eine weitere Möglichkeit waren Rollwände (im Prinzip um 90° gedrehte rollladenähnliche Konstruktionen), bei denen der aus schmalen, auf Textilbahnen aufkaschierten Stäben gefertigte Wandkörper auf einer im Depot montierten vertikalen Achse „aufgewickelt wurden". Diese Wandsysteme haben nur noch geringe Bedeutung. Öffenbare Wände sind meist individuelle Fertigungen, die projektbezogen, einzeln oder in Stückzahlen von zwei bis vier Exemplaren gefertigt werden. Nur in seltenen Fällen kommen Stückzahlen von mehr als zehn Exemplaren pro Projekt vor.

Prüfstandswerte und Rechenwerte der Schalldämmung

Die meisten Hersteller von Mobilwänden propagieren für ihre Produkte Prüfstandswerte des bewerteten Schalldämmmaßes von $R_{w,P} \geq 52$ dB. Werte von 55 bis 57 dB (für eine 10 cm dicke Wand!) sind nicht selten. Im betriebsfertigen Zustand kann man am Bau jedoch nur Werte zwischen $R'_w = 40$ bis 43 dB sicher erreichen. Von den Wandherstellern wird dies bestätigt, jedoch meist mit der (falschen) Begründung, dass mangelhaft ausgeführte flankierende Bauteile die Ursache für die Unterschreitung darstellen würden. Dies ist jedoch nur bei falscher Planung und mangelhafter Ausführung richtig.

Die häufigsten Planungs- und Ausführungsmängel bei mangelhaftem Schallschutz von Mobilwänden bestehen in folgenden Bereichen:

– durchlaufende Kabeltrassen, Lüftungs- oder Klimakanäle oberhalb der Deckenschiene,
– mangelhafte Verkleidung der Deckenschiene,
– durchlaufende flankierende Holzverkleidungen bei Flurwänden oder Fassaden,
– mangelhafte Detailausbildung des Fußbodenanschlusses bei Doppel- oder Hohlraumböden oder schwimmenden Estrichen,
– T-Stöße von Mobilwandelementen untereinander.

4.3.3 Zweischalige Leichtwände

Jedoch auch dann, wenn alle diese Details schalltechnisch optimal geplant sind, erreichen Mobilwände am Bau nicht die Prüfstandswerte, sondern bleiben deutlich darunter, wenn die Wände leichtgängig montiert werden und auch vom Facility-Management des Hauses schnell und zuverlässig betätigt werden können. Es ist deshalb sinnvoll, das bewertete Schalldämmmaß derartiger Wände lediglich mit ca. erf. $R'_w = 42$ dB auszuschreiben. Dieser Wert kann auch näherungsweise mit dem Wert nach den allgemein anerkannten Regeln der Technik (a. a. R. d. T.) verglichen werden, nämlich demjenigen Wert, den die überwiegende Anzahl der unabhängigen Fachleute regelmäßig vorgibt.

Sicherlich sind über 70 % der ausgeführten Mobilwände in diesem Bereich angesiedelt, große Bauherren schreiben regelmäßig derartige Forderungen aus.

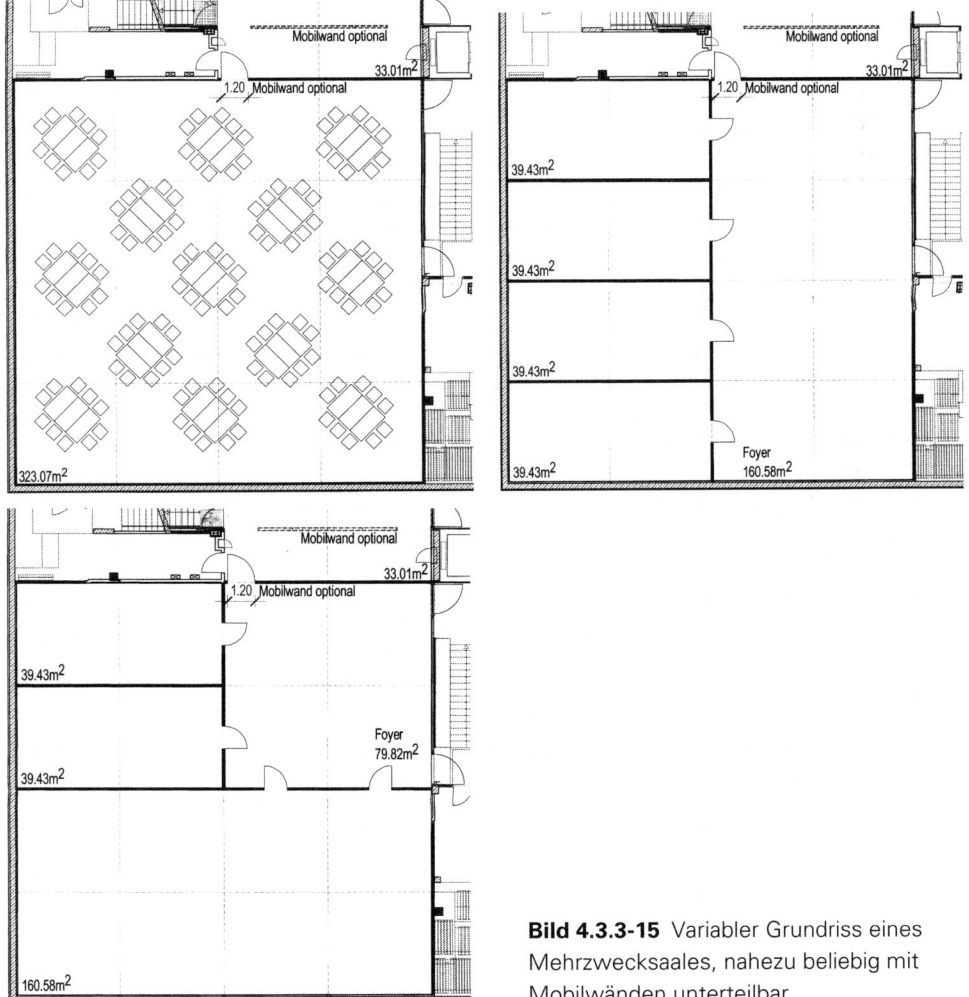

Bild 4.3.3-15 Variabler Grundriss eines Mehrzwecksaales, nahezu beliebig mit Mobilwänden unterteilbar

Beispiel

Im Verwaltungsgebäude einer Stiftung wurde ein großer Mehrzweckbereich (siehe Bild 4.3.3-15) für Ausstellungen, Seminare, Vorträge und Konzerte errichtet. Der große Gesamtraum kann mit Mobilwänden in einer Vielzahl von Kombinationen abgeteilt werden, ein bewertetes Schalldämmmaß von erf. $R'_w = 42$ dB zwischen den Räumen war vereinbart. Erste Nachmessungen zeigten, dass lediglich $R'_w = 38$ bis $R'_w = 40$ dB (siehe Bild 4.3.3-16) erreicht wurde, da es im Zuge der (hektischen) Fertigstellung Probleme im Bereich zwischen Klimakanälen und Rohdecken sowie bei den Durchdringungen der Raumabschottungen mit Kabeln, Heizleitungen etc. gegeben hatte. Soweit möglich, wurden Nachbesserungen vorgenommen, eine nochmalige Nachmessung unterblieb jedoch, da die Nutzer mit dem erreichten Zustand zufrieden waren (Bild 4.3.3-16).

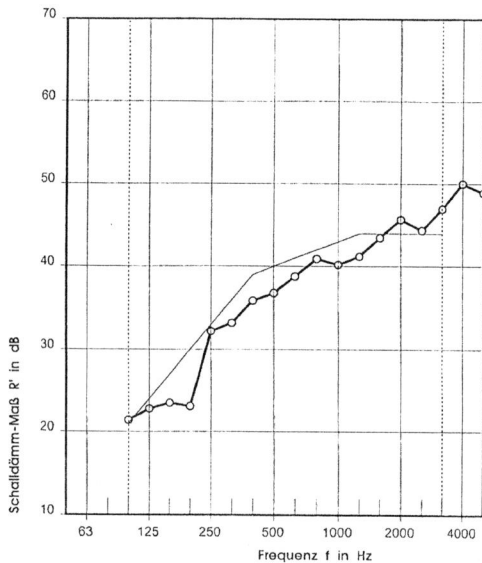

Bild 4.3.3-16 Schalldämmung einer Mobilwand im Mehrzwecksaal nach Bild 4.3.2-15 vor Nachbesserung. Durch Schallübertragungswege oberhalb von Klimakanälen wurde das ausgeschriebene Schalldämm-Maß von erf. $R'_w = 42$ dB mit $R'_w = 40$ dB um 2 dB unterschritten. Nach erfolgten Nachbesserungen verzichtete die Bauleitung jedoch auf eine weitere Messung.

4.3.3.5 Fassadenanschlussschotten

Fassadenanschlussschotten oder Fassadenanschluss-„Schwerter" werden eingesetzt, um einen Übergang der im Regelfall 8 bis 15 cm dicken Trennwände an die nur 30 mm bis 75 mm breiten Fassadenanschlussspuren zu ermöglichen. Sowohl geschlossene Gipskarton-Schotten als auch Glaskonstruktionen (ein- oder mehrschalig) sind üblich. Die möglichen bewerteten Schalldämmmaße der Schotten selbst erreichen ca. $R_{w,R} = 55$ dB. Aufgrund der geringen Flächenanteile dieser Konstruktionen an der Gesamt-Trennwandfläche ist es somit möglich, bei entsprechend höher dimensionierten Schalldämmmaßen der eigentlichen Trennwand resultierende Schalldämmmaße von über $R'_w = 52$ dB sicher zu erzielen. Tabelle 4.3.3-5 stellt übliche Konstruktionen dar.

4.3.3 Zweischalige Leichtwände

Die Gewährleistung der Schalldämmung sollte sorgfältig definiert werden. Ein häufiger Verdingungsfehler besteht darin, die Schotten zur Fassade zu rechnen, und bei der Vorgabe der Schalllängsdämmung der Fassade nicht genau die Grenzen zu definieren, siehe hierzu auch Abschn. 4.9.

Tabelle 4.3.3-5 Schalldämmung von Fassadenanschlussschotten unterschiedlicher Konstruktion und Dicken

Dicke	Skizze		Beschreibung	$R_{w,R}$ ($R_{w,P} - 2$ dB)
	Gipsplatte	Glas		
30 mm			8 + 6 mm VSG (oder ESG)	37 dB
			3 × 10 mm Fermacell	37 dB
50 mm			2 × 10 mm VSG-Si	48 dB
			2 × 12,5 mm GKB, dazw. Spanplatte	37 dB
			4 × 12,5 mm GKB	40 dB
			4 × 12,5 mm Fermacell	53 dB
			4 × 12 mm Float als VSG (3 × 075 PVB)	≈ 52 dB
75 mm			2 × 17 mm VSG-Si	51 dB
			2 × 12,5 mm Diamantplatten	52 dB
100 mm			2 × 12,5 mm Diamantplatten	55 dB

4.3.3.6 Wände mit Vorsatzschalen

Allgemeines

Bauteile können durch geeignete Vorsatzschalen in ihrer Schalldämmung verbessert werden. Im weitesten Sinne können daher auch Unterdecken, siehe hierzu Abschn. 4.6, als Vorsatzschalen betrachtet werden. Im folgenden Abschnitt werden jedoch die Auswirkungen von Vorsatzschalen an Wänden erläutert. Hierbei wird unterschieden zwischen der Schalldämmung bei direktem Durchgang (Schalldämmmaß R_w) und der Schalldämmung bei Flankenübertragung (Norm-Flankenpegeldifferenz $D_{n,f,w}$, ehemals Schalllängsdämmmaß $R_{L,w}$).

Der größte Anteil der vorliegenden Ergebnisse der Schalldämmmaße basiert auf Messungen im Prüfstand ohne Flankenübertragung. Die Vorsatzschalen waren dabei so angeordnet, dass sie an Decken und Wänden des Senderaumes anschlossen. Die konstruktive Fuge des Prüfstandes zur Verringerung der Flankenübertragung lag zwischen Vorsatzschale und „Grundwand", die ausschließlich Verbindung mit dem Empfangsraum hatte. Ist die gesamte Konstruktion (Grundwand mit Vorsatzschale) auf *einer Seite* der Fuge montiert, sind insbesondere bei relativ hohen Schalldämmmaßen um 1 bis 3 dB geringere Ergebnisse zu erwarten, wie bereits in [103] aufgeführt.

Aufbauten

In der Regel bestehen Vorsatzschalen aus biegeweichen Platten (d. h. deren Koinzidenzfrequenz liegt oberhalb von 1.600 Hz [103]), die an Metall- oder Holzständerwerk befestigt werden. Zwischen den Ständern befinden sich zur Hohlraumbedämpfung Mineralfaserplatten oder alternative Materialien. Die Ständer können entweder von der Grundwand freistehend, d. h. nur an Boden und Decke, oder punkt- oder linienartig an der Grundwand befestigt werden. Alternativ sind sogenannte „Verbundplatten" möglich. Diese bestehen aus einer biegeweiche Platte – in der Regel Gipskarton oder Gipsfaserplatten – auf denen werkseitig Polystyrol- oder Mineralfaserplatten aufgeklebt sind. Diese werden mit Mörtelbatzen auf der Grundwand befestigt.

Letztendlich sind jedoch auch Vorsatzschalen aus biegesteifen Materialien möglich, deren Koinzidenzfrequenz unterhalb von 200 Hz [103] liegt, z. B. 60 mm dicke Gipsdielen, die umlaufend mit Bitumenfilz oder Kork vom Prüfstand entkoppelt waren. Diese Vorgehensweise ist auch am Bau üblich, um die flankierende Schallübertragung über die leichten Gipsdielen zu reduzieren. Der hier 40 mm tiefe Hohlraum zwischen Gipsdielen und Grundwand wurde mit entsprechend dicken Mineralfaserplatten ausgekleidet.

Verbesserung der Schalldämmung

Vorsatzschalen können zum einen vor massiven Wänden und zum anderen vor Wänden in Holzbauart errichtet werden. Nachfolgend werden Untersuchungsergebnisse auf Basis dieser beiden Grundwandaufbauten vorgestellt.

4.3.3 Zweischalige Leichtwände

Vorsatzschalen im Massivbau
Bewertetes Schalldämmmaß R_w
Bereits mehrere Untersuchungen an Vorsatzschalen zeigten, dass die Erhöhung des Schalldämmmaßes der Grundwand durch die Vorsatzschalen abhängig von der flächenbezogenen Masse der Grundwand ist [103, 104, 105]. Hierbei zeigte sich, dass je höher das Schalldämmmaß der Grundwand ist, umso kleiner ist in der Regel die Verbesserung durch die Vorsatzschale. Des Weiteren ist die Verbesserung des Schalldämmmaßes der Grundwand u. a. auch abhängig von der Hohlraumtiefe zwischen Vorsatzschale und Grundwand, da dadurch die Resonanzfrequenz des Gesamtaufbaus mitbestimmt wird. Je größer der Abstand zwischen Vorsatzschale und Grundwand ist, umso niedriger ist die Resonanzfrequenz des Gesamtaufbaus, aber desto höher ist das Schalldämmmaß der Konstruktion und die Verbesserung durch die Vorsatzschale.

Insbesondere bei Verbundplatten ist die Resonanzfrequenz abhängig von der Steifigkeit der Dämmschicht und von der Masse der raumseitigen Schale.

Oberhalb der Resonanzfrequenz der Gesamtkonstruktion verbessert sich die Schalldämmung theoretisch um 12 dB pro Oktave.

In [103] wurde bereits gezeigt, dass bei einem Aufbau mit einer zweilagig beplankten Vorsatzschale, z. B. aus 2 × 12,5 mm dicken Gipskartonplatten, die Verbesserung des Einzahlwertes ΔR_w nicht nennenswert ist. Lediglich im tieffrequenten Bereich unter 315 Hz weisen die Vorsatzschalen mit zwei Lagen biegeweicher Platten höhere Schalldämmmaße auf als einlagig beplankte (siehe Bild 4.3.3-17). Oberhalb von 400 Hz kann jedoch eine Verschlechterung nicht ausgeschlossen werden.

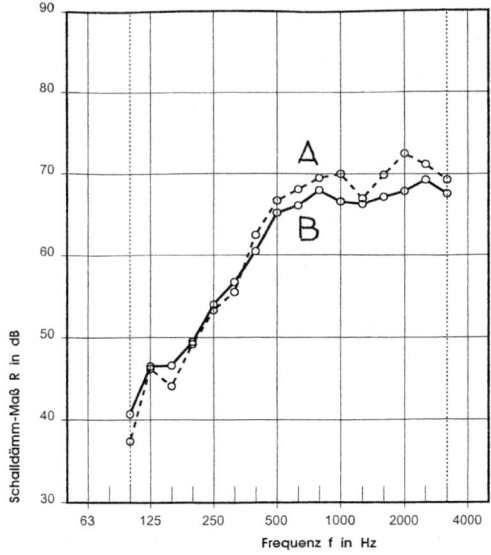

Bild 4.3.3.-17 Unterschied in der Schalldämmung zwischen einer ein- und zweischalig mit 12,5 mm dicken Gipskartonplatten beplankter Vorsatzschale [103]
A 11,5 Hochlochziegel, 1.200 kg/m², Wand mit freistehender Vorsatzschale aus 12,5 mm Gipskartonbauplatten, CW 50-Metallprofilständer, 40 mm Mineralfaserplatteneinlage, R_w = 64 dB
B wie vor, jedoch mit 2 × 12,5 mm Gipskartonbauplatten, R_w = 64 dB

In [103] wurden bereits ausführlich Messergebnisse bei biegeweichen und biegesteifen Vorsatzschalen im Massivbau vorgelegt. In Bild 4.3.3-18 sind Messergebnisse der Schalldämmung von den Grundwänden mit Vorsatzschalen in Abhängigkeit von der flächenbezogenen Masse der Grundwände und im Vergleich zur Schalldämmung von einschaligen Bauteilen sowie den Rechenwerten von massiven Wänden mit Vorsatzschalen nach Beiblatt 1, DIN 4109 [22] dargestellt.

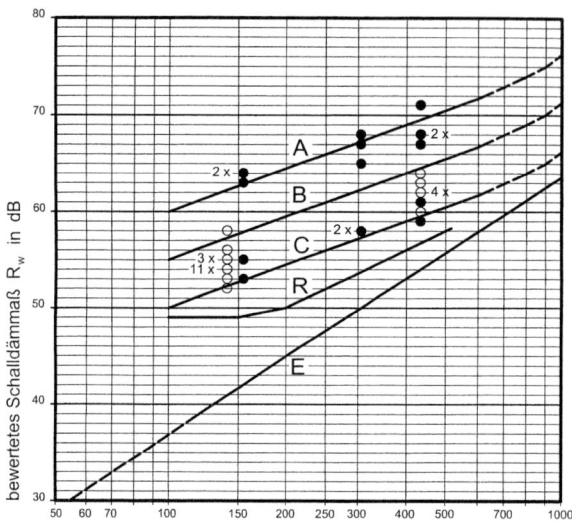

Bild 4.3.3-18 Schalldämmung von Massivwänden unterschiedlicher Flächenmasse mit Vorsatzschalen unterschiedlicher Qualität, Übersicht [103]

A–C Schalldämmung von Wänden mit Vorsatzschalen
A $R_{w,P} = 15 \log m' + 30$ dB
B $R_{w,P} = 15 \log m' + 25$ dB
C $R_{w,P} = 15 \log m' + 20$ dB
R Rechenwerte nach DIN 4109, Beiblatt 1, Tab. 8 ($R'_{w,R}$)

E Rechenwerte für einschalige Bauteile nach DIN 4109, Beiblatt 1, Tab. 1, $R'_{w,R} = 26{,}5 \log m' - 16$ dB
● Messwerte der untersuchten Vorsatzschalen nach Tabellen 1 und 2 ($R_{w,P}$)
○ Messwerte nach [109]

Die zu erwartenden Schalldämmmaße in Kurve A gelten in Verbindung mit „hochwertigen Vorsatzschalen", wie z. B. *freistehende* Gipskarton- oder Gipsfaserplattenverkleidung mit Hohlraumbedämpfung. Vorsatzschalen aus den in Abschn. 4.3.3.6 beschriebenen Gipsdielen können ebenfalls vorgenannter Gruppe zugeordnet werden.

Die Schalldämmmaße aus der Kurve B werden gemäß bei Vorsatzschalen mit mittlerer Verbesserungswirkung erzielt.

Die „Mindestwirkung von Vorsatzschalen" stellt die Kurve C dar. In dieser Gruppe sind u. a. mit der Grundwand verbundene biegeweiche Vorsatzschalen zuzuordnen.

4.3.3 Zweischalige Leichtwände

In Tabelle 4.3.3-6 sind die zu erwartenden Verbesserungen der Schalldämmmaße der Grundwände in Abhängigkeit von den Vorsatzschalenaufbauten und den flächenbezogenen Massen der Grundwände dargestellt.

Beispiele des Verlaufes der Schalldämmung über der Frequenz von Beispielen von Vorsatzschalen der Kategorien A, B und C zeigt Bild 4.3.3-19.

Tabelle 4.3.3-6 Verbesserung des Schalldämmmaßes ΔR_w in Abhängigkeit von der Grundwand und der Vorsatzschale

Prinzipieller Aufbau der Vorsatzschale	Verbesserung des bew. Schalldämmmaßes ΔR_w der Grundwand in dB		
	11,5 cm Hochlochziegel, 1.200 kg/m³, beidseitig verputzt m′ = 185 kg/m²	24 cm Hochlochziegel, 1.200 kg/m³, beidseitig verputzt m′ = 313 kg/m²,	24 cm KSV, 1.800 kg/m², beidseitig verputzt m′ = 463 kg/m²
freistehend, biegeweich oder biegesteif (Gipsdielen)	16–19	17	12–14
verbunden mit der Grundwand, biegeweich	6–9	6–8	3–5

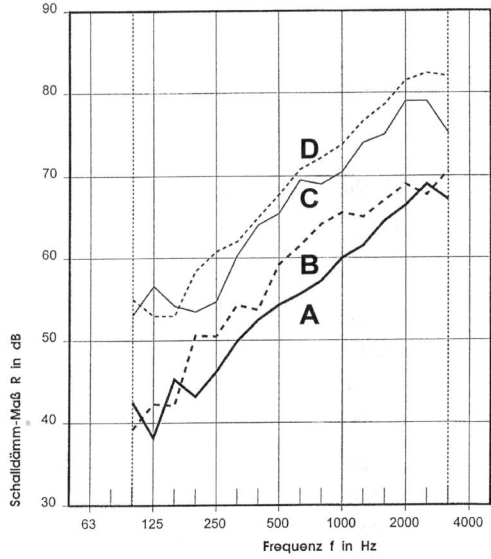

Bild 4.3.3-19 Vorsatzschalen Verlauf der Schalldämmung über der Frequenz
A „Grundwand", 24 cm KSV, 1,8 kg/dm³, beidseitig 15 mm Kalkzementputz, $R_{w,P}$ = 57 dB
B Wie A, mit 2 cm Faserzementplatte auf Lattung, 40 mm Mineralfaserdämmschicht, $R_{w,P}$ = 61 dB
C Wie A, mit 15 mm Fermacellplatte auf freistehendem CW-Profil, 40 mm Mineralfaserplatte, $R_{w,P}$ = 69 dB
D Wie A, mit 15 mm Formsperrholz, 10 cm Luft, 5 cm Mineralfaserplatte, $R_{w,P}$ = 71 dB

Die Untersuchungen in [103] ergaben, dass bei freistehenden Vorsatzschalen die Art des Ständers (Metall- oder Holzständerwerk) keine nennenswerten Auswirkungen auf die Messergebnisse hat.

Bei Verbundplatten ist die Verbesserung des bewerteten Schalldämmmaßes gegenüber der Grundwand nur relativ gering. Untersuchungen mit 30 mm bzw. 50 mm dicken elastifizierten Polystyrolplatten in Verbindung mit einer Lage biegeweicher Platten ergaben Verbesserungen des bewerteten Schalldämmmaßes gegenüber der Grundwand, unabhängig von deren flächenbezogener Masse, von $\Delta R_w = 4\text{–}5$ dB. Dies resultiert sicherlich aus dem starken Verbund zwischen Vorsatzschale und Grundwand und der Resonanzfrequenz der Vorsatzschalen bei ca. 125 Hz. Eine zusätzliche Verdübelung der Verbundplatte reduziert nochmals, wie auch bei Wärmedämmverbundsystemen (siehe Abschn. 4.9), die Schalldämmung. In Bild 4.3.3-20 ist der frequenzabhängige Verlauf einer Verbundplatte aus 12,5 mm dicken Gipsfaserplatten, m = 15 kg/m², 50 mm elastifiziertem Polystyrol-Hartschaum, s′ = 9 MN/m³ auf 15 mm punktweise aufgebrachtem dicken Kleber auf einer beidseitig verputzten 24 cm dicken KSV-Wand, 1.800 kg/m³, in Vergleich mit der zusätzlich verdübelten Verbundplatte und der Grundwand ohne Verbundplatte dargestellt.

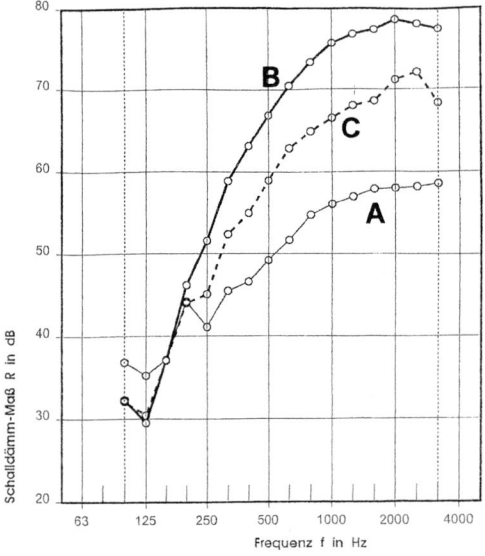

Bild 4.3.3-20 Unterschied in der Schalldämmung zwischen einer geklebten und einer zusätzlich verdübelten Verbundplatte auf einer 24 cm dicken beidseitig verputzten KSV-Grundwand
A Grundwand aus 24 cm KSV, 1.800 kg/m³, beidseitig verputzt, $R_{w,P} = 53$ dB
B Wie A, jedoch zusätzlich Vorsatzschale aus 12,5 mm Gipsfaserplatte und 50 mm elastifiziertem Polystyrol-Hartschaum s′ = 9 MN/m³ mit 15 mm Kleber punkförmig aufgebracht, $R_{w,P} = 58$ dB
C Wie B, jedoch Vorsatzschale noch zusätzlich mit 4 Dübeln je m² befestigt, $R_{w,P} = 56$ dB

Deutlich ist zu erkennen, dass im Bereich der Resonanzfrequenz sich die Schalldämmung der Grundwand mit Verbundplatte gegenüber der Grundwand allein verschlechtert. Durch die Verdübelung verringert sich auch die Schalldämmung oberhalb der Resonanzfrequenz gegenüber der unverdübelten Verbundplatte.

Norm-Flankenpegeldifferenz $D_{n,f,w}$
In [106] wurde u. a. die Schalllängsdämmung von freistehenden und mit der Grundwand verbundenen biegeweichen Vorsatzschalen untersucht. Es zeigte sich, dass –

unabhängig von der Konstruktion der biegeweichen Vorsatzschale mit Mineralfaserplatteneinlage – an einem 17,5 cm dicken KSV-Mauerwerk (1.800 kg/m³), einseitig verputzt, die Verbesserung der Norm-Flankenpegeldifferenz durch die Vorsatzschale, die im Sende- und im Empfangsraum an der flankierenden KSV-Wand angebracht war, $\Delta D_{n,f,w}$ = 18 dB betrug. Dies wurde in [26] nochmals bestätigt. Befindet sich die biegeweiche Vorsatzschale nur in einem Raum an der flankierenden Wand, so ist mit einer Verbesserung von $\Delta D_{n,f,w}$ = 13 dB zu rechnen [110].

In [111] wurden unterschiedliche *Verbundplatten* an einer 17,5 cm dicken Kalk-Sand-Lochsteinwand mit einer Norm-Flankenpegeldifferenz ohne Vorsatzschale von $D_{n,f,w}$ = 53 dB untersucht. Sämtliche Verbundplatten wurden mit Gipsbatzen an die Grundwand montiert. Dabei bestätigte sich, dass eine Verbundplatte mit relativ dünner biegeweicher Platte (9,5 mm GKB) und 40 mm Polystyrol mit einer relativ hohen dynamischen Steifigkeit von s′ = 26 MN/m³, aufgrund der Resonanzfrequenz zwischen 250 Hz und 315 Hz die Norm-Flankenpegeldifferenz der Grundwand (in diesem Fall um 2 dB) verschlechtert.

Grundsätzlich zeigte sich, dass bei Verbundplatten mit Polystyroldämmung, auch bei relativ geringen dynamischen Steifigkeiten von s′ = 4 MN/m³, die Resonanzfrequenz in Frequenzbereichen von 125 Hz und 160 Hz lag, wodurch auch nur eine relativ geringe Verbesserung der Norm-Flankenpegeldifferenz von $\Delta D_{n,f,w}$ = 1–10 dB vorliegt. Lediglich bei der Verbundplatte mit 40 mm dicken Mineralfaserplatten (s′ = 6 MN/m³) und 9,5 mm dicker Gipskartonplatte lag die Resonanzfrequenz unter 100 Hz, so dass sich damit eine Verbesserung der Norm-Flankenpegeldifferenz gegenüber der Rohwand von $\Delta D_{n,f,w}$ = 15 dB ergab.

Prinzipiell sollten diese daher, wenn Verbundplatten verwendet werden, zur Verbesserung der Schalldämmung und auch der Norm-Flankenpegeldifferenz aus relativ schweren biegeweichen Platten in Verbindung mit Mineralfaserplatten, die eine möglichst geringe dynamische Steifigkeit aufweisen, bestehen.

Die Untersuchungen in [100] haben weiterhin gezeigt, dass bei *freistehenden biegeweichen Vorsatzschalen* die Verbesserung der Norm-Flankenpegeldifferenz um ca. 2 dB höher ist als die Verbesserung des Schalldämmmaßes im Direktdurchgang. Im Gegensatz dazu ist die Verbesserung der Norm-Flankenpegeldifferenz bei biegeweichen *Vorsatzschalen mit eingedübeltem Ständerwerk oder bei Verbundplatten* um ca. 2 dB geringer als die Verbesserung der bewerteten Schalldämmmaßes im Direktdurchgang. In [100] wurde jedoch für einen Versuchsaufbau festgestellt, dass auch in Verbindung mit Verbundplatten die Verbesserung der Norm-Flankenpegeldifferenz 3 dB höher ist als die Verbesserung des Schalldämmmaßes im Direktdurchgang.

Anhand von Vorsatzschalen kann somit die Schalldämmung im direkten Durchgang und auch die Norm-Flankenpegeldifferenz deutlich erhöht werden. Soll die Schalldämmung zwischen zwei Räumen im Massivbau deutlich erhöht werden, genügt es, in der Regel einen der beiden Räume mit biegeweichen freistehenden Vorsatzschalen an der Trennwand und an flankierenden Wänden zu verkleiden. In [107] wurde gezeigt, dass die Schalldämmung zwischen zwei Räumen mit freistehenden biegeweichen Vorsatzschalen aus Gipsfaserplatten, m′ = 14,3 kg/m³, an Trennwänden und an flankierenden Wänden mit einer flächenbezogenen Masse von m′ = 350 kg/m², um mehr als $\Delta R'_w$ = 20 dB erhöht werden kann.

Frequenzabhängig ist jedoch erst ab einer Frequenz von ca. 400 Hz eine Erhöhung des Schalldämmmaßes um 30 dB gegeben. Um auch tieffrequent im Bereich von 125 Hz eine nennenswerte Verbesserung von über 10 dB zu erzielen, sind zweilagig beplankte Vorsatzschalen mit relativ hoher Masse (m′ ≥ 10 kg/m² je Platte) notwendig.

Vorsatzschalen im Holzbau
In den letzten Jahren wurden verstärkt Gebäude in Holzbauart errichtet. Die Ergebnisse für Vorsatzschalen an Massivwänden wurden im Prinzip in [104] auch für Vorsatzschalen an Holzwänden bestätigt.

Biegeweiche Vorsatzschalen, die an der Grundwand *punkt- bzw. linienartig* befestigt wurden, weisen bei einer Hohlraumtiefe von h ≥ 60 mm und einer Dämmstoffdicke (Mineralfaserplatten) mit h_d ≥ 40 mm lediglich eine Verbesserung des bewerteten Schalldämmmaßes von ΔR_w = 6–8 dB auf. Um die Verbesserung auf ΔR_w = 8–10 dB zu erhöhen, muss die Hohlraumtiefe auf h = 100 mm und die Dämmstoffdicke auf h_d ≥ 60 mm erhöht werden.

Freistehende biegeweiche Vorsatzschalen mit üblichen Hohlraumtiefen von h ≥ 60 mm und einer Dämmstoffdicke von h_d ≥ 40 mm wiesen wie im Massivbau Verbesserungen des Schalldämmmaßes von ΔR_w ≥ 15 dB auf.

Prinzipiell wurde jedoch in [104] festgestellt, dass die Verbesserung der Schalldämmmaße von Vorsatzschalen im Holzbau ca. 2 dB geringer sind als im Massivbau, unabhängig von freistehenden oder mit der Grundwand festmontierten biegeweichen Vorsatzschalen. Auch im Holzbau zeigte sich, dass im Frequenzbereich von ≥ 250 Hz, bei der systembedingt auch die Holzkonstruktionen nur relativ niedrige Schalldämmmaße aufweisen, sich die Wirkung der Vorsatzschale deutlich gegenüber den Frequenzbereichen von ≥ 250 Hz verringert.

Im Gegensatz zum Massivbau wurde jedoch im Holzbau festgestellt, dass durch eine Doppelbeplankung der biegeweichen Vorsatzschalen das bewertete Schalldämmmaß der Gesamtkonstruktion um 2–4 dB erhöht wird.

Sonstiges
Die Untersuchungen zeigten, dass von der Verwendung von Vorsatzschalen aus Trapezblech oder Wellblech, die starr an der Grundwand befestigt sind, bei hohen Anforderungen an die Schalldämmung abgeraten werden muss, da durch unterschiedliche Koinzidenzeinbrüche das Schalldämmmaß der Grundwand (in diesem Fall um 2 dB) verringert wurde. Im Gegensatz dazu wurde bei derselben Unterkonstruktion, jedoch bei der Verwendung einer biegeweichen Fassadenkonstruktion aus Flachblech, das Schalldämmmaß um 8 dB erhöht.

4.4 Dächer

4.4.1 Geneigte Dächer mit Zwischensparrendämmung

4.4.1.1 Allgemeines

Dächer mit Zwischensparrendämmung sind die häufigsten Dachkonstruktionen im Wohnungsbau in Mitteleuropa. In Bild 4.4.1-1 ist ein Schema für die Schallübertragungswege dargestellt, wobei man die Schallübertragung über das Gefach und über den Sparren unterscheidet.

Die raumseitige Beplankung stellt bei diesen Konstruktionen eine bauakustisch geschlossene Schale dar. Die außenseitige Eindeckung aus Betondachsteinen oder Dachziegeln ist dagegen – wie die Schalldämmkurven aufzeigen – in Verbindung mit einer Unterdeckbahn keine vollständig geschlossene Schale. Schalungen und Unterdeckplatten (z. B. Unterdeckplatten aus Holzweichfaserplatten) wirken dagegen eher als geschlossene Schale.

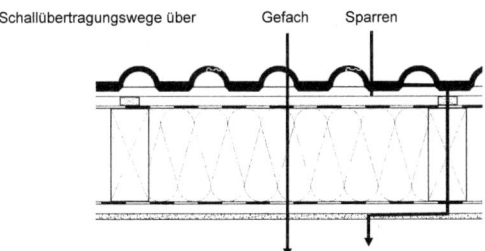

Bild 4.4.1-1 Schema der Schallübertragung bei geneigten Dächern mit Zwischensparrendämmung und Deckung aus Dachsteinen oder -ziegeln

4.4.1.2 Einfluss der Dämmstoffqualität

Als Materialkenngröße für die bauakustische Qualität des Mineralfaser-Dämmstoffs, eingesetzt als Hohlraumdämpfung zwischen den Sparren, wird gegenwärtig der längenbezogene Strömungswiderstand r verwendet. In Beiblatt 1 zu DIN 4109 [21] wird für Mineralfaser-Dämmstoffe ein Mindestwert von $r \geq 5$ kPa · s/m² genannt. Es ist allerdings klar, dass diese Kennzeichnung der bauakustischen Qualität nur hilfsweise verwendet wird – weitere Materialeigenschaften haben ebenfalls einen Einfluss auf die Schalldämmung, so z. B. die flächenbezogene Masse. Bei zu hohen längenbezogenen Strömungswiderständen nimmt die bauakustische Wirksamkeit der Hohlraumdämpfung wieder ab. Weiterhin ist bekannt, dass sich andere Faserdämmstoffe, wie z. B. Flachsfaser-Dämmstoff, Holzfaser-Dämmstoff, Zellulose-Faserdämmstoff u. ä. bauakustisch sehr ähnlich verhalten wie Mineralfaser-Dämmstoff. In Bild 4.4.1-2 sind Messungen an einer Dachkonstruktion mit Vollsparrendämmung und verschiedenen Dämmstofftypen und Qualitäten gezeigt. Interessant ist insbesondere der Vergleich der beiden Konstruktionen mit Zellulose-Dämmstoffen mit verschiedenem längenbezogenen Strömungswiderstand:

- $r = 20$ kPa · s/m², Kurve B, $R_w = 51$ dB
- $r = 80$ kPa · s/m², Kurve C, $R_w = 48$ dB.

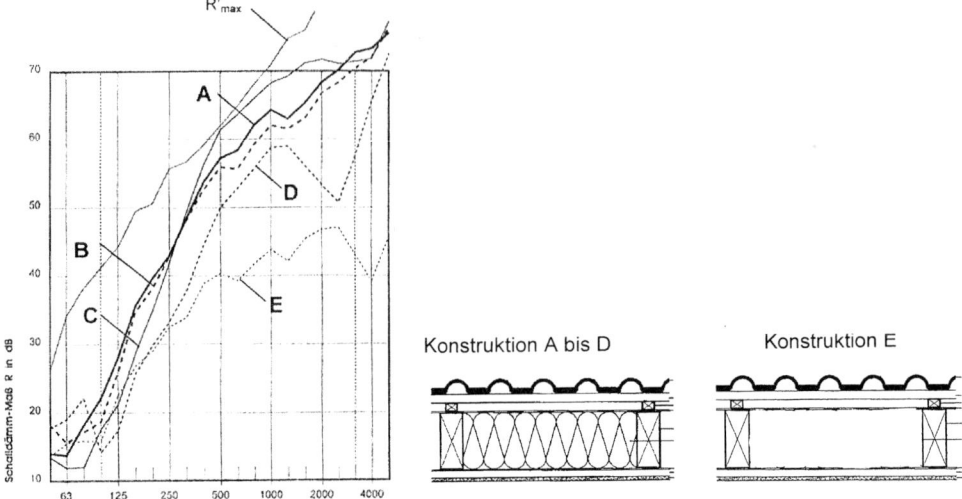

Bild 4.4.1-2 Einfluss der Dämmstoffqualität auf die Schalldämmung. Dach mit Unterdeckbahn Dämmschichtdicke 200 mm als Vollsparrendämmung, GKB Bauplatte an Holzlatten befestigt, soweit nicht anders bezeichnet

A Mineralfaser-Dämmstoff, r = 9,5 kPa · s/m², raumseitige Beplankung 10 mm Gipsfaserplatten, m′ = 11,8 kg/m², Messung A16, $R_{w,P}$ (C; C_{tr}) = 52 (–4; –11) dB

B Zellulose-Dämmstoff (Flocken), r ca. 20 kPa s/m², raumseitige Beplankung 10 mm Gipsfaserplatten, Messung A28, $R_{w,P}$ (C; C_{tr}) = 51 (–5; –13) dB

C Zellulose-Dämmstoff (Dämmplatten), r = 80 kPa s/m², raumseitige Beplankung 10 mm Gipsfaserplatten, $R_{w,P}$ (C; C_{tr}) = 48 (–5; –12) dB

D Styropor (140 mm Sparrenhöhe), $R_{w,P}$ (C; C_{tr}) = 43 (–4; –11) dB

E Gefach leer, $R_{w,P}$ (C; C_{tr}) = 41 (2; –8) dB

Der Zellulose-Dämmstoff mit hohem Strömungswiderstand von r = 80 kPa · s/m² wirkt bauakustisch eher als eine geschlossene Schale, denn als Hohlraumdämpfung. Im Frequenzbereich f > 250 Hz werden zwar höhere Schalldämmmaße erreicht, im Frequenzbereich f < 250 Hz sind die Schalldämmmaße dagegen geringer, als bei der Konstruktion mit Zellulose-Dämmstoff mit r = 20 kPa · s/m².

In Bild 4.4.1-3 ist die Veränderung des bewerteten Schalldämmmaßes ΔR_w in Bezug auf eine Vergleichskonstruktion mit MF-Dämmstoff, Standardqualität (5 kPa s/m² bis 10 kPa s/m²) dargestellt. Dabei sind zum Vergleich neben den Dachkonstruktionen auch Messergebnisse an Montagewänden CW 100/125 eingetragen.

Man erkennt in Bild 4.4.1-3, dass das bewertete Schalldämmmaß im Bereich ≈ > 50 kPa · s/m² abnimmt. Es wird daher vorgeschlagen, in erster Näherung Faserdämmstoffe wie Mineralfaser-Dämmstoffe, Holzfaser-Dämmstoffe, Zellulose-Dämmstoffe, andere faserige Faserdämmstoffe (auf Basis von Baumwolle, Schafwolle, Flachs) und offenzelligen Melaminharzschaum mit einem längenbezogenen Strömungswiderstand von 3 kPa s/m² ≤ r ≤ 35 kPa s/m² als bauakustisch gleichwertig einzustufen.

4.4.1 Geneigte Dächer mit Zwischensparrendämmung

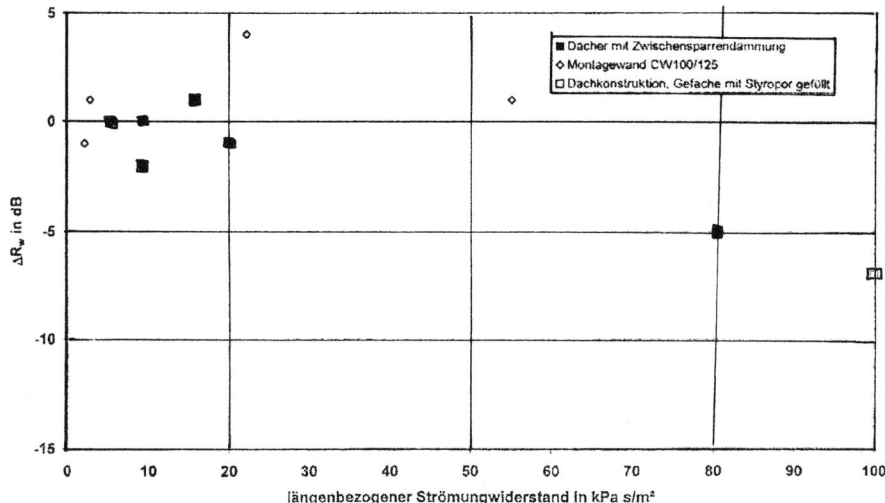

Bild 4.4.1-3 Zum Einfluss des Strömungswiderstandes auf die Schalldämmung: Dach mit Vollsparrendämmung, Unterdeckbahn und Beton-Dachstein-Eindeckung sowie Montagewand CW 100/125, Veränderung der Schalldämmung ΔR_w in Bezug auf eine Vergleichskonstruktionen mit MF-Dämmstoff, Standardqualität (5 kPa s/m² bis 10 kPa s/m²)

4.4.1.3 Einfluss der Dämmstoffdicke

Die Schalldämmung von Dachkonstruktionen nimmt mit zunehmender Dämmschichtdicke zu. In Bild 4.4.1-4 sind gemessene Werte R_w und $R_w + C_{tr}$ über der

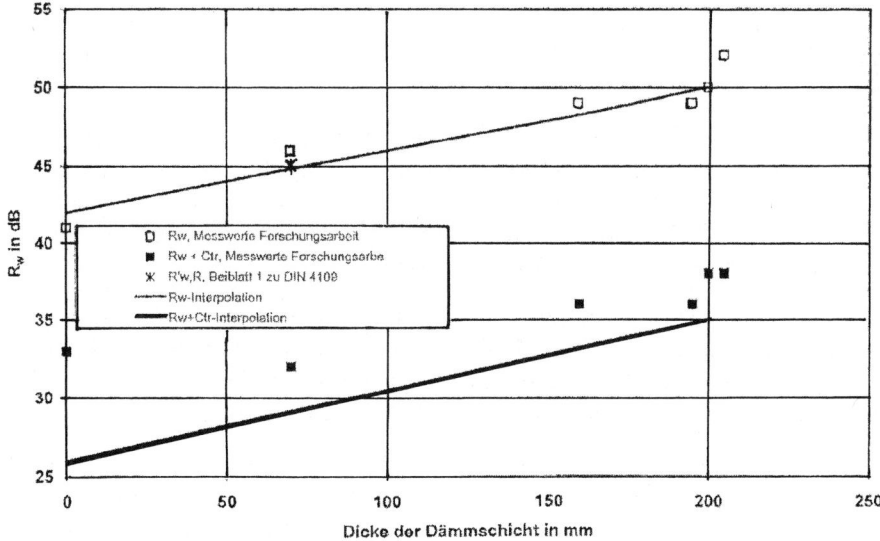

Bild 4.4.1-4 Zum Einfluss des Dicke der Dämmschicht auf die Schalldämmung: Sparrendach mit Vollsparrendämmung und mit Unterdeckbahn, Betondachstein-Deckung, raumseitige Beplankung 12,5 mm GKB, m′ = 8,6 kg/m², an Holzlattung am Sparren befestigt.

Dämmschichtdicke aufgetragen. Der Schalldämmung kommt hierbei natürlich zugute, dass die Dämmschichtdicke aus Gründen der Energieeinsparung in Dächern nur noch selten unter 16 cm zu liegen kommt.

4.4.1.4 Einfluss der raumseitigen Beplankung

Durch eine Erhöhung der flächenbezogenen Masse der raumseitigen Beplankung wird die Schalldämmung der Dachkonstruktionen erhöht. In Bild 4.4.1-5 sind die Schalldämmkurven eines Daches mit Zwischensparrendämmung mit 1-lagiger, 2-lagiger und 3-lagiger unterseitiger Beplankung aus Gipsfaserplatten dargestellt.

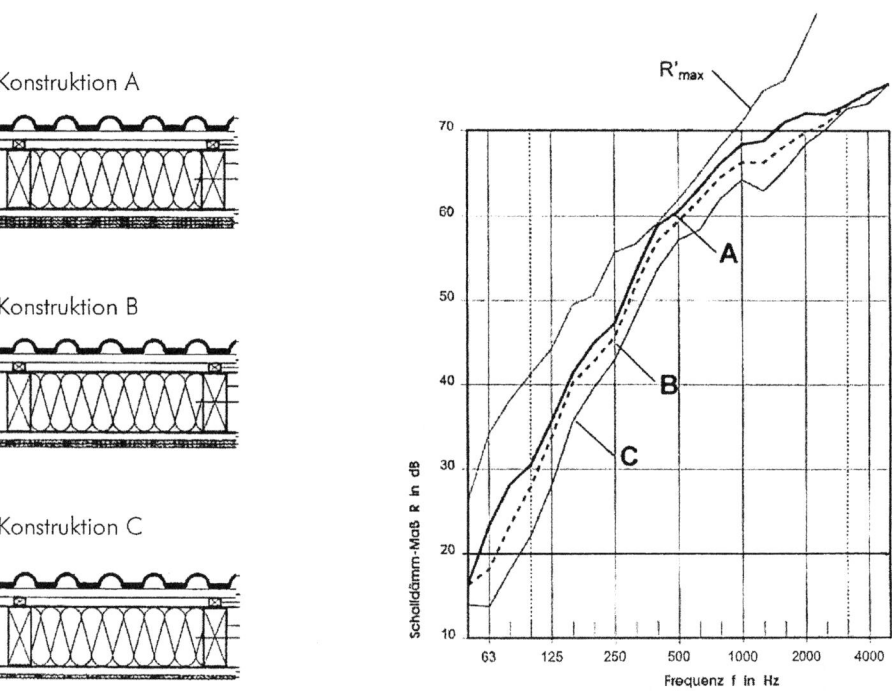

Bild 4.4.1-5 Dächer mit Vollsparrendämmung, Unterdeckbahn und Betondachstein-Eindeckung: Einfluss einer mehrlagigen Beplankung
A raumseitige Beplankung 3 × 10 mm Gipsfaserpl., $m' = 3 \times 11{,}8$ kg/m², über Holzlattung am Sparren befestigt, Messung A18, $R_{w,P}(C; C_{tr}) = 59$ (–4; –11) dB
B raumseitige Beplankung 2 × 10 mm Gipsfaserpl., $m' = 2 \times 11{,}8$ kg/m², über Holzlattung am Sparren befestigt, Messung A17, $R_{w,P}(C; C_{tr}) = 57$ (–4; –11) dB
C raumseitige Beplankung 1 × 10 mm Gipsfaserpl., $m' = 1 \times 11{,}8$ kg/m², über Holzlattung am Sparren befestigt, Messung A16, $R_{w,P}(C; C_{tr}) = 52$ (–4; –11) dB

Man findet ein analoges Verhalten auch für Dächer mit Aufsparrendämmung (siehe auch Abschn. 4.4.2). In Bild 4.4.1-6 ist der Einfluss der Massenerhöhung der raumseitigen Schichten auf die Schalldämmung von Dächern mit Zwischensparrendämmung und Dächern mit Aufsparrendämmung gezeigt. Miteingetragen sind neben den

4.4.1 Geneigte Dächer mit Zwischensparrendämmung

Werten ΔR_w auch die Werte $\Delta(R_w + C_{tr})$. Man erkennt in Bild 4.4.1-6, dass der Spektrumsanpassungswert etwa unverändert bleibt; $\Delta R_w \approx \Delta(R_w + C_{tr})$ bzw. $\Delta C_{tr} \approx 0$ dB.

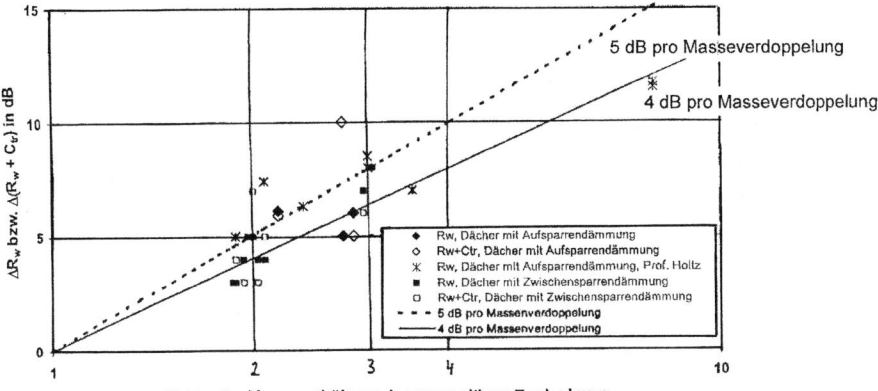

Bild 4.4.1-6 Einfluss der Massenerhöhung der raumseitigen Schichten auf die Schalldämmung von Dächern mit Aufsparrendämmung und mit Zwischensparrendämmung

In Tabelle 4.4.1-1 wird eine Übersicht für die Abschätzung der Schalldämmung von Dächern für eine raumseitige Beplankung mit GKB-Gipsbauplatten in Standardqualität (m' = 8,6 kg/m²) gezeigt. Die Schalldämmung kann erhöht werden, indem mehrlagige Beplankungen gewählt werden. Dabei ergibt sich eine Erhöhung der Schalldämmung um 4 dB/Masseverdopplung.

4.4.1.5 Einfluss der Dacheindeckung und der Unterdeckung bei Dächern mit Unterdeckbahnen

Bei Dächern mit Zwischensparrendämmung mit Unterdeckbahn hat die Art der Dacheindeckung Einfluss auf die Schalldämmung. In Bild 4.4.1-7 sind verschiedene Beispiele gezeigt. Die Schalldämmkurve ohne Dacheindeckung zeigt im Vergleich zu den anderen Schalldämmkurven, dass die Dacheindeckung ganz wesentlich zur Schalldämmung der Gesamtkonstruktion beiträgt.

Bei den hier zugrundeliegenden Untersuchungen wurden als Standard-Dacheindeckung Beton-Dachsteine „Frankfurter Pfanne" eingesetzt. Die Vorschläge zur Abschätzung der Schalldämmung von Dächern in Tabelle 4.4.1-1 beziehen sich daher auf diese Art der Dacheindeckung. Andere Dacheindeckungen wurden nur exemplarisch eingesetzt.

Mit Beton-Dachstein-Eindeckungen werden bei Dächern mit Unterdeckbahnen höhere Schalldämmmaße erreicht, als mit Ton-Dachziegel-Eindeckungen. Andere Autoren berichten von etwa 2 dB geringeren bewerteten Schalldämmmaßen für Konstruktionen mit Tondachziegel-Eindeckungen.

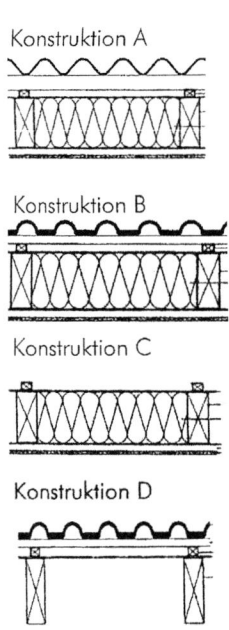
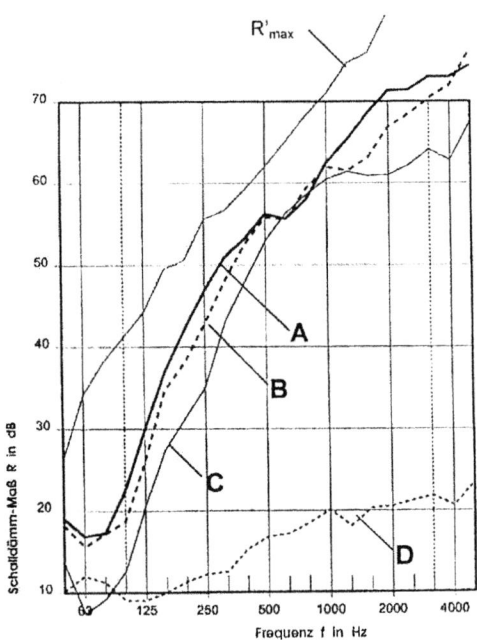

Bild 4.4.1-7 Dach mit Unterdeckbahn, Einfluss der Dacheindeckung auf die Schalldämmung, Zwischensparrendämmung mit isofloc-Zellulosedämmstoff, raumseitige Beplankung aus 10 mm Gipsfaserplatten, $m' = 11,8$ kg/m^2 an Holzlattung

A Dacheindeckung aus Faserzement-Wellplatten,
   Messung A39, $R_{w,P}(C; C_{tr}) = 54$ (–5; –13) dB
B Dacheindeckung aus Beton-Dachsteinen „Frankfurter Pfanne",
   Messung A28, $R_{w,P}(C; C_{tr}) = 51$ (–5; –13) dB
C Unterdeckbahn ohne Dacheindeckung, $R_{w,P}(C; C_{tr}) = 44$ (–5; –12) dB
D nur Beton-Dachsteine auf offener Sparrenlage, $R_{w,P}(C; C_{tr}) = 19$ (–1; –2) dB

4.4.1.6 Einfluss von Unterdeckungen aus Holzweichfaserplatten und geschlossenen Schalungen

Bei Dächern mit Vollsparrendämmung und mit Unterdeckplatten spielt die Art der Dacheindeckung nur eine sehr untergeordnete Rolle. Schalldämmkurven von Dächern mit und ohne Dacheindeckung sind in Bild 4.4.1-8 zusammengestellt - bereits ohne Dacheindeckung wird eine hohe Schalldämmung erreicht, die durch die Dacheindeckung nur noch wenig erhöht wird.

Aus diesem Grund erscheint es für derartige Dächer mit einer Unterdeckung aus Holzweichfaserplatten nicht erforderlich, einen Abschlag für Tondachziegel-Eindeckungen vorzunehmen.

Für verschiedene Holzweichfaser-Unterdeckplatten ergeben sich allerdings, bei sonst analoger oder gar identischer Bauweise, sehr verschiedene Schalldämmungen.

4.4.1 Geneigte Dächer mit Zwischensparrendämmung

Gegenwärtig muss davon ausgegangen werden, dass weitere, noch nicht bekannte Einflussparameter der Holzweichfaserplatten auf die Schalldämmung der Gesamtkonstruktion einwirken.

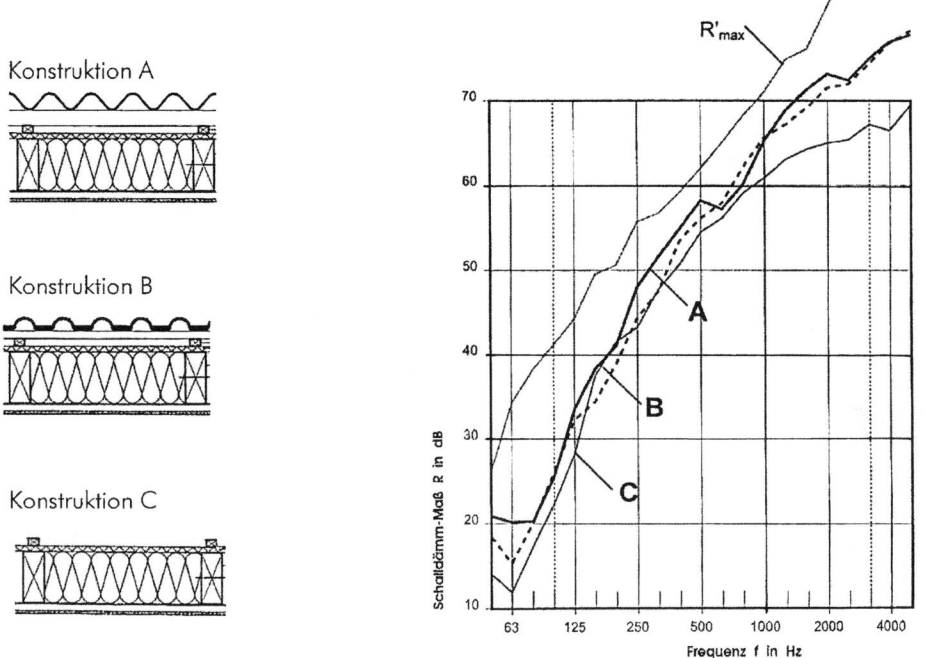

Bild 4.4.1-8 Dach mit Unterdeckung aus Holzweichfaserplatten, Einfluss der Dacheindeckung auf die Schalldämmung, Zwischensparrendämmung 20 cm isofloc-Zellulosedämmstoff, raumseitige Beplankung aus 10 mm Gipsfaserplatten an Holzlattung
A Dacheindeckung aus Faserzement-Wellplatten,
   Messung A38, $R_{w,P}(C; C_{tr})$ = 56 (–4; –12) dB
B Dacheindeckung aus Beton-Dachsteinen „Frankfurter Pfanne",
   Messung A30, $R_{w,P}(C; C_{tr})$ = 54 (–3; –10) dB
C wie B, nur ohne Dacheindeckung, $R_{w,P}(C; C_{tr})$ = 53 (–5; –12) dB

Geschlossene Schalungen als Unterdeckungen, wie sie – häufig auch mit zusätzlicher Unterspannbahn oder genagelter Bitumendichtungsbahn – vor allem im alpinen Raum, gebräuchlich sind, können um 1 bis 3 dB höhere Schalldämmmaße erzielen, als sie mit Unterdeckungen aus Holzweichfaserplatten erreichbar sind.

4.4.1.7 Einfluss von Federschienen bei Dächern mit Unterdeckbahnen

Bei Dächern mit Zwischensparrendämmung und Unterdeckbahn sowie Dacheindeckung aus Beton-Dachsteinen bewirkt eine federnde Befestigung der raumseitigen Beplankung nur eine geringe Verbesserung der Schalldämmung (siehe Bild 4.4.1-9). Grund hierfür ist, dass die Schallübertragung bei dieser Dachkonstruktion im Wesentlichen über die Gefache erfolgt (vergleiche Bild 4.4.1-1) und eine Entkopplung des Schallübertragungsweges über die Sparren wenig bewirkt.

Aus den Messungen kann abgeleitet werden, dass die Veränderung der Schalldämmung durch die Federschienen etwa 1 bis 2 dB beträgt.

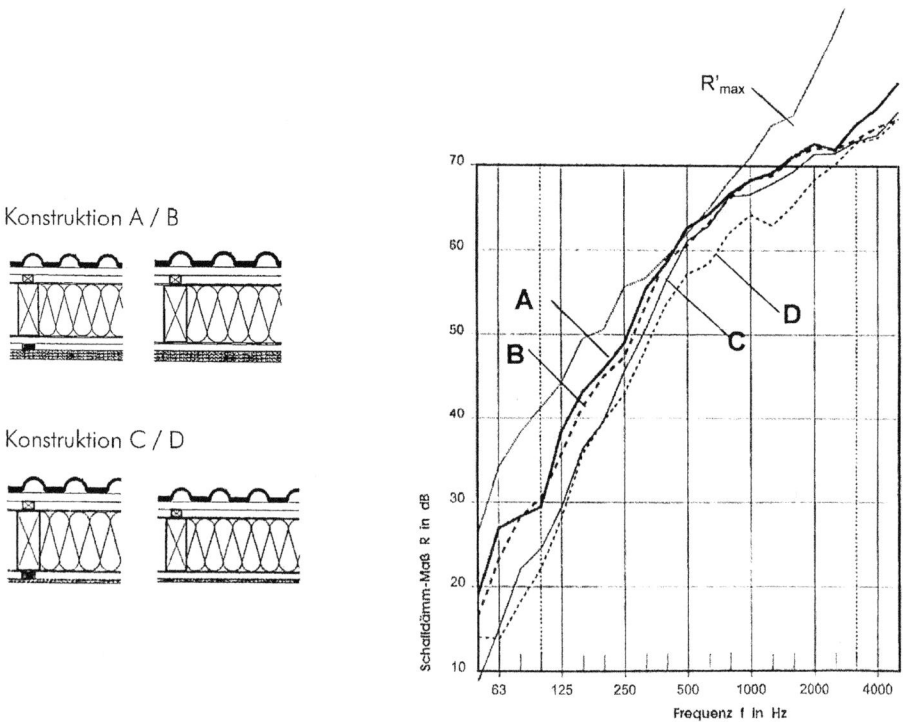

Bild 4.4.1-9 Dächer mit Vollsparrendämmung, Betondachstein-Eindeckung und Unterdeckbahn: Einfluss von Federbügeln/Holzlattung
A raumseitige Beplankung 3 × 10 mm Gipsfaserpl., m′ = 3 × 11,8 kg/m², über Federbügel am Sparren befestigt, Messung A14, $R_{w,P}(C; C_{tr})$ = 60 (–4; –12) dB
B wie A, nur über Holzlattung befestigt, Messung A18, $R_{w,P}(C; C_{tr})$ = 59 (–4; –11) dB
C raumseitige Beplankung 1 × 10 mm Gipsfaserpl., m′ = 11,8 kg/m², über Federbügel am Sparren befestigt, Messung A12, $R_{w,P}(C; C_{tr})$ = 54 (–4; –11) dB
D wie C, nur über Holzlattung befestigt, Messung A16, $R_{w,P}(C; C_{tr})$ = 52 (–4; –11) dB

4.4.1.8 Einfluss von Federschienen bei Dächern mit Unterdeckung aus Holzweichfaserplatten

Bei Dächern mit Zwischensparrendämmung und mit Unterdeckung aus Holzweichfaserplatten bewirkt eine Entkopplung der raumseitigen Beplankung durch Federschienen, Federbügel o. ä. i. d. R. eine deutliche Verbesserung der Schalldämmung. In Bild 4.4.1-10 sind für drei untersuchte Konstruktionen mit und ohne Federschienen die Schalldämmkurven dargestellt. Die Verbesserung beträgt etwa ΔR_w = 2 bzw. 4 bzw. 7 dB.

4.4.1 Geneigte Dächer mit Zwischensparrendämmung

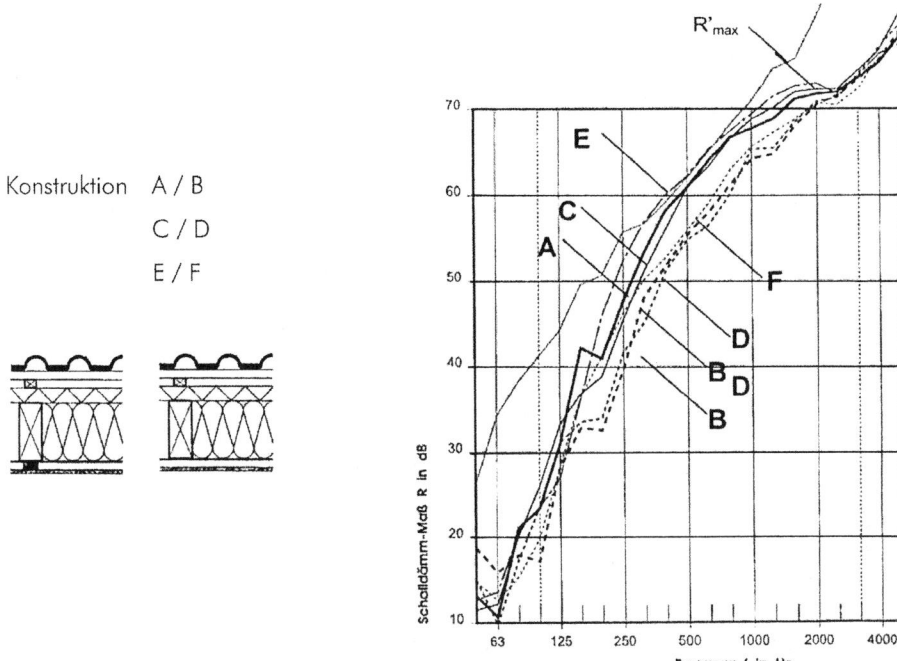

Bild 4.4.1-10 Dächer mit Vollsparrendämmung, Holzweichfaser-Unterdeckplatte und Beton-Dachstein-Eindeckung: Einfluss von Federbügeln/Holzlattung

A 52 mm Unterdeckplatte, Rohdichte ca. 290 kg/m³, raums. Beplankung 10 mm Gipsfaserplatten, $m' = 11{,}8$ kg/m² an Federschienen, $R_{w,P}(C; C_{tr}) = 56\ (-6; -14)$ dB
B wie A, nur über Holzlattung befestigt, Messung A45, $R_{w,P}(C; C_{tr}) = 49\ (-5; -13)$ dB
C 18 mm Unterdeckplatte, Rohdichte ca. 290 kg/m³, raums. Beplankung 10 mm Gipsfaserplatten, $m' = 11{,}8$ kg/m² an Federschienen, $R_{w,P}(C; C_{tr}) = 55\ (-4; -11)$ dB
D wie C nur über Holzlattung befestigt, Messung A46, $R_{w,P}(C; C_{tr}) = 51\ (-3; -10)$ dB
E 21 mm Unterdeckplatte, Rohdichte ca. 290 kg/m³, raumseitige Beplankung aus 12,5 mm GKB, $m' = 8{,}8$ kg/m² an Federschienen, Messung A32, $R_{w,P}(C; C_{tr}) = 55\ (-6; -13)$ dB
F wie E nur über Holzlattung befestigt, Messung A31, $R_{w,P}(C; C_{tr}) = 53\ (-6; -14)$ dB

In diesem Zusammenhang wird auf die starken Variationen der Schalldämmung bei Dachkonstruktionen mit Unterdeckungen aus unterschiedlichen Holzweichfaserplatten verwiesen. Die Variationen der Schalldämmung werden bei Konstruktionen mit Federschienen geringer:

Konstruktionen mit Holzlattung:
GKB Gipsbauplatten $m' = 8{,}6$ kg/m²: $R_w = 47$ bis 53 dB

Konstruktionen mit Federschienen:
GKB Gipsbauplatten $m' = 8{,}6$ kg/m²: $R_w = 54$ bis 55 dB

Die Spektrumanpassungswerte C und C_{tr} verändern sich durch die Federschienen tendenziell um -1 dB.

Eine direkte Befestigung der raumseitigen Beplankung an den Holzsparren verschlechtert gegenüber einer Befestigung über eine Holzlattung die Schalldämmung um etwa 3 dB (siehe Bild 4.4.1-11). Eine derartige Bauweise ist bei vorgefertigten Holzrahmen-Konstruktionen üblich. Die Schalldämmung kann durch Erhöhung der flächenbezogenen Masse der raumseitigen Beplankung verbessert werden.

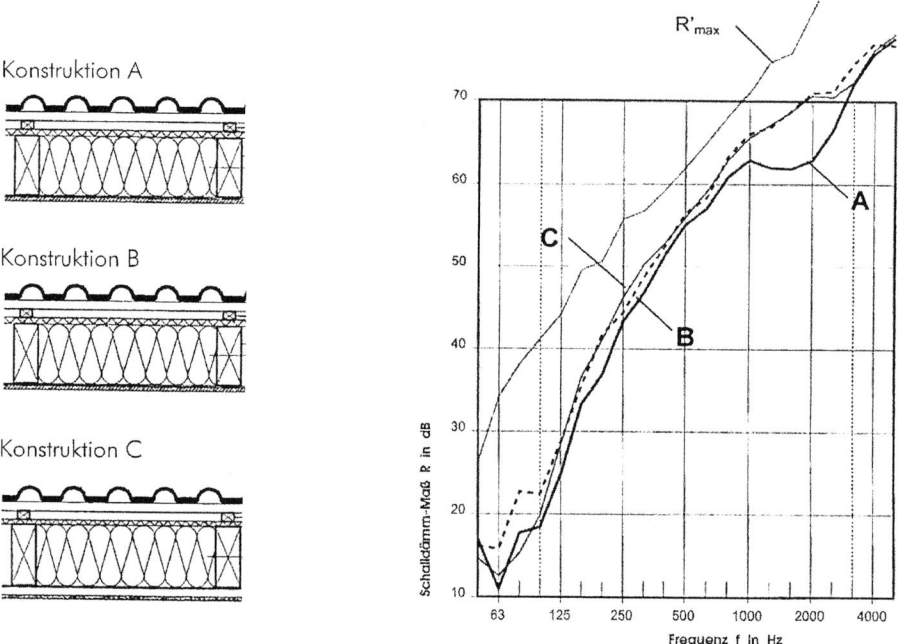

Bild 4.4.1-11 ächer mit Vollsparrendämmung, 21 mm Holzweichfaser-Unterdeckplatte und Betondachstein-Eindeckung, Einfluss einer direkten Befestigung der raumseitigen Beplankung am Sparren (Verzicht auf Holzlattung)
A   15 mm OSB-Platte, $m' = 9{,}7$ kg/m², direkt am Sparren befestigt, Messung A33, $R_{w,P}(C; C_{tr}) = 50\ (–5;\ –13)$ dB
B   12,5 mm GKB-Platte, $m' = 8{,}6$ kg/m² + 15 mm OSB-Platte, $m' = 9{,}7$ kg/m², direkt am Sparren befestigt, Messung A34, $R_{w,P}(C; C_{tr}) = 53\ (–4;\ –12)$ dB
C   12,5 mm GKB-Platte, $m' = 8{,}6$ kg/m² über Holzlattung am Sparren befestigt, Messung A31, $R_{w,P}(C; C_{tr}) = 53\ (–6;\ –14)$ dB

4.4.1.9 Einfluss der Zwischensparrendämmung

Für die häufige Konstruktionsweise der Dächer mit Zwischensparrendämmung gestattet die Tabelle 4.4.1-1 die entwurfsmäßige schalltechnische Bemessung.

4.4.1 Geneigte Dächer mit Zwischensparrendämmung

Tabelle 4.4.1-1 Übersicht zur Abschätzung der Schalldämmung von Dächern mit Zwischensparrendämmung aus Faserdämmstoffen

Zeile/Spalte	Konstruktions-Skizze	Anzahl der raumseitigen Bauplatten	Schalldämmung der Konstruktion $R_{w,P}(C; C_{tr})$ in dB
1	Dächer mit Unterdeckbahn (7 cm Dämmstoffdicke)	1	45 (–6; –14)
2	Dächer mit Unterdeckbahn (20 cm Dämmstoffdicke)	1	49 (–4; –12)
		2	45 (–4; –12)
		3	45 (–4; –12)
	Dächer mit Unterdeckplatten (20 cm Dämmstoffdicke)	1	48 (–5; –13)
		2	52 (–5; –13)
		3	55 (–5; –13)

4.4.1.10 Konstruktionen mit Zinkblech-Eindeckung

In Bild 4.4.1-12 sind Schalldämmkurven von Dächern mit Vollsparrendämmung und mit einer Zinkblech-Eindeckung gezeigt. Diese Konstruktionen weisen bauakustische Analogien zu Dächern mit Vollsparrendämmung, mit Unterdeckplatten und einer Beton-Dachstein-Eindeckung auf. Durch Federschienen wird auch hier eine ganz wesentliche Verbesserung der Schalldämmung erreicht, ähnlich wie bei Dächern mit Zwischensparrendämmung und mit Unterdeckung aus Holzweichfaserplatten.

Konstruktionen mit Zinkblech-Eindeckung sind insgesamt schalltechnisch wenig untersucht.

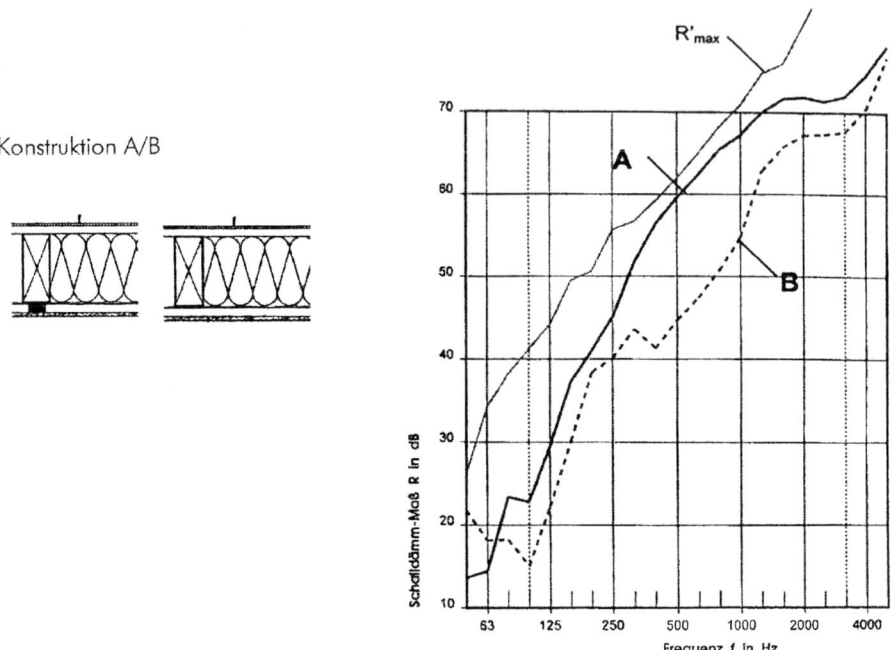

Bild 4.4.1-12 Dach mit Vollsparrendämmung mit Zinkblech-Eindeckung: Zur Wirksamkeit von Federschienen
A Vollsparrendämmung aus 200 mm Mineralfaser-Dämmstoff, raumseitige Beplankung GKB, $m' = 9{,}0$ kg/m^2 an Federschienen, $R_{w,P}(C; C_{tr}) = 54$ (–5; –12) dB
B wie A, nur über Holzlattung befestigt, $R_{w,P}(C; C_{tr}) = 46$ (–4; –12) dB

4.4.2 Geneigte Dächer mit Aufsparrendämmung

4.4.2.1 Vergleich der Schalldämmung von Dächern mit Aufsparrendämmung und Dächern mit Zwischensparrendämmung

Dächer mit Aufsparrendämmung und mit Zwischensparrendämmung zeigen im Frequenzbereich 125 Hz $\leq f \leq$ 500 Hz sowie im Frequenzbereich $f \geq$ 2.000 Hz sehr ähnliche Schalldämmkurven. In Bild 4.4.2-1 ist eine Zusammenstellung von Schalldämmkurven gezeigt, wobei bei den Dächern mit Aufsparrendämmung Konstruktionen mit Doppelgewindeschrauben ausgewählt werden.

Der Vergleich zeigt:

– Im Frequenzbereich 50 Hz $\leq f \leq$ 80 Hz zeigen Dächer mit Zwischensparrendämmung ein ausgeprägtes Minimum verbunden mit Schalldämmmaßen im Bereich $R \approx 10$ dB.
 Dächer mit Aufsparrendämmung haben hier deutlich höhere Schalldämmmaße $R > 15$ dB; im Terzband $f = 100$ Hz haben die Dächer mit Zwischensparrendämmung dagegen die etwas höheren Schalldämmmaße.
 Da nur der Frequenzbereich $f \geq 100$ Hz in die Ermittlung der Einzahlkennwerte R_w, C und C_{tr} einfließt, ergeben sich für die Dächer mit Zwischensparrendämmung

4.4.2 Geneigte Dächer mit Aufsparrendämmung

Konstruktion A/C

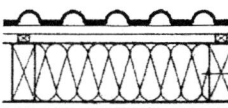

Konstruktion B/D

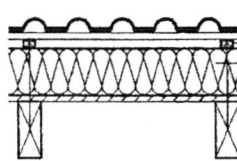

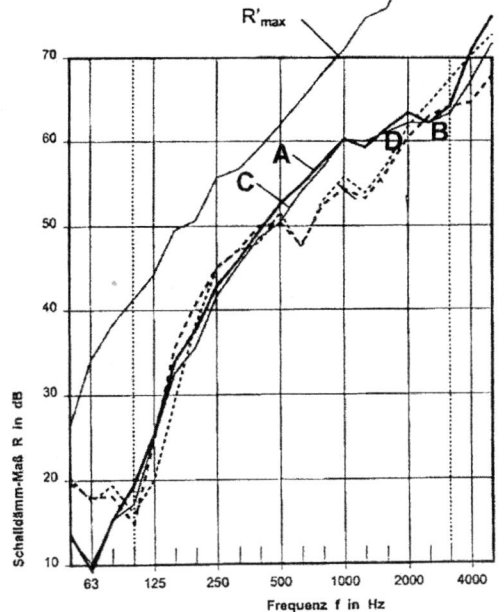

Bild 4.4.2-1 Vergleich der Schalldämmkurven von Dächern mit Aufsparrendämmung und Dächern mit Zwischensparrendämmung, jeweils Mineralfaserdämmstoff

A Dach mit Zwischensparrendämmung, 200 mm MF-Dämmstoff, Messung A8, $R_{w,P}$ (C; C_{tr}) = 50 (−4; −12) dB

B Dach mit Aufsparrendämmung, 200 mm MF-Dämmstoff, Doppelgewindeschrauben, Messung B6, $R_{w,P}$ (C; C_{tr}) = 50 (−7; −16) dB

C Dach mit Zwischensparrendämmung, 160 mm MF-Dämmstoff, Messung A7, $R_{w,P}$ (C; C_{tr}) = 49 (−5; −13) dB

D Dach mit Aufsparrendämmung, 160 mm MF-Dämmstoff, Doppelgewindeschrauben, Messung B5, $R_{w,P}$ (C; C_{tr}) = 48 (−6; −14) dB

etwas höhere Einzahl-Kennwerte R_w, C und C_{tr} (obwohl bei f < 100 Hz deutliche Verschlechterungen auftreten).
- Im Frequenzbereich f > 500 Hz zeigen die Dächer mit Aufsparrendämmung einen leichten Einbruch in der Schalldämmkurve. Dies hat jedoch praktisch keinen Einfluss auf die Einzahl-Kennwerte.

4.4.2.2 Einfluss der Beschwerung für Dächer mit Aufsparrendämmung

Durch eine Beschwerung der raumseitigen Schalung wird die Schalldämmung von Dächern mit Aufsparrendämmung wirkungsvoll verbessert. In Bild 4.4.2-2 sind die Schalldämmkurven von Dachkonstruktionen mit und ohne Beschwerung dargestellt.

Der Effekt ist bei Dächern mit Zwischensparrendämmung analog zu finden. In Bild 4.4.1-6 sind die Einzahl-Kennwerte der untersuchten Dächer mit Zwischensparren- und mit Aufsparrendämmung zusammengestellt.

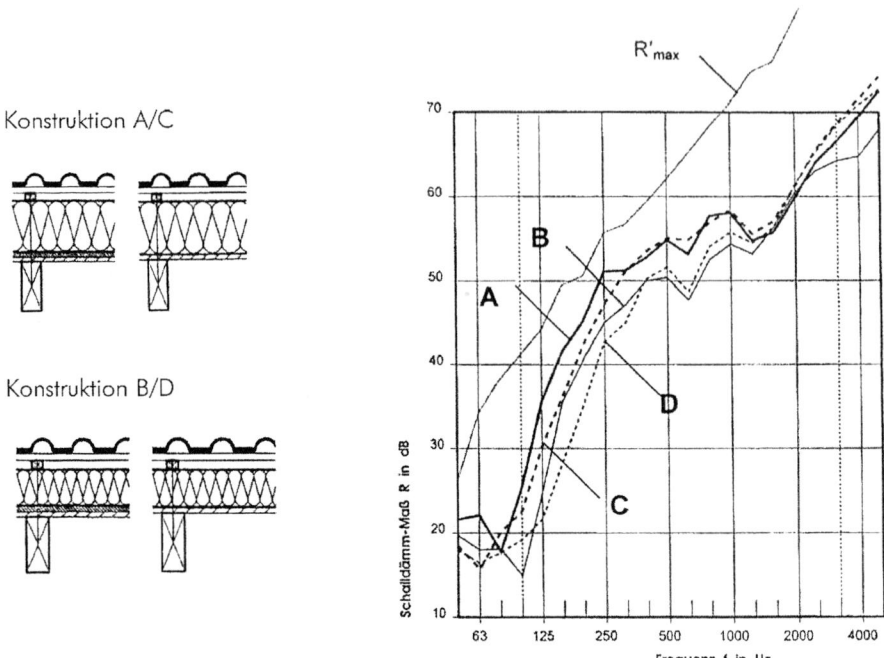

Bild 4.4.2-2 Einfluss von Beschwerungsplatten auf die Schalldämmung von Dächern mit Aufsparrendämmung
A Dach mit 200 mm Mineralfaser-Aufsparrendämmung, Doppelgewindeschrauben und Beschwerungsplatten m' = 25 kg/m², Messung B9, $R_{w,P}$ (C; C_{tr}) = 55 (–3; –11) dB
B Dach mit 120 mm Mineralfaser-Aufsparrendämmung, Doppelgewindeschrauben und Beschwerungsplatten m' = 25 kg/m², Messung B8, $R_{w,P}$ (C; C_{tr}) = 54 (–5; –13) dB
C wie A, jedoch, ohne Beschwerungsplatten, Messung B6, $R_{w,P}$ (C; C_{tr}) = 50 (–7; –16) dB
D wie D, jedoch ohne Beschwerungsplatten, Messung B4, $R_{w,P}$ (C; C_{tr}) = 48 (–5; –12) dB

Die Veränderung der Schalldämmung in Abhängigkeit von der Masse der raumseitigen Beplankung kann näherungsweise mit 4 dB pro Massenverdopplung angegeben werden.

4.4.2.3 Verschraubung der Traglattung am Sparren

Ein wichtiger schalltechnischer Parameter ist ferner die Verschraubung der Traglattung am Sparren. Im Einsatz sind zwei verschiedene Arten der Verschraubung:

– Doppelgewindeschrauben oder
– Normalschrauben (nur einsetzbar bei ausreichend druckfesten Dämmstoffen)

In Bild 4.4.2-3 sind Schalldämmkurven mit Normal- und Doppelgewindeschrauben vergleichend dargestellt.

Konstruktion A/C

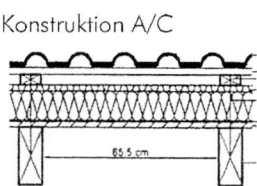

Konstruktion B/D

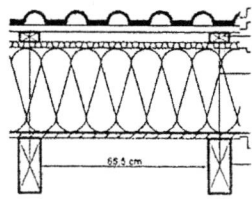

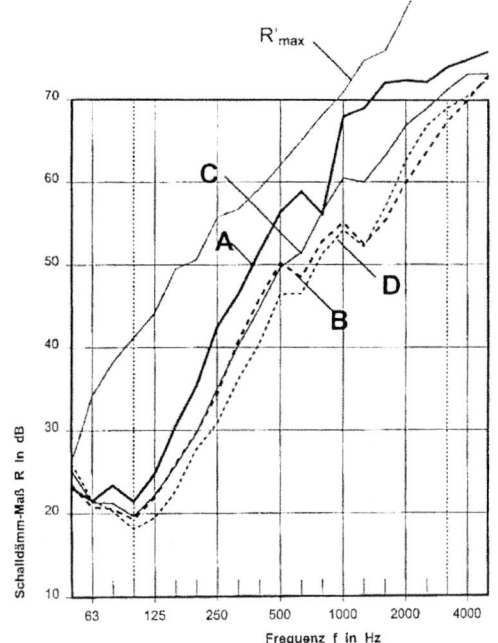

Bild 4.4.2-3 Einfluss der Verschraubung (Doppelgewindeschrauben oder Normalschrauben) auf die Schalldämmung von Dächern mit Aufsparrendämmung

A 300 mm Holzweichfaserplatte STEICO therm, Befestigung mit Doppelgewindeschrauben, Messung B19, $R_{w,P}$ (C; C_{tr}) = 50 (–4; –11) dB

B 100 mm Holzweichfaserplatte STEICO therm, Befestigung mit Doppelgewindeschrauben, Messung B17, $R_{w,P}$ (C; C_{tr}) = 45 (–3; –9) dB

C wie A, nur: Befestigung mit Normalschrauben, Messung B23, $R_{w,P}$ (C; C_{tr}) = 45 (–3; –9) dB

D wie B, nur: Befestigung mit Normalschrauben, Messung B22, $R_{w,P}$ (C; C_{tr}) = 42 (–2; –9) dB

Bei Verwendung von Normalschrauben ergeben sich generell um ca. ΔR_w = 3 dB schlechtere Werte der Schalldämmung, siehe Bild 4.4.2-4.

4.4.2.4 Zur bauakustischen Qualität verschiedener Dämmstoffe

Üblicherweise werden folgende Arten von Aufsparrendämmstoffen unterschieden:

– Mineralfaser-Dämmplatten
– Holzweichfaserplatten
– Hartschaumplatten (PUR oder EPS) (hier nicht untersucht)

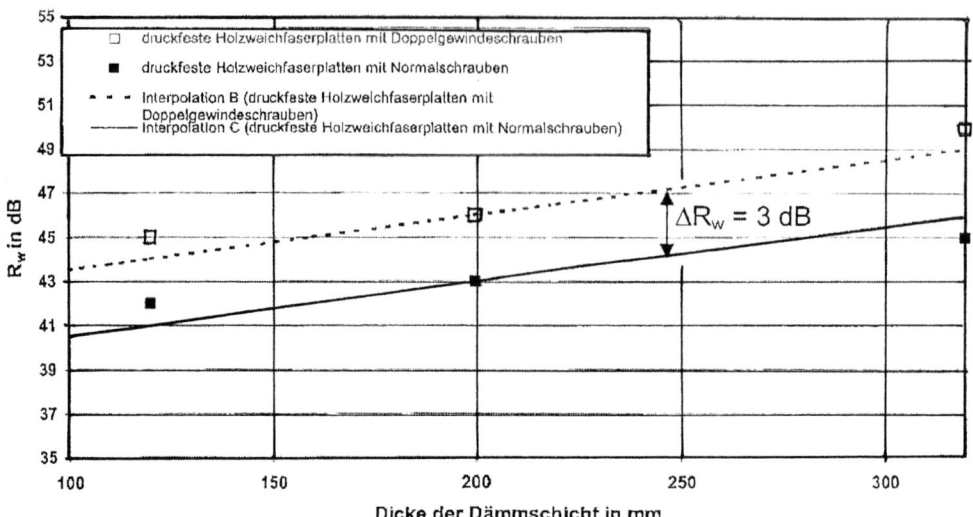

Bild 4.4.2-4 Einfluss der Verschraubung der Traglattung (Doppelgewindeschraube/Normalschraube) und der Dämmstoffdicke auf die Schalldämmung von Dächern mit Aufsparrendämmung

Bei den untersuchten Holzweichfaserplatten fielen allerdings große schalltechnisch relevante Unterschiede auf, die sich in einer großen Variation der gemessenen Schalldämmmaße niederschlagen. In Bild 4.4.2-5 sind beispielhaft hierfür Schalldämmkurven von Dächern mit Aufsparrendämmung aus Holzweichfaserplatten dargestellt, wobei nur die Qualität der Holzweichfaserplatten variiert wurde. Eine Abhängigkeit der Schalldämmung von der Rohdichte, vom längenbezogenen Strömungswiderstand oder der dynamische Steifigkeit kann nicht abgeleitet werden.

In diesem Zusammenhang wird auf Abschn. 4.4.1.6 verwiesen, wo sich analoge Erkenntnisse aus den bauakustischen Messergebnissen an Dächern mit Zwischensparrendämmung ergaben.

Die Angabe der flächenbezogenen Masse und des längenbezogenen Strömungswiderstandes (und der dynamischen Steifigkeit) kennzeichnen die bauakustischen Eigenschaften von Holzweichfaserplatten nicht ausreichend.

Es ist davon auszugehen, dass weitere, noch nicht bekannte Einflussfaktoren auf die Schalldämmung der Gesamtkonstruktion einwirken.

4.4.2 Geneigte Dächer mit Aufsparrendämmung

Konstruktionen A bis C

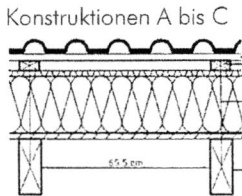

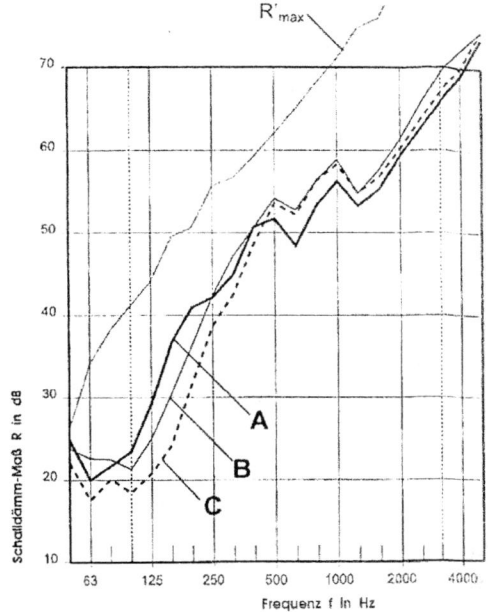

Bild 4.4.2-5 Variation der Schalldämmung von Dächern mit Aufsparrendämmung bei der Verwendung verschiedener Qualitäten von Holzweichfaserplatten
A   200 mm Holzweichfaserplatte STEICO flex, Rohdichte ca. 57 kg/m³, längenbez. Strömungswiderstand 3,8 kPa s/m², Befestigung mit Doppelgewindeschrauben, Messung B26, $R_{w,P}$ (C; C_{tr}) = 51 (–3; –9) dB
B   200 mm Holzweichfaserplatte STEICO top, Rohdichte ca. 100 kg/m³, längenbez. Strömungswiderstand 14,3 kPa s/m², Befestigung mit Doppelgewindeschrauben, Messung B12, $R_{w,P}$ (C; C_{tr}) = 46 (–4; –11) dB
C   200 mm Holzweichfaserplatte STEICO therm, Rohdichte ca. 170 kg/m³, längenbez. Strömungswiderstand > 250 kPa s/m², Befestigung mit Doppelgewindeschrauben, Messung B18, $R_{w,P}$ (C; C_{tr}) = 50 (–4; –11) dB

4.4.2.5 Zunahme der Schalldämmung mit zunehmender Dicke der Dämmschicht

Mit zunehmender Schichtdicke der Aufsparrendämmung nimmt erwartungsgemäß die Schalldämmung der Gesamtkonstruktion zu (siehe Bild 4.4.2-6). Dabei zeigen nichtdruckbelastbare Faserdämmstoffe um etwa + 3 dB höhere bewertete Schalldämmmaße, als druckbelastbare Faserdämmstoffe, wobei hier eine große Schwankungsbreite auftritt.

Für die Spektrumanpassungswerte konnte keine eindeutige Systematik in Abhängigkeit von der Veränderung der Druckbelastbarkeit des Faserdämmstoffs abgeleitet werden.

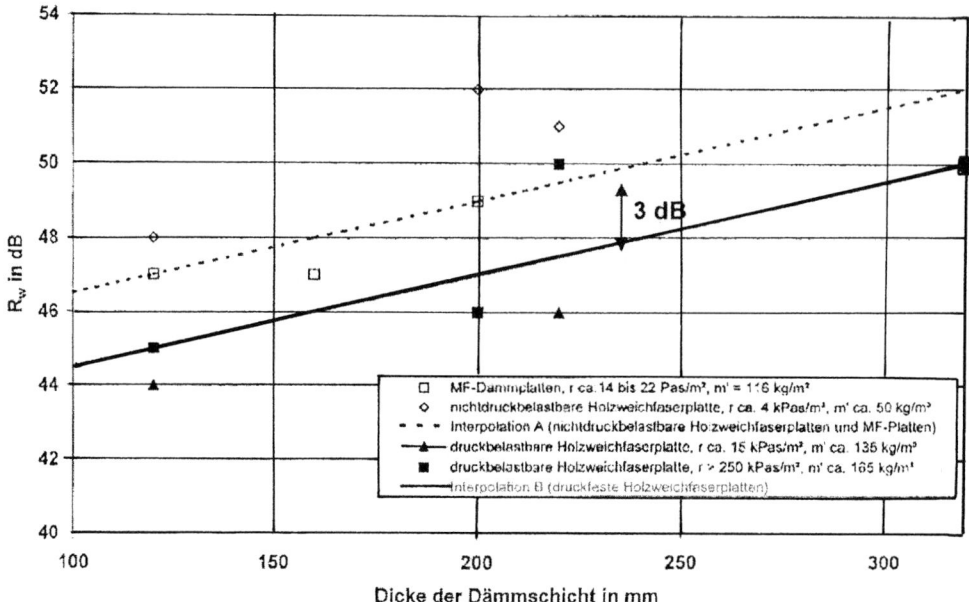

Bild 4.4.2-6 Dächer mit Aufsparrendämmung, Befestigung der Traglattung an den Sparren mit Doppelgewindeschrauben: Einfluss der Dämmstoffqualität und der Schichtdicke auf die Schalldämmung. Alle Messergebnisse wurden bezogen auf eine flächenbez. Masse der raumseitigen Beplankung von 11,4 kg/m² (19 mm Nut-Federschalung ohne Bitumenbahn).

4.4.2.6 Abschätzung der Schalldämmung von Dächern mit Aufsparrendämmung (Mineralfaser- und Holzweichfaserplatten)

Eine Übersicht zur entwurfsmäßigen Abschätzung der Schalldämmung von Dächern mit Aufsparrendämmung aus Faserdämmstoff zeigt Tabelle 4.4.2-1.

4.4.3 Dächer mit Auf- und Zwischensparrendämmung

In Bild 4.4.3-1 sind Messergebnisse für Dächer mit Zwischensparren- und Aufsparrendämmung aufgeführt. Die hier gezeigten Beispiele weisen alle eine Nut-Feder-Schalung als Sparrenüberdeckung auf.

Insgesamt ergibt sich für Dächer mit Auf- und Zwischensparrendämmung eine große Konstruktionsvielfalt. Dachkonstruktionen mit Zwischensparrendämmung und mit einer Unterdeckung aus Holzweichfaserplatten könnten beispielsweise auch hier eingruppiert werden.

4.4.3 Dächer mit Auf- und Zwischensparrendämmung

Tabelle 4.4.2-1 Übersicht zur Abschätzung der Schalldämmung von Dächern mit Aufsparrendämmung (Mineralfaser- und Holzweichfaserplatten)

Zeile/Spalte	Konstruktions-Skizze	Dämmschichtdicke in mm	Schalldämmung der Konstruktion[1] $R_{w,P}(C; C_{tr})$ in dB
1	**Doppelgewindeschrauben**	120 160 200 300	44 (−4; −11) 45 (−4; −11) 46 (−4; −11) 48 (−4; −11)
2	**Normalschrauben**	120 160 200 300	41 (−3; −9) 42 (−3; −9) 43 (−3; −10) 45 (−3; −10)

[1] Konstruktive Hinweise siehe [69]

Bei Dächern mit Aufsparrendämmung aus Hartschaumplatten werden aus schalltechnischen Gründen Mineralfaser-Dämmplatten in die Gefachen eingesetzt. Derartige Konstruktionen erreichen Schalldämmmaße um R_w = 45 dB. Bei einem Verzicht auf diese Hohlraumbedämpfung würden die Dachkonstruktionen mit Hartschaum-Dämmplatten eine wesentlich geringere Schalldämmung aufweisen.

Bei Konstruktionen mit einer Aufsparrendämmung aus Hartschaumplatten kann durch die Verwendung von Federschienen eine ganz wesentliche Erhöhung der Schalldämmung erreicht werden (vergleiche Bild 4.4.3-1, Kurven B und C).

Konstruktionen mit Auf- und Zwischensparrendämmung aus Mineralfaserdämmstoff und einer Befestigung der raumseitigen Beplankung an Federschienen erreichen bewertete Schalldämmmaße um R_w = 65 dB (siehe Bild 4.4.3-1, Kurve A).

Ein Tabellenverfahren zur Berechnung der Schalldämmung von Dächern mit Auf- und Zwischensparrendämmung wird in vorliegendem Abschlussbericht nicht angegeben.

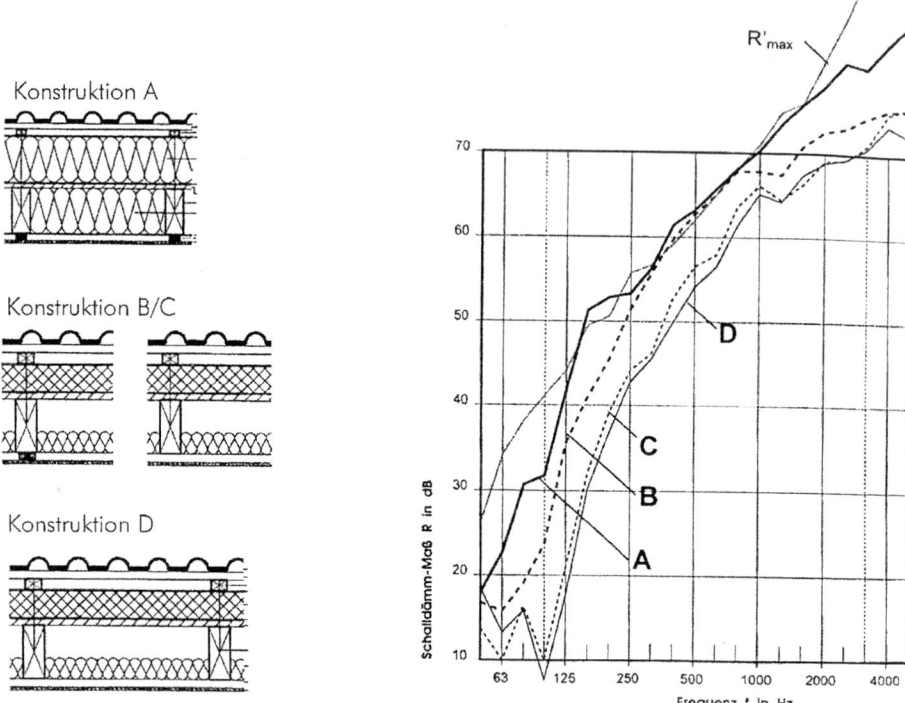

Bild 4.4.3-1 Holzdächer mit Auf- und Zwischensparrendämmung
A Konstruktion mit Auf- und Zwischensparrendämmung aus 2 × 200 mm MF-Dämmstoff, raums. Beplankung GKB an Federschienen, $R_{w,P}$ (C; C_{tr}) = 64 (–5; –13) dB
B Konstruktion mit Aufsparrendämmung aus Schaumglas und Zwischensparrendämmung aus MF-Dämmstoff (60 mm), raums. Beplankung GKB an Federschienen,
Messung C9, $R_{w,P}$ (C; C_{tr}) = 58 (–6; –15) dB
C wie B, nur raumseitige Beplankung GKB an Holzlattung, Messung C8,
$R_{w,P}$ (C; C_{tr}) = 47 (–9; –17) dB
D Konstruktion mit Aufsparrendämmung aus PU-Hartschaumplatten und Zwischensparrendämmung aus Mineralfaser-Dämmstoff, d = 60 mm, raumseitige Beplankung GKB an Holzlattung, $R_{w,P}$ (C; C_{tr}) = 45 (–9; –18) dB

4.4.4 Geneigte Dächer mit raumseitig verputzter HWL-Platte („Altdach"-Varianten)

Eine klassische Altdachkonstruktion nach ca. 1930 hat eine Sparrenhöhe von ca. 120 bis 140 mm und unterseitig eine angenagelte verputzte HWL-Platte (Holzwolleleichtbauplatte). Aufgrund der vergleichsweise hohen Masse von Putz und HWL-Platte und der gleichzeitigen Wirksamkeit der HWL-Platte als Hohlraumdämpfung erreichen derartige Konstruktionen bereits ohne Zwischensparrendämmung Schalldämmmaße wie moderne Dächer mit Vollsparrendämmung (siehe Bild 4.4.4-1, Kurve F, $R_{w,P}$ = 50 dB).

4.4.4 Geneigte Dächer mit raumseitig verputzter HWL-Platte („Altdach"-Varianten)

Die wärmetechnische Sanierung von außen erfolgt häufig durch eine Vollsparrendämmung und ggf. eine zusätzliche Aufsparrendämmung. Aus feuchteschutztechnischen Gründen wird üblicherweise eine Dampfbremse in die Gefache eingelegt und seitlich an den Sparren hochgezogen.

Die flächenbezogene Masse der raumseitige Beplankung aus HWL-Platte und Gipsputz betrug bei den untersuchten Konstruktionen $m' = 30$ kg/m². Schalldämmkurven sind in Bild 4.4.4-1 gezeigt. Bei einer Sparrenhöhe von 140 mm werden mit Vollsparrendämmung bewertete Schalldämmmaße von $R_w = 56-59$ dB erreicht. Bild 4.4.4-2, Kurve E zeigt die Schalldämmkurve einer Dachkonstruktion mit Unterdeckung aus Holzschalung und Unterdeckbahn und Vollsparrendämmung. Diese Konstruktion ist schalltechnisch etwas ungünstiger.

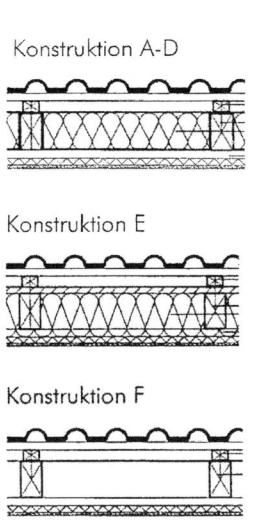
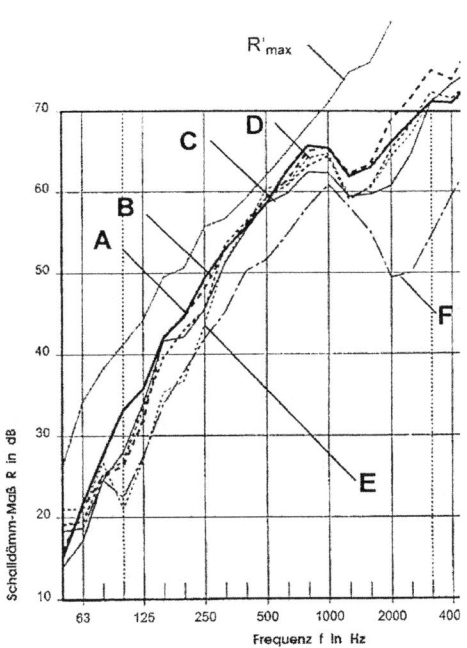

Bild 4.4.4-1 Schalldämmung von Dächern mit raumseitig verputzter HWL-Platte, 140 mm Sparren mit Vollsparrendämmung, Eindeckung aus Beton-Dachsteinen

A 140 mm Flachsfaser-Dämmplatten, Hersflax-SP, Rohdichte ca. 28 kg/m³, r > 2 kPa·s/m², Unterdeckbahn, Messung D8, $R_{w,P}$ (C; C_{tr}) = 59 (−3; −9) dB

B 140 mm Mineralfaser-Dämmplatten, Rohdichte ca. 50 kg/m³, r ca. 18 kPa · s/m², Unterdeckbahn, Messung D5, $R_{w,P}$ (C; C_{tr}) = 57 (−5; −12) dB

C 140 mm Holzweichfaser-Dämmstoff STEICO flex, Rohdichte ca. 57 kg/m³, r = 3,9 kPa s/m², Unterdeckbahn, Messung D24, $R_{w,P}$ (C; C_{tr}) = 56 (−3; −10) dB

D 170 mm isofloc Zellulose-Dämmstoff, Rohdichte ca. 50 kg/m³, r ca. 20 kPa s/m², Unterdeckbahn, Messung D19, $R_{w,P}$ (C; C_{tr}) = 56 (−4; −11)dB

E 170 mm isofloc Zellulose-Dämmstoff, Rohdichte ca. 50 kg/m³, r = 20 kPa · s/m², Holzschalung und Unterdeckbahn, Messung D13, $R_{w,P}$ (C; C_{tr}) = 52 (−5; −12) dB

F Gefache leer, Messung D4, $R_{w,P}$ (C; C_{tr}) = 50 (−3; −10) dB

In Tabelle 4.4.4-1 ist eine Übersicht für die entwurfsmäßige Abschätzung der Schalldämmung von Dachkonstruktionen mit raumseitig verputzten HWL-Platten dargestellt. Hier wurde auf die Angabe von Werten für Konstruktionen mit Unterdeckplatten verzichtet. In Bild 4.4.4-2 sind allerdings Beispiele zur Schalldämmung derartiger Konstruktionen dargestellt, insbesondere um zu zeigen, dass mit Unterdeckplatten hohe Schalldämmungen erreichbar sind.

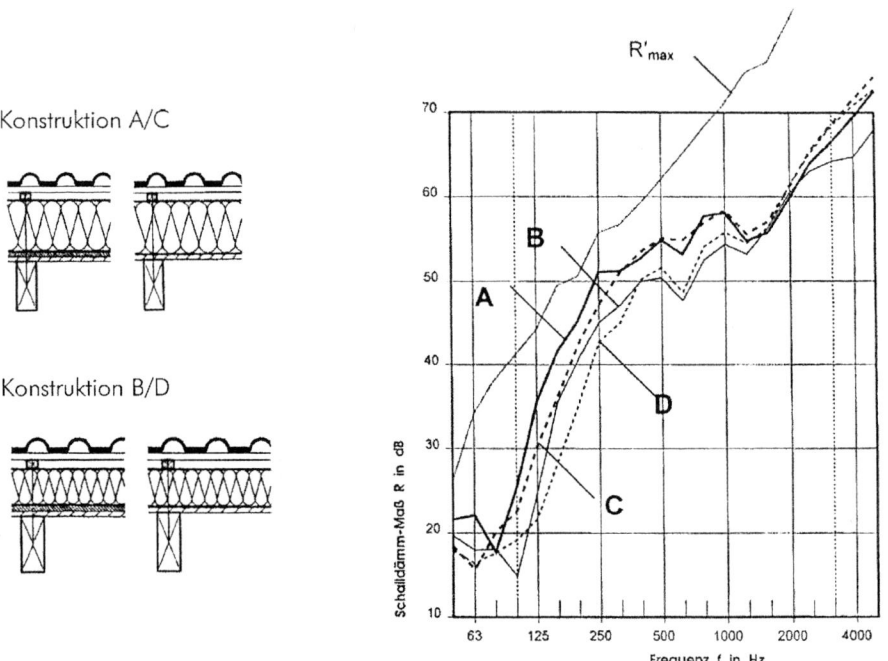

Bild 4.4.4-2 Schalldämmung von Dächern mit raumseitig verputzter HWL-Platte, Eindeckung aus Beton-Dachsteinen, Vollsparrendämmung und Unterdeckplatten
A Vollsparrendämmung 200 mm Flachsfaserdämmstoff, Unterdeckung aus 50 mm HWL-Platte mit aufliegender Unterdeckbahn, R_w (C; C_{tr}) = 61 (–2; –8) dB
B Vollsparrendämmung 140 mm MF-Dämmplatten, Unterdeckung aus 60 mm MF-Dämmplatten mit aufliegender Unterdeckbahn, R_w (C; C_{tr}) = 58 (–4; –11) dB
C Vollsparrendämmung 140 mm Holzweichfaser-Dämmstoff STEICO flex, Unterdeckpl. aus 120 mm Holzweichfaserpl. STEICOspezial, R_w (C; C_{tr}) = 59 (–6; –13) dB
D Vollsparrendämmung 170 mm isofloc Zellulose-Dämmstoff, Unterdeckplatte Celit 4D, Messung D15, $R_{w,P}$ (C; C_{tr}) = 57 (–3; –9) dB
E Vollsparrendämmung 170 mm isofloc Zellulose-Dämmstoff, Unterdeckung aus Holzschalung und Unterdeckbahn, Messung D19, $R_{w,P}$ (C; C_{tr}) = 52 (–5; –12) dB

Tabelle 4.4.4-1 Übersicht Abschätzung der Schalldämmung von Dächern mit raumseitig verputzten HWL-Platten („Altdach"-Konstruktionen)

Zeile/ Spalte	Konstruktions-Skizze	Art der Unterdeckung	Schalldämmung der Konstruktion[1] $R_{w,P}$ (C; C_{tr}) in dB
1		Unterdeckbahn	48 (–3; –10)
2	Sparrenhöhe: ≥ 140 mm	Holzschalung Unterdeckbahn Holzweichfaserpl. Mineralfaserpl.	52 (–5; –12) 56 (–5; –12) einzeln nachzuweisen 58 (–5;–12)

[1] Konstruktive Hinweise siehe [69]

4.4.5 Geneigte Massivdächer

Als geneigte Massivdächer sind gegenwärtig u. a. folgende Massiv-Konstruktionen am Markt vertreten:

- Stahlbetonplatten, d = 16 bis 22 cm   m' ca. 370 bis 500 kg/m²
- Porenbeton-Konstruktionen, d = 20 cm   m' ca. 100 kg/m²
- Ziegel-Massivdach, d = 19 bis 24 cm   m' ca. 290 bis 370 kg/m²
- Stahlbeton-Filigranplatte, d = 5 bis 7 cm   m' ca. 115 bis 160 kg/m².

Die Massivdach-Konstruktionen haben alle eine zusätzliche Wärmedämmung und Dacheindeckung, im Regelfall gebildet durch aufliegende Holzsparren, seltener durch Metallkonstruktionen. In Bild 4.4.5-1 und Bild 4.4.5-2 sind Schalldämmmaß-Kurven für verschiedene Massivdach-Konstruktionen gezeigt. Erkennbar sind die folgenden Charakteristika:

- das reine Massivdach zeigt eine Steigung der Schalldämmkurve von ca. 6 dB/Oktave, dem Massegesetz entsprechend
- Dämmstoffe aus Hartschaumplatten verhalten sich – wie erwartet – ungünstiger, als Dämmstoffe aus Mineralfaser
- durch eine aufliegende Mineralfaser-Dämmschicht wird die Schalldämmung um ca. 9 bis 11 dB verbessert

Erwartungsgemäß ergibt sich bei einer Mineralfaser-Dämmung (oder einer Dämmung mit Faserdämmstoffen oder Zellulose-Dämmstoffen) eine höhere Schalldämmung, als bei der Verwendung von Hartschaum-Dämmstoffen.

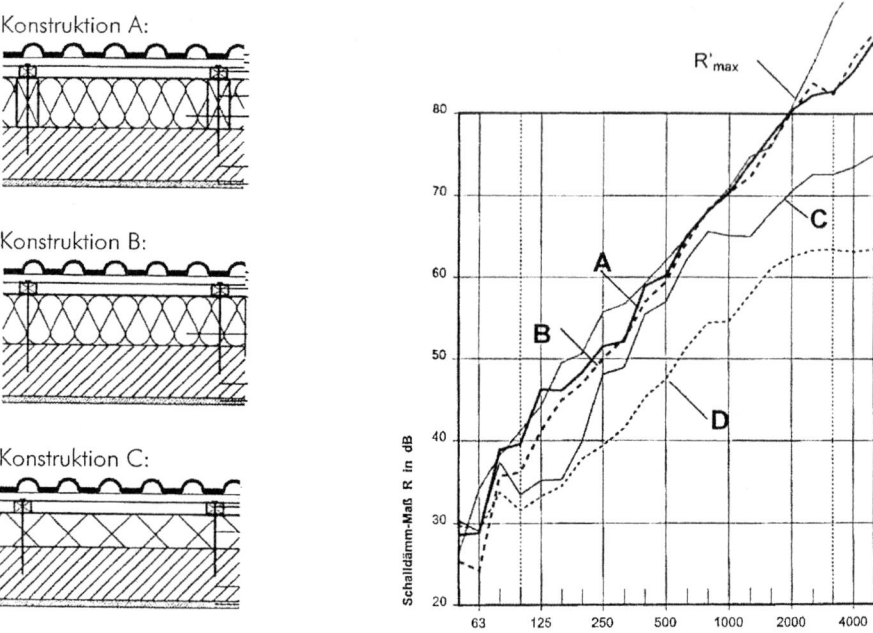

Bild 4.4.5-1 Ziegel-Massivdach, m′ = 325 kg/m² (Masse der Ziegel-Massivschicht) mit verschiedenen Aufbauten:
A 180 mm Mineralfaser-Dämmplatten in den Gefachen,
   Messung E5, $R_{w,P}$ (C; C_{tr}) = 63 (–2; –7) dB
B 160 mm druckfeste Mineralfaser-Dämmplatten, Messung E4, $R_{w,P}$ (C; C_{tr}) = 61 (–2; –8) dB
C 120 mm druckfeste PU-Dämmplatten, Messung E3, $R_{w,P}$ (C; C_{tr}) = 56 (–2; –8) dB
D Roh-Massivdach m′ = 325 kg/m² ohne Aufbauten, $R_{w,P}$ (C; C_{tr}) = 51 (–2; –6) dB

In Bild 4.4.5-3 ist das bewertete Schalldämmmaß von Massivdächern mit aufliegendem Faserdämmstoff und einer Dacheindeckung aus Beton-Dachsteinen eingetragen. Ebenfalls ersichtlich ist hier exemplarisch ein Messwert einer Dachkonstruktion mit Vollsparrendämmung und mit einlagiger Beplankung aus GKB-Gipsbauplatten, m' ca. 9 kg/m². Ferner ist neben den im beiliegenden Prüfbericht dokumentierten Konstruktionen zusätzlich noch ein älteres Messergebnis eingetragen.

Insgesamt ergibt sich, dass durch den Aufbau mit Mineralfaser-Dämmstoff und Betondachstein-Eindeckung gegenüber dem Massegesetz nach Tabelle 1, Beiblatt 1 zu DIN 4109 eine Verbesserung des bewerteten Schalldämmmaßes um

$$\Delta R_w (\Delta C; \Delta C_{tr}) \approx 11\ (0;\ -2)\ dB$$

erreicht wird.

4.4.5 Geneigte Massivdächer

Konstruktion A:

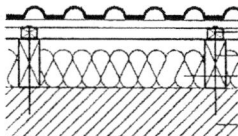

Konstruktion B:

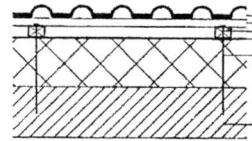

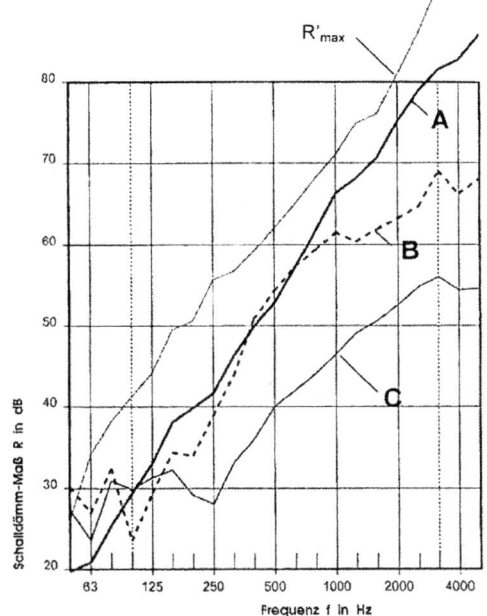

Bild 4.4.5-2 Porenbeton-Massivdach, $m' = 100$ kg/m² (Masse der Porenbetonschicht) mit verschiedenen Aufbauten:
A 140 mm Mineralfaser-Dämmplatten zwischen Sparrenfeldern, Messung E7,
   $R_{w,P}$ (C; C_{tr}) = 54 (–2; –8) dB
B 140 mm druckfeste Mineraldämmplatten Xella Mulitpor A, Messung E8,
   $R_{w,P}$ (C; C_{tr}) = 50 (–2; –9) dB
C Roh-Massivdach, $m' = 100$ kg/m² ohne Aufbauten, $R_{w,P}$ (C; C_{tr}) = 43 (–2; –5) dB

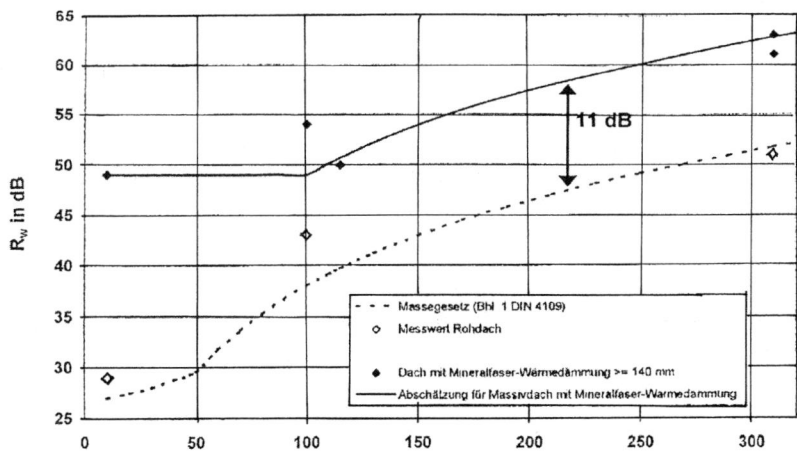

Bild 4.4.5-3 Massivdächer mit Mineralfaser-Wärmedämmung und Betondachstein-Eindeckung: Zusammenhang zwischen dem bewerteten Schalldämmmaß R_w und der flächenbezogenen Masse des Roh-Massivdachs

4.4.6 Dachflächenfenster

4.4.6.1 Einflussparameter auf die Schalldämmung von Dachflächenfenstern

Die bauakustische Untersuchung von Dachflächenfenstern wird im Regelfall der Deckenprüfstand ausgewählt, damit die baustellenüblichen Anschlusskonstruktionen mit erfasst werden können.

Nachfolgend werden die folgenden Einflussparameter auf die Schalldämmung beschrieben:

- Einfluss der Fenstergröße,
- Einfluss der Verglasung,
- Einfluss des Dämmrahmens und des Innenfutters (siehe Bild 4.4.6-1).

Untersucht wurden hochschalldämmende Konstruktionen mit $R_w \geq 42$ dB.

Der Einfluss des Dämmrahmens und des Innenfutters auf die Schalldämmung des Dachflächenfensters ist bei den untersuchten Konstruktionen mit $R_w \leq 42$ dB sehr gering. Diese Messergebnisse sind im Prüfbericht dokumentiert – hier wird nicht weiter darauf eingegangen.

Bei den hochschalldämmenden Konstruktionen $R_w \geq 42$ dB fand die Schallübertragung im Wesentlichen über die Verglasung und über die Kammern des Rahmens statt.

Das Schalldämmmaß wird im Regelfall auf die raumseitige Öffnungsfläche bezogen, die etwas größer ist, als die außenseitige Öffnungsfläche (siehe Bild 4.4.6-1).

Würde man die Prüffläche auf die (geringeren) außenseitigen Öffnungsflächen (Abmessungen des Blendrahmens) beziehen, so würden sich geringere Schalldämmmaße ergeben.

- Dachflächenfenster S08 (Velux)
  (Blendrahmen 114 cm × 114 cm) $\Delta R = -1,5$ dB
- Dachflächenfenster M06 (Velux)
  (Blendrahmen 78 cm × 118 cm) $\Delta R = -1,8$ dB

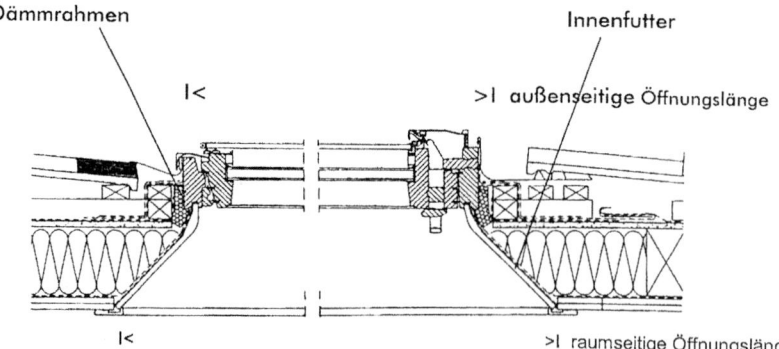

Bild 4.4.6-1 Dachflächenfenster mit Anschlusskonstruktionen sowie Lage des Dämmrahmens und Lage des Innenfutters

4.4.6.2 Einfluss der Fenstergröße auf die Schalldämmung

Erwartungsgemäß ist die Schalldämmung von üblichen Dachflächenfenstern mit gleichem Aufbau und Anschlussbedingungen bei kleineren Fenstergrößen etwas höher als bei größeren Fenstern.

In dem in Bild 4.4.6-2 gezeigten Beispiel beträgt der Unterschied beim bewerteten Schalldämmmaß $\Delta R_w = 1$ dB. Grund hierfür ist der von Fenstern allgemein bekannte bauakustisch günstige Einfluss der Randbedämpfung von 2-Scheibenkonstruktionen.

4.4.6.3 Einfluss der Verglasung auf die Schalldämmung

Meist kommt eine 2-Scheiben-Wärmeschutzverglasung zum Einsatz, die in verschiedenen Aufbauten wählbar ist.

Für die hochschalldämmenden Dachflächenfenster der VELUX-Serie GGL 3062 kommt zusätzlich zur 2-Scheiben-Wärmeschutzverglasung eine außenliegende 8 mm Floatglasscheibe zum Einsatz.

Die beiden verschiedenen Fenstertypen haben auch unterschiedliche Rahmen mit unterschiedlichen bauakustischen Eigenschaften. Der Einfluss der Verglasung und der Rahmen auf die Schalldämmung ist in Bild 4.4.6-3 dargestellt.

Fenster mit 3-Scheiben-Verglasungen können nach den Herstellerangaben für die Schalldämmung der Verglasung abgeschätzt werden.

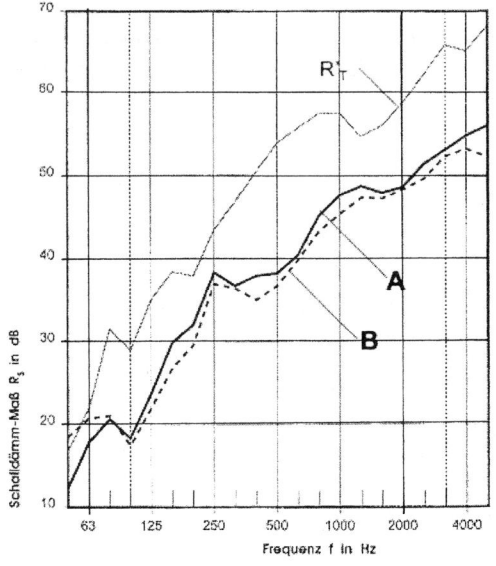

Bild 4.4.6-2 VELUX-Dachflächenfenster GGL 3062 mit verschiedenen Größen; Verglasung: 2 × 2 mm VSG, 18 mm SZR, 3 mm ESG + 8 mm Floatglas als Außenscheibe
A Dachflächenfenster GGL M06 3062, Fläche 1,38 m², Messung F12, $R_{w,P}$ (C; C_{tr}) = 43 (–2; –7) dB
B Dachflächenfenster GGL S08 3062, Fläche 2,24 m², Messung F14, $R_{w,P}$ (C; C_{tr}) = 42 (–2; –7) dB
R'_T Grenzdämmung der Prüfanordnung

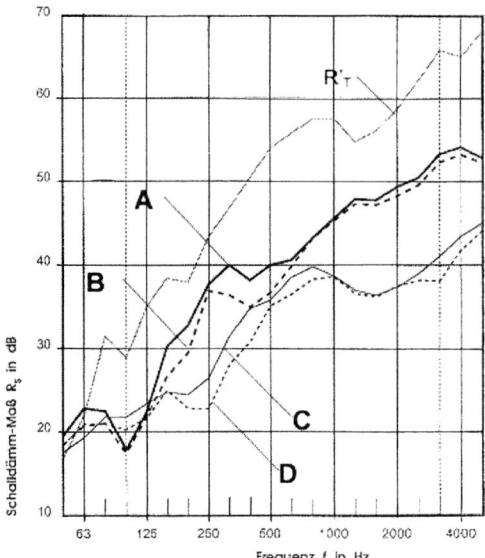

Bild 4.4.6-3 VELUX-Dachflächenfenster, mit verschiedenen Rahmen und verschiedenen Verglasungen, Fläche 2,24 m²

A VELUX GGL S08 3062, Verglasung: 8 mm Floatglas als Außenscheibe und 2 × 3 mm VSG, 14 mm SZR, 6 mm ESG, Messung F23, $R_{w,P}$ (C; C_{tr}) = 43 (–2; –8) dB

B wie A, nur: Verglasung: 8 mm Floatglas als Außenscheibe und 2 × 2 mm VSG, 18 mm SZR, 3 mm ESG, Messung F20, $R_{w,P}$ (C; C_{tr}) = 42 (–2; –8) dB

C VELUX GPU S08 0060, Verglasung: 2 × 3 mm VSG, 12 mm SZR, 6 mm ESG, Messung F6, $R_{w,P}$ (C; C_{tr}) = 37 (–1; –4) dB

D wie C, nur: Verglasung: 2 × 3 mm VSG, 14 mm SZR, 4 mm ESG, Messung F4, $R_{w,P}$ (C; C_{tr}) = 35 (–1; –4) dB

4.4.7 Leichte Hallendächer und Industriedächer

4.4.7.1 Allgemeines

Konstruktionen

Leichte, weit gespannte Dachkonstruktionen, im Regelfall als Flachdächer oder als flach geneigte Dächer ausgebildet, kommen sowohl bei Hallenbauten (Stadthallen, Sporthallen etc.) als auch bei Flughafenterminals, Einkaufszentren, vor allem jedoch bei Industriebauten (Fertigungshallen, Lagerhallen etc.) zum Einsatz.

Die Konstruktion besteht im Regelfall aus weit gespannten Bindern aus Stahl, Spannbeton oder Stahlbeton, zunehmend jedoch auch aus Holz in Fachwerk- oder Leimbauweise, hierauf meistens Pfetten. Die Dachschale wird aus Trapezblechen mit Warmdacheindeckung, bei Holzkonstruktionen jedoch auch aus werkstattmäßig vorgefertigten, weit gespannten Holzelementen mit integrierter Dämmung gebildet. Die Dachhaut wird überwiegend aus Dichtungsfolien, seltener aus bituminösen Dichtungen oder aus Metall erstellt.

Für die meistens nur bei geringerer Spannweite gelegentlich vorkommenden Dachschalen aus Porenbeton wird bezüglich des Schallschutzes auf Abschn. 4.4.5 verwiesen.

Schalltechnische Anforderungen
Anforderungen von innen nach außen
Im Zuge der Planung sowohl für Fertigungsbetriebe als auch für Sportstätten und Veranstaltungshallen wird im Regelfall eine Schallimmissionsprognose benötigt, zu deren Aufstellung man das bewertete Schalldämmmaß der Dachkonstruktion, gemessen von „innen" nach „außen" benötigt. Es ist einsichtig, dass bei einer überdachten Arena bei bestimmten Sportveranstaltungen bei Innengeräuschpegeln von 105 dB(A) allein wegen der sehr großen Fläche der Dächer eine ausreichende Schalldämmung definiert werden muss, um die Immissionsrichtwerte nach TA Lärm [29] in der Nachbarschaft bei angrenzenden Wohn- oder Mischgebieten einhalten zu können. Häufig finden sich bereits im Bebauungsplan Vorgaben für das bewertete Schalldämmmaß der Dächer. Nicht immer ist jedoch bekannt, dass für die hier gegebene Anforderung nicht ohne Weiteres die üblichen, von „außen nach innen" ermittelten Schalldämmmaße verwendet werden können, da bis zu 3 dB Unterschied auftreten können. Vor allem bekieste Dächer haben von unten nach oben eine höhere Schalldämmung, vor allem auch bei tiefen Frequenzen.

Schallschutz von außen nach innen
Bei Konzerthallen, Theatern, aber auch bei Dächern über schutzbedürftigen Räumen (z. B. Warteräumen oder Restaurants in Flughafenterminals) wird dagegen der Schallschutz von außen nach innen definiert. In einfachen Fällen kann eine Abschätzung nach DIN 4109 [1] nach den maßgeblichen Außenlärmpegeln erfolgen. Im Regelfall wird jedoch eine individuelle Dimensionierung des Schallschutzes unter Berücksichtigung der Spektrumsanpassungswerte wirtschaftlich sein, zumal derartige Dächer häufig große Flächen >30.000 m² aufweisen.

4.4.7.2 Stahlleichtdächer

Stahlleichtdächer mit Schaumglasdämmschichten
Schaumglasdämmschichten sind zum einen von der Ziellebensdauer, zum anderen jedoch auch wegen der Unbrennbarkeit, der guten Begehbarkeit und der positiven Auswirkungen der Dämmschicht auf das Schwingungsverhalten der Trapezbleche in vielen Fällen die favorisierte Konstruktion. Bild 4.4.7-1 zeigt die Abhängigkeit des Schalldämmmaßes von der Frequenz und das bewertete Schalldämmmaß ausgewählter Trapezblechdächer mit Schaumglasdämmschicht in Varianten. Mit dickeren Schaumglas-Dämmschichten aus dem gleichen Material ergeben sich höhere Schalldämmmaße, eine Verdopplung der Dicke bewirkt ca. 2 dB Verbesserung. Zu beachten ist allerdings, dass heute die Dämmschichten im Regelfall leichter sind, so dass keine Verbesserung resultiert. Eine Verbesserung des Schalldämmmaßes kann auch z. B. durch eine mittels Kaltbitumenklebemasse auf den Sicken des Trapezbleches verklebte und zusätzlich verschraubte Gipsfaserplatte erreicht werden, die in Verbin-

dung mit einer bituminösen Dichtungsbahn auch als Notdichtung dient und kontinuierlich im Zuge der Stahlbauarbeiten fertiggestellt werden kann, so dass nach Abschluss der Stahlbauarbeiten ein „dichtes" Dach vorliegt. Speziell bei gelochten und schallabsorbierend ausgestatteten Trapezblechen ist die „Schallschutzplatte" bei erforderlichen Schalldämmmaßen über erf. $R'_w = 40$ dB unbedingt erforderlich. Bei ungelochten Trapezblechen kann die Verbesserung zwischen 0 dB und 3 dB betragen. Bei gelochten Trapezblechen ist ein werkseitig aufgenietetes Flachblech (d = 1,0 bis 2 mm) eine gebräuchliche Alternative mit ebenfalls guten schalltechnischen Eigenschaften, zumal das Flachblech statisch angesetzt werden kann. Auch durch Bekiesung oder die Aufbringung von Drainageschichten und Substrat für eine im Regelfall extensive Dachbegrünung wird die Schalldämmung verbessert (siehe Bild 4.4.7-2). Insbesondere bei Kombination von Schaumglas- und Mineralfaserplattendämmschichten, haben sich dem gegenüber spezielle „Schallschutzbahnen" als wirtschaftlich weniger zweckmäßig erwiesen. Vor allem bei tiefen Frequenzen kann mit geeigneten Maßnahmen eine Verbesserung von über 10 dB erreicht werden.

Zum Einfluss der Messrichtung und der Auflast durch Kies wird darüber hinaus auf Abschn. 4.4.7.4 verwiesen.

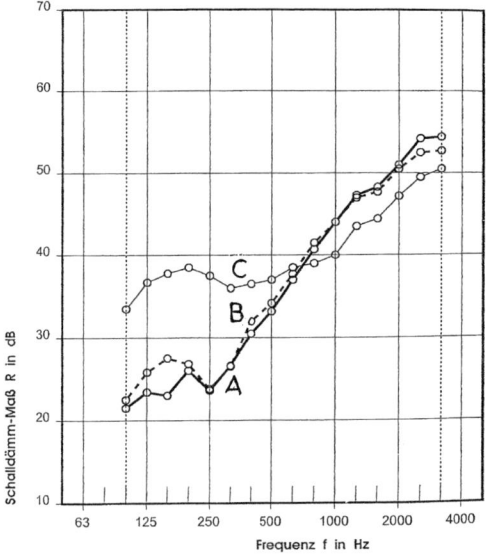

Bild 4.4.7-1 Abhängigkeit der Schalldämmung von der Frequenz für Trapezblechdächer mit Schaumglasdämmschichten mit unterschiedlicher Dichtung und Kiesaufbau
A Dämmschicht Schaumglas 100 mm, Dichtung 2-lagig bituminös, 1 mm Trapezblech, $R_{w,P} = 38$
B Dämmschicht Schaumglas 100 mm, Dichtung 1,5 mm Elastomerfolie auf Bitumen, 1 mm Trapezblech, $R_{w,P} = 39$
C Dämmschicht Schaumglas 100 mm, Dichtung 1,5 mm Elastomerfolie auf Bitumen, 1 mm Trapezblech, Kies 50 mm, $R_{w,P} = 42$ (Messung von unten nach oben)

Stahlleichtdächer mit Mineralfaserdämmschichten

Hier sind sowohl Warmdachaufbauten mit schweren, druckfesten Mineralfaserplatten und Foliendichtung oder bituminöser Dichtung gebräuchlich, als auch leichte Mineralfaserfilze oder Mineralfasermatten, die zwischen einer die Metalldachhaut tragenden Metallunterkonstruktion verlegt werden. Bild 4.4.7-3 zeigt skizzenhaft derartige Konstruktionen. Die dazu gehörige Schalldämmung ist aus Bild 4.4.7-3 ersichtlich.

4.4.7 Leichte Hallendächer und Industriedächer

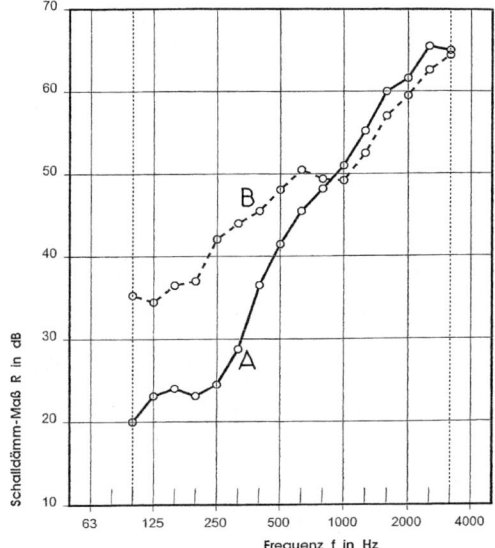

Bild 4.4.7-2 Abhängigkeit der Schalldämmung von der Frequenz für ein Stahlleichtdach mit Schaumglasdämmung und einer zusätzlichen Mineralfaserdämmschicht. Vor allem tieffrequent kann durch Bekiesung eine deutliche Verbesserung erzielt werden
A Dach, $R_{w,P}$ = 40 dB
B Dach wie vor, jedoch zusätzlich mit 60 mm Kies (90 kg/m²), $R_{w,P}$ = 51 dB
(Messung von unten nach oben)

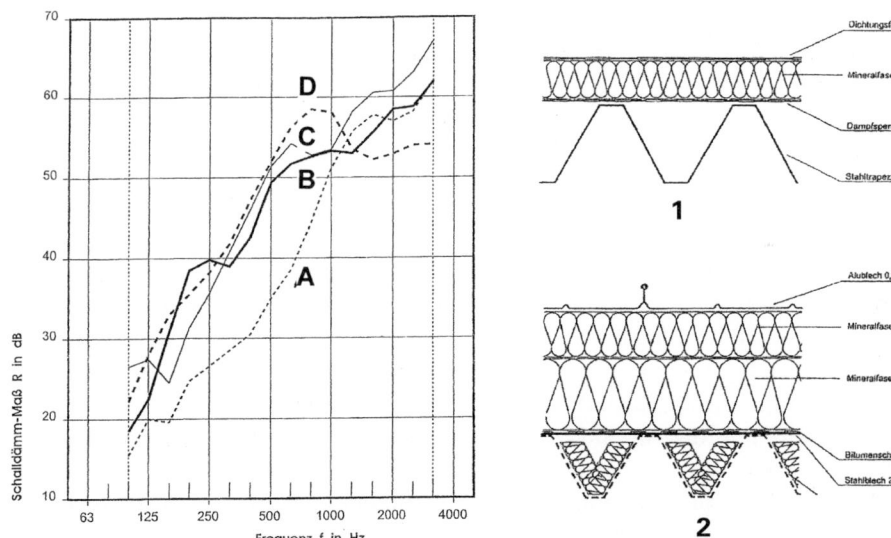

Bild 4.4.7-3 Systeme schalldämmender Trapezblechdächer (d = 0,88 mm) mit Mineralfaserdämmschichten
A mit 1,5 mm Dichtungsfolie eingedeckt, 80 mm MF, $R_{w,R}$ = 37 dB (Skizze 1)
B mit Kalzip-Aluminiumscharen, 120 mm MF, $R_{w,R}$ = 47 dB (Skizze 2)
C mit Kalzip-Aluminiumscharen, 240 mm MF, $R_{w,R}$ = 47 dB (Skizze 2)
D mit Kalzip-Aluminiumscharen, 170 mm MF, 9,5 mm GKB auf dem Trapezblech, $R_{w,R}$ = 49 dB

Speziell bei Stahlleichtdächern mit aufgeständerter Metall-Eindeckung lassen sich einerseits durch die zur Verfügung stehenden Konstruktionsparameter, insbesondere Dicke und Rohdichte der Dämmschicht, Dicke der Trapezbleche, Einbau zusätzlicher Beschwerungsplatten und die Konstruktionshöhe bereits mit einfachen Konstruktionen bewertete Schalldämmmaße um ca. $R_w = 40$ dB, bei entsprechenden Mehraufwendungen jedoch auch besonders hohe Schalldämmmaße um $R_w = 55$ dB erzielen. Bei derartigen Dächern ist es insofern dann, wenn die zu bauende Dachfläche groß ist, im Regelfall sinnvoll, einen Prototyp der vorgesehenen Dachkonstruktion im schalltechnischen Labor auf Schalldämmung überprüfen zu lassen, um gegebenenfalls noch durch zusätzliche Maßnahmen bestehende Defizite kompensieren zu können. Genauso häufig ist es jedoch möglich, die vorgesehene Konstruktion „abzumagern". So konnte z. B. durch eine mehrtägige Untersuchung einer Dachkonstruktion im Dachprüfstand festgestellt werden, dass einige Konstruktionsmerkmale zur Erfüllung der ausgeschriebenen Schalldämmung gar nicht erforderlich waren, so dass mehrere 100.000,00 DM eingespart werden konnten, denen lediglich ca. 7.000,00 DM an Prüfkosten gegenüber zu stellen waren.

Stahlleichtdächer mit Fescodämmschichten
Mit Wärmedämmplatten aus expandiertem Perlite mit Cellulosefasern (Fesco) können ebenfalls hohe Schalldämmmaße erzielt werden, da die Dämmplatten eine vergleichsweise hohe Rohdichte (150 kg/m^3 bis 200 kg/m^3) und eine hohe innere Dämpfung aufweisen. Für Stahltrapezblechdächer mit 1,5 mm dicker Folieneindeckung zeigt Bild 4.4.7-5 die Schalldämmung in Abhängigkeit vom Aufbau.

4.4.7.3 Sonstige Leichtdächer

Holzelement-Dächer
Werksmäßig gefertigte Dachelemente aus Holz, im Regelfall mit raumseitig fertiger und schallabsorbierender Verkleidung sowie einer oberseitigen Noteindichtung, werden mit Holz- oder Stahlblech-Tragrippen und zwischenliegender Mineralfaserdämmschicht in vielen Varianten angeboten. Bild 4.4.7-6 zeigt einige Konstruktionen derartiger Elemente, die im Regelfall bewertete Schalldämmmaße von $R_{w,P} = 45$ bis 55 dB aufweisen. Für das in Skizze A dargestellte Element ist der Verlauf der Schalldämmung über der Frequenz in Bild 4.4.7-7 abgebildet. Bedingt durch die leichte Aluminiumblecheindeckung ist die Schalldämmung im tiefen Frequenzbereich gering, Bauweisen mit schwerer oberer Schale schneiden hier besser ab. Durch Befestigung der unterseitigen GK-Bekleidung an Hut-Federschienen kann jedoch insgesamt eine Verbesserung erzielt werden, auch ab 100 Hz immerhin zwischen 5 und 8 dB.

4.4.7 Leichte Hallendächer und Industriedächer

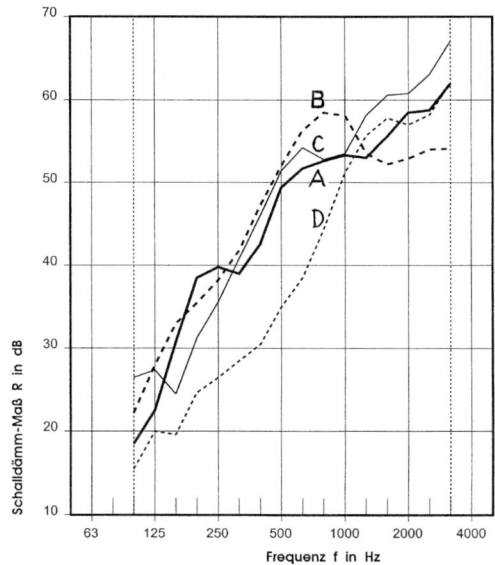

Bild 4.4.7-4 Abhängigkeit der Schalldämmung von der Frequenz und bewertetes Schalldämmmaß von Stahlleichtdächern mit Mineralfaserdämmschichten unterschiedlicher konstruktiver Aufbauten
A Dichtung 0,8 mm, Dämmschicht 120 mm MF, 0,75 mm Trapezblech, $R_{w,R}$ = 47
B Dichtung 1,0 mm Alu, Dämmschicht 120 mm MF, 0,75 mm Trapezblech, 9,5 mm GKB (jeweils auf Trapezblech aufgelegt), $R_{w,R}$ = 49
C Dichtung 1,0 mm Alu, Dämmschicht 240 mm MF, 0,88 mm Trapezblech, 2 mm Stahlblech (jeweils auf Trapezblech aufgelegt), 4 mm Aluschweißbahn, $R_{w,R}$ = 47
D Dichtung 1,5 mm Folie, Dämmschicht 80 mm MF, 0,775 mm Trapezblech, 0,6 mm Folie (jeweils auf Trapezblech aufgelegt), $R_{w,R}$ = 37

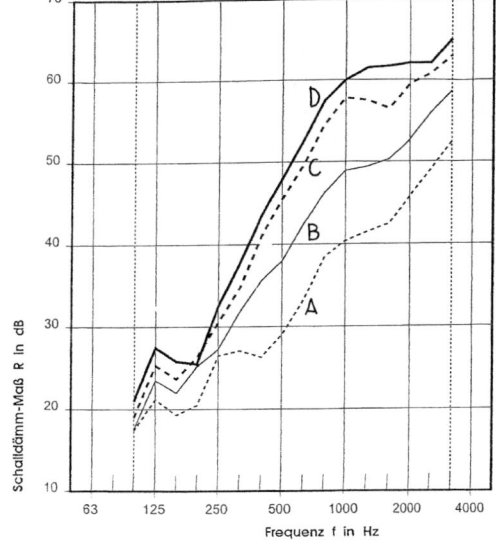

Bild 4.4.7-5 Abhängigkeit der Schalldämmung von Stahlleichtdächern mit Fesco-Dämmplatten, jeweils mit 1,5 mm Folien-Dichtungsbahn, Trapezblech 1,5 mm
A Fesco-Verbundplatte 120 mm (60 mm Fesco + 60 mm Mineralfaserplatte, $R_{w,P}$ = 35 dB
B wie A, zusätzlich 0,6 mm Dampfsperre, $R_{w,P}$ = 40 dB
C wie B, modifizierter Aufbau, $R_{w,P}$ = 43 dB
D wie A, zusätzlich 10 mm Gipsfaserplatte und 13 mm Mineralfasertrittschalldämmplatte unter der Dämmschicht, $R_{w,P}$ = 45 dB

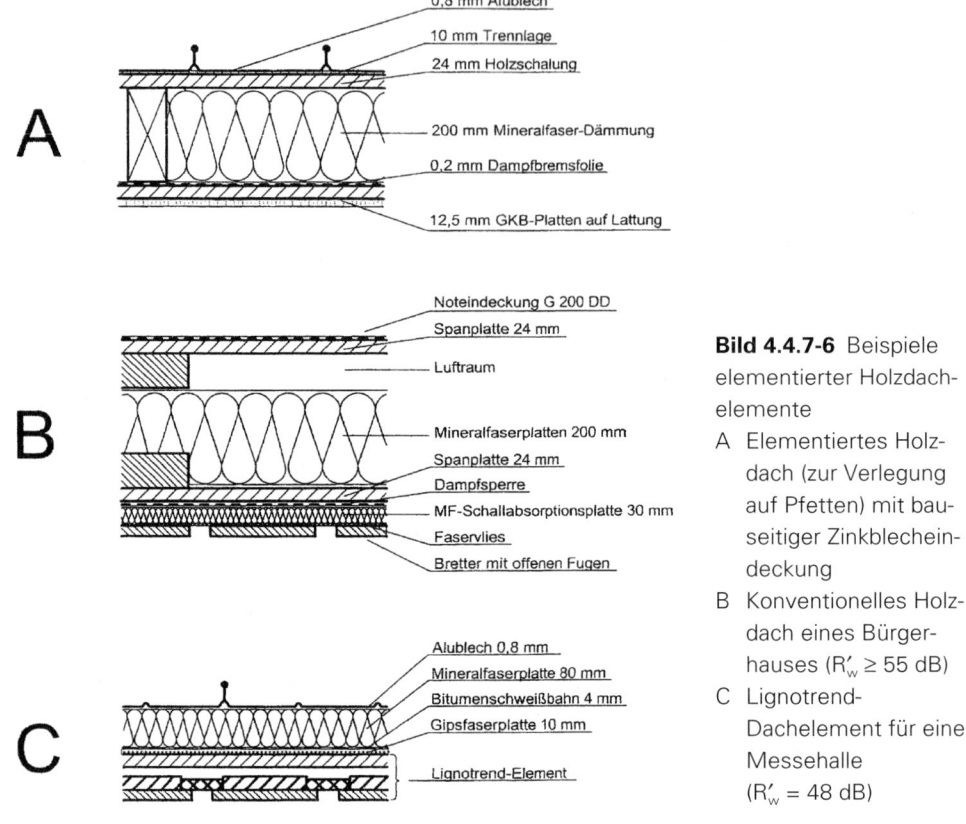

Bild 4.4.7-6 Beispiele elementierter Holzdachelemente
A Elementiertes Holzdach (zur Verlegung auf Pfetten) mit bauseitiger Zinkblecheindeckung
B Konventionelles Holzdach eines Bürgerhauses ($R'_w \geq 55$ dB)
C Lignotrend-Dachelement für eine Messehalle ($R'_w = 48$ dB)

Früher übliche Leichtdächer

Zur Beurteilung bestehender Gebäude, die z. B. umgenutzt werden, ist häufig die nachträgliche Aufstellung einer Schallimmissionsprognose für das Bestandsgebäude, jedoch mit verändertem Innengeräuschpegel erforderlich. Für Konstruktionen der 1960er bis 1980er Jahre können hierbei Messergebnisse einer umfangreichen Untersuchung Mitte der 1970er Jahre herangezogen werden [122]. Bild 4.4.7-8 zeigt hierzu Beispiele derartiger Konstruktionen.

4.4.7 Leichte Hallendächer und Industriedächer

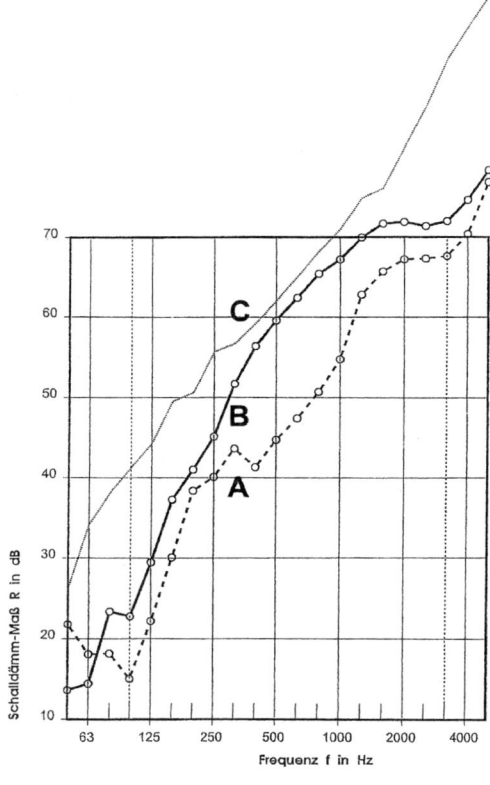

Bild 4.4.7-7 Elementierte Holzdachelemente, Abhängigkeit der Schalldämmung von der Frequenz
A Holzdach nach Skizze A in Bild 4.4.7-6, unterseitige 12,5 mm GK-Platten-Verkleidung starr auf Lattung verschraubt, $R_{w,P}$ = 46 dB
B wie A, GK-Verkleidung jedoch elastisch auf Hut-Federschienen, $R_{w,P}$ = 54 dB
C Objektspezifische Grenzschalldämmung des Prüfstandes

4.4.7.4 Besonderheiten bei leichten Dächern

Messrichtung, Begrünung

Wie schon erwähnt, ist die Messrichtung bei leichten Hallendächern in den nachfolgend beschriebenen Fällen von entscheidendem Einfluss auf die Schalldämmung.

Während generell bei der Schalldämmung das Gesetz der Reziprozität gilt, und z. B. eine Mauerwerkswand, beidseitig verputzt, in beiden Messrichtungen das gleiche Messergebnis ergibt, ist insbesondere bei Leichtdächern mit Kies oder Begrünungsaufbau das Ergebnis von der Messrichtung abhängig. Bei Beschallung von unten wirkt der Kies oder der Begrünungsaufbau als Beschwerungslage auf der Dichtung, so dass das bewertete Schalldämmmaß der Gesamtkonstruktion um 1 bis 3 dB höher ausfällt als bei Beschallung von oben. Bei Beschallung von oben wirkt der Kies praktisch akustisch transparent, der Schall greift direkt an der Dachhaut an. Bei Begrünungsaufbauten ist die schalltechnische „Transparenz" geringer, so dass hier die Unterschiede in der Messrichtung ebenfalls geringer ausfallen. Bild 4.4.7-9 zeigt die Schalldämmung eines Daches mit unterschiedlicher Messrichtung bei Bekiesung.

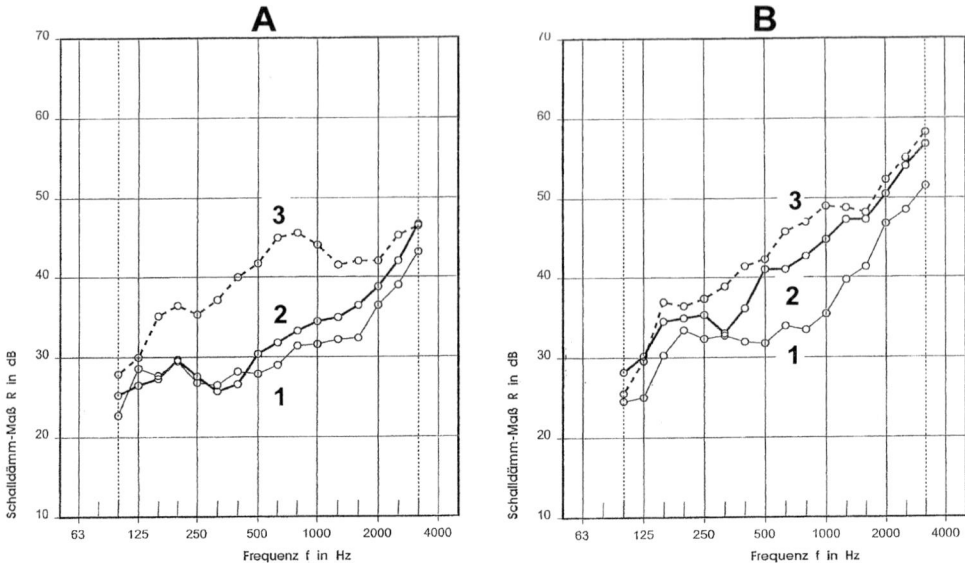

Bild 4.4.7-8 Dächer von Bestandsgebäuden vor 1980, Abhängigkeit der Schalldämmung von der Frequenz, Abhängehöhe der Unterdecke ca. 50 cm [122]

A Welleternitdächer
1 Unterdecke 16 mm Mineralfaserplatten, $R_{w,P} = 32$ dB
2 Unterdecke 20 mm Mineralfaserplatten, $R_{w,P} = 34$ dB
3 Unterdecke 15 mm GKB-Platten mit 40 mm Mineralfasermatten-Auflage, $R_{w,P} = 40$ dB

B Dächer mit Holzschalung und Bitumenbahnen-Dichtung
1 Unterdecke 16 mm Mineralfaserplatten, $R_{w,P} = 36$ dB
2 Unterdecke 50 mm Mineralfaserplatten, $R_{w,P} = 41$ dB
3 Unterdecke 12,5 mm GKB-Platten mit 40 mm Mineralfasermatten-Auflage, $R_{w,P} = 44$ dB

Begrünungsaufbauten aus Drainageschicht, Vlies, Substrat und Pflanzen bewirken darüber hinaus noch weitere Unterschiede, die durch die Feuchtigkeit im Substrat entstehen. Während bei einer intensiven Begrünung durch die im Regelfall automatische Bewässerung sichergestellt ist, dass eine gewisse Minimalfeuchtigkeit gegeben ist, die dann auch bei der messtechnischen Untersuchung abgebildet werden kann, ist bei extensiver Begrünung von einer Prüfung eines absolut trockenen extensiven Begrünungsaufbaus auszugehen. Bild 4.4.7-10 zeigt ein Beispiel der Schalldämmung eines begrünten Daches in trockenem und im befeuchteten Zustand.

4.4.7 Leichte Hallendächer und Industriedächer

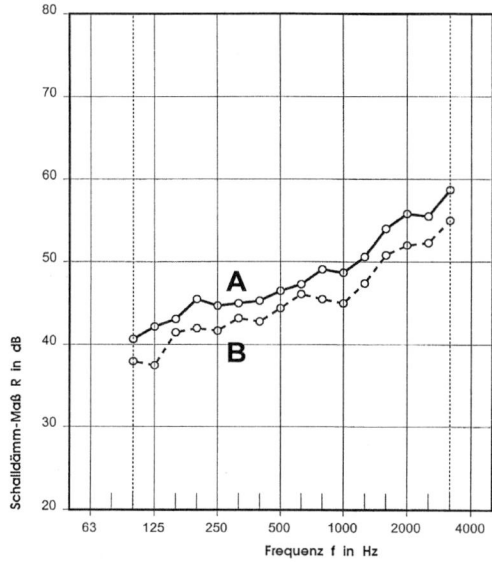

Bild 4.4.7-9 Einfluss der Messrichtung auf die Schalldämmung eines bekiesten Stahlleichtdaches
A Messrichtung von unten nach oben, $R_{w,P}$ = 51 dB, Anwendungsfall „Schallimmissionsschutz"
B Messrichtung von oben nach unten, $R_{w,P}$ = 48 dB, Anwendungsfall „Schallschutz gegen Außenlärm"

Niederschlagsgeräusche

Leichte Dächer mit harten Eindeckungen zeigen eine weitere Besonderheit. Bei starkem Regen oder Hagel ergeben sich unter derartigen Dächern ernstzunehmende Schalldruckpegel. Nicht immer ist die Situation so dramatisch wie in den 1970er Jahren bei einer Konzerthalle, als ein plötzlicher Starkregen mit Hagelanteilen in der bereits vollbesetzten Halle zu so hohen Schalldruckpegeln führte, dass der (weltberühmte) Dirigent die Veranstaltung platzen ließ. Für die betroffene Stadt war dies Anlass, eine zweite Dachschale über der denkmalgeschützten historischen Dach-

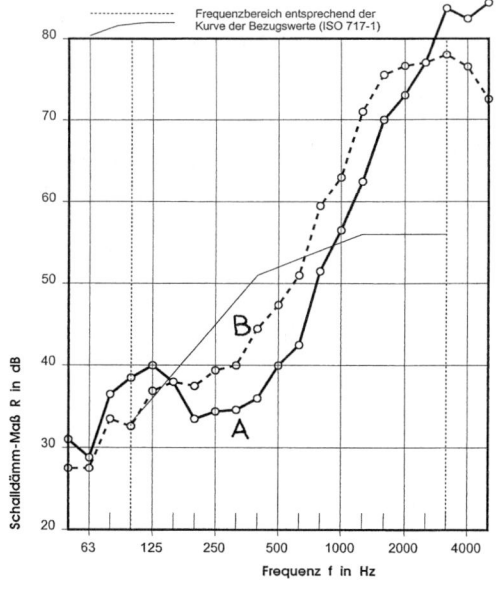

Bild 4.4.7-10 Schalldämmung eines Stahlleichtdaches mit Begrünungsaufbau (ohne Pflanzen), im trockenen und im befeuchteten Zustand
A Leichtdach aus Trapezblech (bituminöse Dichtung mit Drainage, Vlies und Substrat, 2 × 12,5 mm GKB, 140 mm Mineralfaserplatte), $R_{w,P}$ = 45 dB
B wie A, jedoch 15 l Wasser/m² aufgebracht, $R_{w,P}$ = 51 dB

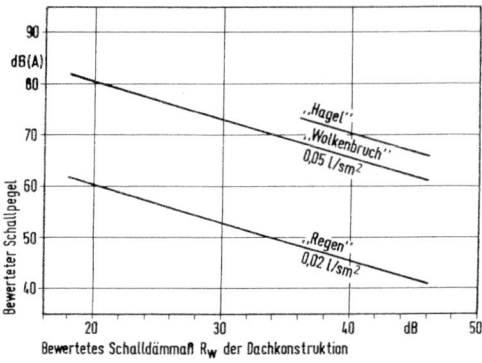

Bild 4.4.7-11 Orientierende Abhängigkeit von Niederschlagsgeräuschen bei Starkregen unter Stahlleichtdächern in Abhängigkeit von deren bewertetem Schalldämmmaß [123]

schale zu errichten und die zweite Dachschale in Bezug auf Niederschlagsgeräusche schalltechnisch zu ertüchtigen. Hierzu wurden diverse Prototypen im Dachprüfstand schalltechnisch untersucht.

Als Quintessenz der entsprechenden Untersuchungen kann Bild 4.4.7-11 eine grobe Planungshilfe bieten. Hier ist der zu erwartende Schalldruckpegel bei simuliertem starkem Gewitterregen in Abhängigkeit vom bewerteten Schalldämmmaß der Dachkonstruktion dargestellt. Die damals erzielten Messergebnisse [123] sind nur näherungsweise mit neueren Messergebnissen nach [124] vergleichbar. Nach Auffassung des Autors kann jedoch keinesfalls hieraus geschlussfolgert werden, dass Messergebnisse nach der neuen, wesentlich differenzierteren (aber auch „bürokratischeren") Norm zu praxisgerechteren Ergebnissen führt als der Test vor 30 Jahren.

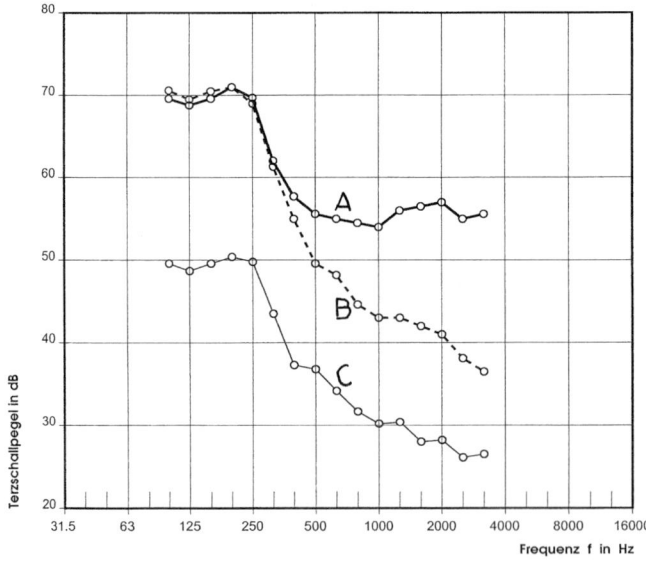

Bild 4.4.7-12 Spektrum des Niederschlagsgeräusches unter einem Leichtdach mit Blecheindeckung in Abhängigkeit von der Art des Niederschlags, bezogen auf eine äquivalente Absorptionsfläche von $10\ m^2$
A Hagel, $L_{AFmax} = 68$ dB(A), $L_{lin,F,max} = 76$ dB
B Starkregen, $L_{AFmax} = 65$ dB(A), $L_{lin,F,max} = 76$ dB
C Landregen, $L_{AFmax} = 46$ dB(A), $L_{lin,F,max} = 56$ dB

4.4.8 Oberlichter, Glasdächer, Lichtkuppeln
(Dachflächenfenster in geneigten Dächern siehe 4.4.6)

4.4.8.1 Allgemeines

Sowohl Oberlichter als auch Lichtkuppeln dienen der natürlichen Belichtung von Räumen von oben. Die Unterscheidung zwischen beiden Systemen erfolgt im Regelfall dadurch, dass man mit Oberlichtern und Glasdächern großflächige oder lineare Konstruktionen definiert, die individuell geplant und konstruiert und aus Einzelkomponenten auf der Baustelle zur endgültigen Konstruktion zusammengesetzt werden. Dem gegenüber handelt es sich bei Lichtkuppeln um vorgefertigte Einzelelemente aus Montagekranz und Belichtungsfläche (mit zwangsläufig begrenzter Größe), welche betriebsfertig im Werk vormontiert und auf der Baustelle nur noch eingesetzt werden.

4.4.8.2 Oberlichter, Glasdächer

Bei Oberlichtern sind insbesondere lineare Konstruktionen (sogenannte „Lichtraupen") in gewölbter (Tonnendach-)Konstruktion, als Satteldächer mit einseitiger oder beidseitiger Verglasung oder als Pultdachkonstruktion, bei der die Verglasung meist zur Nordseite orientiert und das eigentliche Pultdach geschlossen ausgebildet ist, in Gebrauch. Für die transparenten Flächen sind überwiegend Kunststoffsysteme auf dem Markt, insbesondere

– Doppel- und Mehrstegplatten aus Polykarbonat oder Polyacryl-Kunststoff
– Polyesterelemente, glasfaserverstärkt mit wärmedämmender und lichtstreuender Einlage.

Bei der Planung, Ausschreibung und Ausführung derartiger Elemente ist zu beachten, dass im Regelfall nur für das transparente Plattenmaterial Prüfzeugnisse des Schallschutzes, nicht jedoch für komplette Elemente vorgelegt werden können. Bei der Ausschreibung muss somit der ausdrückliche Hinweis auf das ausgeschriebene Element und die lichte Rohbauöffnung als Bezugsfläche vorgegeben werden. Dennoch ist zu erwarten, dass bei der Abgabe der Angebote lediglich Prüfzeugnisse des Plattenmaterials vorgelegt werden. Viele Hersteller glauben sogar, dass Prospektangaben zur Qualifikationsprüfung ausreichend sind und wollen die Prüfzeugnisse nicht zur Verfügung stellen (oft nur deshalb, weil diese schon sehr alt sind).

Bei Glaselementen werden zertifizierte Verglasungen mit nachgewiesenem Schallschutz (im Regelfall Prüfstandswerte $R_{w,P}$) zum Einsatz kommen, die in zertifizierte Rahmensysteme eingebaut werden. Durch den Umstand, dass bei derartigen Systemen im Regelfall umfangreiche Beregnungsversuche zur Überprüfung der Wasserdichtigkeit bei Sturm durchgeführt werden, kann auch die „akustische Dichtigkeit" angenommen werden.

Betretbare oder begehbare Verglasungen, im Regelfall horizontal oder sehr schwach geneigt, weisen aus konstruktiven Gründen darüber hinaus auch so dicke Glasschichten auf, dass praktisch vorkommende Anforderungen an die Schalldämmung derartiger Glasdachflächen im Normalfall leicht nachgewiesen werden können. Bei Glasdächern, aber auch bei „echten" Verglasungen von Oberlichtern, können die unter Abschn. 4.9 für Fassaden angegebenen Planungs- und Ausführungskriterien zugrunde gelegt werden.

4.4.8.3 Lichtkuppeln

Lichtkuppeln kommen in quadratischer, rechteckiger und runder Ausführung auf den Markt. Die eigentliche Lichtkuppel besteht im Regelfall aus Polyacryl oder Polykarbonat (Makrolon) in zwei- bis sechsschaliger Ausführung. Der in die (Flachdach-) Dachhaut einzubindende Montagekranz besteht im Regelfall aus glasfaserverstärktem Polyester mit Polyurethanschaum-Dämmung und ggf. schalltechnischen Verstärkungen. Bild 4.4.8-1 zeigt die Abhängigkeit der Schalldämmung über der Frequenz für verschiedene Lichtkuppeln. Ebenso wie bei Verglasungen bewirkt eine zusätzliche (aus wärmeschutztechnischen Gründen gewählte) Schale kaum eine nennenswerte Verbesserung der Schalldämmung, da die zwischen den äußeren Scheiben liegenden dritten oder vierten Schalen jeweils wesentlich dünner sind, da sie keiner nennenswerten mechanischen Beanspruchung unterliegen. Eine deutliche Verbesserung der Schalldämmung kann aber durch wesentlich dickere Kunststoffscheiben, bis zu 10 mm Dicke, und größeren Scheibenabstand erreicht werden, wie aus Bild 4.4.8-2 anhand einer sattelförmigen Oberlichtkonstruktion der Fa. Börner, 64569 Nauheim, deutlich wird. Es können mit 10 mm dicken Scheiben (bei 60 mm Scheibenzwischenraum) $R'_{w,P}$ = 38 dB erreicht werden. Bild 4.4.8-3 zeigt die Abhängigkeit der Schalldämmung von der Frequenz von zwei ausgewählten Kuppeln dieser Bauart. Werden höhere Schalldämmmaße als ca. R'_w = 25 dB benötigt, kommt im Regelfall nur eine zusätzliche untere horizontale transparente Schale aus Stegplatten oder aus Sicherheitsglas in Frage. Mit derartigen Konstruktionen sind bewertete

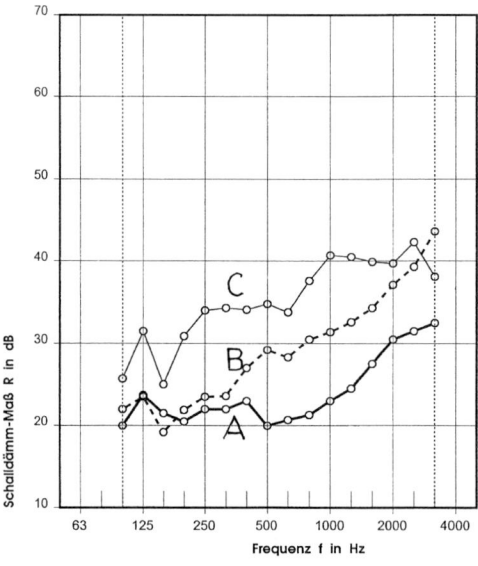

Bild 4.4.8-1 Schalldämmung von Lichtkuppeln. Abhängigkeit des Schalldämmmaßes von der Frequenz verschiedener Lichtkuppelsysteme im Labor, jeweils mit „Plexiglas" (-Polyacrylscheiben) verglast

A Klassische Polyacrylkuppel
   3 mm/SZR 25 mm/3 mm, $R_{w,P}$ = 26 dB

B Verbesserte Polyacrylkuppel
   3 mm/SZR 30 mm/3 mm, $R_{w,P}$ = 32 dB

C „Satteldach"-Oberlicht, Polyacryl
   10 mm/SZR 60 mm/3 mm,
   $R_{w,P}$ = 38 dB

4.4.8 Oberlichter, Glasdächer, Lichtkuppeln

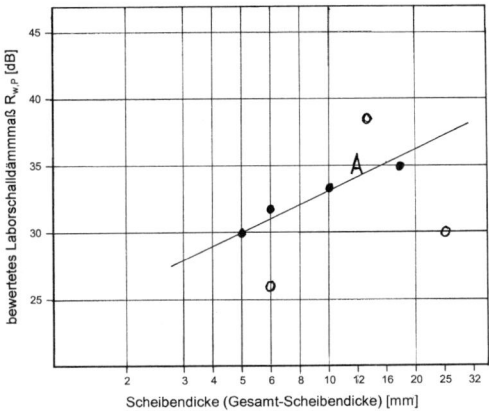

Bild 4.4.8-2 Abhängigkeit des bewerteten Schalldämmmaßes bei satteldachförmigen Oberlichtern aus doppelschaligen Polyacryl-Belichtungsflächen der Fa. Börner GmbH, 64569 Nauheim, von der Gesamtdicke aller Polyacrylscheiben in mm
A zum Vergleich: Kurve für Glasscheiben nach [80]
● Satteldach-Lichtkuppeln
○ sonstige Lichtkuppeln

Schalldämmmaße über $R'_w = 45$ dB erreichbar. Bei der Konstruktion und Ausführung derartiger Systeme ist jedoch zu beachten, dass die seitliche Verkleidung des Lichtschachtes zwischen der Lichtkuppel und der unteren Verglasung in Verbindung mit der im Regelfall abgehängten Unterdecke sorgfältig konstruiert werden muss, um das volle Schalldämmmaß zu erreichen.

Mit einer schallabsorbierenden Verkleidung der Laibung unterhalb der Lichtkuppel kann die Schalldämmung verbessert werden. Bild 4.4.8-4 zeigt eine Verbesserung um 5 dB. Hierbei ist aber zu beachten, dass bei größeren Lichtkuppeln (durch den sinkenden Quotienten von Umfang zur Fläche) und durch weniger tiefe Laibungen die Verbesserung deutlich geringer ausfällt, ebenso natürlich durch Laibungsverkleidungen mit geringerem Schallabsorptionsgrad.

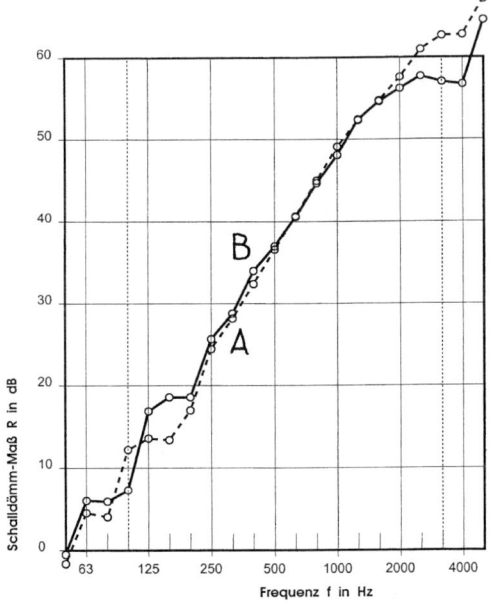

Bild 4.4.8-3 Beispielhafte Darstellung der Schalldämmung von zwei Lichtkuppeln nach Bild 4.4.8-2
A „Verglasung" 10/60/8, $R_{w,P} = 35$ dB
B „Verglasung" 8/60/6, $R_{w,P} = 34$ dB

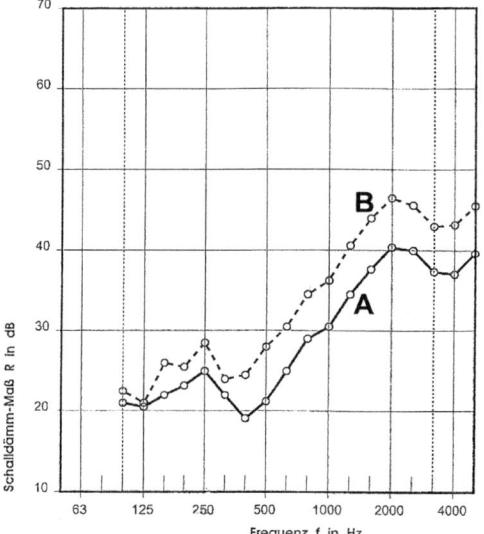

Bild 4.4.8-4 Schalldämmung einer sechsschaligen (!) Lichtkuppel mit schallabsorbierender Laibung
A Lichtkuppel ohne zusätzliche Maßnahmen, $R_{w,P}$ = 29 dB
B Lichtkuppel (wie A) mit zusätzlicher schallabsorbierender, 40 cm hoher Laibungsverkleidung aus 40 mm Mineralfaserplatten, vlieskaschiert, $R_{w,P}$ = 34 dB

Von Lichtkuppeln liegen im Regelfall Prüfzeugnisse der Schalldämmung vor. Hierbei ist jedoch zu beachten, dass zwischen der im Labor geprüften Größe (häufig mit kleinen Prüfflächen unter 2 m²) und der am Bau eingebauten Lichtkuppelgröße schalltechnische Unterschiede resultieren. Der Lichtkuppelhersteller muss dies im Angebot berücksichtigen. Ebenso wie bei Oberlichtern ist deshalb in der Ausschreibung das lichte Rohbaumaß der Öffnung anzugeben, auf das sich das bewertete Schalldämmmaß bezieht. In kritischen Fällen sollte eine Güteprüfung des Schallschutzes am Bau an einem ersten ausgeführten Prototypen vereinbart werden.

4.4.8.4 RWA-Anlagen (Rauch- und Wärmeabzugsanlagen)

Bei in Dächern eingebauten RWA-Anlagen unterscheidet man zwischen Lichtkuppeln oder anderen Oberlichtern, die öffenbar sind, und lichtundurchlässigen Konstruktionen, sogenannten „Blindklappen", bei der die Rahmenkonstruktion mit wärmedämmenden und im Regelfall auch schalldämmenden Paneelen bestückt wird. Mit diesen Elementen ist bei vergleichsweise geringen Kosten und geringen Gewichten im Normalfall eine höhere Schalldämmung als mit verglasten RWA-Anlagen erreichbar. Bild 4.4.8-5 zeigt das Schalldämmmaß über der Frequenz einer RWA-Blindklappe. Auch hier gelten die Hinweise zu den vorgelegten Prüfzeugnissen der Hersteller, wie sie unter Abschn. 4.4.8.3 näher erläutert wurden.

4.4.8 Oberlichter, Glasdächer, Lichtkuppeln

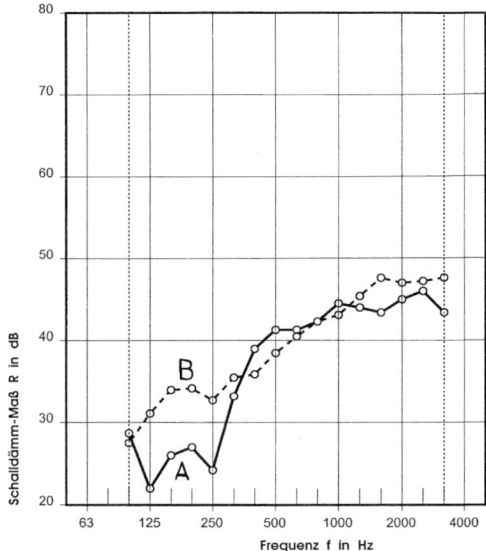

Bild 4.4.8-5. Schalldämmung einer Rauch- und Wärme-Abzugseinrichtung (RWA-Klappe), nicht lichtdurchlässig (sogenannte Blindklappe) der Fa. Börner GmbH, 64569 Nauheim
A übliche Ausführung, $R_{w,P}$ = 41 dB
B mit Beschwerung (zur Erfüllung projektspezifischer Anforderungen):
  erf. R_w = 40 dB), $R_{w,P}$ = 43 dB

4.5 Innentüren

4.5.1 Allgemeines

Der Schallschutz der Innentüren definiert bei vielen Projekten das Gesamtniveau des internen Schallschutzes. Werden z. B. aus Kostengründen keine ausreichend bemessenen schalldämmenden Türen geplant und realisiert, ist auch bei einem sonst hohen Standard des Schallschutzes mit ausreichend schalldämmenden Decken und Wänden ein unbefriedigendes Ergebnis zu erwarten. Naturgemäß ist dieser Effekt in kleinen Räumen, in denen der Anteil der Türfläche an der Wandfläche größer und der Abstand des schutzbedürftigen Arbeitsplatzes zur Tür geringer ist, bedeutsamer als in großen Räumen. Trotz dieser bereits lange bekannten Zusammenhänge stellen mangelhaft ausgeführte schalldämmende Türen auch heute noch einen Schwerpunkt in der Bauschadensstatistik aus akustischer Sicht dar. Dabei sind sowohl Planungsfehler als auch Ausführungsfehler etwa gleichrangig vertreten. Nachfolgend sollen deshalb sowohl für die Planung als auch für die Ausführung und Abnahme schalldämmender Türen die wichtigsten Problemkreise dargestellt werden. Die Schalldämmung von Außentüren (z. B. Wohnungseingangstüren von Laubengängen) kann im Regelfall nach den planerischen Maßnahmen für den Schallschutz von Fenstern (siehe Abschn. 4.9) beurteilt werden.

4.5.2 Anforderungen

Die an das bewertete Schalldämmmaß von schalldämmenden Innentüren zu stellenden Anforderungen sind in der nachfolgenden Tabelle 4.5-1 zusammengefasst, wobei die Nutzung der angrenzenden Räume für die Festlegung der Schalldämmung das entscheidende Kriterium ist. Der Rechenwert $R_{w,R}$ kann dabei in erster Näherung dem am Bau geforderten Wert R_w gleichgesetzt werden. Für die Ausschreibung ist zusätzlich jedoch immer der Prüfstandswert $R_{w,P}$ des betriebsfertigen Türelementes vorzugeben. Auf die hier gegebenen Problematiken wird im Folgenden hingewiesen.

4.5.3 Schalldämmung im Labor

Seit ca. 1990 werden entsprechend DIN 4109-89 komplette Türelemente im betriebsfertigen Zustand, bestehend aus Zarge, Zargendichtung, Türblatt (mit Beschlägen) und gegebenenfalls eine Bodendichtung im Labor geprüft. Die Prüfung von Türblättern erfolgt nur noch intern zu Entwicklungs- und Qualitäts-Sicherungszwecken. Hierzu werden die Türblätter in der Prüfstandsöffnung mit Dichtstoff angedichtet („eingekittet"). Die dämpfende Randfuge verbessert dabei (unbeabsichtigt) die Schalldämmung des Blattes.

Bei der Umsetzung der Ergebnisse von Laborprüfungen in die jeweilige Bauplanung ist zu beachten, dass (im Gegensatz zu Fenstern, Wänden und Decken) für Türen die Maße der Prüfstände nicht international genormt sind. Die Prüfstandsöffnung für den Einbau der Türelemente ist somit von Laboratorium zu Laboratorium unterschiedlich. Dennoch sind die Ergebnisse vergleichbar, von besonderen Situationen abgesehen. Auf eine solche besondere Situation wird unter Abschn. 4.5.4.6 eingegangen.

4.5.3 Schalldämmung im Labor

Tabelle 4.5-1 Anforderungen an das bewertete Schalldämmmaß von Türen (Prüfstandswert $R_{w,P}$ und Rechenwert $R_{w,R}$ in dB) in Abhängigkeit von der Raumnutzung

Nutzung	Anforderung DIN 4109	erforderliches bewertetes Schalldämmmaß in dB		Bemerkung
		Rechenwert $R_{w,R}$	Prüfstandswert $R_{w,P}$	
Türen für Büroräume ohne Vertraulichkeitsanforderungen	–	22	27	
Wohnungseingangstüren, die in Flure oder Dielen führen	ja	27	32	
Türen für Büroräume mit einfachen Vertraulichkeitsanforderungen	ja	27	32	
Türen für Büroräume	–	32	37	
Türen von Übernachtungsräumen (Hotels etc.)	ja	32	37	
Türen von Krankenzimmern in Krankenhäusern und Sanatorien	ja	32	37	
Türen von Klassenzimmern	ja	32	37	
Türen von Büros mit erhöhter Vertraulichkeit	–	37	42	
Wohnungseingangstüren die unmittelbar in Wohnräume führen	ja	37	42	
Türen von Untersuchungsräumen etc. in Krankenhäusern	ja	37	42	
Türen für Büroräume mit hohen Vertraulichkeitsanforderungen	–	42	47	
Türen von Spezialräumen mit höchster Vertraulichkeit oder hohen Innenpegeln	–	47	52	individuelle schalltechnische Abnahme erforderlich
Audiometrieräume für wissenschaftliche Untersuchungen	–	52	–	individuelle schalltechnische Abnahme erforderlich

Nur selten wird allerdings das vorgelegte Prüfzeugnis in Bezug auf die geprüften Bauteile Türblatt, Zarge, Zargendichtung, Beschläge und Bodendichtung sowie ggf. von Einbauten dem geplanten Türelement im konkreten Bauvorhaben vollständig entsprechen, weshalb eine Bewertung der Laborprüfzeugnisse vor der Umsetzung notwendig ist. Häufig wird von Bietern bei Ausschreibungen wegen dieser Zusammenhänge die schalltechnische Gewährleistung abgelehnt, was natürlich nicht akzeptiert werden kann. Hierzu ein Beispiel aus der Praxis.

In einem Laborgebäude sollten mehrere Stahltüren (Komplettelemente mit umlaufender Zarge) mit einem bewerteten Schalldämmmaß von erf. $R_w = 40$ dB eingebaut werden. Der Bauherr wählte Türen eines namhaften Stahltür-Herstellers aus, die bei der Nachprüfung der eingebauten Türen durch die zertifizierte Güteprüfung der Autoren jedoch nicht die zu erwartende Schalldämmung brachten. Es zeigte sich, dass eine geringfügig gegenüber der im Labor geprüften Konstruktion geänderte Blechabkantung zu einer deutlichen Undichtigkeit im Bereich der Bodendichtung führte. Der Hersteller wies jegliche Verantwortung von sich. Es war kein Gesprächspartner erreichbar, der auch nur Grundkenntnisse der Bauakustik vorweisen konnte. Vielmehr wurde darauf hingewiesen, dass dieses Türmodell viele hundert Mal pro Jahr verkauft würde und der Schallschutz noch nie beanstandet worden sei. Die vorgenommenen konstruktiven Veränderungen hätten keine Veränderung des Schallschutzes bewirkt und seien aus Gründen der Qualitätsverbesserung erfolgt (!). Bild 4.5-1 zeigt die Kurve der Schalldämmung einer der Türen, wie von der Fachfirma eingebaut, in 24 cm dicken verputzten Kalksandvollstein-Wänden (Kurve A) mit $R_w = 26$ dB.

Nach der vom Autor vorgeschlagenen Nachbesserung ergab sich die in Kurve B ersichtliche Schalldämmung mit $R_w = 44$ dB, die den Anforderungen sicher entsprach.

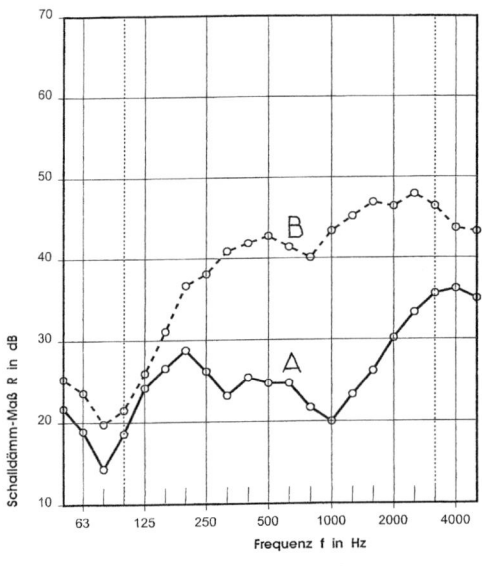

Bild 4.5-1 Schalldämmende Stahltür, Verlauf der Schalldämmung über der Frequenz am Bau, eingebaut von Fachfirma in 24 cm dicke, beidseitig verputzte Kalksandvollstein-Wände

A Wie eingebaut, Undichtigkeit durch werkseitige unqualifizierte Änderung der Konstruktion im Bodenanschluss, $R_{w,P} = 26$ dB

B Nach bauseitiger Korrektur der Undichtheit $R_{w,P} = 44$ dB

4.5.4 Einfluss der Komponenten auf den Schallschutz

4.5.4.1 Türblätter

Bei Wohngebäuden, Verwaltungs- und Krankenhausgebäuden sowie Schulen etc. dominieren heute Türblätter, die im Regelfall aus mehreren Schichten punktuell verleimter Spezialspanplatten hergestellt werden. Nach diesem Prinzip werden ca. 60 bis 80 % aller schalldämmenden Türblätter mit unterschiedlichen Oberflächen, z. B. Furnieren oder Schichtstoffplatten, hergestellt. Einschichtige Spanplattentürblätter (z. B. Röhrenspanplatten-Blätter) werden kaum noch verwendet. Werden Türblätter benötigt, die breitere Umleimer aus konstruktiven Gründen aufweisen müssen, oder in Türblattmitte (im Regelfall in Schlosshöhe) einen Einleimer als Querriegel benötigen, reduziert sich die Schalldämmung des Türblattes durch die damit gegebene höhere Aussteifung. In solchen Fällen ist gegebenenfalls ein höherwertiges Türblatt zu wählen, um die Minderung zu kompensieren. Bild 4.5-2 zeigt schematisch die Abhängigkeit des bewerteten Schalldämmmaßes von der Flächenmasse der Türblätter. Bei größeren Türblattdicken (ca. 80 mm) lassen sich mit derartigen Türblättern Türelemente konstruieren, die bewertete Schalldämmmaße bis zu $R_{w,P} = 47$ dB sicherstellen. Stahlblechtüren mit Schwereinlagen und Mineralfaser-Hohlraumdämpfung sind im Bereich höherer Schalldämmung, bis zu $R_{w,P} = 56$ dB, in Labor- und Forschungsgebäuden, bei Prüfständen, Technikräumen etc. die richtige Wahl. Bild 4.5-3 zeigt die üblichen Türblatttypen schematisch.

4.5.4.2 Zargendichtungen, Rohbauanschluss

Zargendichtungen
Die Zargendichtungen müssen zum einen die Toleranzen sowohl bei der Montage des Türblattes und der Zarge aber auch natürliche Krümmungen der Türblätter ausgleichen, dürfen zum anderen jedoch keine zu großen Gegenkräfte beim Schließvorgang bewirken.

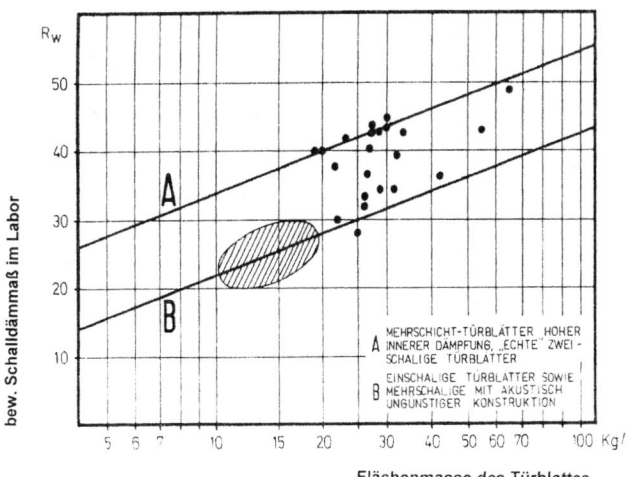

Bild 4.5-2 Abhängigkeit des bewerteten Schalldämmmaßes von Türblättern (im Labor eingekittet gemessen) von der Flächenmasse. Die Punkte entsprechen Messergebnissen handelsüblicher Produkte, der schraffierte Bereich dem Streubereich von Messungen an üblichen „Normaltürblättern" mit Wabenkern oder ähnlich leichtem Aufbau.

Bild 4.5-3 Querschnitte von Türblättern von Schallschutztüren, schematisch
A Einschaliges Spanplatten-Türblatt/Röhrenspanplatte (nur zum Vergleich, für Schallschutztüren wenig geeignet)
B Mehrschichtiges Blatt mit Hohlraumdämpfung
C Mehrschichtiges Blatt mit Spezial-Schallschutzplatten
D Stahltür mit Mineralfaserplatten-Kern
E Stahltür mit Beschwerungslagen

DIN EN 12 217 [79] definiert die zulässigen Bedienkräfte, die mit wachsender Schalldämmung der Tür größer werden dürfen. Eine statische Schließkraft (horizontaler Druck auf den Drücker) von 50 N gilt allgemein als Grenze. Tür-Sachverständige verwenden zur Überprüfung oft eine Kofferwaage (Federwaage), die in den Drücker eingehängt wird.

Geeignete Dichtungsprofile, die bei 10 N/m (entspricht etwa 50 N auf den Drücker) 4 mm Toleranzüberbrückung sichern, zeigt Bild 4.5-4. Direkt mit der Einfederung (und der Anpresskraft) gekoppelt ist die Schalldämmung, wie Bild 4.5-5 deutlich macht (im Labor ermittelt). Wird ein Türelement, welches $R_{w,P}$ = 37 dB im Prüfstand erreicht hat, nicht korrekt eingebaut, so dass man z. B. eine Visitenkarte locker zwischen Türblatt und Zargendichtung einschieben kann, kann die gewünschte Schalldämmung nicht erreicht werden. Bild 4.5-6 zeigt dies, es wurde nur R_w = 27 dB erreicht. Die provisorische Abdichtung der Zargen ergab R_w = 36 dB und eine Kurve der Schalldämmung, die derjenigen im Labor sehr ähnlich war.

Leider sind Prüfzeugnisse von Türherstellern auf dem Markt, in denen einerseits Hinweise zur Bedienbarkeit des im Prüfstand eingebauten Türelementes fehlen, andererseits erstaunlich hohe Messwerte dokumentiert sind. In der alten DIN 52 210 [44] fand sich noch der Hinweis, dass die Türen leichtgängig eingebaut werden sollten und vor dem Prüfvorgang mehrfach geöffnet und geschlossen werden sollten. Dies ist in der zurzeit gültigen Normenreihe der DIN EN ISO 140 [38] leider nicht mehr vorgeschrieben.

4.5.4 Einfluss der Komponenten auf den Schallschutz

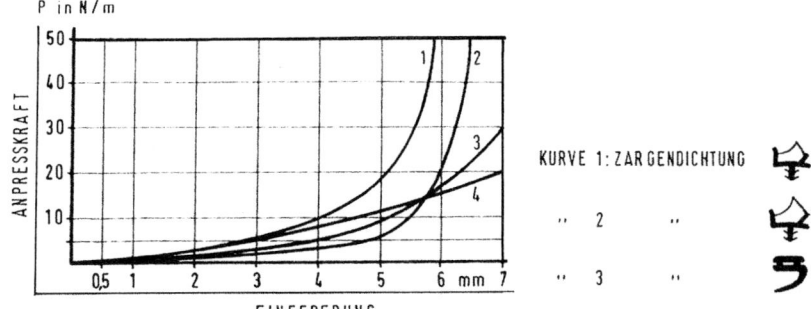

Bild 4.5-4 Akustisch günstige Zargendichtungen
Die anzustrebende Einfederung von 5 mm wird bei einer Anpresskraft von weniger als 20 N/m sicher erreicht. Die Dichtungen sind freistehende Lippenprofile oder Kammerprofile mit angesetzter Lippe, hergestellt aus Elastomermaterialien.

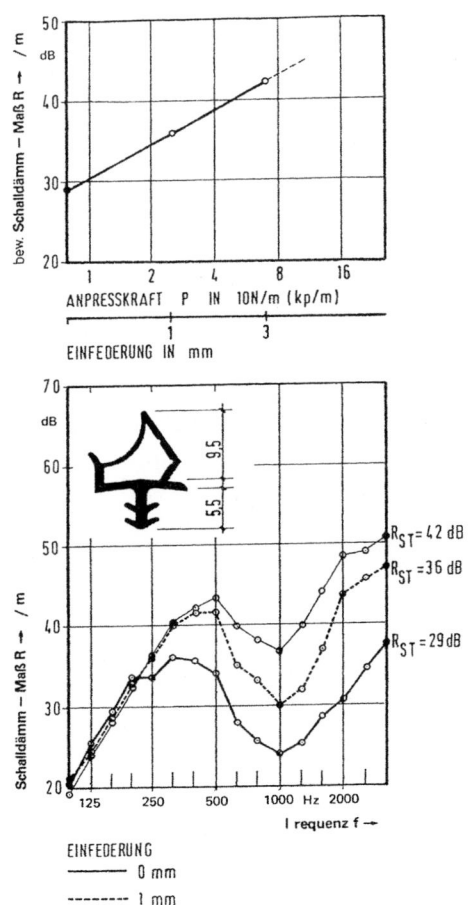

Bild 4.5-5 Schlitzschalldämmung einer 1 m langen Musterdichtung, in der Originalzarge eingebaut gemessen, auf 1 m² bezogen, im Schlitzprüfstand nach [50]. Mit wachsender Anpresskraft zeigt sich eine deutliche Verbesserung des Schlitzschalldämmmaßes R_{ST}.

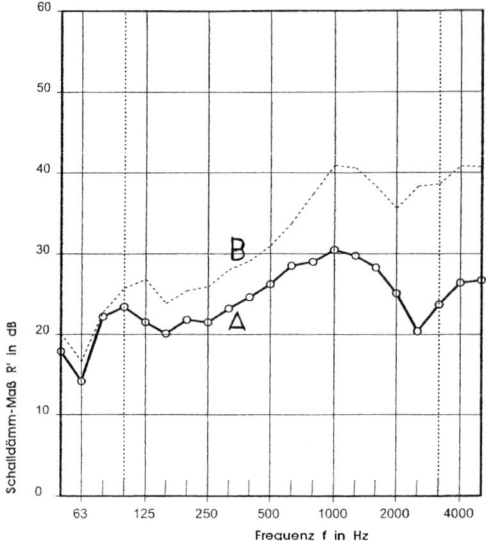

Bild 4.5-6 Güteprüfung des Schallschutzes einer Krankenzimmertür. Aufgrund nicht straff anliegender Zargendichtungen erreicht die Tür mit $R_w = 27$ dB (Kurve A) nicht die bauaufsichtlich vorgeschriebene Mindestanforderung (erf. $R_w = 32$ dB). Durch provisorische Abdichtung der Zargendichtung erreicht man $R_w = 36$ dB (Kurve B).

Fuge zum Rohbau

Die Fuge zwischen Zarge und Rohbauöffnung sollte vollständig mit Zuschnitten aus Mineralfaserplatten oder straff gestopfter loser Mineralwolle gefüllt werden und an beiden Wandoberflächen mit Dichtstoff abgedichtet werden. Anstelle von Mineralfasermaterial kann auch Montageschaum verwendet werden.

4.5.4.3 Zargen

Sowohl mit Holzzargen (im Regelfall aus beschichteten oder furnierten MDF-Zuschnitten) als auch mit Metallzargen sind die meisten bauaufsichtlich gestellten schalltechnischen Anforderungen an Türen heute sicher zu erfüllen. Liegt z. B. von einem Türelement nur eine Prüfung mit Stahlzarge vor, kann durchaus in Verantwortung des Bauleiters das gleiche Türblatt (mit den gleichen Dichtungen etc.) auch in einer Holzzarge ordnungsgemäß eingebaut zum ausreichenden Schallschutz führen. Im Regelfall ist sowohl bei Stahlzargen als auch bei Holzzargen eine beidseitige Ab-dichtung der Zarge zur Wandoberfläche mit Dichtstoff erforderlich. Der Anschluss der Zarge an den Rohbau ist entsprechend dem vorgelegten Prüfzeugnis vorzunehmen.

4.5.4.4 Bodendichtung

Frühe Konstruktionen

In den 1930er Jahren wurden bereits Bodendichtungen bei schalldämmenden Türen eingesetzt. Bild 4.5-7 zeigt eine im damaligen Institut Prof. Dr. *Zeller* (Institut für Schall- und Wärmeschutz, Essen) bis in die 1970er Jahre verwendete und erstmals in den 1940er Jahren eingesetzte manuell gefertigte „Auflaufdichtung", die in Verbindung mit einer flachen Höckerschwelle praktisch verschleißfrei jahrzehntelang funktionierte. Ende der 1960er Jahre machte sich die Firma Jono dieses Prinzip zu eigen und wurde Marktführer mit der Jono S-Dichtung (ebenfalls mit Höckerschwelle), die bis heute noch in vielen tausend Türen in Krankenhäusern, Verwaltungsgebäuden etc. im Einsatz ist (siehe Bild 4.5-8).

4.5.4 Einfluss der Komponenten auf den Schallschutz

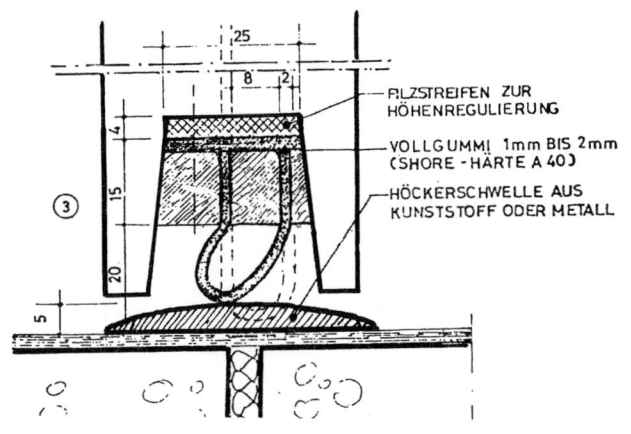

Bild 4.5-7 Historische, handwerklich vom Tischler zu bauende Auflaufdichtung für schalldämmende Türen aus den 1940er Jahren (ISW Institut für Schall- und Wärmeschutz Prof. Dr. Dr. *Zeller*, Essen)

Bild 4.5-8 Standard-Auflaufdichtung mit Höckerschwelle aus den 1960er und 1970er Jahren (Fa. Jost, Schwendi)

Heute übliche Konstruktionen

Ab den 1980er Jahren überwogen dann sich automatisch absenkende Bodendichtungen, die sogenannten Automatikdichtungen der Firmen Athmer, Planet und anderer Firmen. Bild 4.5-9 zeigt eine Auswahl gegenwärtig handelsüblicher, bewährter Bodendichtungen. Bei allen diesen Dichtungen ist der sorgfältige Anschluss der Dichtebene an den Estrich besonders wichtig. Wird z. B. eine Höckerschwelle oder auch eine Flachschwelle für einen Bodendichtungsautomaten auf dem Teppich verschraubt, genügt die minimale Schallenergieübertragung im Teppichflor, die schematisch in Bild 4.5-10 dargestellt ist, um die Schalldämmung des Türelementes auf Werte unter $R_w = 30$ dB zu begrenzen. Die sorgfältige Andichtung der Flachschwelle oder der Höckerschwelle gegen den Estrich mit Silikondichtstoff o. ä. ist deshalb unerlässlich und sollte nach Möglichkeit auch verbal im Leistungsverzeichnis dargestellt werden. Der Hinweis im Leistungsverzeichnis „Ausführung wie im Prüfzeugnis" ist nicht ausreichend, da in den Prüfständen die Flachschwellen meist unmittelbar auf einer Natursteinschwelle oder einem Estrich verlegt sind.

Bei Linoleum- oder Gummibelägen einerseits oder Naturstein- oder Fliesenbelägen andererseits setzt der Bodendichtungsautomat unmittelbar auf dem Bodenbelag auf.

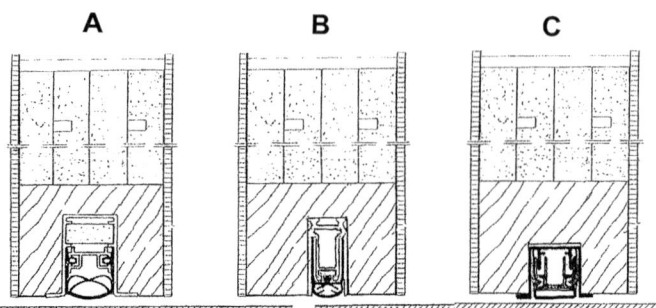

Bild 4.5-9 Beispiele heute üblicher charakteristischer automatischer Bodendichtungen
A Athmer Schall-Ex Ultra (Athmer GmbH, 59757 Sophienhammer)
B Deventer DSD 1530 (Deventer Profile GmbH, 13587 Berlin)
C Planet PU (Fa. Planet GDZ AG, CH-8317 Tangelswangen)

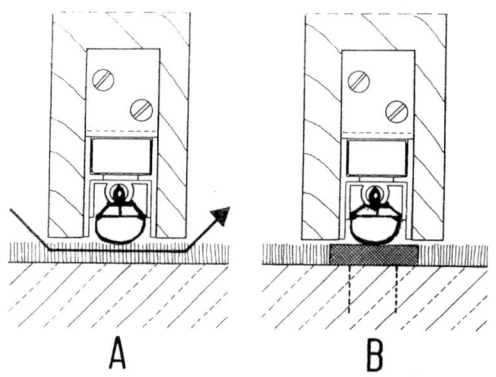

Bild 4.5-10 Schematische Darstellung der Schallübertragung im Teppichflor ohne Flachschwelle (auch bei unzureichend gegen den Estrich gedichteter Flachschwelle)
A Übertragung im Teppichflor
B Keine Übertragung im Teppichflor

Wechselt der Bodenbelag unter der schalldämmenden Tür, wie dies bei Wohnungseingangstüren häufig der Fall ist, sollte der Naturstein- oder Werksteinbelag des Treppenhauses bis Innenkante Türblatt in die Zarge hineingezogen werden, um ein sicheres Aufsetzen der Bodendichtung zu ermöglichen. Die Trennung des Estrichs unter der Bodendichtung ist (nur bei schwimmenden Estrichen) ab einem bewerteten Schalldämmmaß der Tür von $R_w \geq 32$ dB erforderlich, sofern keine Anforderungen an den Trittschallschutz bei horizontaler Übertragung bestehen.

Schalltechnische Mängel bei Bodendichtungen
Die einwandfreie Funktion der Bodendichtung setzt jedoch minimale Toleranzen zwischen Estrich und Unterkante Tür voraus. Automatisch sich absenkende Bodendichtungen können zwar einige Millimeter überbrücken, bei mehr als 5 mm Toleranz entstehen jedoch erhebliche Probleme. Bei Neubau einer Musikhochschule wurde bei den Abnahmemessungen der Türen durch den Verfasser festgestellt, dass die höherwertigen Türen (erf. $R_w = 42$ dB) deutlich unter 38 dB blieben. Bei näherer Untersuchung zeigte sich, dass die Bodendichtung nur in Band- und Schlossnähe leicht aufsetzte, in der Mitte jedoch nicht dichtete. Die Ursache lag in Ausführungsmängeln

des Estrichs. Die Estrichleger hatten in jeder Tür eine „Mulde" gebildet. Der nachfolgende Parkettleger wies die Bauleitung hierauf hin, offensichtlich jedoch nicht schriftlich, so dass eine Mängelrüge im Sinne der VOB nicht ausgesprochen wurde. In dieser Ausführungsphase hätte durch Spachteln des Estrichs vor Verlegen des Parketts noch eine Lösung gefunden werden können.

Auch der Türbauer merkte den Sachverhalt nicht, offensichtlich nahm er keine visuelle Überprüfung der Bodendichtungen vor. Erst nach Durchführung der Messung sprach er eine Mängelrüge gegenüber der Bauleitung aus. Eine Nachbesserung konnte nur in der Weise erfolgen, dass eine flache Holzschwelle individuell angearbeitet wurde, auf der dann die Bodendichtung bestimmungsgemäß und schalltechnisch einwandfrei aufsaß, eine optisch sicherlich wenig befriedigende Lösung.

Bei einem großen Krankenhausneubau hatte der Autor veranlasst, dass die Bauleitung vor Beginn der Türenmontage mit einer großen Sperrholzschablone, die exakt das Maß des Türblattes zuzüglich in der Höhe 5 mm (für die Bodenluft) aufwies, durch sämtliche Räume ging und in solchen Fällen, in denen der Estrich unzulässige Toleranzen gegenüber der Sperrholzschablone aufwies, die Bereiche mit Farbspray kennzeichnete. Der Estrichleger wurde verpflichtet, sämtliche Estriche mit Beanstandungen nachzubessern. Häufig bildete der Estrich unter der Tür eine Mulde, in der Mitte der Tür war die Bodenfuge um mehrere Millimeter größer als am Rand. Die Türen konnten visuell im Bereich der Bodendichtung überprüft werden, einzelne schalltechnische Güteprüfungen bestätigten die Einhaltung der Anforderungen auf Anhieb.

4.5.4.5 Oberlichter, Seitenlichter

Das bewertete Schalldämmmaß der Verglasung von Ober- oder Seitenlichtern sollte mit dem gleichen zahlenmäßigen Betrag wie der Prüfstandswert des Türelementes ausgeschrieben werden, da insbesondere bei den schmalen Seitenlichtern das für „Fenster" übliche Vorhaltemaß von 2 dB nicht ausreichend ist, sondern das Vorhaltemaß von 5 dB für Türen Anwendung finden sollte. Bei nichtverglasten Oberteilen ist es selbstverständlich, dass das gleiche Türblattmaterial wie es für das geprüfte Türelement verwendet wird, auszuschreiben ist. Leider werden diese im Format wesentlich kleineren Oberteilelemente gelegentlich manuell (nicht auf der automatisierten Fertigungsanlage für die schalldämmenden Türblätter) hergestellt und erreichen dann nicht die Schalldämmung der Türelemente.

4.5.4.6 Große Türelemente

Werden in einem repräsentativen Verwaltungsgebäude z. B. 3 m hohe und 1,5 m breite Türelemente mit überhohen Türblättern, Oberlichtern und Seitenlichtern sowie einer im Türelement integrierten „Technikstele" mit Lichtschaltern, Monitor, Lautsprecher etc. eingebaut, lässt sich nur durch eine projektbezogene Eignungsprüfung im Sinne der DIN 4109, Abs. 4, Nr. 6.5 [21] eine ausreichende planerische Sicherheit erzielen. Auch bei übergroßen Türblättern ist davon auszugehen, dass deren Fertigung nicht auf der automatischen Fertigungsstraße erfolgt, sondern handwerklich. In diesem Fall ist in einem Wandprüfstand nach DIN EN ISO 140-3 [38] eine Gipskarton-Ständerwand mit der entsprechenden Rohbauöffnung für das Türelement zu errichten, in dem dann ein Prototyp des Türelementes eingebaut und geprüft werden kann. Die Gipskarton-„Maske" sollte mindestens ein um 15 dB höheres Schalldämmmaß aufweisen, als für das Türelement erwartet wird.

Bild 4.5-11 zeigt die schematische Ansicht eines derartigen Türelementes mit Seitenlicht, jedoch nur im Format 2,24 m × 1,33 m, und Ergebnisse der schalltechnischen Überprüfung eines derartigen Elementes im Wandprüfstand. Es ist einsichtig, dass man von einer derartigen Prüfung nicht ein um 5 dB höheres Schalldämmmaß (Vorhaltemaß nach DIN 4109) erwarten kann, als am Bau gefordert wird. Dennoch sollte sichergestellt werden, dass 1-2 dB „Reserven" gegeben sind.

Durch eine stichprobenartige Überprüfung am Bau kann dann letztendlich das Ergebnis verifiziert werden.

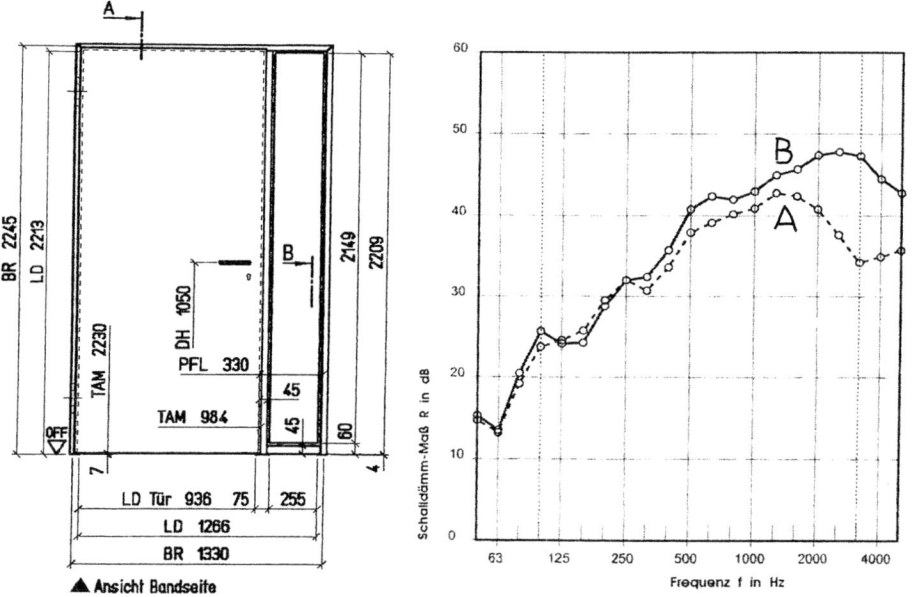

Bild 4.5-11 a) Ansicht eines übergroßen Türelementes mit Seitenlicht und b) Schalldämmung eines übergroßen Türelementes mit Seitenlicht, Anforderungen am Bau erf. R_w = 37 dB (erf. R_w = 42 dB), A: Messergebnis im Wandprüfstand, wie montiert, $R_{w,P}$ = 37 dB; B: Messergebnis im Prüfstand nach div. Dichtungsarbeiten $R_{w,P}$ = 42 dB, mit freundlicher Genehmigung der CEREP Libri GmbH, Frankfurt

4.5.5 Schalldämmende Glastüren

Rahmentüren

Schalldämmende Stahl- oder Aluminiumrahmentüren mit Verglasung können ebenso wie Holzrahmentüren bei entsprechender Wahl der Verglasung und durch Wahl entsprechender Zargen- und Bodendichtungen bewertete Schalldämmmaße bis $R_{w,P}$ = 42 dB sicherstellen. Höhere Anforderungen sind den Autoren in der bisherigen

Praxis noch nicht bekannt geworden. Auch hier (wie bei den unter Abschn. 4.5.4.5 beschriebenen Seitenlichtern) empfiehlt sich für die Verglasung ein Vorhaltemaß von 5 dB vorzugeben, da die Scheibenformate in Türen deutlich kleiner sind als diejenigen im Prüfstand (1,25 m × 1,50 m) und die Schalldämmung von Glasscheiben bei kleineren Abmessungen häufig abfällt.

Ganzglastüren
Bei rahmenlosen Ganzglastüren kann bei entsprechender Zargendichtung und Aufbau einer Automatendichtung auf der Außenseite des Glastürblattes, wie es z. B. in Bild 4.5-12 dargestellt ist, ein bewertetes Schalldämmmaß von $R_{w,R}$ = 33 dB sichergestellt werden. Baumessungen der Autoren bestätigen (mit anderen, ähnlich aufgebauten Konstruktionen), dass am Bau R_w = 32 dB erreicht werden kann.

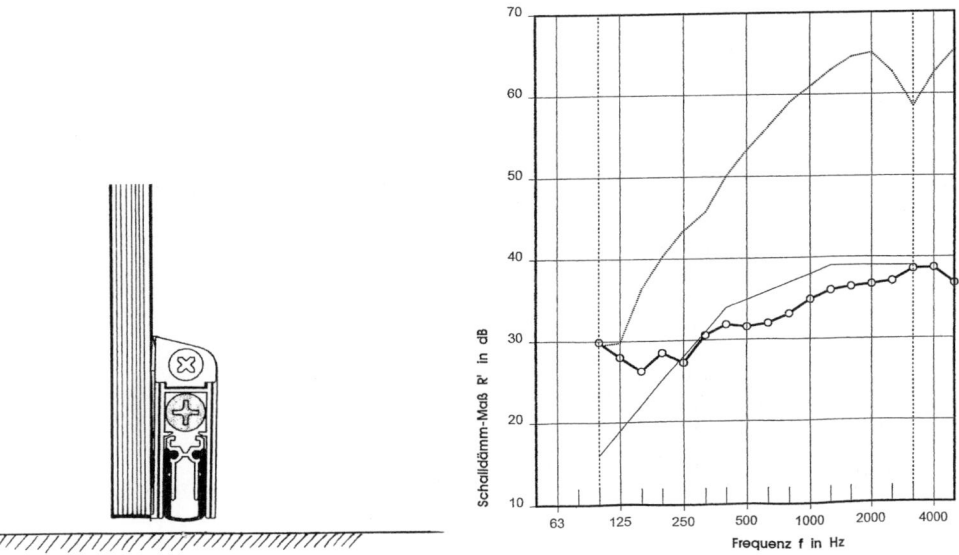

Bild 4.5-12 Schalldämmung einer (rahmenlosen) Ganzglastür aus 12 mm ESG mit Bodendichtung im Labor, $R_{w,R}$ = 33 dB ($R_{w,P}$ = 35 dB)

4.5.6 Übersicht

Für die wesentlichen Anforderungen an die Schalldämmung von Innentüren sind in Tabelle 4.5-2 die Konstruktionsmerkmale zusammengestellt. Die Tabelle kann jedoch nur der Übersicht und gegebenenfalls der entwurfsmäßigen Vordimensionierung dienen. Für die Ausschreibung sind die geforderten Werte für den Rechenwert $R_{w,R}$ und den Prüfstandswert $R_{w,P}$ maßgeblich. Die Empfehlungen in der Tabelle in Bezug auf die messtechnische Überprüfung des Schallschutzes sind zu beachten.

Tabelle 4.5-2 Übersicht der wichtigsten Merkmale schalldämmender Türen in Abhängigkeit von der Schalldämmung zur Vorbemessung im Entwurf

Erforderliches Schalldämmmaß		Konstruktionsmerkmale					Nachprüfung (Güteprüfung) des Schallschutzes am Bau
Rechenwert $R_{w,R}$	Prüfstandswert $R_{w,P}$	Prüfstandswert $R_{w,P}$ Türblatt eingekittet gemessen	Zarge (jeweils beidseitig an Wand angedichtet)	Zargendicke Elastomer, tief einfedernd		Bodendichtung	
27 dB	32 dB	35	beliebig			einfach	–
32 dB	37 dB	40	beliebig	einfach		einfach	zu empfehlen (z. B. Stichproben)
37 dB	42 dB	45	geprüfte, schwere Zarge mit verstärkten, justierbaren Bändern	doppelt		doppelt	erforderlich
42 dB	47 dB	50	geprüfte, schwere Zarge mit verstärkten, justierbaren Bändern	doppelt		doppelt	erforderlich
47 dB	52 dB	nur von Sonderkonstruktionen erreichbar					zwingend erforderlich
(52 dB)	–	nur von Sonderkonstruktionen erreichbar					zwingend erforderlich

4.5.7 Türen in Montagewandsystemen

Schalldämmung im Labor

Zu einem Montagewandsystem gehörige Türen können nicht ohne Einschränkungen im Türenprüfstand auf Schalldämmung geprüft werden, sondern nur im baulichen Verbund mit Wandelementen. Das Schalldämmmaß der Tür (bezogen auf das Türelement) kann dann nur durch Verkleidung der Wandelemente mit Gipskartonvorsatzschalen ermittelt werden.

4.5.7 Türen in Montagewandsystemen

Schalldämmung am Bau
Im Regelfall wird am Bau das resultierende Schalldämmmaß ermittelt, aus dem durch rechnerische Abschätzung (gegebenenfalls durch zusätzliche Messungen mit Vorsatzschalen) die „Einzelschalldämmmaße" von Wandflächen und Türen errechnet werden können. Vor allem dann, wenn die Schalldämmmaße von Wänden und Türen dicht beisammen liegen (z. B. Tür erf. $R_w = 37$ dB, Wand erf. $R_w = 42$ dB), sind im Falle von knappen Ergebnissen Fehlerbetrachtungen durch die Prüfstelle erforderlich. Bild 4.5-13 zeigt die Innenansicht einer Flurwand mit Glas-Wandelementen und einer geschlossenen Tür, deren Details in Bild 4.5-14 zu sehen sind. Ein ähnliches weiteres Beispiel zeigen die Bilder 4.5-16 und 4.5-17.

Bild 4.5-13 Ansicht einer Flurwand mit Glas-Montagewänden, schalldämmender Tür ($R_w = 42$ dB) und Installationspaneel (System FECO, Karlsruhe, Projekt Deutsche Börse Eschborn)

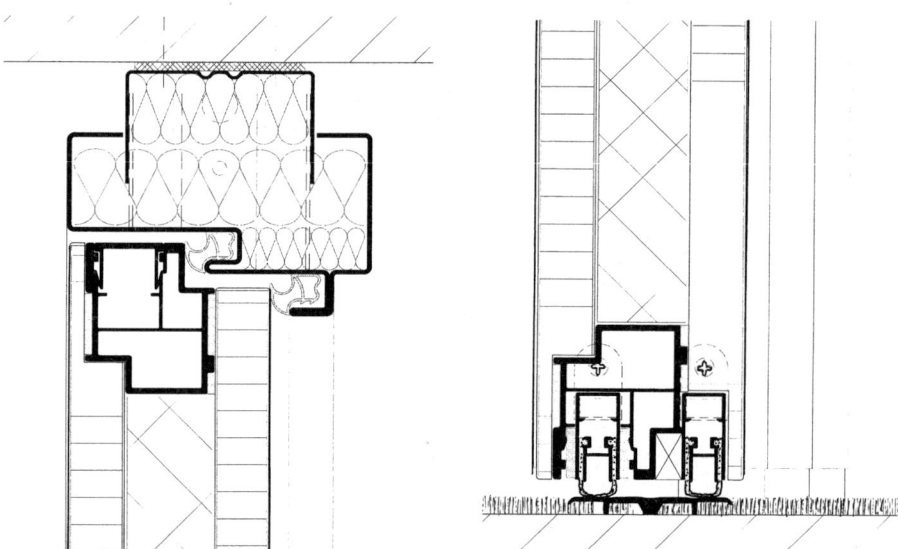

Bild 4.5-14 a) Zargenschnitt und b) Bodenanschluss der in Bild 4.5-13 dargestellten schalldämmenden Tür ($R_{w,P}$ = 45 dB)

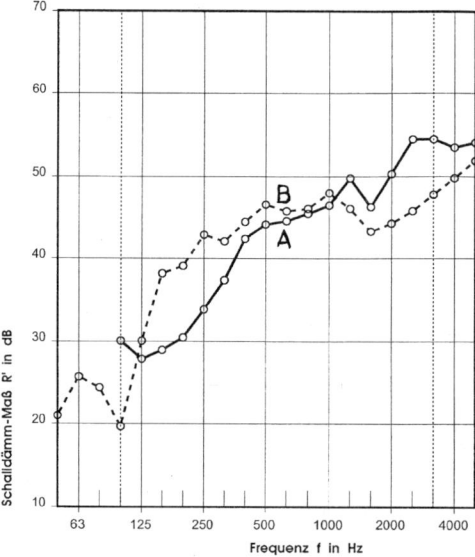

Bild 4.5-15 Resultierende Schalldämmung einer FECO-Flurwand mit Tür, res. R'_w = 45 dB, zum indirekten Nachweis der geforderten Schalldämmung der Tür (erf. R_w = 40 dB), Kurve A, zum Vergleich: Laborwert der Tür, $R_{w,P}$ = 41 dB, Kurve B (mit freundlicher Genehmigung der Fa. Feederle GmbH, Karlsruhe)

4.5.7 Türen in Montagewandsystemen

Bild 4.5-16 Glas-Montagewände als Flurwand mit Glastüren (Jaeger Ausbau Rhein-Main, mit freundlicher Genehmigung der Clariant Deutschland)

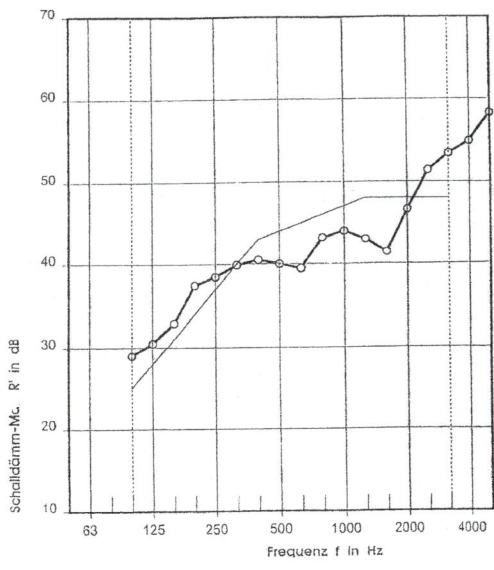

Bild 4.5-17 Resultierende Schalldämmung einer Jaeger-Bautec-Glaswand (Flurwand mit Tür) nach Bild 4.5-11, res. R'_w = 44 dB

4.6 Abgehängte Unterdecken

4.6.1 Allgemeines

Vor allem in hochinstallierten Gebäuden wie Verwaltungs-, Kultur- und Kommunalbauten, aber auch in Schul- und Hochschulbauten sowie Gebäuden des Gesundheitswesens sind abgehängte Unterdecken heute unverzichtbar. Die wichtigsten Aufgaben der Unterdecken sind:

- die Schaffung der notwendigen äquivalenten Absorptionsfläche zur Erfüllung der Anforderungen an die Hörsamkeit, z. B. nach DIN 18 041 [60.],
- die optische Kaschierung der Unterseiten von Rohdecken und von haustechnischen Installationen,
- die Verbesserung des Brandschutzes und des Schallschutzes von Geschossdecken,
- die lufttechnische Abschottung von Deckenhohlräumen zu Aufenthaltsräumen, z. B. die Ausbildung als Druckkammer für die Zuluft,
- die Aufnahme von Einbaukomponenten für Beleuchtung, Lüftung, Lautsprecher etc.,
- die Schaffung ausreichender Schalllängsdämmung zwischen benachbarten Räumen ohne Abschottung,
- die Sicherung des Schallschutzes gegenüber Installationen im Deckenhohlraum.

Unterdecken werden aus einer Vielzahl von Materialien angeboten, insbesondere Gipskarton-, Gipsfaser- und Gipskarton-Lochplatten (letztere mit Vlies- und/oder Mineralfaserplatten-Auflage), Mineralfaserplatten, Metallkassetten (im Regelfall perforiert mit Mineralfaserabsorptionsauflage), kaschierte Schaumstoffplatten, kaschierte Glasschaumgranulatplatten etc..

Auf die Vielzahl von Konstruktionsarten, die bei Unterdecken möglich sind, wird nachfolgend nur in Bezug auf deren schalltechnischen Einfluss eingegangen. In VDI 3755 [61, 62] sind die Konstruktionen für den näher Interessierten ausführlich dargestellt.

Nachfolgend werden nur geschlossene, moderne Unterdeckensysteme in Bezug auf deren Schallschutz beschrieben. Historische abgehängte Unterdecken, z. B. sogenannte Rabitzdecken (Putzdecken auf abgehängten Lattungen mit Schilf als Putzträger) werden nicht dargestellt.

Raumakustische Eigenschaften, die durch den Schallabsorptionsgrad des Plattenmaterials definiert sind, werden nicht dargestellt. Partielle Teilunterdecken, häufig auch als „Akustiksegel" bezeichnet, und Systeme aus akustisch offenen Lamellen oder Waben (z. B. Baffeldecken) dienen ausschließlich der raumakustischen und der optischen Gestaltung und werden hier nicht berücksichtigt.

4.6.2 Schalllängsdämmung

4.6.2.1 Bestimmung der Norm-Flankenpegeldifferenz $D_{n,f}$ im Prüfstand

Die Messgröße für die Schalllängsdämmung einer abgehängten Unterdecke ist deren Norm-Flankenpegeldifferenz $D_{n,f}$. Sie beschreibt diejenige Schalldämmung, die sich bei (nahezu) alleiniger Übertragung des Schalls über die abgehängte, durchgehende Unterdecke ergibt, wenn z. B. das eigentliche Trennbauteil (z. B. eine Wand) und die flankierenden Bauteile eine sehr hohe Schalldämmung aufweisen. Die Norm-Flankenpegeldifferenz $D_{n,f}$ ist physikalisch und zahlenmäßig identisch mit der früher üblichen Messgröße des Schalllängsdämmmaßes R_L.

Die Bestimmung der Norm-Flankenpegeldifferenz erfolgt im bauakustischen Prüfstand nach DIN EN ISO 10 848-2:2006 [35]. Aus den Messwerten wird als Einzahlangabe die bewertete Norm-Flankendifferenz $D_{n,f,w}$ ermittelt. Bild 4.6-1 zeigt Grundriss und Schnitt des Prüfstandes mit der sich oben, am Unterdeckenanschluss verjüngenden Prüfwand und der in der Legende unter Ziffer 3 dargestellten Mineralfaser-Hohlraumdämpfung, die im Deckenhohlraum an 3 (von 4) Seiten vorzusehen ist. Im Regelfall werden beide Stirnseiten und eine Längsseite gewählt. Die Bedämpfung soll die in der Praxis im Regelfall gegebene offene Verbindung zu benachbarten Räumen im Deckenhohlraum nachbilden.

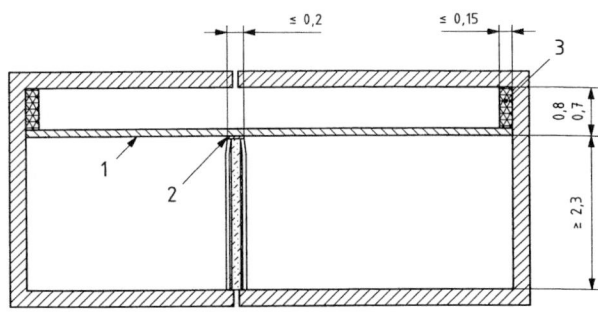

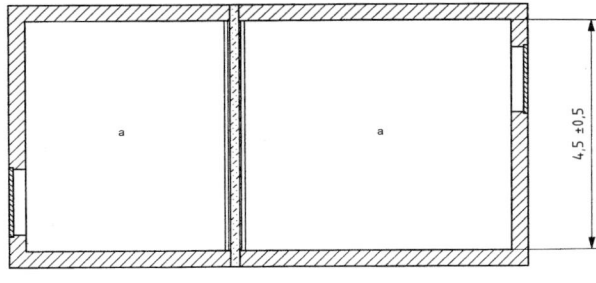

Legende
1 Unterdecke
2 flexibles Material
3 Dämmstoff

a $V \geq 50\ m^3$

Bild 4.6-1 Prüfstand nach DIN EN ISO 10 848-2 [35] für die Bestimmung der Schalllängsdämmung (Flankenübertragung) von Unterdecken

Weitere Informationen können der neu erschienen VDI 3755 [62] entnommen werden, insbesondere Hinweise zur Anwendung von Laborwerten in der Praxis, die vor allem

- die Abhängehöhe,
- die Bedämpfung des Hohlraumes auf der Unterdecke und über der Unterdecke an den Prüfstandswänden und
- die Verlegequalität

betreffen. Nachfolgend werden die wichtigsten konstruktiven Parameter, durch die die Schalllängsdämmung beeinflusst werden kann, dargestellt.

Die Einflüsse von technischen Einbauten (z. B. Einbauleuchten) auf die Schalllängsdämmung von Unterdecken sind separat zu bewerten, z. B. auf der Basis von Prüfzeugnissen der Schalllängsdämmung der Leuchten.

4.6.2.2 Konstruktive Einflüsse auf die Schalllängsdämmung

Einer der wichtigsten Parameter für die Schalllängsdämmung von Unterdecken ist die Flächenmasse des Plattenmaterials. Schwere dicht verlegte Unterdecken, z. B. aus GK-Platten oder anderen Gipsbau-Platten erreichen die höchsten bewerteten Norm-Flankenpegeldifferenzen. Durch Auflagen von Mineralfasermatten oder -platten als Hohlraumdämpfung lässt sich die Schalllängsdämmung verbessern. Bei perforierten Metalldecken kann ausreichende Masse mit rückseitigen „Dämmeinsätzen" aus Stahlblech oder Gipskartonplatten erzielt werden, wodurch auch gleichzeitig ausreichende Dichtigkeit in der Fläche erreicht wird. Über den Trennwänden im Deckenhohlraum angeordnete Mineralfaser-„Pakete" (Absorberschotts) oder geschlossene Schotts aus GK-Platten verbessern ebenfalls die Schalllängsdämmung.

Bild 4.6-2 zeigt den Verlauf der Norm-Flankenpegeldifferenz über der Frequenz für verschiedene Unterdecken aus einlagig und zweilagig beplankten unterschiedlichen Gipsplatten mit und ohne Mineralfaserplatten-Auflage.

Fugenschnitte in den Gipskartonlagen oberhalb der Wandspur bewirken nur geringe Verbesserungen bei der Schalllängsdämmung von 0 bis 2 dB. Bild 4.6-3 zeigt, dass dies darauf zurückzuführen ist, dass tief- und mittelfrequent keine Verbesserung eintritt. Die durchlaufende Unterkonstruktion aus Stahlprofilen kann bei hohen Anforderungen die Schalllängsdämmung begrenzen, auch wenn die Beplankung bereits durch Fugenschnitte unterbrochen ist. Die Trennung der Unterkonstruktion über der Wand bewirkte eine deutliche Verbesserung von bis zu 4 dB [63]. Bild 4.6-4 stellt die Kurven der Schalldämmung vor und nach Trennung der Unterkonstruktion gegenüber. Auch hier ergibt sich bei tiefen Frequenzen kaum eine Verbesserung, die Verbesserung bei hohen Frequenzen wird dagegen aufgrund der Form der Bezugskurve bei der bewerteten Flankenpegeldifferenz kaum wirksam. Allerdings ist eine derartige Maßnahme im Regelfall unpraktikabel.

Konstruktive Undichtheiten im Fugenbereich sind im Gegensatz zu bauseits gespachtelten Plattendecken dann unvermeidlich, wenn kassettierte Mineralfaserplatten oder

4.6.2 Schalllängsdämmung

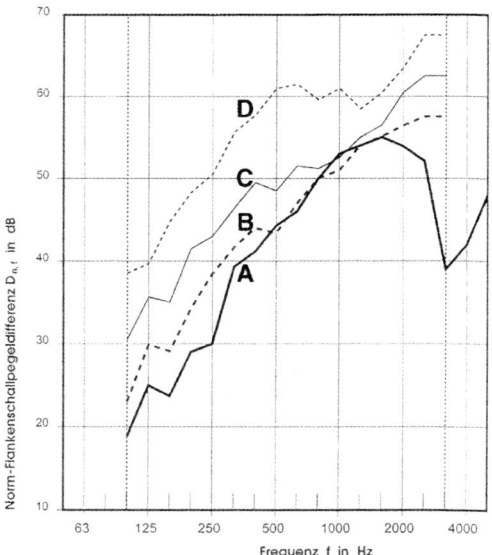

Bild 4.6-2 Abhängigkeit der Norm-Flankenpegeldifferenz von Gipsplatten-Unterdecken (aus Gipskarton- und Gipsfaserplatten) mit Maßnahmen zur Erhöhung der Schalllängsdämmung
A Gipskartonplatten, d = 12,5 mm
  $D_{n,f,w,P}$ = 39 dB
B Gipsfaserplatten, d = 10 mm
  $D_{n,f,w,P}$ = 48 dB
C Gipsfaserplatten, doppelt, 2 × 10 mm
  mit 60 mm MF-Auflage $D_{n,f,w,P}$ = 52 dB
D Gipsfaserplatten, 3 × 10 mm
  100 mm MF $D_{n,f,w,P}$ = 60 dB

Metallkassetten zum Einsatz kommen. Bei hochwertigen Metallkassettendecken werden zusätzliche Maßnahmen zur Verbesserung der Fugendichtigkeit durch überlappende Blechfalze, eingelegte Dichtungsbänder oder flächig aufgelegte Gipsbauplatten erreicht. Der Mineralfaserplatten-Hohlraumdämpfung kommt hier die zusätzliche Aufgabe zu, die Schallenergie zu bedämpfen, die durch die Fugen in den Deckenhohlraum gelangt. Bild 4.6-5 zeigt für eine Metallkassettendecke wiederum mit unterschiedlicher Dicke der Mineralfaserauflage die Abhängigkeit der Norm-Flankenpegeldifferenz von der Frequenz.

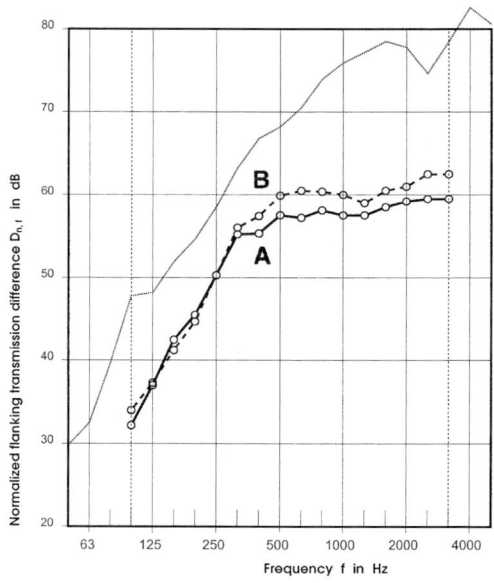

Bild 4.6-3 Abhängigkeit der Norm-Flankenpegeldifferenz einer Gipsfaserunterdecke mit und ohne Fugenschnitt in der Wandachse zur Erhöhung der Schalllängsdämmung. Tieffrequent ergibt sich keine Verbesserung
A ohne Fugenschnitt $D_{n,f,w,P}$ = 56 dB
B mit Fugenschnitt $D_{n,f,w,P}$ = 58 dB

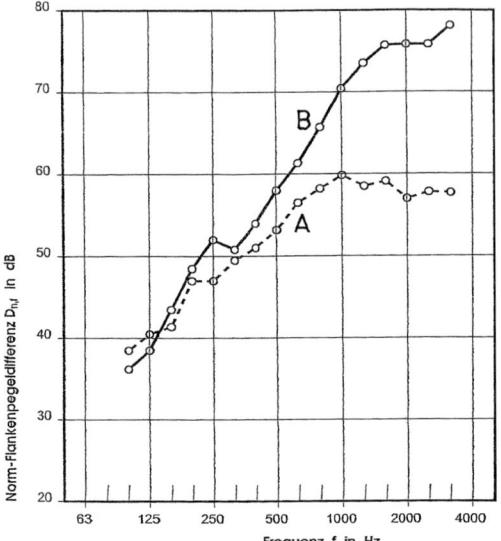

Bild 4.6-4 Schalllängsdämmung einer hochwertigen, mehrschaligen Metallkassetten-Unterdecke bei Schallübertragung über die rechtwinklig zur Wandebene durchlaufende Tragkonstruktion [63]
A Stahlprofil (MSH 100/50) über der Wand durchlaufend, $D_{n,f,w}$ = 56 dB
B Tragprofile über der Trennwandachse aufgetrennt, $D_{n,f,w}$ = 60 dB

Bild 4.6-6 stellt auch für dickere Mineralfaserplatten-Auflagen schematisch dar, dass bei allen Unterdeckensystemen ein (linearer) Anstieg der bewerteten Norm-Pegeldifferenz $D_{n,f,w,P}$ bei zunehmender Dicke der Mineralfaserauflage zu erwarten ist. Das Diagramm dient der Abschätzung im Entwurfsstadium, im Zuge der Ausführungsplanung sind die Annahmen durch Prüfberichte der Schalllängsdämmung der ausgewählten Deckensysteme zu verifizieren.

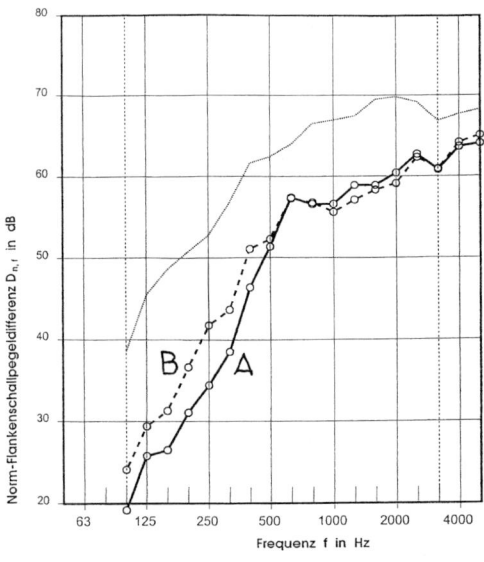

Bild 4.6-5 Norm-Flankenpegeldifferenz (Schalllängsdämmung) abgehängter Metallkassetten-Unterdecken, Fabrikat Schmid GmbH, Simmerberg/Allgäu, 0,7 mm Stahllochblech, 11 % Perforation, Absorptionseinlage, 1 mm Stahlblechabdeckung, hierauf Steinwolleauflage in 20 mm oder 40 mm Dicke. Die dickere Auflage bewirkt vor allem bei tiefen Frequenzen eine deutliche Verbesserung.
A 20 mm Steinwolleauflage auf der Blechabdeckung, $D_{n,f,w,P}$ = 46 dB
B 40 mm Steinwolleauflage auf der Blechabdeckung, $D_{n,f,w}$ = 54 dB

4.6.2 Schalllängsdämmung

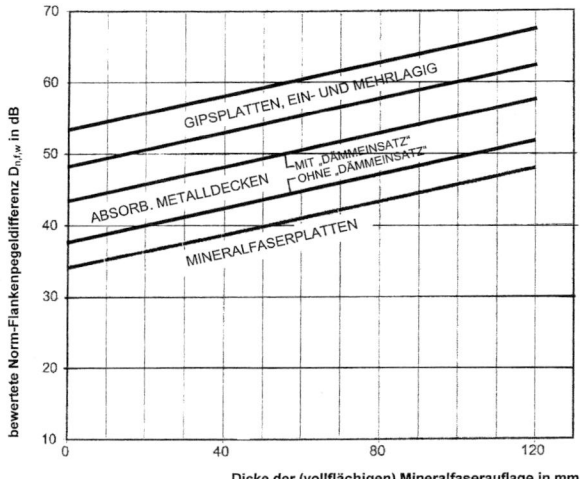

Bild 4.6-6 Schematische Abhängigkeit der bewerteten Norm-Flankenpegeldifferenz $D_{n,f,w}$ der wesentlichsten Unterdeckensysteme von der Dicke der Mineralfaserplattenauflage (vollflächig verlegt)

Bei demontablen Decken, bei denen zur Inspektion und Nachinstallation im Deckenhohlraum einzelne Platten herausgenommen oder nach unten abgeklappt werden können, sind vollflächige Auflagen aus Mineralfaserplatten hinderlich. In diesen Fällen wird die notwendige Hohlraumdämpfung häufig durch eingestellte Mineralfaserstreifen in den Bandrastern oder durch auf den Kassetten aufgeklebte, im Folienbeutel eingeschweißte Mineralfaserplattenzuschnitte sichergestellt. Obwohl in diesem Fall die Fugenbedämpfung entfällt, da die Mineralfaserplattenauflage die Fugen nicht mehr abdeckt, sind nahezu gleichhohe schalltechnische Werte erzielbar. Völlig auf Mineralfaserauflagen verzichten kann man im Regelfall dann, wenn oberhalb der Wandspur relativ kompakte Mineralfaser-Pakete, die sogenannten Absorberschotts, eingebaut werden. Diese werden elastisch zwischen der Rohdecke und der Oberseite der Unterdecke eingeklemmt und sind zwischen 30 und 50 cm tief.

Bild 4.6-7 zeigt die Kurven der Norm-Flankenpegeldifferenz einer Metallkassettendecke mit und ohne Absorberschott in Abhängigkeit von der Frequenz.

In solchen Fällen, in denen die Flexibilität der Grundrissgestaltung keine große Bedeutung hat, können auch dichte Schotts im Deckenhohlraum eingebaut werden, z. B. aus Gipsplatten. Der Querschnitt dieser Abschottung kann dann im Prinzip der darunterstehenden Wand entsprechen. In einfachen Fällen genügen hochkant in die Bandraster eingeklemmte Streifen aus GK-MF-Verbundplatten, gegen die Rohdecke mit Dichtstoff angeschlossen.

Tabelle 4.6-1 fasst für alle angesprochenen Unterdeckensysteme die Bereiche der Norm-Flankenpegeldifferenz mit den wichtigsten Maßnahmen zur Verbesserung der Schalllängsdämmung zusammen. Die Tabelle wurde aus Laborwerten der maßgeblichen Hersteller der jeweiligen Systeme entwickelt.

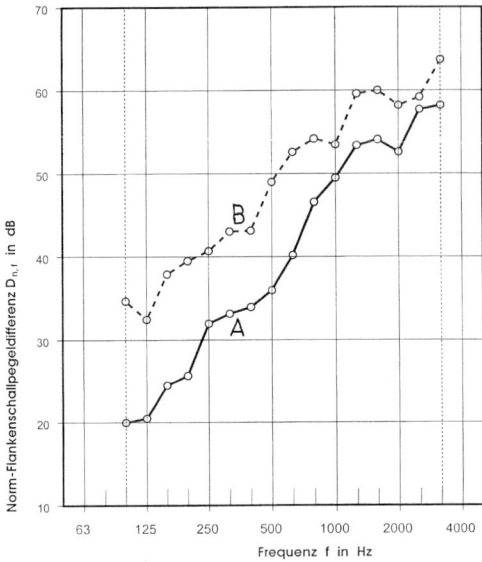

Bild 4.6-7 Abhängigkeit der Norm-Flankenpegeldifferenz von perforierten Metall-Kassettendecken mit Dämmeinsatz, ohne und mit Absorberschott oberhalb der Wandspur
A ohne Absorberschott $D_{n,f,w}$ = 40 dB
B mit Absorberschott $D_{n,f,w}$ = 52 dB

Tabelle 4.6-1 Synoptische Übersicht der erreichbaren Schalllängsdämmmaße (bewertete Norm-Flankenpegeldifferenz $D_{n,f,w,P}$ im Labor) der häufigsten Unterdeckensysteme aus Mineralfaserplatten und Metallkassetten, schematisch, zur Abschätzung in der Vorplanung

Spalte Zeile	Unterdecke aus: Plattenmaterial	Hohlraum-dämpfung (Mineralfaser-platten)	Norm-Flankenpegeldifferenz $D_{n,f,w}$ in dB
1	Mineralfaserplatten, 16 mm	ohne	34–36
2	–	50 mm	43–41
3	–	100 mm	44–46
4	Metallkassetten, perforiert, vlieskaschiert	ohne	18
5	–	20 mm	22
6	Metallkassetten, perforiert, mit vlieskaschierten Mineralfaserabsorptionsplatten	ohne	22
7	wie 6, jedoch mit oberseitigem Dämmeinsatz aus Stahlblech oder Gipskartonplatten	ohne	40
8	–	30 mm	46
9	–	50 mm	50
10	–	100 mm	55

4.6.3 Verbesserung des Schallschutzes durch abgehängte Unterdecken

4.6.3.1 Luftschalldämmung

Die Luftschalldämmung von Geschossdecken kann durch abgehängte Unterdecken deutlich verbessert werden. Auch hier sind aufgrund der Luftdichtigkeit und der Masse geschlossene GKB-Decken, einfach oder doppelt beplankt, im Regelfall mit Mineralfasermatten-Auflage, am wirkungsvollsten. Die Bilder 4.6-8 und 4.6-9 zeigen zum einen Beispiele von Unterdecken unter Massivdecken und zum anderen Beispiele von Unterdecken unter Holzbalkendecken. Bei letzteren ist vor allem die tieffrequente Wirkung der Unterdecke von Bedeutung, die durch federnde Abhängung (Federschienen oder Federabhänger mit starren CD-Profilen) verbessert werden kann. Große Abhängehöhen bewirken größere Verbesserungen der Luftschalldämmung als kleine Abhängehöhen.

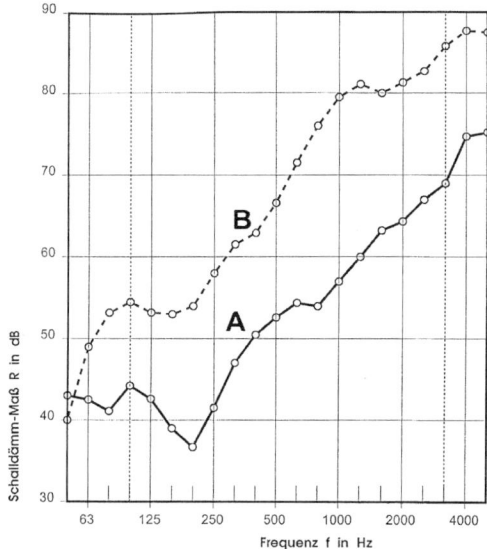

Bild 4.6-8 Verbesserung der Luftschalldämmung von Massiv-Geschossdecken durch abgehängte Unterdecken [125]. Die Verbesserung bei 125 Hz liegt bei 10 dB.
A 140 mm Stahlbetondecke, R'_w = 54 dB
B Wie A, zusätzlich freitragende GK-Decke, 2 × 12,5 mm Diamantplatten, 60 mm MF-Auflage, Abhängehöhe 100 mm, R'_w = 70 dB

4.6.3.2 Trittschalldämmung

Auch die Trittschalldämmung wird erheblich verbessert, wenn schwere, dichte und mit Hohlraumdämpfung versehene abgehängte Unterdecken montiert werden. Insbesondere bei Holzbalkendecken stellen federnd abgehängte Unterdecken eine gute Möglichkeit dar, insbesondere bei tiefen Frequenzen eine deutliche Minderung des Trittschallpegels zu erzielen und damit das Hauptproblem beim Trittschallschutz von Holzbalkendecken zu lösen (siehe hierzu auch Abschn. 4.1.2).

Bild 4.6-10 zeigt Beispiele für die Verbesserung des Trittschallschutzes (Minderung des Norm-Trittschallpegels) durch abgehängte Unterdecken unter Massivdecken, Bild 4.6-11 unter Holzbalkendecken. Letzteres Beispiel zeigt, dass die Trittschalldämmung verbessert wird, wenn starre GK-Verkleidungen an UK Balkenlagen entfernt werden.

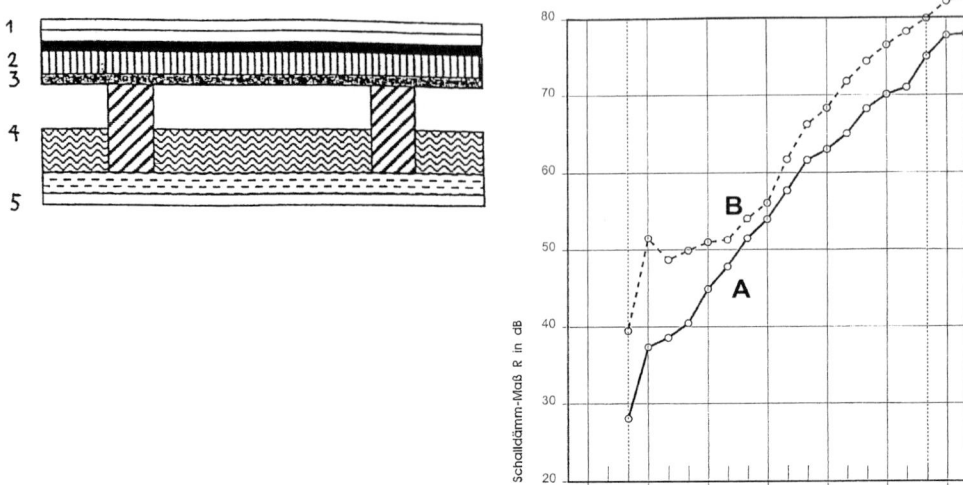

Bild 4.6-9 a) Deckenaufbau und b) Verbesserung der Luftschalldämmung einer Holzbalkendecke durch eine abgehängte Unterdecke. Die Verbesserung bei 125 Hz liegt bei 14 dB.

1 Fermacell-Trockenestrich
2 Fermacell-Wabenschüttung
3 22 mm Spanplatte
4 220/80 Kanthölzer, dazwischen 50 mm Mineralfaserplatte
5 10 mm Fermacell-Unterdecke an Protector-TPS-Schiene

A ohne 50 mm Hohlraumdämpfung und Unterdecke: $R_{w,P}$ = 55 dB
B mit Hohlraumdämpfung und Unterdecke: $R_{w,P}$ = 62 dB

4.6.4 Luftschalldämmung im einfachen Durchgang

Befinden sich im Hohlraum der abgehängten Unterdecken lärmintensive technische Einrichtungen, wie z. B. Volumenstromregler von Klimaanlagen, aber auch Kleinförderanlagen (KFA) oder Rohrpostsysteme, so ergeben sich häufig im Deckenhohlraum Schalldruckpegel in der Größenordnung von bis zu 70 dB(A).

Bewirkt die abgehängte Unterdecke allein (im einfachen Durchgang) eine ausreichende Pegelminderung, kann auf Kapselungen oder sonstige schalldämmende Verkleidungen der lärmabstrahlenden Haustechnikkomponenten im Deckenhohlraum verzichtet werden. Im Regelfall wird man in solchen Fällen mehrere Alternativen planerisch betrachten, um die wirtschaftlichste Lösung zu finden, z. B. die Kombination eines gekapselten Gerätes mit einer Unterdecke geringer Schalldämmung im Vergleich zu einem ungekapselten Gerät in Verbindung mit einer höher schalldämmenden Unterdecke.

4.6.4 Luftschalldämmung im einfachen Durchgang

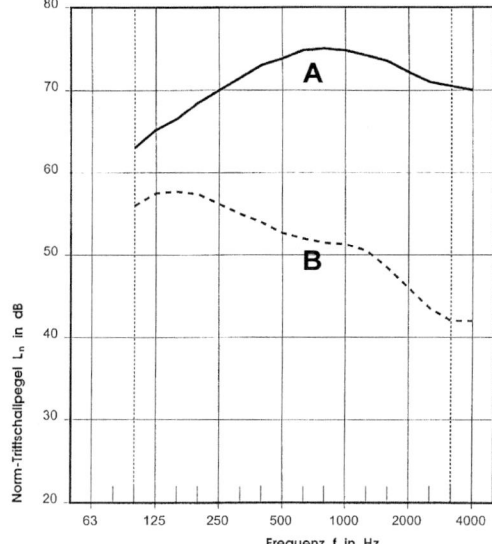

Bild 4.6-10 Verbesserung der Trittschalldämmung von Massivdecken durch abgehängte Unterdecken
A 14 cm Stahlbeton (Rohdecke)
  $L'_{n,w}$ = 73 dB
B Wie A, zusätzlich in 1 m Abhanghöhe doppelte GK-Unterdecke (je 12,5 mm GKB mit 10 cm Mineralfaserauflage, Abstand der Schalen 30 cm)
  $L'_{n,w}$ = 49 dB

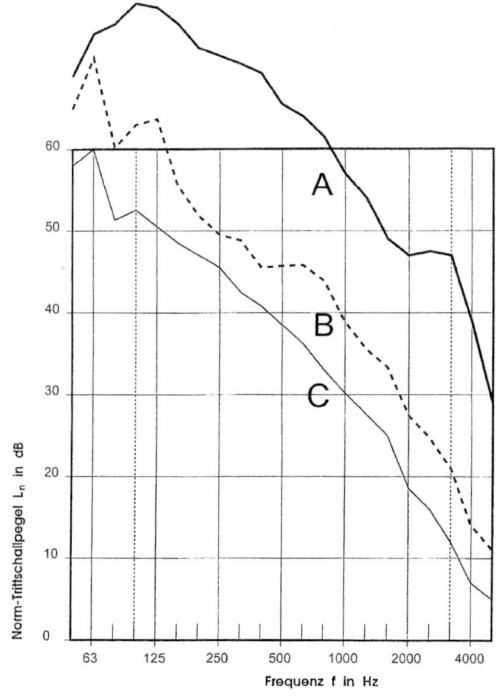

Bild 4.6-11 Verbesserung der Trittschalldämmung von Holzdecken durch abgehängte Unterdecken [125]
A moderne Holzbalkendecke mit GK-Trockenestrich (Knauf BRIO), unterseitig 12,5 mm GK starr an Balken,
  $L'_{n,w}$ = 67 dB
B wie A, zusätzlich 2 x 12,5 mm GK-Unterdecke $L'_{n,w}$ = 48 dB
C wie B, starre GK-Verkleidung an UK Balkenlage entfernt: $L'_{n,w}$ = 41 dB

Bild 4.6-12 und Bild 4.6-13 zeigen für die wichtigsten in Frage kommenden Deckensysteme das Schalldämmmaß über der Frequenz und das sich hieraus ergebende bewertete Schalldämmmaß. In Bild 4.6-12 sind fugenlose Unterdecken aus bauseits verspachtelten Platten in Varianten dargestellt, während Bild 4.6.13 die Werte von elementierten Unterdecken einschließlich des mindernden Einflusses der Fugen zwischen den Platten (Kassetten) zeigt.

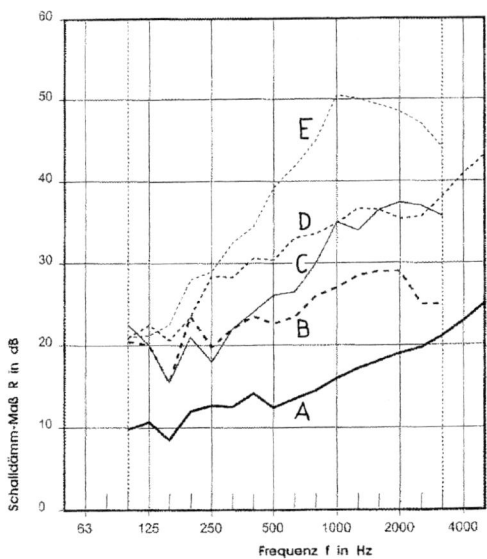

Bild 4.6-12 Schalldämmung von Unterdecken-Platten (fugenlos) im direkten, einfachen Durchgang in Abhängigkeit von der Frequenz, ohne und mit Mineralfaserauflage [126]

A Glasschaumgranulatplatte, Fa. Lahnau, rückseitig porös beschichtet mit 40 mm Mineralfaserauflage, 18 mm Dicke, 8,5 kg/m², R_w = 17 dB

B Gipskartonplatte, 12,5 mm Dicke, 8,5 kg/m², R_w = 27 dB

C wie B, mit 40 mm Mineralfaserauflage (90 kg/m³), 12,5 mm Dicke, 9,5 kg/m², R_w = 30 dB

D Glasschaumgranulatplatte, wie A, jedoch rückseitig mit Alufolie beschichtet und mit 12,5 mm GKB belegt, 32 mm Dicke, 17,9 kg/m², R_w = 34 dB

E wie B, mit 120 mm Mineralfaserauflage (90 kg/m³), 12,5 mm Dicke, 18,5 kg/m², R_w = 40 dB

4.6.4 Luftschalldämmung im einfachen Durchgang

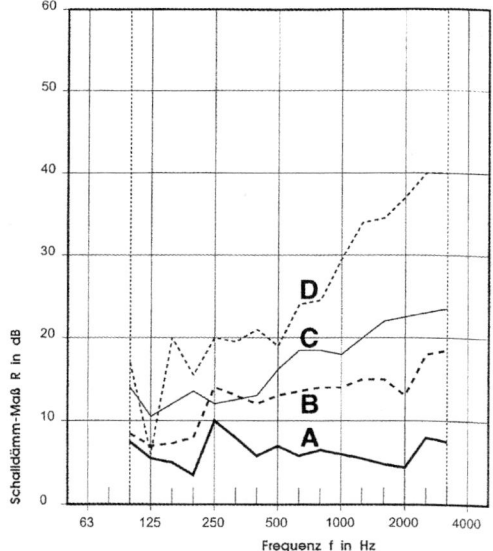

Bild 4.6-13 Schalldämmung von Metallkassettendecken im direkten, einfachen Durchgang in Abhängigkeit von der Frequenz, ohne und mit Mineralfaserauflage [126]
A Gelochte Metallkassettenplatte mit Vliesbeschichtung, ohne Auflage, 3 mm Dicke, $R_{w,P} = 7$ dB
B Wie A, mit 50 mm Mineralfaserauflage (20 kg/m^3), 53 mm Dicke, $R_{w,P} = 15$ dB
C Gelochte Metallkassettenplatte, 20 mm Absorptionsauflage 0,7 mm, Stahlblech-Dämmeinsatz, 24 mm Dicke, $R_{w,P} = 19$ dB
D wie C, mit 120 mm Mineralfaserauflage (20 mm kg/m^3), ~150 mm Dicke, $R_{w,P} = 25$ dB

4.7 Systemböden

4.7.1 Allgemeines

In Verwaltungsgebäuden liegt der Anteil der Projekte mit Doppel- und Hohlböden, zusammenfassend Systemböden genannt, heute bereits bei über 80 %, da mit keinem anderen System in gleichem Maße ein hoher Installationsgrad sowohl für Elektroinstallationen als auch für Heizung und Lüftung einerseits als auch die Möglichkeit der leichten Nachinstallationen andererseits erreicht werden kann. Aber auch in Krankenhäusern (z. B. in hochinstallierten Untersuchungsbereichen, Röntgen, MRT etc.), Kultur- und Sonderbauten und vor allem bei Messe- und Ausstellungsräumen sind derartige Konstruktionen heute unverzichtbar.

Bedingt dadurch, dass Doppelböden aus elementierten, im Regelfall 60 × 60 cm großen Plattenbauteilen zusammengesetzt sind, während Hohlböden (früher Hohlraumböden) fugenlos aus vergossenen Estrichen auf Trägerplatten oder aus fugenlos verlegten großformatigen Platten (Trockenhohlböden) erstellt werden, sind ihre schalltechnischen Eigenschaften unterschiedlich und werden nachfolgend separat dargestellt. Gewisse schalltechnische Analogien bestehen jedoch zwischen beiden Systemen.

Skizze A in Bild 4.7-1 zeigt schematisch einen heute üblichen Doppelboden auf Stahlstützen mit Calcium-Sulfat-Platten, während im Vergleich hierzu in Skizze B (in anderem Maßstab) ein Hohlboden der heute üblichen Bauweise aus Trägerplatten auf Stahlstützen mit bauseitigem Calcium-Sulfat-Estrich dargestellt ist.

Bei Doppelböden sind die Platten heute überwiegend aus beidseitig mit Kunststofffolie, Stahl- oder Aluminiumblech kaschierten Zuschnitten aus 32 bis 38 mm dicken Calcium-Sulfat-Platten mit Kunststoff-Umleimern, seltener aus Holzspanplatten (ebenfalls mit Umleimern) gefertigt. Früher gab es auch Schwerbetonplatten. Hohlböden sind heute entweder aus bauseitigen Calcium-Sulfat-Fließestrichen auf Trägerplatten unterschiedlicher Materialien mit Stahlstützen oder als Trocken-Hohlboden aus Spezialplatten auf Stahlstützen gefertigt.

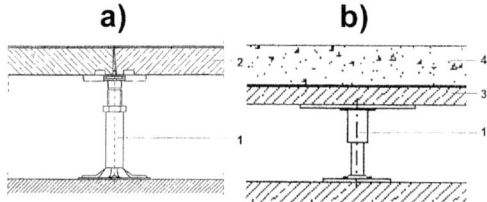

Bild 4.7-1 a) Schematische Darstellung eines üblichen Doppelbodens aus Calcium-Sulfat-Platten, 60 x 60 cm auf Stahlstützen und b) eines Hohlbodens mit bauseitigen Calcium-Sulaft-Fließestrich (unterschiedlicher Maßstab!)
1 Stahlstütze
2 Doppelbodenplatte
3 Trägerplatte (mit Trennschicht)
4 Calcium-Sulfat-Fließestrich (bauseits)

4.7.2 Doppelböden

4.7.2.1 Schalllängsdämmung

Die Schalllängsdämmung von Doppelböden, messtechnisch dargestellt durch die Einzahlangabe der bewerteten Norm-Flankenpegeldifferenz $D_{n,f,w}$, wird vom Plattenmaterial und der Fugenausbildung maßgeblich definiert. Von sehr geringem Einfluss sind die Konstruktionshöhe des Doppelbodens und die Stützenart bei der Schalllängsdämmung.

Die messtechnische Bestimmung der Norm-Flankenpegeldifferenz erfolgt ebenso wie bei abgehängten Unterdecken im Prüfstand nach DIN EN ISO 10 848-2 [35]. Näheres zur Messung siehe [38]. Bild 4.7-2 zeigt den Prüfstand in Grundriss und Schnitt mit der „an der Decke hängenden" Prüfwand und der Mineralfaserhohlraumdämpfung (an drei Seiten), siehe Ziffer 6 der Legende.

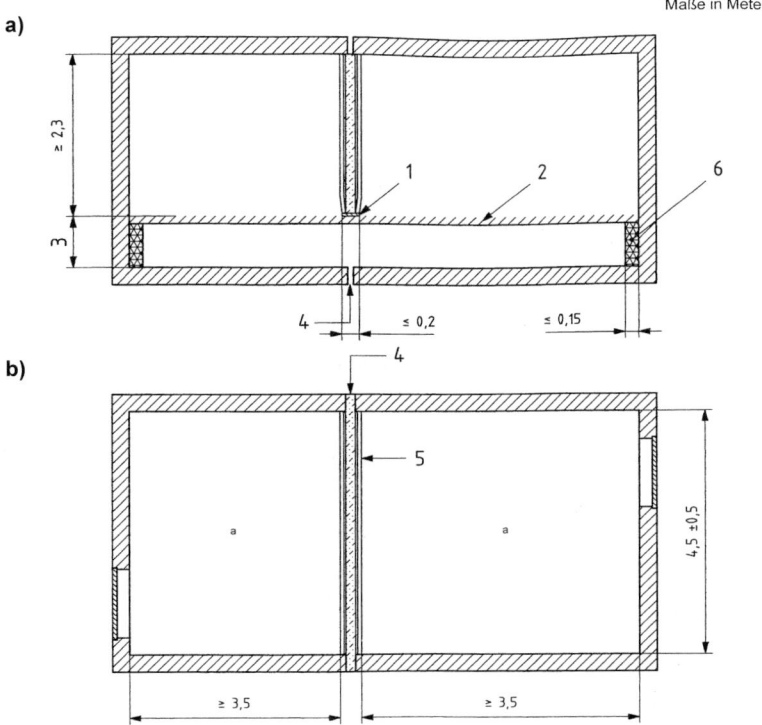

Bild 4.7-2 Prüfstand nach DIN EN ISO 10 848-2 für Doppel- und Hohlböden [35]
a) Schnitt und b) Grundriss
1 Flexibles Material
2 Aufgeständerter Fußboden
3 Höhe des aufgeständerten Fußbodens 0,3 m, wenn möglich
4 Trennfuge
5 Trennwand
6 Dämmstoff

Die Übertragung der Laborergebnisse auf Bausituationen erfordert die Berücksichtigung der Bedämpfung des Hohlraumes unter dem Doppelboden, ob z. B. die Übergänge zu Nachbarräumen offen sind oder ein Teil der Übergänge durch Abschottungen oder Brandschutzwände geschlossen ist. Fernerhin spielt die Geometrie der Räume eine große Rolle. Grenzen zwei rechteckige Räume mit den Längsseiten aneinander, ergibt sich eine niedrigere Norm-Flankenpegeldifferenz am Bau als wenn sie mit den Stirnseiten aneinander grenzen (restliche Parameter jeweils zu Vergleichszwecken identisch). Hierzu wird auf die Literatur [85, 86, 87, 88] verwiesen. Prüfzeugnisse, die älter als ca. 10 Jahre sind, sollten wegen zwischenzeitlich veränderter Messbedingungen nicht mehr verwendet werden.

Bild 4.7-3 zeigt die Norm-Flankenpegeldifferenz von charakteristischen Doppelbodensystemen mit unterschiedlichen Platten. Wie zu erwarten, ergibt sich ein besseres Ergebnis bei den schwereren Platten.

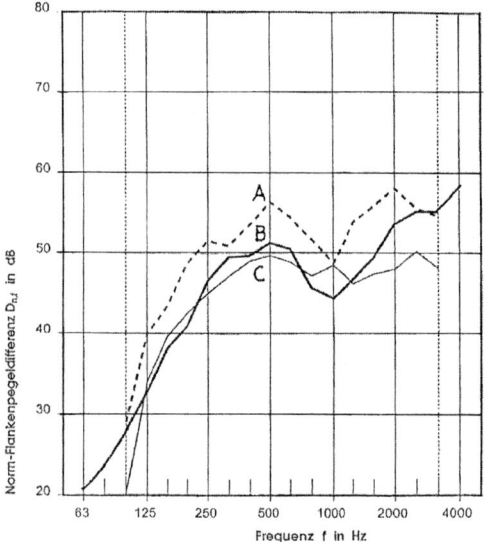

Bild 4.7-3 Norm-Flankenpegeldifferenz charakteristischer Doppelbodensysteme
A $D_{n,f,w,R}$ = 54 dB, Kalzium-Silikat-Platten
B $D_{n,f,w,P}$ = 50 dB, Holzspanplatte mit Stahlblech-Applikation
C $D_{n,f,w,P}$ = 47 dB, Holzspanplatte mit Alu-Feinblech-Applikation

Allerdings ist der Anteil von Holzspanplatten bei den Doppelböden rückläufig, was auf brandschutztechnische Anforderungen und die weniger angenehmen Gehgeräusche dieser Platten zurückzuführen ist.

Frühere Probleme im Bereich der Fugen zwischen den Doppelbodenplatten haben durch die erhöhte Präzision bei der Fertigung an Bedeutung verloren, einfache Umleimer aus Kunststoff sind heute allgemein üblich und ausreichend. Spezielle Dichtungskanten sind nicht mehr gebräuchlich.

Durch Abschottungen des Hohlraums unter den Doppelbodenplatten kann die Schalllängsdämmung deutlich erhöht werden. Sowohl kleine Mauerwerksschotten aus Porenbeton oder Gipswandbauplatten, oberseits mit einem komprimierbaren Dichtstoffband zur Andichtung an die darauf liegenden Doppelbodenplatten versehen, als

4.7.2 Doppelböden

auch Gipskartonschotten sind üblich. Sie haben jedoch den Nachteil, die Nachinstallation zu behindern. In die Massivschotten eingelegte Rohrstücke, ca. 40 cm lang (z. B. Kunststoffabflussrohr DN50), werden hier eingesetzt, die nach dem Durchführen der Leitungen mit Mineralwolle ausgestopft werden. Praktikabler ist jedoch ein Schott aus Mineralfasermaterial („Absorberschott").

Bild 4.7-4 zeigt, dass durch ein 60 cm breites Absorberschott aus Mineralfaserplatten (Rohdichte ca. 50 kg/m^3) die bewertete Norm-Flankenpegeldifferenz von bereits guten $D_{n,f,w,p}$ = 53 dB auf sehr gute $D_{n,f,w,p}$ = 56 dB gesteigert werden kann. Ist der Boden (wie häufig in der Praxis festzustellen ist) dagegen relativ undicht verlegt, ist die Verbesserung durch das Absorberschott deutlich größer und kann bis zu 8 dB erreichen.

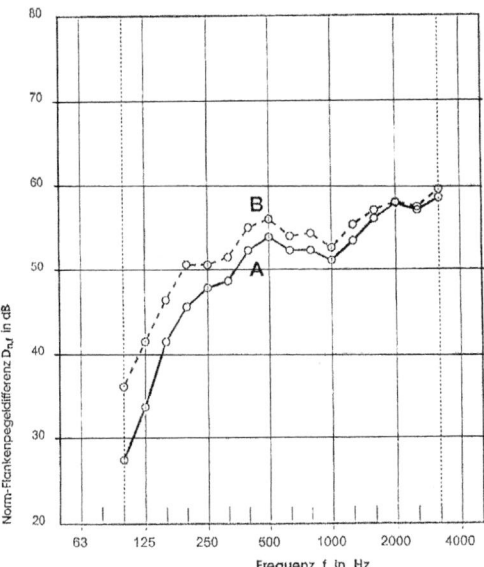

Bild 4.7-4 Einfluss eines Mineralfaserplatten-Absorberschotts auf die Schalllängsdämmung (Norm-Flankenpegeldifferenz eines stahlblechkaschierten Spanplatten-Doppelbodens), Absorberschott 60 cm breit, Platten 50 kg/m^3, hohlraumfüllend
A ohne Absorberschott, $D_{n,f,w,P}$ = 53 dB
B mit Absorberschott, $D_{n,f,w,P}$ = 56 dB

Einbauten von Drallauslässen, Unterflurkonvektoren, Elektranten, Lüftungsschlitzen etc. im Doppelboden mindern im Regelfall die Schalllängsdämmung und bedürfen der schalltechnischen Planung. Von den häufigsten Einbausituationen liegen den Herstellern von Doppelböden im Regelfall Prüfzeugnisse der Norm-Flankenpegeldifferenz vor, auf die hier verwiesen werden kann. Für eine Versuchsanordnung mit Drallauslässen gemäß Bild 4.7-5 ist der schalltechnische Einfluss auf die Norm-Flankenpegeldifferenz in Bild 4.7-6 dargestellt.

Auch über die vollflächige Absorptionsauflage auf der Rohdecke unter Doppelböden wurden bereits Versuche durchgeführt, allerdings mit wenig befriedigendem Ergebnis, da durch vollflächig ausgelegte Mineralfaserplatten die Nachinstallierbarkeit stark beeinträchtigt wird. Durch Verwendung von „Kissen" aus Glasgewebe, 58 × 58 cm groß, mit 3 cm dicken Mineralfaserplatten gefüllt, kann eine praktikable Lösung gefunden werden, wie in einem ausgeführten Projekt gezeigt wurde.

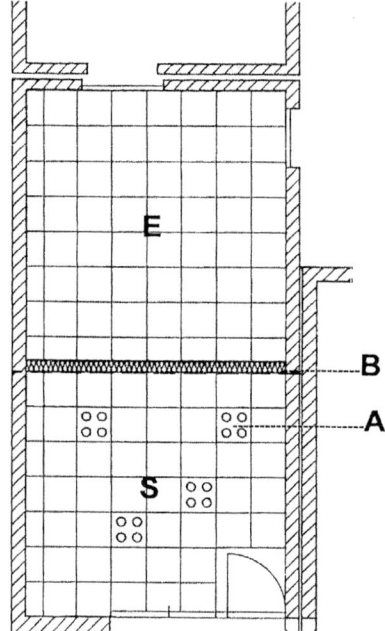

Bild 4.7-5 Versuchsanordnung einer Doppelbodenkonstruktion im Wandprüfstand mit Drallauslass-Doppelbodenplatten
A Drallauslassplatte
B Prüfwand ($R_{w,P} \geq 70$ dB)
S Senderaum
E Empfangsraum

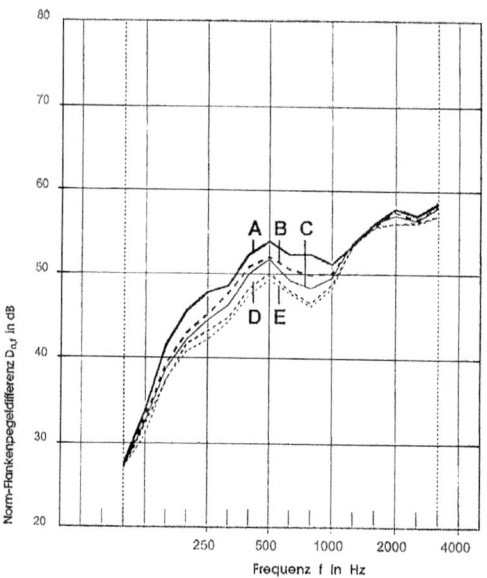

Bild 4.7-6 Einfluss von Drallauslässen in Doppelböden (gemäß Bild 4.7-5) auf die Norm-Flankenpegeldifferenz
A ohne Drallauslassplatten
  $D_{n,f,w} = 53$ dB
B mit einer Drallauslassplatte
  $D_{n,f,w} = 52$ dB
C mit zwei Drallauslassplatten
  $D_{n,f,w} = 52$ dB
D mit drei Drallauslassplatten
  $D_{n,f,w} = 51$ dB
E mit vier Drallauslassplatten
  $D_{n,f,w} = 50$ dB

4.7.2.2 Norm-Flankentrittschallpegel

Durch den durchgehenden Hohlraum überträgt sich horizontal auch der Trittschall in Nachbarräume. Messtechnisch wird hier der Norm-Flankentrittschallpegel $L_{n,f}$ nach DIN EN ISO 10 848-4 [35] ermittelt, von dem der bewertete Norm-Flankentritt-

4.7.2 Doppelböden

schallpegel $L_{n,f,w}$ gebildet werden kann. Bei diesem Übertragungsweg ist die trittschalltechnische Qualität des Bodenbelags im Senderaum von größter Bedeutung, daneben spielt jedoch die Flächenmasse der Doppelbodenplatten eine Rolle. Bild 4.7-7 zeigt die praktische Wirkung beider Einflussparameter. Mit ähnlichen Teppichqualitäten (ΔL_w = 25 bis 29 dB) ergeben sich mit allen untersuchten Doppelbodenplatten (Holzspanplatten, Stahlwannen mit mineralischer Füllung und Zementfaserplatten) gute Werte zwischen $L_{n,f,w,P}$ = 45 bis 52 dB.

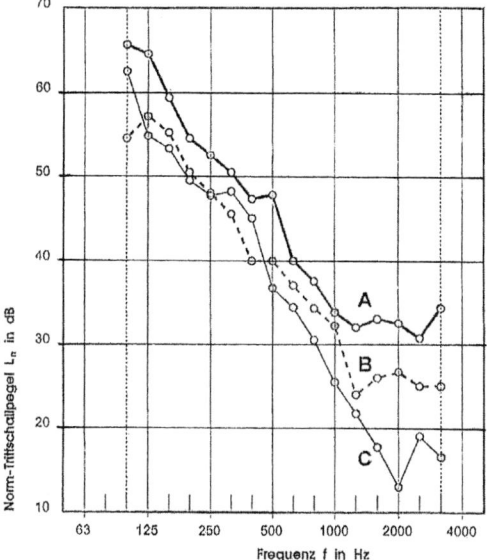

Bild 4.7-7 Abhängigkeit des Norm-Flankentrittschallpegels („horizontaler Trittschallpegel") von verschiedenen Doppelbodenplatten mit textilen Belägen
A Holzspanplatten-Doppelboden, Teppich ($\Delta L_{w,B}$ = 25 dB) $L_{n,f,w,P}$ = 52 dB
B Doppelboden aus Stahlwanne mit mineralischer Füllung, Teppich ($\Delta L_{w,B}$ = 25 dB) $L_{n,f,w,P}$ = 45 dB
C Doppelboden aus Zementfaserplatte, Teppich ($\Delta L_{w,B}$ = 29 dB) $L_{n,f,w,P}$ = 46 dB

Für Planungszwecke im Entwurfsstadium kann eine erste orientierende Aussage durch Anwendung des Bemessungsdiagrammes aus VDI 3762 [85] erreicht werden, das entsprechende Diagramm ist in Bild 4.7-8 dargestellt.

Sobald das Fabrikat des gewählten Doppelbodens und des Bodenbelages feststeht, kann dann der genaue Nachweis durch Anwendung der vom Hersteller im Regelfall vorgelegten Prüfberichte erfolgen. Einflüsse von der Raumgeometrie, wie sie bei der Norm-Flankenpegeldifferenz beschrieben wurden, sind beim Norm-Flanken-

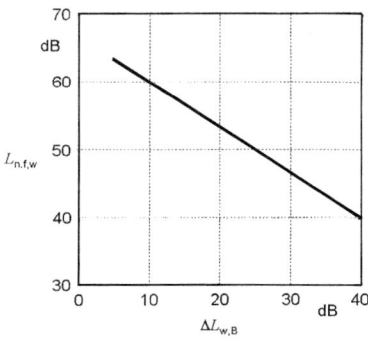

Bild 4.7-8 Abhängigkeit des $L_{n,f,w}$ (horizontaler bewerteter Norm-Flankentrittschallpegel) von der bewerteten Trittschallminderung $\Delta L_{W,B}$ des Bodenbelages bei Doppelböden [85]

trittschallpegel nur in vernachlässigbarer Größenordnung gegeben. Lediglich bei der Hohlraumdämpfung empfiehlt sich eine Korrektur, bei rundum reflektierendem Hohlraumabschluss ein Zuschlag auf den bewerteten Norm-Flankentrittschallpegel von 2 dB, bei nur einer absorbierenden Seite ein Zuschlag von 1 dB.

Dagegen kann ebenso wie bei der Luftschall-Längsdämmung auch beim Trittschall durch Abschottungen im Hohlraum eine deutliche Verbesserung erzielt werden (siehe Bild 4.7-9).

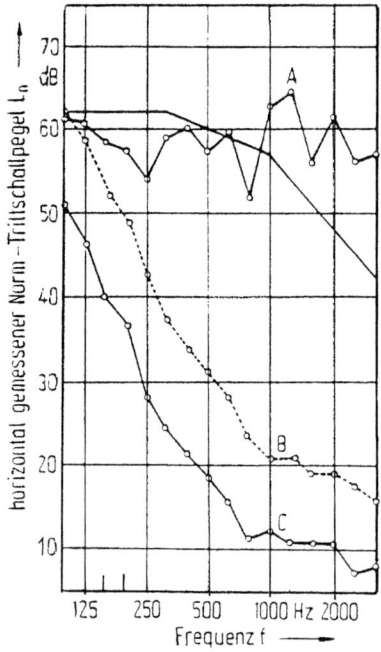

Bild 4.7-9 Abhängigkeit des Norm-Flankentrittschallpegels („horizontaler Trittschallpegel") von verschiedenen Doppelbodenplatten mit textilen Belägen und mit Absorberschott

A Doppelboden, Stahlwanne, Kalzium-Sulfat-Füllung, 4 mm Faserzementplatte, gewachst, als Bodenbelag, $L_{n,f,w}$ = 65 dB)

B wie A, mit Teppich, ($\Delta L_{w,P}$ = 29 dB), $L_{n,f,w}$ = 48 dB

C wie B, mit Mineralfaser-Absorberschott, $L_{n,f,w}$ = 34 dB)

4.7.2.3 Vertikaler schalltechnischer Einfluss von Doppelböden

Luftschalldämmung

Der Einfluss von Doppelböden auf die Luftschalldämmung von Geschossdecken ist vergleichsweise gering, da die Konstruktion der Doppelböden relativ steif ist, zum anderen jedoch durch die Fugen zwischen den Doppelbodenplatten keine echte akustische Zweischaligkeit erreicht werden kann.

Bild 4.7-10 zeigt die Luftschalldämmung einer ca. 27 cm dicken Stahlbeton-Hohldecke mit und ohne Doppelbodenbelag. Die Schalldämmung verbessert sich erst ab 160 Hz und bewirkt beim bewerteten Schalldämmmaß nur eine Steigerung von 2 dB.

Durch Einbau von lufttechnischen Komponenten (Drallauslässe, Lüftungsschienen etc.) wird die Wirkung weiter gemindert. Es ist deshalb nicht zu empfehlen, die geringfügige Verbesserung der Luftschalldämmung durch Doppelböden planerisch zu berücksichtigen.

4.7.2 Doppelböden

Trittschallminderung
Die Trittschallminderung von Doppelbodensystemen erreicht durchaus diejenige von schwimmenden Estrichen und ist somit im planerischen Nachweis des Trittschallschutzes ein wichtiger Baustein.

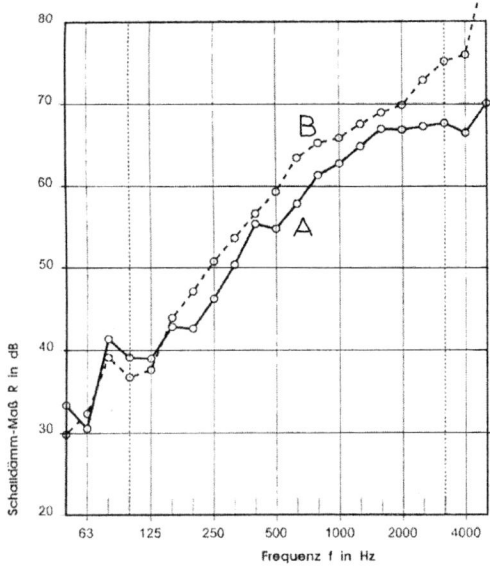

Bild 4.7-10 Schalldämmung einer 270 mm dicken Stahlbetonhohldecke ohne und mit Doppelboden, Spanplatte mit Stahlblech beschichtet
A Rohdecke (426 kg/m²), $R_{w,P}$ = 58 dB
B mit Doppelboden, $R_{w,P}$ = 60 dB

Naheliegend ist zunächst, dass hierbei der größte Einfluss auf die Trittschallminderung vom Bodenbelag herrührt. Dies ist grundsätzlich richtig. Dennoch können auch mit harten Bodenbelägen, jedoch unter den Stahlstützen des Doppelbodens angeordneten 5 bis 7 mm dicken Scheiben aus Gummigranulat oder Gummi-Korkgranulat (so genannte Trittschallpads) hohe Werte der Trittschallminderung erreicht werden. Trittschallpads sind deshalb immer überall dort einzusetzen, wo harte Beläge, wie Natursteinplatten, Fliesen oder aber auch Parkett vorgesehen sind, die keinen nennenswerten Beitrag zur Trittschallminderung leisten.

Den Einfluss von Teppichbelägen auf die bewertete Trittschallminderung von Spanplatten-Doppelböden (ohne Trittschallpads) zeigt Bild 4.7-11. Mit einem besonders dicken Veloursbelag können Werte der bewerteten Trittschallminderung von $\Delta L_{w,P}$ = 37 dB erreicht werden, aber auch mit einfachem Nadelvlies lassen sich $\Delta L_{w,P}$ = 22 dB erzielen.

Ebenso wie bei Holzbalkendecken (siehe hierzu auch Abs. 4.1.2) kann auch bei Doppelböden (und später beschrieben auch bei Hohlböden) der Rechenwert der bewerteten Trittschallminderung nicht voll angerechnet werden, sondern nur zu ungefähr einem Drittel. Bei genaueren Nachweisen sollte deshalb versucht werden, vom Hersteller Prüfzeugnisse zu erhalten, bei denen ein passender Bodenbelag mit einer vergleichbaren Trittschallminderung geprüft worden ist.

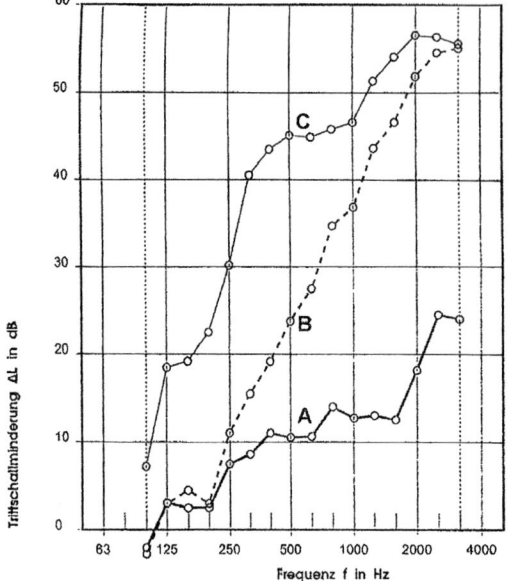

Bild 4.7-11 Einfluss des Bodenbelages auf die Trittschallminderung von Doppelböden
A Spanplatten-Doppelboden, ohne Belag, $\Delta L_{w,P} = 16$ dB
B Spanplatten-Doppelboden, mit Nadelfilzbelag, $\Delta L_{w,P} = 22$ dB
C Spanplatten-Doppelboden mit dickem Veloursbelag, d = 12 mm, ($\Delta L_{w,P,B} = 35$ dB), $\Delta L_{w,P} = 37$ dB

Im Entwurfsstadium genügt jedoch eine vorläufige Bemessung mit Hilfe des in VDI 3762 [85] angegebenen Wertes der bewerteten Trittschallminderung kompletter Doppelbodenkonstruktionen vom Bodenbelag, das entsprechend im Bild 4.7-12 dargestellt ist.

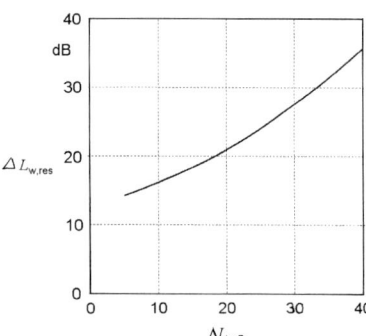

Bild 4.7-12 Schematische Abhängigkeit der bewerteten Trittschallminderung kompletter Doppelbodenkonstruktionen mit Bodenbelag $\Delta L_{w,res}$ von der bewerteten Trittschallminderung des Bodenbelages $\Delta L_{w,B}$ (aus VDI 3762 [85])

Wie bereits ausgeführt, lassen sich auch mit harten Belägen durch die Verwendung von Trittschallpads ebenfalls gute Werte der Trittschallminderung erzielen. Der mindernde Einfluss des Bodenbelages sollte jedoch dann rechnerisch vernachlässigt werden, wenn Prüfungen mit Pads angesetzt werden.

Bild 4.7-13 zeigt die Trittschallminderung von Doppelbodensystemen ohne und mit Trittschallpads und mit verschiedenen Belägen.

4.7.2 Doppelböden

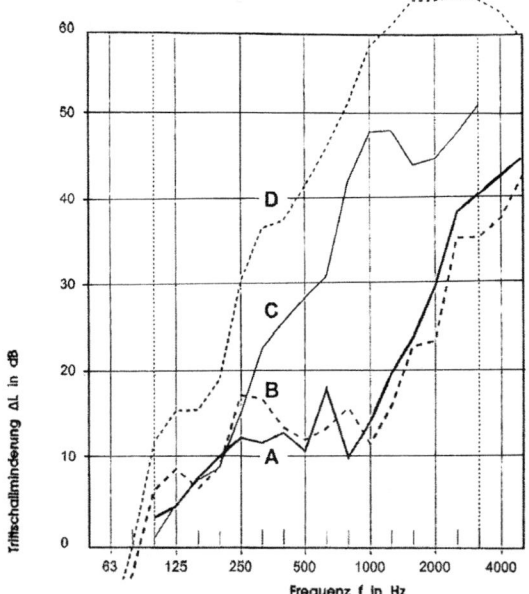

Bild 4.7-13. Trittschallminderung von Doppelbodensystemen mit „Trittschallpads" aus Gummigranulatscheiben unter den Stahlfüßen
A Kalziumsulfat-Doppelboden, ohne Teppich, $\Delta L_{w,P}$ = 22 dB
B Kalziumsulfat-Doppelboden, ohne Teppich, $\Delta L_{w,P}$ = 22 dB
C Kalziumsulfat-Doppelboden (Teppich, $\Delta L_{w,P}$ = 25 dB) $\Delta L_{w,P}$ = 25 dB
D Stahlwanne mit Kalziumsulfat (Teppich $\Delta L_{w,P}$ = 34 dB) $\Delta L_{w,P}$ = 36 dB

4.7.2.4 Schalldämmung von Doppelböden (im einfachen Durchgang)

Befinden sich im Boden-Hohlraum lärmintensive Installationen, ist die Kenntnis der Schalldämmung (im einfachen Durchgang) für die Beurteilung von Bedeutung. In Tabelle 4.7-1 sind einige Werte angegeben. Um diese Werte zu erreichen, sind die Doppelbodenplatten oberhalb der Schallquelle mit Dichtstoff gegeneinander zu dichten, wodurch die Revisionsqualität naturgemäß eingeschränkt wird.

Tabelle 4.7-1 Schalldämmung ausgesuchter Doppelböden, gedichtet (im einfachen Durchgang)

Plattentyp	Dicke	Prüfstandswert $R_{w,P}$ des bewerteten Schalldämmmaßes (im einfachen Durchgang), gedichtet
Spanplatte, Stahlblech kaschiert	38 mm	37 dB
Kalziumsulfatplatte, beidseitig kaschiert	35 mm	~ 40 dB
Stahlbetonplatte in Stahlwanne	40 mm	42 dB

4.7.2.5 Schallabsorption spezieller Doppelböden

Zur Schaffung ausreichender äquivalenter Absorptionsfläche in Böden von Büro- und Verkehrsflächen können (auch in Verbindung mit Quellluft-Lüftungssystemen) perforierte und schallabsorbierend ausgebildete Doppelbodenplatten eingesetzt werden. Bild 4.7-14 zeigt den Schallabsorptionsgrad einiger Fabrikate, weitere Informationen sind der Literatur zu entnehmen [89]. Die Normflankendifferenz derartiger Böden erreicht naturgemäß nicht die Werte geschlossener Böden, sofern nicht unterhalb der Absorptionseinlage eine zusätzliche dämmende Blechwanne angeordnet ist. In diesem Fall ergibt sich ein guter Wert von $D_{n,f,w,P} = 49$ dB.

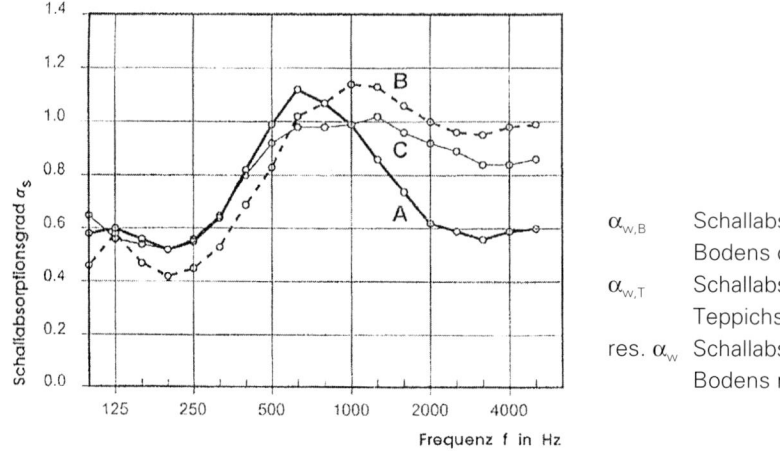

Bild 4.7-14 Schallabsorptionsgrad von Stahlkassetten-Doppelböden mit Teppichbelag:
A Stahlkassetten-Doppelböden, Lochanteil 38,5 % mit 30 mm Mineralfaserplatten-Hinterlegung, $\alpha_{w,B} = 0{,}70$ (H), $\alpha_{w,T} = 0{,}15$ (H), res. $\alpha_w = 0{,}70$ (M)
B Stahlkassetten-Doppelböden, Lochanteil 16,9 % mit 30 mm Mineralfaserplatten-Hinterlegung, $\alpha_{w,B} = 0{,}65$ (MH) mit Quellluft-Teppichboden $\alpha_{w,T} = 0{,}20$ (H), res. $\alpha_w = 0{,}75$ (H)
C Stahlkassetten-Doppelböden, Lochanteil 28,2 % mit 30 mm dicker Mineralfaserplatten-Hinterlegung, $\alpha_{w,B} = 0{,}75$ mit Quellluft-Teppichboden, res. $\alpha_w = 0{,}90$

4.7.2.6 Gehgeräusche auf Doppelböden

Unabhängig von der unter Abschn. 4.7.2.2 dargestellten Problematik des Trittschallpegels im Nachbarraum ist auch im eigenen Raum ein Geräuschpegel bei der Begehung des Bodens festzustellen, den man als „Gehgeräuschpegel" bezeichnet. Orientierende, auf $A_0 = 10$ m² korrigierte Werte (als Mittelwerte von mehreren Begehungen durch unterschiedliche Personen) zeigt Tabelle 4.7-2.

4.7.2.7 Schalltechnische Mängel bei Doppelbodenkonstruktionen

Stellt sich bei Güteprüfungen des Schallschutzes in ausgeführten Bauten eine vermeintlich „unzureichende Schalldämmung der Wände" heraus, so ist häufig der unter den Wänden durchlaufende Doppelboden die eigentliche Ursache.

Durch Nahfeld-Untersuchungen oder aber auch durch Verkleidung der Wand mit Gipskartonvorsatzschalen kann die Prüfstelle dann z. B. nachweisen, dass die Norm-Flankenpegeldifferenz (Schalllängsdämmung) des Doppelbodens nicht der Ausschreibung entspricht. Oft ist die Norm-Flankenpegeldifferenz um bis zu 10 dB geringer als sie im Prüfstand nachgewiesen werden konnte. Ursache hierfür ist im Regelfall eine undichte Verlegung. Bei einem großen Projekt in F. (20.000 m²) hatte

Tabelle 4.7-2 Gehgeräusche im eigenen Raum auf verschiedenen Doppelböden, auf $A_0 = 10$ m² korrigiert [85]

Spalte	1	2	3
Zeile	Stahlbetonrohdecke nach statischen Erfordernissen mit Oberbodenkonstruktion als	A-bewerteter Mittelungspegel in dB	
		Gummisohlen	Holzsohlen
1	Calciumsulfat-Doppelboden mit Veloursteppichbelag	40	45
2	Calciumsulfat-Doppelboden mit Keramikbelag	50	55
3	Spanplatten-Doppelboden mit Veloursteppichbelag	40 bis 45	45 bis 50
4	Hohlboden mit Veloursteppichbelag	35 bis 40	45
5	Schwimmender Estrich mit Veloursteppichbelag	≤ 30	≤ 30

bereits die Bauleitung festgestellt, dass man zwischen nahezu allen Doppelbodenplatten Fugen feststellen konnte, zwischen die man Münzen stecken konnte. Eine Nachbesserung lehnte der Unternehmer mit der Begründung ab, dass selbstliegender Teppichbelag mit dickem Kunststoffrücken, der die Fugen abdecken würde, zur Ausführung kommt. Aber auch nach Verlegung des Teppichs ergaben sich bei messtechnischer Überprüfung durch den Autor deutliche Unterschreitungen der Anforderungen in der Leistungsbeschreibung um bis zu 10 dB. Nach längerem Streit wurden ungefähr 50 Prozent der Fläche neu verlegt, und der Rest durch horizontale Verschiebung der Platten mittels Keilen „gedichtet". Danach ergaben sich ausreichende Werte der Norm-Flankenpegeldifferenz.

Bei Kalziumsulfatplatten kann nach Herstellung durch nachträgliche Lagerung in feuchter Luft oder durch äußere Befeuchtung eine Nachkristallisation erfolgen, die mit einem Quellvorgang einhergeht. Die Doppelbodenplatten verspannen sich zunächst mit teilweise erheblichen Kräften, die das Herausnehmen einzelner Platten z. B. auch mit entsprechenden Hilfsgeräten unmöglich machen. In anderen Fällen haben sich die horizontalen Spannungen explosionsartig gelöst, wobei einzelne Platten meterhoch hochgeschleudert wurden. Die horizontalen Spannungen führen zur erhöhten Schallübertragung in der Doppelbodenebene. Bei Güteprüfungen in einem Hochhaus zeigte sich, dass das Lösen der Spannungen in der Doppelbodenebene durch Herausnahme einer Reihe Platten eine deutliche Verbesserung der Schalldämmung von Raum zu Raum ergab (auf ähnliche Effekte bei Hohlraumböden, siehe Abschn. 4.7.3, wird hingewiesen).

Weitere mindernde Einflüsse auf die Schalllängsdämmung von Doppelböden sind dann gegeben, wenn die Andichtungen an Massivwände, Stahlbetonstützen etc. unzureichend sind. Auch hier werden oft grobe Undichtigkeiten belassen mit dem Hinweis, dass ja noch der Teppich darüber geklebt würde. Die Vorstellung, dass der

Teppich die Mängel „heilen" würde, ist jedoch irrig. Hier ist darauf hinzuweisen, dass im Labor die Doppelbodenfläche immer gegen den Prüfstand mit plastischem Dichtstoff abgedichtet ist, während dies am Bau häufig unterlassen wird.

4.7.3 Hohlböden

4.7.3.1 Zur Messung im Labor

Hohlböden sind seit Anfang der 1980er Jahre auf dem Markt. Zunächst wurden monolithisch in Folienschalungen mit „Füßchen" gegossene Anhydritestriche eingesetzt, später Platten mit angeformten Füßen, auf denen bauseits Estrich aufgebracht wurde, der auch die „Füße" füllte. Darstellungen derartiger „Ur-Hohlraumböden" und die Chronologie der Entwicklung seit 1980 sind in [87] zu finden.

Heute bilden Trägerplatten, die auf vorher auf der Rohdecke verklebten höhenverstellbaren Stahlstützen verlegt und anschließend mit Kalziumsulfatestrich versehen werden, die „dritte Generation" der Hohlböden und sind im Verwaltungsgebäude der Standardfußboden. Zunehmend sind auch Trockenhohlböden aus fugenlos verlegten, teilweise miteinander verleimten und vernagelten Trockenbodenplatten in 25 mm bis 35 mm Gesamtdicke auf dem Markt. Die Bilder 4.7-15 und 4.7-16 zeigen charakteristische Schnitte durch heute übliche Hohlböden mit ihren Konstruktionsmerkmalen sowohl mit Estrich (fugenlos) als auch als Trockenhohlboden.

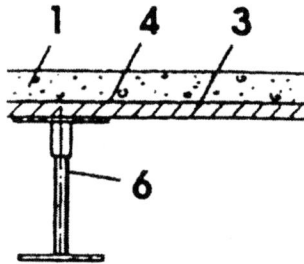
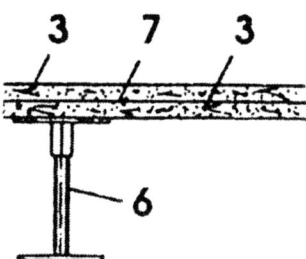

Bild 4.7-15 Standard-Hohlboden (früher „Hohlraumboden" genannt), schematisch
1 Fließestrich
3 Trägerplatte, mit Trennlage appliziert
4 0,1 mm PE-Folie
6 Stahlstütze

Bild 4.7-16 System-Doppelboden (früher „Trockenhohlraumboden" genannt), schematisch
3 Trägerplatte, hier 2 × 16 mm Gipsfaserplatten
6 Stahlstütze
7 Verklebung

4.7.3.2 Norm-Flankenpegeldifferenz $D_{n,f}$

Die messtechnische Bestimmung von $D_{n,f,P}$ erfolgt wie beim Doppelboden im Prüfstand nach DIN EN ISO 10 848-2 [35].

Bei klassischen Hohlböden mit gegossener Estrichschicht ist die Norm-Flankenpegeldifferenz vor allem durch die Qualität des Estrichs bestimmt. Bereits früh wurden über die Flächenmasse hinaus auch Einflüsse aus den sonstigen Parametern des Mörtels, insbesondere von der Art des Bindemittels (Naturanhydrit, synthetischer

Anhydrit, REA-Anhydrit etc.) und von den Zuschlagstoffen (Sand, Kies, Basalt, Splitt mit unterschiedlicher Körnung) festgestellt. Von den Herstellern wurde es jedoch noch nicht näher untersucht, obwohl Unterschiede bei $D_{n,f,w}$ von mehreren dB resultieren. Bedauerlicherweise werden auch heute noch in vielen Fällen nicht diejenigen Estrichqualitäten, die im Prüfbericht überprüft worden sind, auf der Baustelle eingesetzt, sondern entgegen den Regularien der Bauregelliste nahezu beliebige Estriche ausschließlich nach wirtschaftlichen Aspekten vor Ort eingekauft und eingebaut.

Der Einfluss der Flächenmasse ist jedoch gering, so dass es nicht lohnt, die Estriche aus schallschutztechnischen Gründen dicker zu wählen.

Bodenbeläge verbessern bei vollflächiger Verklebung die Norm-Flankenpegeldifferenz des Hohlbodens, wobei Fliesen- oder Natursteinbeläge schon allein durch die Massenerhöhung um bis zu 4 dB Verbesserung ergeben, Parkett immerhin 1 bis 2 dB. Teppich erreicht maximal 2 dB Verbesserung, wenn er verklebt wird. Lose verlegte Teppiche vibrieren auf einem sehr dünnen Luftpolster zwischen Teppichrücken und Estrich und verschlechtern die Norm-Flankenpegeldifferenz geringfügig, jedoch nur bei bestimmten Ausbildungen des Teppichrückens.

Dass die Schalllängsdämmung mit zunehmender Hohlraumhöhe zunimmt, hat sich als nicht mehr nachvollziehbare Aussage erwiesen (*Gösele* hatte noch 1997 [48] ca. 3 dB Verbesserung pro Verdopplung der Hohlraumhöhe angegeben). Die üblichen Versuchsergebnisse, ermittelt an 15 cm hohen Konstruktionen, somit mit einem ca. 10 cm tiefen Hohlraum, können mit ausreichender Sicherheit auch für flachere und für höhere Konstruktionen angewandt werden. Praktisch dominieren ohnehin die Hohlraumhöhen 30 bis 150 mm.

Auch der von *Gösele* an gleicher Stelle beschriebene Effekt, dass sowohl bei Luftschall- als auch bei Trittschallübertragung ein Teil der Energie über (nicht entkoppelte) Hohlbodenstützen in die Rohdecke übertragen wird, in dieser fortgeleitet und im Nachbarraum über die Stützen wieder in den Empfangsraum gelangt, ist bestenfalls bei sehr dünnen Rohdecken minimal gegeben. Bei heute üblichen Rohdecken ($d \geq 20$ cm) kann ein solcher Einfluss nicht erkannt werden.

Durch Fugenschnitte, insbesondere wenn diese auf der Senderaumseite (vor der Wand) angeordnet werden, oder Absorberschotts, ergeben sich teils erhebliche Verbesserungen, insbesondere dann, wenn beide Maßnahmen gleichzeitig realisiert werden. Andererseits sind Absorberschotts wenig praktikabel, da sie die Nachinstallation behindern. Vollflächige Mineralfaserplatten-Belegungen sind wegen der Installationen im Hohlraum unüblich und wenig gebräuchlich.

4.7.3.3 Norm-Flankentrittschallpegel $L_{n,f}$

Auch der Norm-Flankentrittschallpegel wird im Labor nach DIN EN ISO 10 848-2: 2006 [35] ermittelt.

Bild 4.7.17 zeigt den Norm-Flankentrittschallpegel von früher gebräuchlichen und heutigen Hohlraumböden der dritten Generation (auf höhenverstellbaren Stahlstützen) von verschiedenen Herstellern, mit und ohne Beläge, mit Werten zwischen $L_{n,f,w,P} = 42$ dB und $L_{n,f,w,P} = 81$ dB.

Es zeigt sich, dass die Konstruktionen im Bereich der Koinzidenzfrequenz zwischen 400 und 800 Hz besonders hohe Trittschallpegel aufweisen, die auch den Norm-Flankentrittschallpegel $L_{f,n,w,P}$ definieren.

Glücklicherweise bewirken in diesem Frequenzbereich jedoch Bodenbeläge bereits gute Minderungen, so dass die Aussage zulässig ist, dass Hohlböden, die im Rohzustand besonders schlecht in Bezug auf den Norm-Flankentrittschallpegel abschneiden, mit weichen Bodenbelägen deutlich mehr verbessert werden als Hohlböden, die im Rohzustand bessere Werte aufweisen. In geringerem Maße trifft dies auch für Parkett, das im Regelfall mit plastischen Klebern verlegt wird, und für Fliesen mit trittschallmindernder Spezialkleberschicht zu.

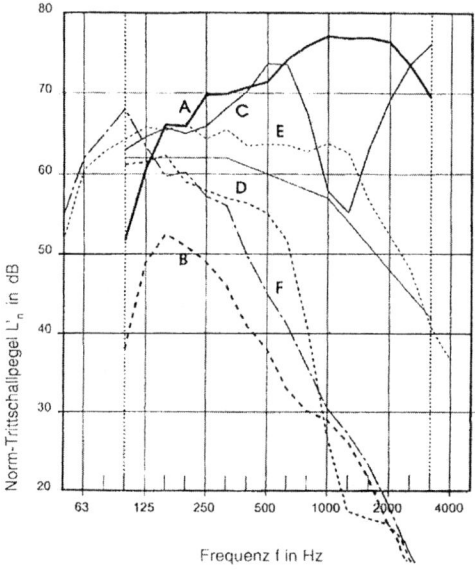

Bild 4.7-17 Norm-Flankentrittschallpegel früher üblicher und heute üblicher Hohlbodensysteme mit bauseitigem Kalziumsulfat-Fließestrich und unterschiedlichen Bodenbelägen

A Monolithischer Hohlraumboden:
   $L_{n,f,w,P} = 81$ dB
B wie vor, jedoch mit Teppichbelag:
   $L_{n,f,w,P} = 42$ dB
C Sandwich-Hohlraumboden:
   $L_{n,f,w,P} = 78$ dB
D wie vor, jedoch mit Teppichbelag:
   $L_{n,f,w,P} = 54$ dB
E Trockenhohlraumboden:
   $L_{n,f,w,P} = 63$ dB
F wie vor, jedoch mit Teppichbelag:
   $L_{n,f,w,P} = 54$ dB

Fugenschnitte und Absorberschotts bewirken ebenso wie bei der Norm-Flankenpegeldifferenz auch beim horizontalen Trittschallschutz eine deutliche Verbesserung von bis zu 6 dB (beide Maßnahmen gleichzeitig). Auch beim Norm-Trittschallpegel ist die Lage der Fuge in Bezug auf die Messrichtung von Bedeutung. Liegt die Fuge auf der Empfangsraumseite, sind geringere Verbesserungen durch den Fugenschnitt gegeben, als wenn die Fuge auf der Senderaumseite liegt. Dies rührt daher, dass ebenso wie beim Luftschall die Wand an der Schallübertragung beteiligt ist. Eine senderaumseitige Fuge verhindert jedoch weitestgehend die Einleitung von Körperschall in die Wand und bewirkt daher in beiden Fällen die bessere Wirkung.

4.7.3 Hohlböden

4.7.3.4 Vertikale Einflüsse von Hohlböden

Luftschalldämmung

Durch die höhere Flächenmasse des Hohlbodens im Verhältnis zum Doppelboden und die fugenlose, dichte Ausbildung ist insbesondere dann, wenn Hohlböden mit Trittschallpads verwendet werden, eine Verbesserung der Luftschalldämmung von Rohdecken um bis zu 6 dB möglich. Mehrere Hersteller verfügen über Prüfberichte der Luftschalldämmung ihrer Hohlböden in Verbindung mit der üblichen Laborprüfdecke (d = 15 cm). Bei dickeren Rohdecken sind die Zugewinne bei der Luftschalldämmung deutlich geringer.

Trittschallminderung

Ebenso wie bei Doppelböden ist auch beim Hohlboden die Planung der Trittschallminderung sowohl durch geeignete Beläge als auch durch Verwendung von so genannten Trittschallpads möglich.

Bei den Belägen kommen bei Hohlböden nicht nur trittschallmindernde Textilbeläge infrage, sondern auch trittschallmindernde Spachtel und Spachtel-Einlagen für Parkett, Fliesen oder Natursteinbeläge, wie sie unter [65] beschrieben sind.

Allein der Umstand, dass sich seit der Einführung der Hohlböden vor über 30 Jahren der Stützenabstand von ungefähr 15 über 25 cm, 30 cm auf nunmehr einheitlich 60 cm Abstand vergrößert hat, bewirkte eine Verbesserung der bewerteten Trittschallminderung von Hohlböden (ohne Bodenbelag) von ungefähr 11 dB auf über 20 dB. Dies bedeutet, dass bereits ein Roh-Hohlboden oder ein akustisch gleichwertiger Hohlboden mit Fliesen-, Parkett- oder Natursteinbelag auch ohne Trittschallpads bei dicken Rohdecken zum Nachweis ausreichenden Trittschallschutzes führen kann. Dennoch empfiehlt sich bei den genannten harten Belägen in jedem Fall der vergleichsweise geringe Mehraufwand, Stahlstützen mit werkseitig applizierten Trittschallpads aus Gummigranulat oder Gummi-Korkgranulat in 5 bis 7 mm Dicke einzusetzen.

Bild 4.7-18 zeigt die Trittschallminderung von historischen, in Altbauten noch vorkommenden, jedoch heute nicht mehr üblichen Hohlböden mit geringem Stützenabstand und heute üblichen Hohlböden mit Stahlstützen. Im Vergleich hierzu kann in Bild 4.7-19 die Verbesserungswirkung von zwei unterschiedlichen Bodenbelägen (Linoleum ΔL_w = 17 dB und Teppich ΔL_w = 20 dB) erkannt werden. Anhand dieses Bildes wird jedoch auch deutlich, dass bei tiefen Frequenzen unterhalb von ungefähr 125 Hz die Trittschallminderung von Hohlböden auch mit hervorragenden Teppichqualitäten sehr gering ist oder sogar negative Beträge annimmt (z. B. –6 dB bei 63 Hz), so dass Hohlraumböden auf leichten Decken, z. B. Hohlkörperdecken oder Holzbalkendecken, keine günstige Wirkung zeigen. Hier sind Trittschallpads auch dann sinnvoll, wenn der rechnerische Nachweis des Schallschutzes nach DIN 4109, der ja keine besondere Berücksichtigung tiefer Frequenzen kennt, zum Nachweis eines ausreichenden Norm-Trittschallpegels führt. Die tieffrequente Verbesserung von 6 bis 10 dB, die mit Trittschallpads möglich ist, zeigt beispielhaft Bild 4.7-20.

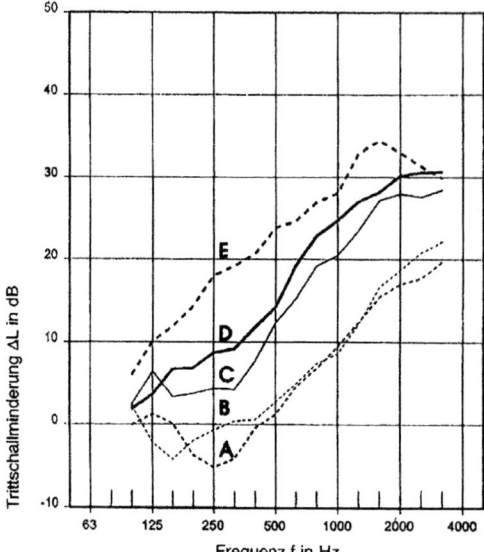

Bild 4.7-18 Abhängigkeit der Trittschallminderung von der Frequenz und bewertete Trittschallminderung verschiedener Hohlraumböden, ohne Bodenbelag, ohne trittschalldämmende Unterlage
A monolithischer historischer Hohlraumboden, Stützenabstand 15 cm, $\Delta L_{w,P} = 11$ dB
B wie A, ähnliches Fabrikat, $\Delta L_{w,P} = 13$ dB
C Sandwichboden, mittlerer Stützenabstand (ca. 30 cm), $\Delta L_{w,P} = 19$ dB
D heute üblicher Stahlstützenboden, 60 cm Stützenabstand, $\Delta L_{w,P} = 22$ dB
E wie D, ähnliches Fabrikat, $\Delta L_{w,P} = 27$ dB

Ebenso wie bei Holzbalkendecken (siehe Abschn. 4.1.2 dieses Buches) und beim Trittschallschutz von Laminatböden und ähnlichem [65] prozessieren die Betroffenen häufig auch dann, wenn der Schallschutz nach DIN 4109 „stimmt", wegen der erhöhten Störwirkung tiefer Frequenzen.

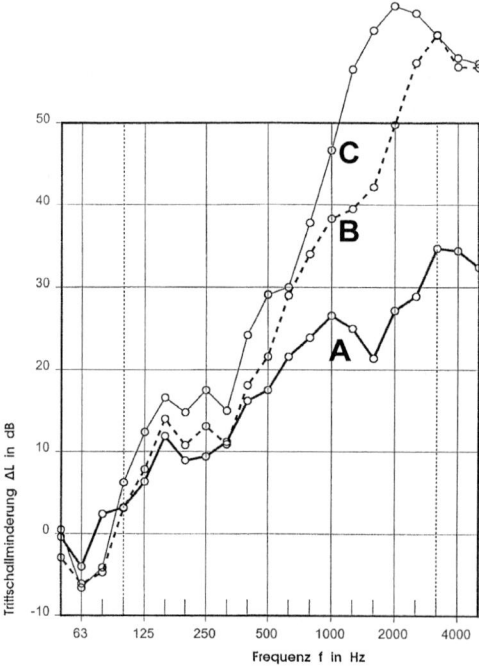

Bild 4.7-19 Trittschallminderung eines GMI-Hohlbodens, ohne Belag, mit Linoleum und mit Teppich
A ohne Belag, $L_{w,P} = 23$ dB
B mit Linoleum ($\Delta L_{W,B} = 17$ dB), $L_{w,P} = 27$ dB
C mit Teppich ($\Delta L_{W,B} = 20$ dB), $L_{w,P} = 30$ dB

4.7.3 Hohlböden

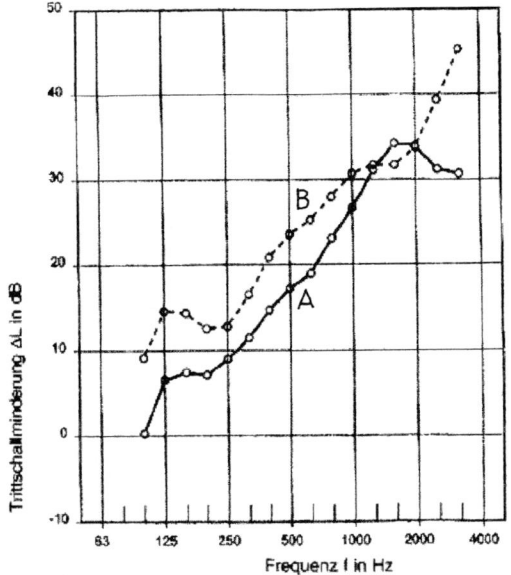

Bild 4.7-20 Trittschallminderung von Hohlboden mit Trittschallpads unter den Stahlstützen
A Standard-Hohlraumboden ohne Unterlage, $L_{w,P} = 23$ dB
B Standard-Hohlraumboden mit 6 mm dicker Gummigranulat-Unterlage unter den Stahlstützen, $L_{w,P} = 29$ dB

4.7.3.5 Akustische Mängel im Zusammenhang mit Hohlböden

Quellen des Estrichs

Kann ein bereits abgebundener Calciumsulfatestrich nicht vollständig austrocknen oder wird er nach dem Abbindezeitpunkt wieder rückbefeuchtet, kann durch Nachkristallisation ein Quellprozess (hygrische Dilatation) erfolgen.

Im Falle eines großen Bankneubaus „kuppelte" hierdurch der Calciumsulfat-Hohlboden zwischen den Stahlbeton-Treppenhauswänden einerseits und denjenigen Hohlbodenstreifen, auf denen Massivwände standen und einen kräftigen Anpressdruck bewirkten. Der Hohlboden hob durch den Kuppeleffekt mehrere Millimeter von der Rohdecke ab, was man beim Begehen durch „Wippen" deutlich merkte. Rein rechnerisch wäre ein bewertetes Schalldämmmaß zwischen den Räumen in der Größenordnung von 46 bis 47 dB zu erwarten gewesen, $R'_w = 45$ dB war vertraglich geschuldet. Tatsächlich ergab sich nur $R'_w = 42$ bis 45 dB. Auch der Norm-Flankentrittschallpegel lag um 4 bis 6 dB höher, als er rein rechnerisch erwartet worden war. Wegen der langen juristischen Auseinandersetzung zog der Bauherr dann in den nicht sanierten Neubau ein, stellte seine Möbel auf und bewirkte damit unbewusst eine „Sanierung", da die störenden Effekte danach nicht mehr auftraten. Das Gewicht der Möbel hatte offensichtlich den Boden in Kontakt mit der Rohdecke gebracht.

Bild 4.7-21 zeigt die Abhängigkeit der Schalldämmung von der Frequenz zwischen zwei Räumen mit „kuppelndem" Hohlboden in Kurve A. Kurve B zeigt das Messergebnis der Schalllängsdämmung des Hohlbodens im Labor, welches insbesondere im Frequenzbereich von 100 bis 800 Hz deutlich höhere Werte annimmt. Der kuppelnde Boden erreicht indessen wegen des teilweise fehlenden Kontaktes zur Rohdecke bei hohen Frequenzen höhere Werte, was sich aber nicht auf die bewertete Flankenpegeldifferenz auswirken kann. Auch der Norm-Flankentrittschallpegel verschlechterte sich durch das Kuppeln vom Laborwert $L_{n,f,w,P} = 42$ dB auf $L'_{n,f,w} = 46$ dB am Bau [87].

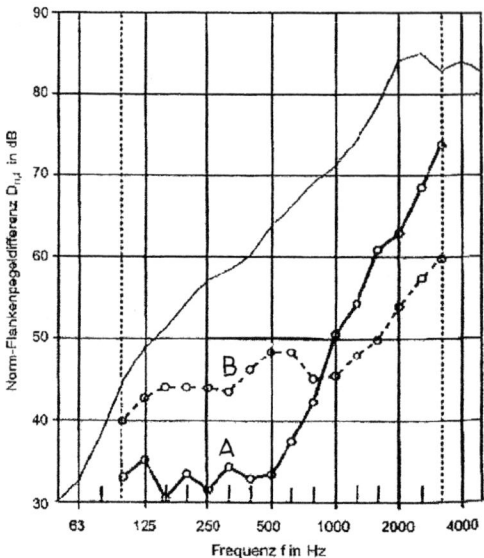

Bild 4.7-21 Norm-Flankenpegeldifferenz eines „kuppelnden" Hohlraumbodens
A mit „Kuppelung" am Bau $D_{n,f,w} = 45$ dB
B gleicher Boden im Labor $D_{n,f,w,P} = 49$ dB

Bei einem anderen Projekt wurde im Zuge der Güteprüfungen des Schallschutzes bei der Abnahme festgestellt, dass der Trittschallschutz mit $L'_{n,w} = 61$ dB weit über den DIN 4109-Mindestanforderungen von $L'_{n,w} = 53$ dB und ebenso über dem rechnerisch erwarteten Wert von $L'_{n,w} = 48$ dB lag (siehe Bild 4.7-22).

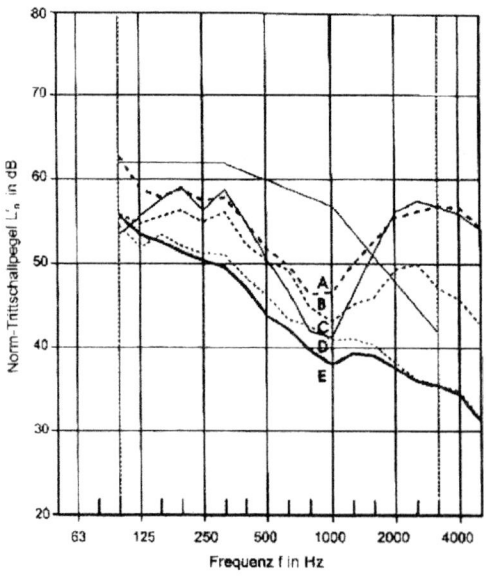

Bild 4.7-22 Norm-Trittschallpegel in Abhängigkeit von der Frequenz unter einer Geschossdecke mit Hohlraumboden vor und nach Sanierung. Vor Sanierung: Der Hohlraumboden drückt durch Ausdehnung gegen die Leichtmetallfassade; nach Sanierung: Entfernung des Hohlraumbodens im Nahbereich der Fassade und spannungsfreie Neuverlegung in einer Breite von ca. 35 cm längs der Fassade
A vor Sanierung, wie vorgefunden
   $L'_{n,w} = 61$ dB
B bis D diverse Zwischenversuche
   $L'_{n,w} = 62$ bis 48 dB
E nach Sanierung
   $L'_{n,w} = 48$ dB

4.7.3 Hohlböden

Der Hohlboden war stark gequollen und drückte in allen Geschossen auf die vorgehängte Leichtfassade. Der Estrichrandstreifen entlang der Fassade wurde von 6 mm Lieferdicke auf 0,5 mm zusammengedrückt. Der Prüfingenieur befürchtete die Loslösung der Fassade am ganzen Gebäude, was bei einem über 40-geschossigen Hochhaus natürlich Ängste der Betroffenen hervorruft. Bild 4.7-22 zeigt den Norm-Trittschallpegel in verschiedenen Zuständen, zunächst im vorgefundenen Zustand in Kurve A ($L'_{n,w}$ = 61 dB) und mit den Kurven B bis E, deren verschiedene Zwischenversuche mit dem letztendlich guten Ergebnis von $L'_{n,w}$ = 48 dB.

Auch dann, wenn Hohlraumböden nicht unter den Wänden durchlaufen, sondern z. B. bei Brandwänden oder Mietbereichstrennwänden seitlich an die auf der Rohdecke stehende Gipskartonständerwand oder Massivwand anstoßen, mindern bei unsachgemäßer Ausbildung ähnlich wie unsachgemäß schwimmende Estriche die Luft- und die Trittschalldämmung bei horizontaler Übertragung.

In einem Verwaltungsgebäude ergab sich bei der messtechnischen Abnahme ein Norm-Flankentrittschallpegel von $L'_{n,w}$ = 55 dB. Subjektiv konnte deutlich festgestellt werden, dass die Gipskartonständerwand vor allem im unteren Bereich vibrierte. Durch das Auftrennen der Randfuge ergab sich eine deutliche Verbesserung auf $L'_{n,w}$ = 46 dB. Aufgrund des kurz bevorstehenden Einzugstermins wurde jedoch auf das Aufschneiden aller Randfugen verzichtet und stattdessen ein Teppich verlegt, der mit $L'_{n,w}$ = 36 dB ein noch besseres Ergebnis ergab. Die Kurven sind in Bild 4.7-23 dargestellt.

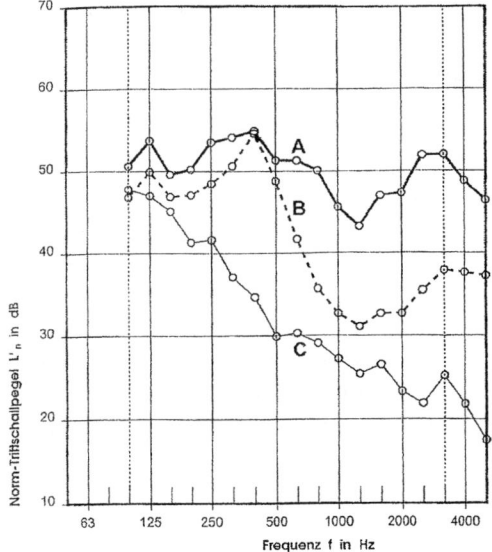

Bild 4.7-23 Norm-Flankentrittschallpegel eines Hohlraumbodens, der an eine auf der Rohdecke stehende Gipskarton-Ständerwand mit mangelhafter Randfuge anschloss
A wie vorgefunden, ohne Belag
  $L'_{n,w}$ = 55 dB
B nach Auftrennung der Randfuge
  $L'_{n,w}$ = 46 dB
C ohne Auftrennung, mit Teppich
  $L'_{n,w}$ = 36 dB

Risse durch zu schnelles Austrocknen
Risse im Estrich des Hohlbodens entstehen durch zu schnelles Austrocknen. In einem Großprojekt wurde die Hohlraumbodenplatte (für 6 Räume einschließlich Flur) für das Mock Up, die Musterraumzone, im Sommer bei hohen Außentemperaturen trotz fehlender Fassade gebaut. Der Estrich riss rechtwinklig zur Fassade alle 2 m bis 4 m. Die Messergebnisse der Schalllängsdämmung in dem Musterraum ergaben um 3 bis 4 dB *höhere* Werte als im Labor! Die Autoren lehnten es ab, diese Werte anzuerkennen. Bei den späteren Serienmessungen ergaben sich dann die zu erwartenden Werte.

4.8 Fertigbäder (Sanitärzellen)

4.8.1 Allgemeines

4.8.1.1 Beschreibung

Seit Ende der 1960er Jahre werden im Bauwesen Fertigbäder eingesetzt, die als geschlossene Raumzellen im Werk mit allen Installationen, Objekten, Wandbekleidungen und Accessoires montiert werden und am Bau lediglich noch angeschlossen werden müssen. Konstruktiv überwiegen Betonzellen, daneben sind glasfaserverstärkte Kunststoffzellen sowie Zellen in Ständerbauweise mit zementgebundenen Bauplatten sowie Stahlblechkonstruktionen gebräuchlich. Sowohl „oben offene" Zellen, die bauseits eine abgehängte Unterdecke erhalten, als auch werkseitig oben geschlossene Systeme sind auf dem Markt.

Bei den Betonzellen dominieren Konstruktionen mit 5 bis 6 cm dicken Wänden aus Normalbeton oder Leichtbeton (z. B. mit Styroporzuschlag), die innen verfliest werden. Die Installationen liegen außen und werden im Regelfall zu Schächten auf der Flurseite zusammengefasst, die mit Revisionsöffnungen zugänglich gemacht werden.

Bild 4.8-1 zeigt Grundriss und Schnitt einer aktuellen Fertigzelle für ein Hotel mit den wesentlichsten konstruktiven Merkmalen.

4.8.1.2 Zum schalltechnischen Nachweis

Raumzellen sind im schalltechnischen Nachweis der neuen DIN 4109 nicht vorgesehen, obwohl derartige Systeme seit über 40 Jahren bekannt sind. Weder für die Fußbodenkonstruktion eines Fertigbades mit der darunterliegenden Rohdecke noch für eine Wandkonstruktion, z. B. zwischen zwei nebeneinander stehenden Sanitärzellen, lässt sich ein brauchbarer Nachweis nach DIN 4109 [1] ermöglichen.

Es ist deshalb notwendig und auch üblich, dass Hersteller derartiger Fertigbäder für exemplarische Konstruktionen aus ihrem Lieferprogramm Prüfzeugnisse des Schallschutzes vorlegen. Es ist einsichtig, dass angesichts der individuellen Gestaltung der Fertigbäder, die von Projekt zu Projekt unterschiedliche Konstruktionen und Ausstattungen ergibt, der planende Architekt, aber auch der beratende Bauphysiker vor der Schwierigkeit steht, die Übertragbarkeit der vorgelegten schalltechnischen Prüfzeugnisse in das jeweilig geplante akute Projekt verantworten zu können. Die Autoren verfügen über projektbezogene Erfahrungen an Hotel-, Krankenhaus-, Sanatoriums- und Wohnprojekten mit über 1.000 eingebauten Zellen der unterschiedlichsten Fabrikate und versuchen nachfolgend allgemeine Empfehlungen auszusprechen.

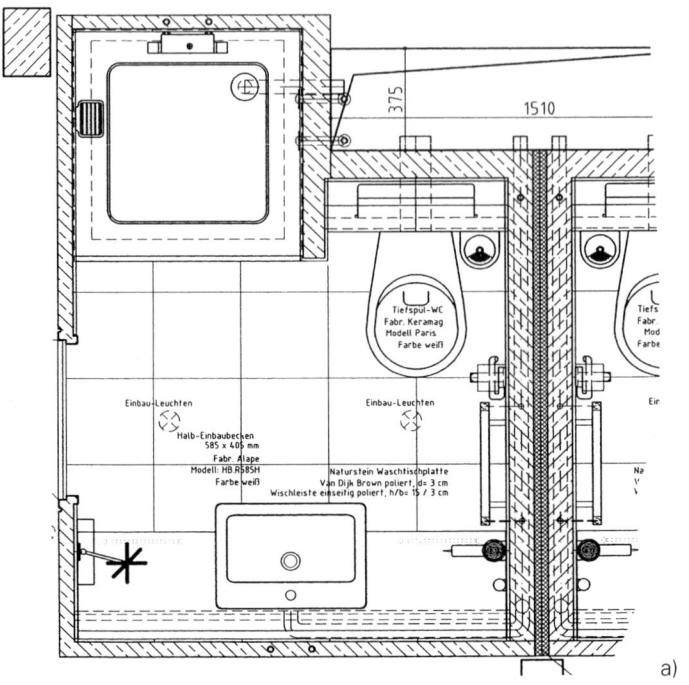

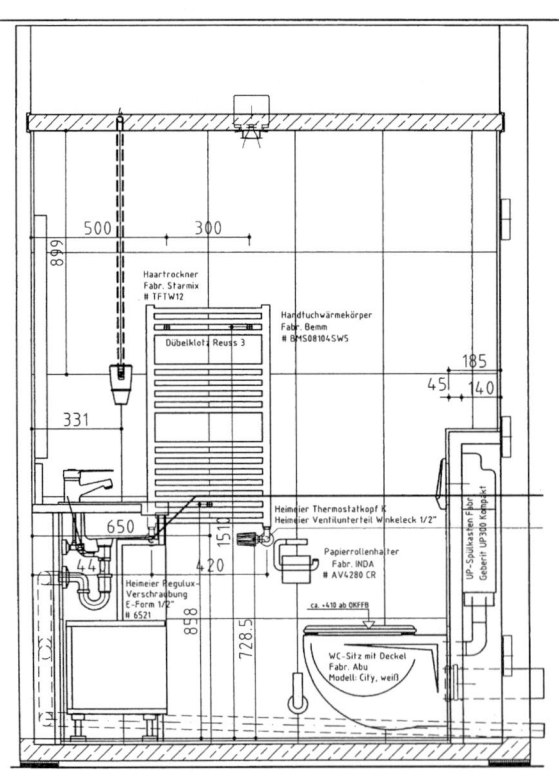

Bild 4.8-1 Charakteristisches Fertigbad für ein ***-Hotel, Stahlbeton-Raumzellenbauweise, mit freundlicher Genehmigung der Rasselstein GmbH, Neuwied, a) Grundriss und b) Schnitt

momentum
MAGAZIN

Das Online-Magazin für Bauingenieure.
www.momentum-magazin.de

Ein Service von

AQUACEL Fertigbäder
„Made in Germany"

Rasselstein Raumsysteme
GmbH & Co KG
Heldenbergstraße 52 · D-56567 Neuwied
Tel. +49 (0)2631/3444-0
www.rasselstein.de
info@rasselstein.de

Das Grundlagenwerk für Bauingenieure

Peter Marti
Baustatik
Grundlagen – Stabtragwerke –
Flächentragwerke
2. korrigierte Auflage
2014. 684 S.
€ 98,–*
ISBN 978-3-433-03093-6
Auch als ebook erhältlich

Das Buch liefert eine einheitliche Darstellung der Baustatik auf der Grundlage der Technischen Mechanik. Es behandelt Stab- und Flächentragwerke nach der Elastizitäts- und Plastizitätstheorie. Es betont den geschichtlichen Hintergrund und den Bezug zur praktischen Ingenieurtätigkeit und dokumentiert erstmals in umfassender Weise die spezielle Schule, die sich in den letzten 50 Jahren an der ETH in Zürich herausgebildet hat.

Als Nachschlagewerk enthält das Buch ein umfassendes Stichwortverzeichnis. Die Gliederung des Inhalts und Hervorhebungen im Text erleichtern die Übersicht. Bezeichnungen, Werkstoff- und Querschnittswerte sowie Abrisse der Matrizenalgebra, der Tensorrechnung und der Variationsrechnung sind in Anhängen zusammengefasst.

Insgesamt richtet sich das Buch als Grundlagenwerk an Studierende und Lehrende ebenso wie an Bauingenieure in der Praxis.

Das könnte Sie auch interessieren:

- Theory of Structures
- Zeitschrift Bautechnik

Online Bestellung:
www.ernst-und-sohn.de

Ernst & Sohn
Verlag für Architektur und technische
Wissenschaften GmbH & Co. KG

Kundenservice: Wiley-VCH
Boschstraße 12
D-69469 Weinheim

Tel. +49 (0)6201 606-400
Fax +49 (0)6201 606-184
service@wiley-vch.de

* Der €-Preis gilt ausschließlich für Deutschland. Inkl. MwSt. zzgl. Versandkosten. Irrtum und Änderungen vorbehalten. 1091136_dp

4.8.2 Luftschalldämmung

4.8.2.1 Luftschalldämmung zwischen nebeneinander stehenden Zellen

Während ursprünglich (Ende der 1960er Jahre) die Trennwände von Hotelzimmern, Krankenzimmern etc. wie bei der konventionellen Planung noch von der Flurwand zur Fassade durchliefen und die Raumzellen additiv rechts und links daneben gestellt wurden, haben schalltechnische Untersuchungen in den 1970er Jahren gezeigt, dass dies nicht notwendig ist. Mit zwei direkt nebeneinander stehenden Fertigbädern ist unabhängig davon, ob es sich um Betonfertigbäder oder Ständerwand-Fertigbäder handelt, allein aufgrund des Abstandes der beiden Schalen, der für die Montage und die Installation der Leitungen erforderlich ist und der mindestens 10 cm im Lichten beträgt, sowie der Flächenmasse der Wandschalen ausreichender Schallschutz für fast alle praktischen Fälle sichergestellt.

Durch die elastische Aufstellung der Zellen entsteht auch eine Raum-in-Raum-Bauweise, bei der negative Auswirkungen der flankierenden Bauteile auf die Luftschalldämmung praktisch vernachlässigt werden können.

Die Bilder 4.8-2 und 4.8-3 zeigen die Schalldämmung zwischen nebeneinander stehenden Fertigbädern in unterschiedlichen Bauweisen. Bei leichten Konstruktionen (z. B. aus GFK-Kunststoff) ist verständlicherweise der Einfluss der Hohlraumdämpfung auf die Schalldämpfung größer als bei schweren Massivzellen.

Sowohl die bauaufsichtlichen Mindestanforderungen zwischen Krankenzimmern oder Hotelzimmern (erf. $R'_w = 47$ dB) als auch diejenigen zwischen Wohnungen (erf. $R'_w = 53$ dB) werden von allen Konstruktionen sicher eingehalten und im Regelfall auch deutlich in Richtung erhöhter Schallschutz überschritten, so dass auch hochwertige Hotelbauten mit derartigen Zellen ausgestattet werden können.

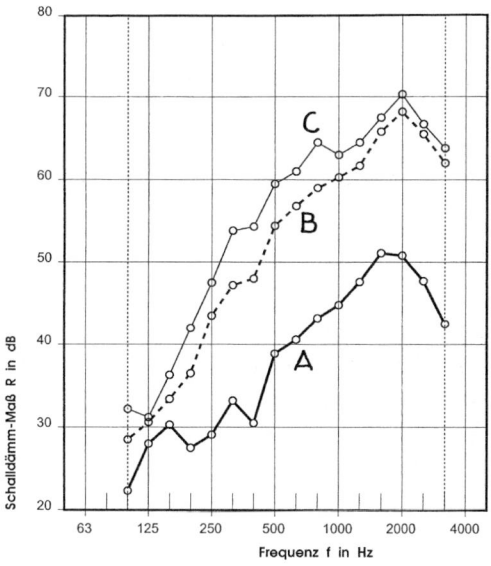

Bild 4.8-2 Schalldämmung zwischen direkt nebeneinanderstehenden Fertigbädern unterschiedlicher Bauweisen. Hier: Kunststoffzellen aus GFK mit Polyurethanschaumfüllung

A Zellen mit 140 mm Abstand, $R_{w,P} = 41$ dB

B Zellen wie A, zusätzlich 100 mm MF-Filz zwischen den Zellen $R_{w,P} = 50$ dB

C Zellen wie A, zusätzlich 100 mm MF-Filz + Gipskarton 12,5 mm zwischen den Zellen $R_{w,P} = 55$ dB

Hierbei ist zu berücksichtigen, dass „Rücken an Rücken" liegende WC-Spülkästen vermieden werden müssen. Im Bereich der WC-Spülkästen ist die Betonwand oder die Bauplatten-Beplankung ausgespart, so dass hier lediglich die geringe Flächenmasse des Spülkastens zum Tragen kommt und außerdem auch noch durch die fehlenden luftdichten Anschlüsse der Spülkastenkonstruktion an die Sanitärzellen die Schalldämmung von Fertigbad zu Fertigbad hier auf Werte unter $R'_w = 45$ dB begrenzt bleibt.

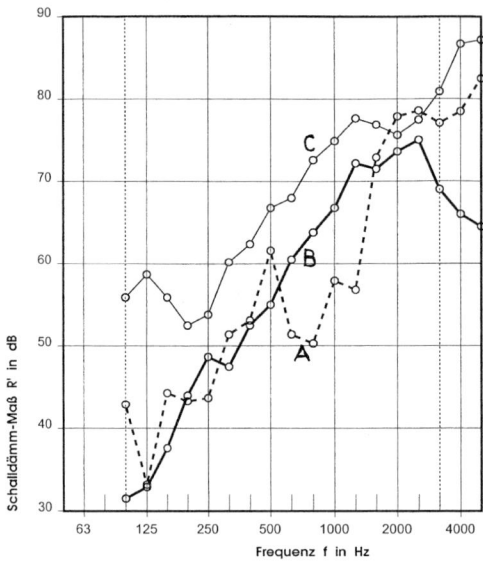

Bild 4.8-3 Luftschalldämmung zwischen Fertigbäder-Paaren unterschiedlicher Bauweisen
A zwischen zwei GFK-Fertigbädern, lichter Wandabstand 35 cm, Mineralfaser-Hohlraumdämpfung, 100 mm dick, $R_{w,P} = 56$ dB
B Stahlbeton-Fertigbäder, Wanddicke d = 6 cm, lichter Wandabstand 15 cm, Mineralfaser-Hohlraumdämpfung 5 cm, $R_{w,P} = 55$ dB
C zwischen zwei Stahlbeton-Fertigbädern, Wanddicke d = 9 cm, Wandabstand 30 cm, 20 cm Mineralfaser-Hohlraumbedämpfung, $R_{w,R} = 66$ dB

Die Firmen bieten für den Fall, dass sich nicht durch eine andere Planung dieser Fall vermeiden lässt, entsprechende Abkofferungen oder den Einbau entsprechender Abschottungen zwischen beiden Zellen im Bereich der WC-Spülkästen an.

4.8.2.2 Schalldämmung Fertigbad zum Flur sowie zum „eigenen" Zimmer

Zum Flur hin erhalten Fertigbäder meist eine Gipskartonvorsatzschale, mit Hilfe derer ausreichenden Bemessung ebenfalls die zu stellenden schalltechnischen Anforderungen erfüllt werden können.

Zum „eigenen" Zimmer stellt dagegen die häufig zwecks Badbelüftung mit Lüftungsgittern versehene Tür zwischen dem Zimmer und dem Fertigbad den schalltechnischen Schwachpunkt dar, so dass auch ohne Gipskartonverkleidungen der Fertigbäder von der Zimmerseite aus ausreichende bewertete Schalldämmmaße in der Größenordnung um $R'_w = 40$ dB erzielbar sind. Mit zusätzlichen Gipskartonvorsatzschalen lassen sich selbstverständlich auch durchaus komfortable Werte erreichen.

Bild 4.8-4 zeigt den Bereich der Schalldämmung im „einfachen Durchgang" von GFK-Fertigbad-Wänden mit Gipskarton-Vorsatzschalen auf der Außenseite. Bei Stahlbetonzellen bewirkt die 5 bis 7 cm dicke Stahlbetonwand in Verbindung mit einer bauseitigen Gipskartonplatten-Vorsatzschale und innerseitigem Fliesenbelag eine Schalldämmung von ebenfalls R'_w = 48 bis 52 dB (nach Baumessungen).

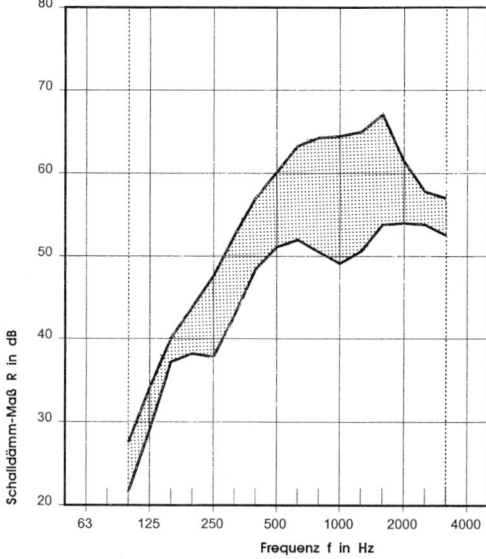

Bild 4.8-4 Bereich der Schalldämmung von Sanitärzellenwänden (im einfachen Durchgang z. B. von der Zelle zum Flur), insgesamt 7 Messungen. Raumseitige Gipskartonverkleidung, doppel, mit Mineralfaser-Hohlraumbedämpfung, Zellenwand GFK-System, zellseitig gefliest. $R_{w,P}$ = 49 bis 56 dB

4.8.2.3 Vertikale Luftschalldämmung

Bei der vertikalen Luftschalldämmung kann das bewertete Schalldämmmaß aus der flächenbezogenen Masse der Rohdecke für solche Fertigbäder, für die ein Prüfzeugnis einer bewerteten Trittschallminderung von mindestens $\Delta L_{w,P} \geq 18$ dB vorliegt, so ermittelt werden als wäre ein schwimmender Estrich vorhanden, nach DIN 4109/89 somit entsprechend Tabelle 12, Beiblatt 1 zu DIN 4109. Im Regelfall sind sehr gute Werte erreichbar. Messwerte am Bau liegen im Regelfall über R'_w = 58 dB, bei diagonaler Übertragung in das darunter liegende Zimmer und über R'_w = 65 dB in das darunter liegende Fertigbad (mit Unterdecke oder „Betondeckel").

4.8.3 Trittschalldämmung

4.8.3.1 Trittschallminderung

Fertigbäder werden im Regelfall an vier bis sechs Auflagerpunkten (bei kleineren Fertigbädern an den vier Ecken) höhennovelliert aufgelagert. Für die Lagerungen werden Elastomerplatten verwendet, so dass sich ein schwimmender Aufbau der kompletten Fertigbadkonstruktion auf der Rohdecke ergibt. Als Elastomerplatten sind sowohl Gummischrotplatten (aus Recyclingmaterial) als auch ebene Elastomerschaumplatten (aus vernetztem Polyurethanschaum) und Profilplatten aus Synthesegummi (z. B. Pyramidenplatten) gebräuchlich.

Die Trittschallminderung derartiger Konstruktionen erreicht Werte einfacher schwimmender Estriche. Wird der Hohlraum unterhalb der Bodenplatte des Fertigbades zur Rohdecke mit Mineralfaserplatten ausgelegt, kann die Trittschallminderung verbessert werden.

Dabei wirkt die Mineralfaserplatten-Einlage jedoch nicht mit ihrer physikalischen Eigenschaft der dynamischen Steifigkeit, wie dies bei einer Trittschalldämmschicht aus dem gleichen Material unterhalb eines schwimmenden Estrichs der Fall wäre, sondern lediglich durch die Bedämpfung des Luftschallpegels, der sich bei Betrieb des Hammerwerkes im Hohlraum unterhalb der Bodenplatte der Sanitärzelle ergibt (Hohlraumdämpfung). Die Wirkung der Hohlraumdämpfung ist bei leichten (GFK)-Zellen größer als bei Betonzellen.

Für verschiedene Konstruktionen des Unterbaus einer GFK-Zelle sind in Bild 4.8-5 die Verläufe der Trittschallminderung im Prüfstand über der Frequenz dargestellt. GFK-Zellen lassen sich aufgrund ihres geringen Gewichtes gut im Deckenprüfstand einbringen.

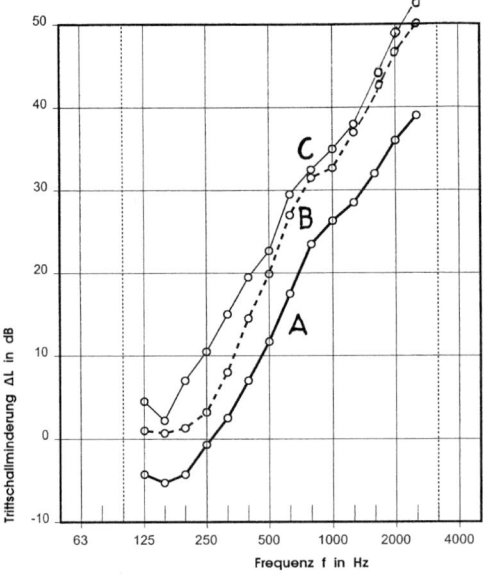

Bild 4.8-5 Abhängigkeit der Trittschallminderung von der Frequenz für GFK-Fertigbäder (komplette Bäder einschließlich Wänden und Deckenkonstruktionen) mit und ohne Gumminoppenplatten unter den Stahlfüßen und Mineralfaserplatten im Zwischenraum, im Prüfstand
A Zelle direkt auf der Rohdecke,
    $\Delta L_{w,P} = 14$ dB
B 20 mm Holzplatten und 10 mm Gumminoppenplatten unter den Füßen,
    $\Delta L_{w,P} = 20$ dB
C wie B, zusätzlich 50 mm Mineralfaserfilz unter der Zelle (nicht unter den Füßen!)
    $\Delta L_{w,P} = 24$ dB

Für die (mehrere Tonnen schweren) Stahlbeton-Raumzellen liegen nach Kenntnis des Autors keine Prüfstandsmessungen vor, hier wird auf die nachfolgenden Ausführungen zum bewerteten Normtrittschallpegel kompletter Zellen am Bau hingewiesen.

Bei dünnen Rohdecken, wenn zum Beispiel die Rohdecke im Bereich der Raumzelle abgesenkt wird, um niveaugleiche Übergänge zum Zimmer zu ermöglichen, und bei (zivilrechtlich zu vereinbarenden) erhöhten Schallschutzanforderungen reicht oft die bewertete Trittschallminderung der Raumzelle nicht aus. In diesen Fällen sind zusätzlich trittschalltechnisch wirksame Unterdecken notwendig.

Von den Herstellern der Lager werden gelegentlich rechnerische Abschätzungen der Trittschallminderung ausschließlich aus den dynamischen Eigenschaften der Elastomerlager als repräsentativ für die komplette Nasszelle angegeben. Dies ist fachlich falsch und nicht vertretbar, auch wenn manchmal (zufällig) Messwerte mit derartigen Abschätzungen näherungsweise übereinstimmen. Weitere Messungen der Trittschalldämmung zeigt Bild 4.8-6 mit ähnlichen Elastomerlagern, die unter einer Betonnasszelle (Kurve B) jedoch eine vor allem tieffrequent wesentlich bessere Trittschallminderung ergeben als unter einer Kunststoffzelle (Kurve A).

Bis 400 Hz liegt bei der Betonzelle (bei fast gleicher Lagerung) durch die höhere Masse eine im Mittel um 10 dB höhere Trittschallminderung vor.

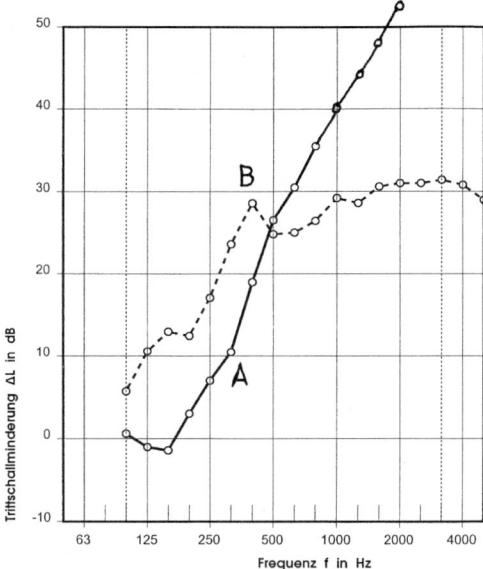

Bild 4.8-6 Trittschallminderung zwei verschiedener Fertigbäder mit ca. 10 mm dicken Elastomerlagen
A   GFK-Kunststoffzellen, $\Delta L_{w,P}$ = 19 dB
B   Betonzellen, $\Delta L_{w,P}$ = 27 dB

4.8.3.2 Ausführungsmängel

Ausführungsmängel entstehen vor allem durch Fehler bei den elastischen Lagern, wenn z. B. aus Gründen der Höhentoleranz dünnere Elastomerlager eingebaut oder sogar durch schalltechnisch nicht wirksame Stahlblech- oder Sperrholzzuschnitte ersetzt werden. Bei Gummischrotlagern wenden Zellen-Hersteller gelegentlich eine Montage mit Zementmörtel an. Hierbei wird das 17 mm dicke Gummischrotlager mit PE-Folie abgedeckt und zum Höhenausgleich hierauf frischer Zementmörtel aufgebracht. Wird versehentlich die PE-Folie vergessen, drückt sich durch die Auflast der Zelle der Mörtel durch die poröse Gummischrotplatte, die Trittschalldämmung verschlechtert sich, wie Bild 4.8-7 deutlich macht, vor allem im tieffrequenten Bereich.

Weitere Ausführungsmängel werden durch Probleme mit der Installation, wenn die Toleranzen für die Ver- und Entsorgungsleitungen zu knapp bemessen werden, beobachtet. Die messtechnische Abnahme (in Stichproben) durch eine zertifizierte Prüfstelle für den Schallschutz (siehe Abschn. 5) ist deshalb bei größeren Projekten üblich und empfehlenswert, zweckmäßig zu Beginn der Montage an den ersten montierten Zellen.

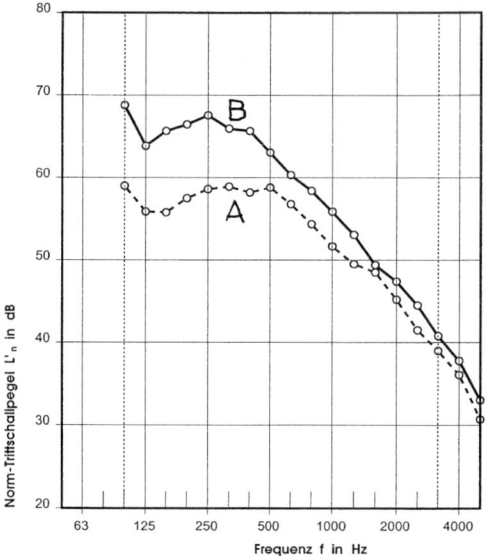

Bild 4.8-7 Norm-Trittschallpegel (im Rohbau) unter einer Beton-Sanitärzelle in einem Kreiskrankenhaus, bei der die elastische Wirkung der Gummischrot-Lager durch eingedrungenen Zementmörtel stark gemindert wurde (durch Gipskartonverkleidungen der Zellen und GK-Unterdecken wurde später der Trittschallpegel auf $L'_{n,w} \leq 48$ dB gesenkt)
A Zelle wie vorgefunden, durch fehlende Folie mit Mörtel durchdrungenes Gummischrot-Lager, $L'_{n,w} = 61$ dB
B Zelle ordnungsgemäß montiert, $L'_{n,w} = 55$ dB

4.8.3.3 Trittschallschutz kompletter Systeme

Bedingt durch die hohen Werte der bewerteten Trittschallminderung der Raumzellen ergeben sich auch für komplette Deckensysteme mit darauf stehenden Fertigbädern gute Werte des bewerteten Trittschallpegels (siehe Bild 4.8-8), die zum Teil auch die Vorschläge für einen erhöhten Schallschutz erreichen. Signifikant sind die starken Resonanzen im tieffrequenten Bereich, die durch die Verwendung relativ steifer Elastomerlager gegeben sind. Die Verwendung weicherer Lager hat sich wegen der Verformungen der Leitungsanschlüsse nicht bewährt. Andererseits stören die Resonanzen subjektiv nicht, da man Raumzellen im Regelfall barfuß oder in Hausschuhen benutzt.

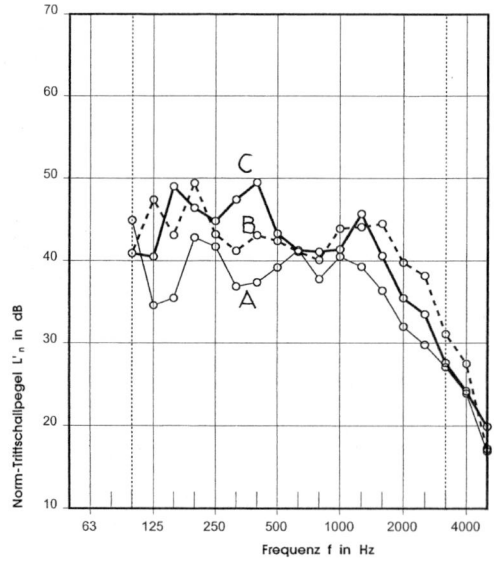

Bild 4.8-8 Verlauf des Norm-Trittschallpegels über der Frequenz, Ergebnisse von Güteprüfungen des Schallschutzes in ausgeführten Bauten
A Betonfertigbad, Altenpflegeheim $L'_{n,w} = 41$ dB
B Betonfertigbad, Städt. Kliniken $L'_{n,w} = 46$ dB
C Betonfertigbad, Uniklinik $L'_{n,w} = 45$ dB

4.8.3.4 Geräusche haustechnischer Anlagen

Durch die im Regelfall schalltechnisch hochqualifizierte Montage der Leitungen und Objekte im Werk, die aus Gründen des Trittschallschutzes notwendige elastische Lagerung des kompletten Fertigbades und die körperschalldämpfende (Kompensatoren-)Verbindung zu den Schachtinstallationen, wird überwiegend ein sehr niedriger Installationsschallpegel in den angrenzenden schutzbedürftigen Räumen von $L_{in} \geq 25$ dB(A) sichergestellt.

4.9 Fenster und Fassaden

4.9.1 Einleitung

Schalldämmende Fenster, nach Typenplanung (und Zulassung) werksmäßig gefertigt, stellen auch aus schalltechnischer Sicht typische elementierte Bauteile dar, deren Bemessung, Montage und Abnahme im Regelfall problemlos ist.

Im Vergleich zu vielen anderen bauakustisch relevanten Bauteilen handelt es sich bei elementierten Fassadenkonstruktionen, die im Rahmen eines integralen Planungsprozesses zwischen Objektplaner und Beratern (insbesondere Fassadenplaner und Bauphysiker) entwickelt werden, in der Regel um projektbezogene Sonderkonstruktionen. Diese sind auch wegen ihrer Schalldämmung, also bezüglich des direkten Schalldurchgangs (bewertetes Schalldämmmaß) und ihrer Schalllängsdämmung in horizontaler und in vertikaler Richtung (bewertete Norm-Flankenpegeldifferenz), immer wieder neu zu entwickeln und zu beurteilen. Demgegenüber stellen vorgehängte, hinterlüftete Fassaden wiederum schalltechnisch leicht bewertbare und somit beherrschbare Konstruktionen dar, da die Massivwand hier im Wesentlichen die schalltechnischen Parameter bestimmt.

Basierend auf einer Vielzahl von durchgeführten Reihen- und Einzelmessungen im schalltechnischen Labor und in situ zur Bestimmung des Schalldämmmaßes sowie auch der Norm-Flankenpegeldifferenz in horizontaler und in vertikaler Übertragungsrichtung von unterschiedlichen Fassadenkonstruktionen, sollen Auswirkungen konstruktiver Fassadendetails und des Messverfahrens auf das erzielte Messergebnis aufgezeigt werden. Darüber hinaus werden konkrete Planungsvorgaben für die bauakustische Beratung von Fenstern und Fassaden in der Praxis abgeleitet.

Zunächst werden die allgemeinen Einflüsse auf die Schalldämmung sowohl von Fenstern als auch von sonstigen Fassaden dargestellt. Unter Berücksichtigung der Einflussparameter Verglasung, Einbausituation und Fassadenkonstruktion auf den direkten Schalldurchgang und der Einflussparameter Fassaden-Anschlusselement (Fassadenschwert), Fassadenpfosten und Fassadenkonstruktion als bestimmende Größen auf die horizontale und auf die vertikale Schalllängsdämmung, soll anschließend ein Schwerpunkt auf Elementfassaden (sog. Pfosten-Riegel-Fassaden oder Curtain-Wall-Fassaden) gelegt werden.

4.9.2 Einflüsse auf die Schalldämmung

4.9.2.1 Verglasung

Bewertete Schalldämmmaße von Verglasungen setzen sich aus den schalltechnischen Einflüssen der Einzelkomponenten Scheibenart und -dicken sowie der Ausführung und Dicke des Scheibenzwischenraums (SZR) bei Zweischeiben-Isolierverglasungen bzw. der beiden Scheibenzwischenräume bei Dreischeiben-Isolierverglasungen zusammen. Entsprechende Prüfzeugnisse unterschiedlicher Verglasungen für schalltechnische Anforderungen verschiedener Größenordnung werden von allen größeren Glasherstellern (Interpane, Saint Gobain, Pilkington etc.) – mittlerweile in nennens-

4.9.2 Einflüsse auf die Schalldämmung

wertem Umfang auch für Dreischeiben-Wärmeschutzverglasungen – in entsprechenden Produktdatenblättern in umfangreicher Anzahl zur Verfügung gestellt. Zu beachten ist hierbei jedoch, dass die europäische Glasindustrie grundsätzlich Laborwerte der Schalldämmung ($R_{w,P}$) angibt, die für die Berechnungen um 2 dB zu mindern sind. Dieser Abzug stellt keinen „Malus" dar, sondern berücksichtigt, dass die Schalldämmung von Glasscheiben formatabhängig ist, die Prüfzeugnisse jedoch immer im Fensterprüfstand mit Abmessungen ca. 1,50 × 1,25 m durchgeführt werden.

Grundsätzlich ist festzustellen, dass bezüglich der Glasdicke der Einzelscheiben asymmetrisch aufgebaute Zweischeiben- und Dreischeiben-Wärmeschutzverglasungen im Vergleich zu symmetrisch aufgebauten Gläsern, also von Verglasungen mit zwei oder drei Glasscheiben identischer Dicke, immer eine im Vergleich um 1 bis 3 dB höhere Schalldämmung aufweisen - bei identischer Gesamtdicke der Glasscheiben und bei gleichbleibender Dicke und Qualität des SZR. Ursache hierfür ist die Koinzidenzfrequenz der Einzelscheiben, die in diesem Fall identisch mit der Resonanzfrequenz von zwei oder drei Einzelscheiben der Verglasung sein kann und somit den bereits bei einer Einzelscheibe gegebenen Dämmungseinbruch bei dieser Frequenz nochmals verstärkt.

Somit ist, anders als nach weit verbreiteter Auffassung – wiederum bei gleicher Gesamtstärke der einzelnen Verglasungen – eine Dreischeiben-Wärmeschutzverglasung bezüglich ihres direkten Schalldurchgangs nicht zwingend günstiger im Vergleich zu einer Zweischeiben-Wärmeschutzverglasung, sofern bei der Dreischeiben-Verglasung zwei oder gar drei Einzelscheiben die identische Glasdicke aufweisen.

Eine Zweischeiben-Wärmeschutzverglasung bis zu einem bewerteten Schalldämmmaß der Verglasung von (Laborwert) ca. $R_{w,P}$ = 39 dB ist mit zwei Floatglasscheiben realisierbar. Ein bewertetes Schalldämmmaß der Verglasung bis (Laborwert) ca. $R_{w,P}$ = 43 dB ist mit einer VSG-Scheibe (in der Regel realisiert durch eine 0,7 bis 0,8 mm dicke Schallschutzfolie, eine sog. SI-Folie) in Verbindung mit einer Floatglasscheibe zu erreichen und ein bewertetes Schalldämmmaß der Verglasung bis (Laborwert) ca. $R_{w,P}$ = 52 dB ist mit zwei VSG-Scheiben erfüllbar.

Bild 4.9-1 zeigt die Abhängigkeit des bewerteten Schalldämmmaßes im Labor ($R_{w,P}$) von der Glasdicke, bei Mehrscheibenverglasungen von der Gesamtdicke aller Scheiben den Streubereich.

Bei einer Dreischeiben-Wärmeschutzverglasung - unter der Voraussetzung der Ausbildung mit drei Einzelscheiben unterschiedlicher Materialstärke - ist ein bewertetes Schalldämmmaß der Verglasung bis (Laborwert) ca. $R_{w,P}$ = 43 dB mit drei Floatglasscheiben realisierbar. Die bewerteten Schalldämmmaße mit jeweils einer bzw. zwei VSG-Scheiben als Bestandteil der Dreischeiben-Wärmeschutzverglasung entsprechen in etwa denen einer Zweischeiben-Wärmeschutzverglasung.

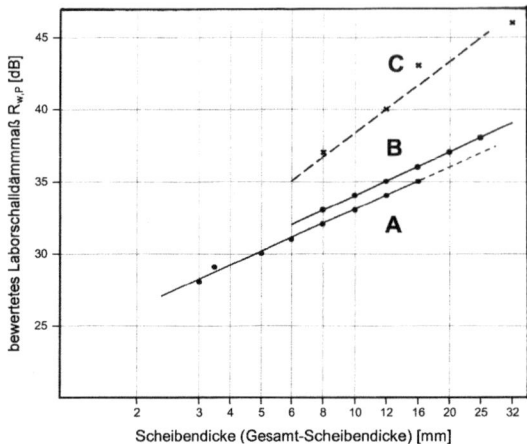

Bild 4.9-1 Schalldämmmaß von Verglasungen im Labor ($R_{w,P}$) in Abhängigkeit von der Flächenmasse
A Einscheibenverglasungen (Float und ESG) nach [80]. Punkte darunter für Mehrscheibenverglasung
B VSG-Scheiben nach [80]
C VSG-Schallschutzscheiben (auch frühere Gießharzscheiben)

Einen schalldämmungserhöhenden Effekt üben anstelle der üblichen Argon- oder Luftfüllung sog. Schwergase im SZR aus. Der bekannteste Vertreter dieser Schwergase ist Schwefelhexafluorid (SF_6). Da sich diese Schwergase jedoch zum einen kontraproduktiv zu den immer höheren Anforderungen des Marktes an einen möglichst niedrigen Wärmedurchgangskoeffizienten U_g der Verglasung verhalten und zum anderen auf immer größere Bedenken auf der Investorenseite stoßen (in Großbritannien zum Beispiel ist die Verwendung von SF_6 im SZR einer Verglasung bereits seit rund 14 Jahren nicht mehr zulässig), finden solche Schwergase derzeit kaum noch Verwendung.

Wärmeschutzverglasungen mit Krypton-Leichtgasfüllung, die zum Erreichen von Wärmedurchgangskoeffizienten von $U_g < 1{,}0$ W/(m² · K) bei Zweischeiben-Wärmeschutzverglasungen oder von Wärmedurchgangskoeffizienten von $U_g < 0{,}6$ W/(m² · K) bei Dreischeiben-Wärmeschutzverglasungen erforderlich werden, weisen vergleichbare bewertete Schalldämmmaße im Vergleich zu einer Wärmeschutzverglasung mit einer konventionellen Argon- oder Luftfüllung auf. Hier sind durch das Krypton keine maßgeblichen Verschlechterungen der Schalldämmung zu erwarten. In der Praxis finden jedoch Krypton-Gasfüllungen aufgrund der vergleichsweise hohen Investitionskosten kaum Verwendung.

Bezüglich der vorliegenden Labormessergebnisse von Verglasungen muss abschließend darauf hingewiesen werden, dass alle diese Untersuchungen in schalltechnischen Labors in Fensterprüfständen erfolgten und weiterhin auch erfolgen, die Abmessungen von (1,20 × 1,20) m² bis zu (1,50 × 1,50) m² aufweisen. Häufig kommen jedoch Fassadenelemente mit bis zu raumhohen Dimensionen der Verglasungen mit einer Höhe von 2,50 bis 3,00 m zur Ausführung.

Verschiedene Effekte der Verschiebung des Dämmungseinbruchs im unteren Frequenzbereich durch eine Vergrößerung der Glasfläche im Vergleich zu den Abmessungen eines Labor-Fensterprüfstandes führen zur Veränderung der frequenzabhängigen Schalldämmung einer in die Fassade eingebauten Verglasung und können die in den Prüfzeugnissen der Gashersteller angegebenen Einzahlangaben in Form eines bewerteten Schalldämmmaßes um bis ca. 2 bis 3 dB unterschreiten.

Ursache hierfür ist die Ermittlung dieser Einzahlangaben nach DIN EN ISO 717 [33] und die hierin wiedergegebene frequenzabhängige Bezugskurve, bei der sich zu tieferen Frequenzen hin verschobene Dämmungseinbrüche (bedingt durch Koinzidenzen oder Resonanzen) schalldämmungsmindernd auswirken.

4.9.2.2 Einbausituation

Die Einbausituation spielt für elementierte Fassadenkonstruktionen eine eher untergeordnete Rolle bezüglich der erzielbaren Schalldämmung (direkter Schalldurchgang von außen nach innen), da hier nur auf eine ausreichend schalldämmende Ausführung an den Elementstößen der Fassade zu achten ist. Die Sicherstellung eines solchen ausreichend schalldämmenden Anschlusses stellt im Rahmen der Ausführungsplanung erfahrungsgemäß keine nennenswerte konstruktive Schwierigkeit dar, ist allerdings projektspezifisch in enger Bezugnahme zur geplanten Fassade zu erarbeiten, so dass hierzu keine allgemein gültigen Planungsvorgaben formuliert werden können.

Im Hinblick auf Fenster in Lochfassaden soll jedoch auf die Einbausituation aufgrund häufig in der Praxis festgestellter mangelhafter Ausführungen Bezug genommen werden. So kann für angestrebte bewertete Schalldämmmaße von Fenstern einer Lochfassade im eingebauten Zustand auf der Baustelle von bis zu erf. $R'_{w,45°}$ = 39 dB die Verwendung von konventionellem PU-Montageschaum im Bereich des Rohbauverschlusses in Verbindung mit den erforderlichen (Folien-) Verwahrungen als ausreichend angesehen werden. Bei angestrebten bewerteten Schalldämmmaßen von bis zu erf. $R'_{w,45°}$ = 42 dB ist die Verwendung von modifiziertem PU-Schaum – dem sogenannten „Schallschutz-Montageschaum", der von verschiedenen Herstellern mit entsprechenden Prüfzeugnissen zum Fugen-Schalldämmmaß angeboten wird – möglich.

Zum Fugen-Schalldämmmaß $R_{ST,w}$ sei ergänzend angemerkt, dass die Umsetzung der messtechnisch im Labor gewonnenen Fugen-Schalldämmmaße $R_{ST,w}$ auf die In-Situ-Einbaubedingungen nur begrenzt möglich ist.

Bei angestrebten bewerteten Schalldämmmaßen von Fenstern von erf. $R'_{w,45°}$ ≥ 43 dB ist jedoch ein dichtes Ausstopfen der Anschlussfuge zwischen Fensterrahmen und Rohbauöffnung (z. B. mit Mineralfasermaterial) zu empfehlen. Hierüber ist anschließend die Putzschicht zu führen, die schließlich aufgrund des zu erwartenden Auftretens von Haarrissen zum Fensterrahmen hin beidseitig mit Dichtstoff zu versiegeln ist.

Mittlerweile sind dampf- und luftdichte Anschlüsse der Fenster von Lochfassaden an die Rohbaukonstruktion innen erforderlich. Sie werden in Form von einfachen oder doppelt ausgeführten Abklebungen durch – je nach bauphysikalischen Erfordernissen – dampfdichte oder diffusionsoffene Anschlussfolien erreicht. Sie beeinflussen die Schalldämmung der Fensterkonstruktion im positiven Sinne jedoch nur unmaßgeblich, d.h. konkret ausschließlich im höheren Frequenzbereich von ≥ 1.000 Hz und wirken sich daher nicht auf die vorab getroffenen Aussagen zur Umsetzung des Fenstereinbaus in Abhängigkeit von der Anforderung an die Schalldämmung der Fassade aus.

4.9.3 Konstruktionen

4.9.3.1 Fenster

Standardfenster

Einfachfenster, bei denen eine Mehrscheiben-Isolierverglasung in einen Flügel eingebaut ist, sind in traditioneller Holzbauweise, aber auch in Holz-Alu-Konstruktion, als Kunststofffenster und als Aluminiumfenster in schalldämmender Ausführung standardmäßig durch Wahl der entsprechenden schalldämmenden Verglasung und einer angepassten Rahmen-Dichtungskonstruktion bis zu einem bewerteten Schalldämmmaß von ca. $R_{w,P}$ = 45 dB in einer Vielzahl von Varianten auf dem Markt. Der Prüfstandswert des bewerteten Schalldämmmaßes muss um mindestens 2 dB über der Anforderung am Bau liegen. Diese seit 1989 praktizierte Regelung hat sich sehr bewährt. 2 dB können jedoch zu wenig sein, wenn es um höhere Schalldämmmaße geht. Den europäischen Güteprüfstellen, die die Schalldämmung von Fenstern am Bau nachprüfen, ist bekannt, dass trotz einwandfreiem Einbau durchaus auch Abweichungen von 4 dB oder 6 dB von den Prüfstandswerten auftreten. Typische Fehler, die zu derartigen Abweichungen führen, sind:

- fehlerhaft gelieferte Verglasung (z. B. einbruchhemmende Verbundfolie statt SI-Schallschutzverbundfolie, falsche Gasfüllung),
- gegenüber der Laborprüfung verändertes Dichtungsprofil mit geringerer Anpressung,
- Falzentlüftung, die beim Prototyp im Labor nicht gegeben war,
- veränderte Beschläge (z. B. Pilzkopfschließstücke mit geringerer Anpressung).

Die Prüfstelle kann dies im Regelfall am Bau belegen. Wenn beispielsweise der Verdacht einer mangelhaften Schalldämmung der Verglasung besteht, ist z. B. eine Gipskartonplatte mit Selbstklebebändern auf die Verglasung aufzusetzen und gegen den Rahmen zu dichten. Steigt die Schalldämmung dann über das gewünschte Maß an, war die Scheibe die Ursache der Minderung. Bild 4.9.3-1 zeigt das Beispiel eines Kunststofffensters, als Prototyp für einen Hotelneubau geprüft, mit einem bewerteten Laborschalldämmmaß von $R_{w,P}$ = 46 dB. Die Bauanforderungen wurden durch eine örtliche Güteprüfstelle überprüft und für in Ordnung befunden.

Verbundfenster

Verbundfenster erreichen eine Schalldämmung, die um ca. 1 bis maximal 5 dB über dem Schalldämmmaß des Hauptflügels liegt, wie Bild 4.9.3-2 zeigt.

4.9.3 Konstruktionen

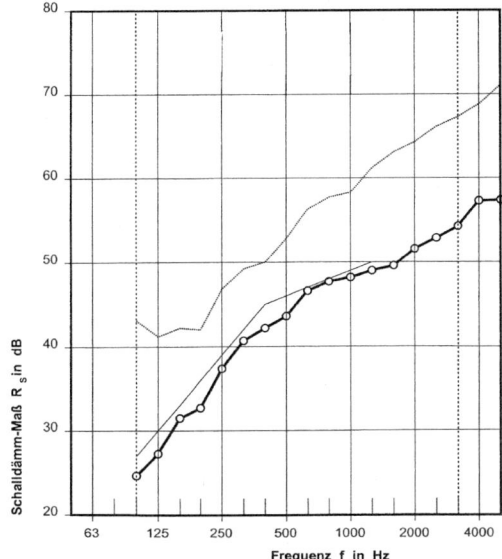

Bild 4.9.3-1 Schalldämmung eines Kunststofffensters mit Schallschutzverglasung $R_{w,P} = 46$ dB (Schalldämmmaß der verwendeten Scheibe: $R_{w,P} = 52$ dB)

Verbundfenster aus Holz werden vor allem bei der Altbausanierung dann benutzt, wenn Denkmalschutzauflagen bestehen und die Fenster eine historisierende Sprossenteilung erhalten müssen. In der äußeren Verbundflügelverglasung aus Einfachglas kann eine klassische Sprosse ohne weiteres realisiert werden. Ein derartiges Beispiel zeigt Bild 4.9.3-3, welches bei einem Altbausanierungsprojekt eingesetzt wird. Schalltechnische Messergebnisse liegen hierfür noch nicht vor. Mit Zweischeibenisolierverglasungen liegen für derartige Fenster jedoch Prüfzeugnisse vor, die bewertete Schalldämmmaße zwischen $R_w = 37$ dB bis $R_w = 42$ dB am Bau ergaben.

Moderne Verbundfenster, z. B. in Holz-Aluminium-Konstruktionen, können dann eingesetzt werden, wenn im Flügelzwischenraum der Sonnenschutz wettergeschützt untergebracht werden kann. Bild 4.9.3-4 zeigt ein derartiges Fenster. In Bild 4.9.3-5 ist die vom Hersteller angegebene Laborschalldämmung mit $R_{w,P} = 42$ dB dem Messergebnis an einem Bau gegenübergestellt, wo nur $R_{w,P} = 37$ dB erreicht wurden. Da

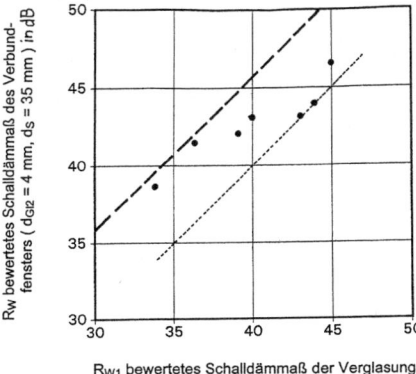

Bild 4.9.3-2 Schalldämmung von Verbundfenstern in Abhängigkeit von der Schalldämmung der im Hauptflügel eingesetzten Verglasung. Die theoretische Verbesserung von ca. 5 dB wird kaum erreicht, da der Verbundflügel nicht direkt an den Hauptflügel anschließt, zum Teil sogar Zu- und Abluftöffnungen aufweist.

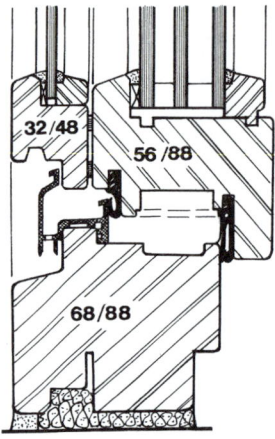

Bild 4.9.3-3 Klassisches Holz-Verbundfenster mit der Möglichkeit, im äußeren Verbundflügel Echtholz-Sprossen anordnen zu können (Bei Denkmalschutzauflagen auch mit Holz-Wetterschenkel möglich).

Bild 4.9.3-4 Modernes Holz-Aluminium-Verbundfenster mit integriertem Sonnenschutz im Flügelzwischenraum (Fa. Internorm, Regensburg)

am Bau nur erf. $R_w = 37$ dB verlangt worden waren, wurden weitere Untersuchungen nicht durchgeführt.

Kastenfenster
Bei besonders hohen schalltechnischen Anforderungen sind Kastenfenster nach wie vor gebräuchlich. Für ein Hotel in Flughafennähe wurde erf. $R_w = 48$ dB für die Fenster ermittelt. Bild 4.9.3-6 zeigt das Ergebnis eines Kunststofffensters mit Vorsatzflügel. Das Fenster hatte im Labor $R_{w,P} = 51$ dB erzielt und erreichte am Bau $R_w = 53$ dB (!). Offensichtlich war hier jedoch die tiefe Außenlaibung, die im Labor natürlich nicht gegeben war, aus schalltechnischer Sicht von Vorteil.

4.9.3 Konstruktionen

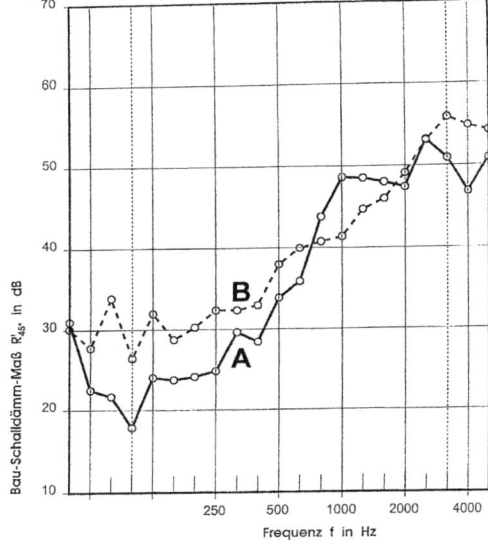

Bild 4.9.3-5 Holz-Aluminium-Verbundfenster, siehe Bild 4.9.3-4, Schalldämmung im Labor und am Bau
A Schalldämmung eines Prototyps am Bau, $R_{w,P}$ = 37 dB (Montage durch zertifizierten Fachbetrieb, Bauanschluss gemäß Herstellervorschrift)
B Schalldämmung im Labor, $R_{w,P}$ = 42 dB

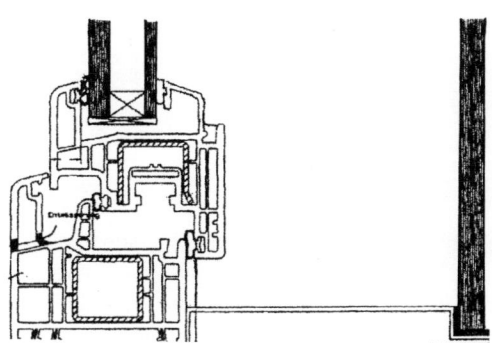

Bild 4.9.3-6 Kunststoff-Kastenfenster eines Hotels in Flughafennähe

Parallelausstellfenster

Parallelausstellfenster werden insbesondere bei Verwaltungsgebäuden und Krankenhäusern dann eingesetzt, wenn die Öffenbarkeit der Fenster durch die Mitarbeiter ermöglicht werden soll, andererseits die Unfallgefahr (z. B. bei raumhohen Fenstern) oder der Einbruchschutz konventionelle Dreh-Kipp-Beschläge verbietet. Beim Parallelausstellfenster bewegt sich der Flügel parallel zur Fassadenoberfläche nach außen und gestattet die Lüftung. Bild 4.9.3-8 zeigt, dass bei geringer Spaltbreite (z. B. 17 mm), bei der bereits eine kontinuierliche gute Lüftung erreicht werden kann, das geöffnete Fenster bereits ein bewertetes Schalldämmmaß von R_w = 29 dB erreicht. Selbst bei Spaltweite 101 mm wird noch R_w = 18 dB erreicht.

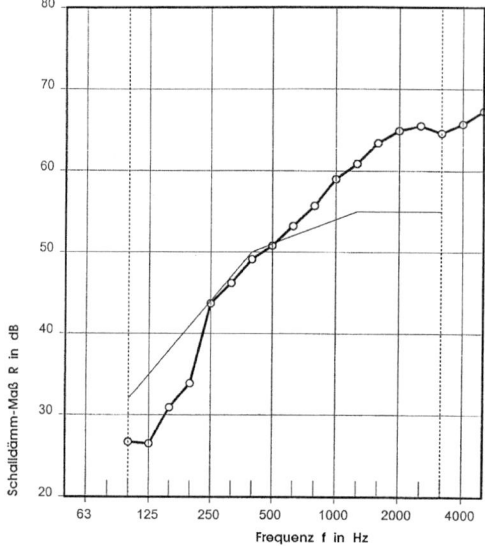

Bild 4.9.3-7 Messergebnis des Fensters nach Bild 4.9.3-6 am Bau, $R_w = 52$ dB

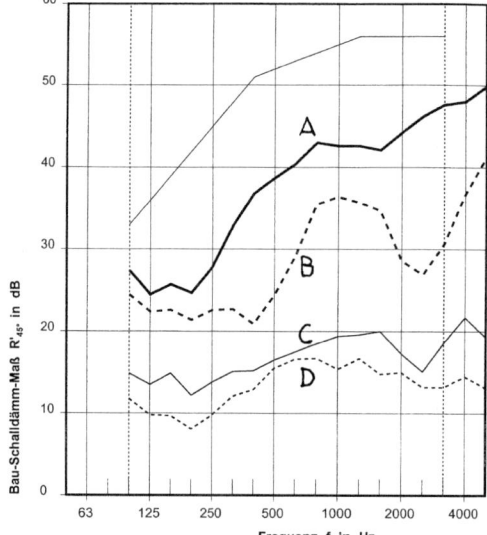

Bild 4.9.3-8 Schalldämmung eines Parallel-Ausstellfensters am Bau bei verschiedenen Spaltweiten der Öffnung sowie im geschlossenen Zustand
A Fenster geschlossen, $R_w = 40$ dB
B Fenster offen, Spaltweite 17 mm, $R_w = 29$ dB
C Fenster offen, Spaltweite 110 mm, $R_w = 18$ dB
D Fenster offen, Spaltweite 215 mm, $R_w = 15$ dB

4.9.3.2 Fassaden

Schalldämmung

Die Schalldämmung von Fassaden kann durch schalltechnische Dimensionierung der Verglasung (siehe Abschn. 4.9.2.1) und der Metallkonstruktion durch den Fassadenplaner sicher vorgenommen werden. Bis zu erf. $R_{w,R} = 40$ dB bedarf es hierzu keiner besonderer Maßnahmen, bei höheren Schalldämmmaßen sollte ein Bauakustiker hinzugezogen werden.

Schalllängsdämmung in horizontaler und in vertikaler Richtung

Allgemeines

Die Schalllängsdämmung stellt bei heutigen Objektfassaden den wichtigeren schalltechnischen Parameter dar. Dabei ist die Trennung der verschiedenen Übertragungswege des Schalls im Fassadenanschlussbereich von Wänden und Decken nicht jedem Planer in gleichem Maße bewusst. Bild 4.9.3-9 zeigt mit dem symbolischen Weg 1 die eigentliche Schalllängsdämmung der Fassade. Nicht vom Fassadenbauer zu verantworten sind Weg 2 (Fuge zwischen „Schott" und Fassade), Weg 3 (Dämmung des Schotts) und Weg 4, Schalldämmung der Trennwand. Lediglich dann, wenn die Fassadenanschlussschotte vom Fassadenbauer mitgeliefert wird, haftet er auch für die Wege 2 und 3. Zur Schalllängsdämmung zählen diese Wege dennoch nicht.

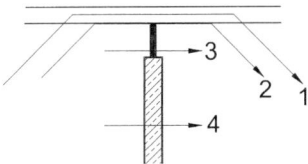

Bild 4.9.3-9 Schematische Darstellung der Schall-Übertragungswege im Nahfeld der Fassade
1   Schalllängsdämmung der Fassade ($D_{n,F,w}$)
2   Luftschallübertragung über die Anschlussfuge (von Wandbauer zu verantworten)
3 + 4 Luftschalldämmung der Anschlussschotte und der Trennwand

Zur Messung im Prüfstand

Die international bekannten (wenigen) Prüfstände zur Ermittlung der Normflankenpegeldifferenz von Fassaden sind unterschiedlich. Eine Normung lohnt sich hier nicht. Dennoch sind die Ergebnisse für den Fachmann vergleichbar. Im Regelfall wird die Schalllängsdämmung in horizontaler Richtung im Labor bestimmt, da hier die schmaleren Anschlussprofile für die innen anschließenden Wände gegeben sind, während vertikal durch das dicke Deckenpaket und die im Regelfall geschossweise konstruktive Trennung deutlich günstigere Verhältnisse vorliegen. Bei annähernd gleicher Geometrie sind vertikal und horizontal annähernd gleiche Messwerte zu erwarten. Bild 4.9.3-10 zeigt ein Beispiel für eine Prüfanordnung zur Bestimmung der Schalllängsdämmung in horizontaler Richtung. Da das Prüfelement nur jeweils ein Fassadenelement rechts und links der Prüfwand aufweist (der Rest der 6 m breiten Prüffläche war aus Kostengründen mit einer Gipskartonwand geschlossen), gilt für Umrechnungen an praktische Bausituationen, dass ein Abzug vom Prüfstandswert zusätzlich zum Vorhaltemaß – ausschließlich für die größeren Flächen am Bau – zu tätigen ist. Das geprüfte Pfosten-Riegel-Detail zeigt Bild 4.9.3-11, ein entkoppeltes Pfostenprofil mit Beschwerungslagen. Alternativ zu mineralischen (evtl. feuchtekorrosionsempfindlichen) Beschwerungslagen, wie dargestellt, haben sich auch abgekantete Stahlblechprofile, d = 4 mm, verzinkt, bewährt. Diese werden mit Silikondichtstoff bestrichen in die Pfosten eingeschoben und bewirken die notwendige, erhebliche Massenerhöhung. Analog wurde im gleichen Prüfstand die vertikale Schalllängsdämmung geprüft, indem die Konstruktion originalgetreu, jedoch um 90°

gedreht, eingebaut wurde. Das Ergebnis beider messtechnischer Untersuchungen zeigt Bild 4.9.3-12, mit ähnlichen Werten des $D_{n,F,w,P}$.

Bild 4.9.3-10 Prüfanordnung einer Pfosten-Riegel-Fassade zur messtechnischen Ermittlung der flankierenden Schalldämmung im Labor *in horizontaler Richtung*

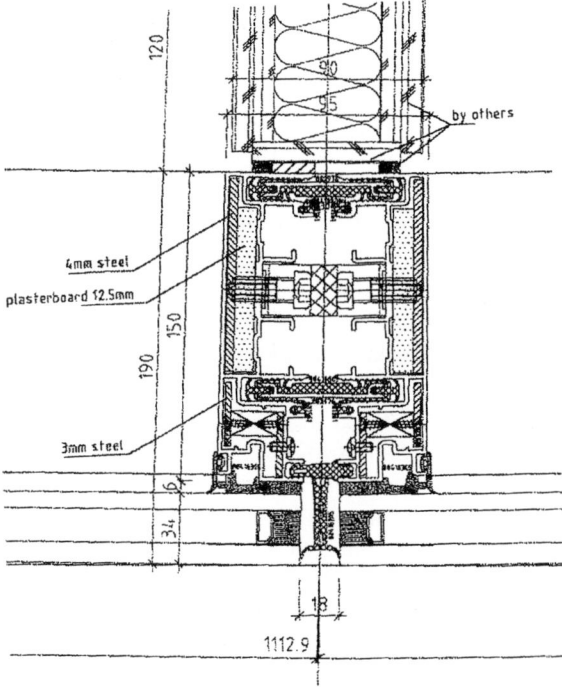

Bild 4.9.3-11 Konstruktionsdetails einer Pfosten-Riegel-Fassade zur messtechnischen Ermittlung der flankierenden Schalldämmung im Labor *in horizontaler Richtung*

4.9.3 Konstruktionen

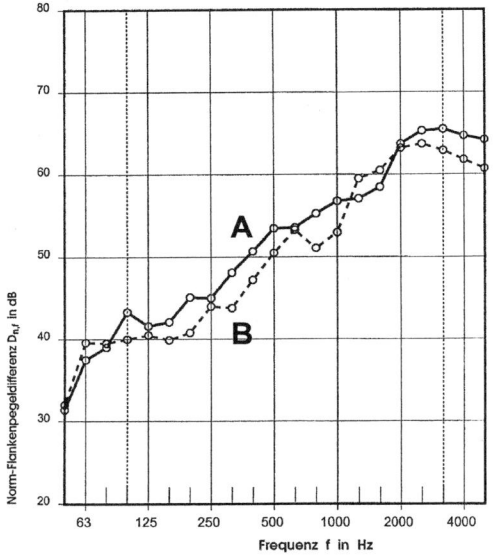

Bild 4.9.3-12 Im Labor ermitteltes Ergebnis der flankierenden Schalldämmung einer Pfosten-Riegel-Fassade (Detail horizontal siehe Bild 4.3-11)
A in horizontaler Richtung $D_{n,f,w,P} = 56$ dB
B in vertikaler Richtung $D_{n,f,w,P} = 54$ dB

Fassadenpaneele

Paneele mit steifen, harten Dämmschichten

Standard-Fassadenpaneele aus beidseitiger Aluminiumblechtragschale mit Dämmkernen aus Polyurethanschaum, EPS oder Ähnlichem erreichen nur geringe Schalldämmmaße, in der Regel weniger als $R_{w,P} = 40$ dB. Durch die Verklebung der Schichten wirkt das Gesamtpaneel wie eine monolithische Schicht und zeigt Koinzidenzeinbrüche zwischen 800 und 2.000 Hz. Die Kurven B und C in Bild 4.9.3-13 zeigen hierzu passende Beispiele. Bei der Koinzidenzfrequenz von 2 mm Aluminiumblech (ca. 5.500 Hz) ist dagegen in Kurve C nur ein minimaler, unkritischer Einfluss zu erkennen. Schaumglas mit zähplastischer Verklebung zeigt derartige Einflüsse nicht. Bild 4.9.3-13, Kurve A belegt $R_{w,P} = 40$ dB bereits mit einem 40-mm-Paneel, mit 10 cm dicken Dämmschichten wurden $R_{w,P} = 43$ dB erzielt.

Paneele mit Mineralfaserdämmschichten

Mit Mineralfaserplatten höherer Rohdichte (60 bis 100 kg/m^3) gedämmte Paneele können mit Beschwerungslagen bewertete Schalldämmmaße von über $R_{w,P} = 55$ dB erreichen. Bei derartigen Paneelen ist nicht die Koinzidenzfrequenz, sondern die Zweischalenresonanz im tiefen Frequenzbereich dämmungsmindernd wirksam, jedoch im Regelfall nur geringfügig. Kurve C in Bild 4.9.3-14 zeigt bei 125 Hz den entsprechenden Einbruch, während durch den dämpfenden Einfluss der Beschwerungslage in Kurve A keine Negativeffekte auftreten und ein hohes Schalldämmmaß von $R_{w,P} = 52$ dB erreicht wird.

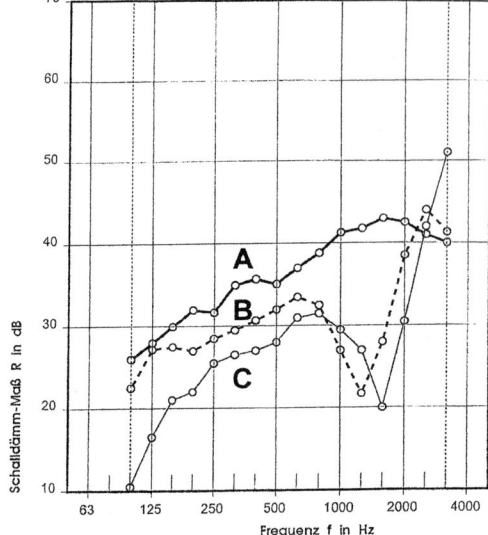

Bild 4.9.3-13 Schalldämmung von Fassadenpaneelen mit steifer Dämmschicht [93]
A 2 mm Stahlblech
    38 mm Schaumglas $R_{w,P} = 40$ dB
B 4 mm Faserzement
    12 mm EPS
    0,2 mm Alufolie $R_{w,P} = 31$ dB
C 2 mm Aluminium
    50 mm PUR-Hartschaum
    2 mm Aluminium $R_{w,P} = 29$ dB

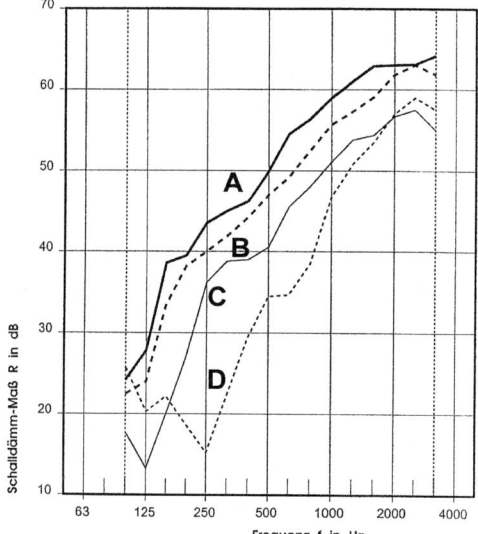

Bild 4.9.3-14 Schalldämmung von Fassadenpaneelen
A 100 mm Paneel, 3 mm Stahlblech, verz., 85 mm Mineralf.-Pl. (85 kg/m^3), 9 mm Masterclad, 3 mm Stahlblech, verz., $R_{w,P} = 52$ dB
B 100 mm Paneel, (2 × 3 mm Alu, 99 mm MF), $R_{w,P} = 48$ dB
C 56 mm Paneel, (2 × 3 mm Alu, 50 mm MF), $R_{w,P} = 41$ dB
D 72 mm Paneel, (2 × 2,5 mm Alu, 67 mm MF), $R_{w,P} = 34$ dB

4.9.3.3 Sonderfassaden

Doppelfassaden und Fassaden mit Prallscheiben

Schließlich soll auf die schalldämmungserhöhende Wirkung von Doppelfassaden und von „Prallscheiben" eingegangen werden. Bei Doppelfassaden wird vor der eigentlich thermisch wirksamen Fassadenebene in 65 bis 90 cm lichtem Abstand eine hinterlüftete ESG-Verglasung angeordnet, die geschossweise über einen Zu-/Abluftschlitz mit einer in der Höhe von in der Regel ca. 100 mm über die gesamte Fassadenbreite versehen ist. Hier konnte messtechnisch (sowohl im Labor als auch In Situ) eine Erhöhung der Schalldämmung ΔR_w durch die zweite hinterlüftete Außenhülle der Doppelfassade von 5 bis 7 dB im Vergleich zur Einfachfassade ohne hinterlüftete ESG-Scheibe nachgewiesen werden. Bild 4.9.3-15 zeigt den Bereich der möglichen Schalldämmung von Doppelfassaden und Fassaden mit den nachfolgend beschriebenen Prallscheiben.

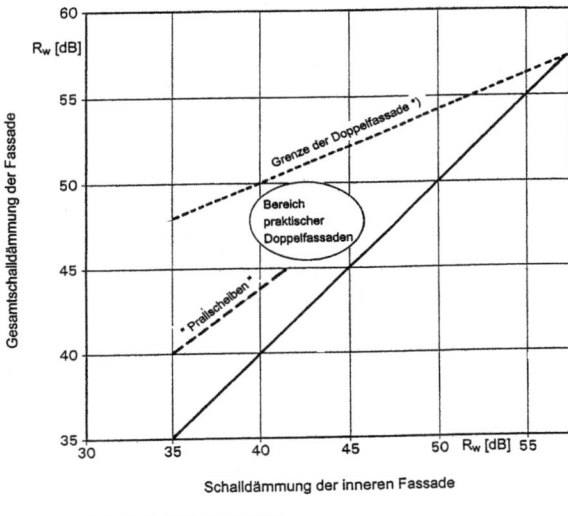

Bild 4.9.3-15 Bereiche der möglichen Schalldämmung von Doppelfassaden und Fassaden mit Prallscheiben in Abhängigkeit von der Schalldämmung der inneren Fassade, schematisch [94]

Bei Prallscheiben handelt es sich ebenfalls um eine hinterlüftete ESG-Verglasung. Sie sind jedoch einer Lochfassade vorgehängt und umlaufend oder alternativ nur oben und unten mit einem Zu-/Abluftschlitz einer Breite von ca. 10 bis 50 mm (umlaufend) oder von ca. 100 mm (Anordnung nur oben und unten) versehen. Messtechnisch konnte eine Erhöhung der Schalldämmung ΔR_w durch die zweite hinterlüftete Außenhülle der Lochfassade von nur 2 bis 4 dB nachgewiesen werden. Ursache hierfür ist u. a. die in der Regel gewählte Anordnung einer Prallscheibe innerhalb der Laibung einer Lochfassade, was im Vergleich zur flächenbündigen Anordnung der Außenhülle einer Doppelfassade zu zusätzlichen Pegelreflexionen an der Kante Prallscheibe-Fensterlaibung und somit in unmittelbarer Nähe des Zu-/Abluftschlitzes führt.

Bei der Anordnung der Prallscheibe von Lochfassaden in der Ebene des Putzes von Wärmedämm-Verbundsystemen oder der Verkleidung von hinterlüfteten vorgehängten Fassaden sind jedoch höhere Verbesserungen der Schalldämmung ΔR_w analog zu den vorab beschriebenen Doppelfassaden möglich.

Fenster und Fassaden mit definierter Schalldämmung in „geöffnetem" Zustand
Bauphysikalische Aufgabenstellung
Im Rahmen der Schaffung neuer Wohnflächen im innerstädtischen Bereich durch Neubau, Umnutzung und Verdichtung, rückt neben der Schalldämmung von Fassaden im geschlossenen Zustand immer mehr die Sicherstellung eines ausreichenden Schallschutzes bei gleichzeitiger Außenluftzuführung in den Blick.

Ursache hierfür sind neben dem Komfortbedürfnis der Wohnungsnutzer aktuelle Normungen, wie der DIN 1946 „Raumlufttechnik", Teil 6 „Lüftung von Wohnungen" [95] und der DIN 18 017 „Lüftung von Bädern und Toilettenräumen ohne Außenfenster" [96]. Mit gleicher Zielrichtung erschienen ist der „Hamburger Leitfaden – Lärm in der Bauleitplanung 2010", der Behörde für Stadtentwicklung und Umwelt (BSU) der Hansestadt Hamburg [97].

Aus den vorab genannten Dokumenten, die eine grundsätzliche Tendenz widerspiegeln, ergibt sich die Erfordernis, eine ausreichende Belüftung von Aufenthaltsräumen in Wohnungen sicherzustellen, ohne dass hierdurch eine maßgebliche Beeinträchtigung der Schalldämmung der Fenster und Fassaden erfolgt. Zum Beispiel soll durch die Hamburger Richtlinie sichergestellt werden, dass bei „geöffnetem" Fenster der Innenpegel $L_{AFm} = 30$ dB(A) nicht überschreitet.

In den nachfolgenden Abschnitten soll auf die grundsätzlichen Möglichkeiten dezentraler Außenluftnachströmung über die Fassade eingegangen werden und aus schalltechnischer Sicht eine Bewertung erfolgen.

Außenluftdurchlässe zur Luftnachströmung
Für eine im Vergleich zu einer zentralen Zu- und Abluftanlage vergleichsweise kostengünstigen Luftnachströmung über die Fassade, welche über unterschnittene Türkonstruktionen oder entsprechend ausgebildete Türrahmen von einem im Bad einer der Wohnung angeordneten Abluftventilator über Unterdruck angesaugt und über Dach fortgeblasen wird, werden am Markt eine Vielzahl sogenannter Außenluft-Durchlässe (ALD) angeboten.

Die einfachste Ausführung eines solchen ALD stellt ein sogenannter *Fensterfalzlüfter* dar. Hierbei wird ein definierter Teil der Falzdichtung des Fensters entfernt und durch ein entsprechendes Element ersetzt, das eine permanente Außenluftzufuhr bei Betrieb des zuvor beschriebenen Abluftventilators ermöglicht.

Bei Fensterfalzlüftern werden herstellerseitig in der Regel Schalldämmmaße bestimmter Grundfenster mit und ohne Fensterfalzlüfter zur Verfügung gestellt. Eine Übertragung auf die Reduzierung der Schalldämmung und somit auf die erforderlichen Kompensationsmaßnahmen in Form einer erhöhten Schalldämmung des Fensters, das einschließlich Rollladenkasten und ALD den bauaufsichtlich eingeführten Vorgaben der DIN 4109, Tabelle 8, unterliegt, auf individuelle Fenster eines Bauvorhabens ist nur schwer möglich.

Erfahrungsgemäß kann jedoch gesagt werden, dass (bei der Verwendung von ein bis max. zwei Fensterfalzlüftern je Aufenthaltsraum) bei der Schallschutzklasse II nach VDI-Richtlinie 2719 „Schalldämmung von Fenstern und deren Zusatzeinrichtungen" mit $R_{w,R}$ = 30–34 dB zur schalltechnischen Kompensation die Schalldämmung der Fenster um 1–2 dB zu erhöhen ist, bei der Schallschutzklasse III von $R_{w,R}$ = 35–39 dB um 3–4 dB. Die Realisierung der Schallschutzklasse IV nach VDI-Richtlinie 2719 oder einer höheren Schallschutzklasse ist mit Fensterfalzlüftern nicht möglich.

Eine weitere Variante von ALD stellen sogenannte *Rahmenlüfter* dar. Hierzu werden in den Fensterrahmen Langlöcher gefräst, welche außen und innen mit einem Insektenschutzgitter verkleidet und optional mit einer kleinen Schallschutzhaube versehen werden.

Die schalltechnischen Werte solcher Rahmenlüfter werden herstellerseitig in der Regel in Form einer auf 10 m² bezogene Norm-Schallpegeldifferenz $D_{n,e,w}$ nach DIN EN ISO 140-10 angegeben. Hierbei ist zu beachten, dass die tatsächliche Schalldämmung des Rahmenlüfters – bezogen auf die Öffnungsfläche – deutlich geringer ist. Konkret weisen die am Markt verfügbaren Produkte von Rahmenlüftern die folgende Schalldämmung, jeweils bezogen auf deren Öffnungsfläche, auf:

– Rahmenlüfter ohne Schalldämmhaube R_w = ca. 2 dB
– Rahmenlüfter mit Schalldämmhaube R_w = ca. 4 dB

Die Reduzierung der Schalldämmung und die hierdurch erforderliche Kompensation in Form einer höheren Schalldämmung der Fenster entspricht in etwa denen von Fensterfalzlüftern, die vorab beschrieben wurden. Im Gegensatz zu diesen kann jedoch beim Rahmenlüfter die resultierende Schalldämmung aus Fensterkonstruktion, Rollladenkasten und Rahmenlüfter rechnerisch konkret bestimmt werden, beispielsweise nach DIN 4109/89, Beiblatt 1, Abs. 11.

Darüber hinaus existiert noch eine Vielzahl sonstiger Außenluftdurchlässe, beispielsweise in Form von sogenannten Laibungslüftern oder von Tellerkopfventilen mit raumseitig angrenzendem Schalldämpfer. Diese Außenluftdurchlässe sind in der Lage durch entsprechende bedämpfte Weglängen und Umlenkungen eine deutlich höhere Schalldämmung im Vergleich zu den beschriebenen Fensterfalz- und Rahmenlüftern sicherzustellen und sind, trotz im Vergleich deutlich höherer Investitionskosten, zwingend ab Anforderungen an die Fassade entsprechend der Schallschutzklasse IV nach VDI-Richtlinie 2719 von $R_{w,R} \geq 40$ dB erforderlich.

4.9.3.4 Besonderheiten beim Schallschutz von Fenstern und Fassaden

Temperaturabhängigkeit der Schalldämmung
Bei höheren angestrebten Schalldämmungen von Fenster- und Fassadenkonstruktionen wird dies, wie im Abschnitt 4.3.2.1 wiedergegeben, durch die Ausbildung einer oder mehrerer Einzelscheiben einer Verglasung als VSG-Scheibe anstelle einer Ausbildung als Floatglasscheibe erreicht. Seit mehr als zehn Jahren werden diese VSG-Scheiben, welche in der Produktion durch das vollflächige und nach Möglichkeit weiche Verbinden zweier im Float-Verfahren hergestellter Einzel-Glasscheiben er-

folgt, nicht mehr durch eine 1 bis 2 mm dicke Gießharzschicht, sondern durch eine 0,7 mm dicke sogenannte Schallschutzfolie (SI-Folie) hergestellt, im Regelfall aus PVB (Polyvinylbutyral).

Diese Schallschutzfolie weist (ebenso wie früher die Gießhartschicht) temperaturabhängige Veränderungen ihrer Materialeigenschaften auf, d. h. konkret, sie verliert ab einer Lufttemperatur von ca. +15 °C und darunter ihre elastischen Eigenschaften. Durch diese im genannten Temperaturbereich nunmehr steife Verbindung der beiden Einzellagen der VSG-Verglasung verhalten sich diese bezüglich ihres Schwingungsverhaltens analog zu einer einlagigen Float-Glasscheibe gleicher Gesamtglasstärke und nicht mehr wie zwei einzelne elastisch, voneinander entkoppelte Einzelscheiben.

Dieser seit längerem bekannte Effekt findet Berücksichtigung in der seit 2011 gültigen Messnorm ISO/FDIS 10 140, Teil 1, welche in Anhang C, Abschnitt C.4.1 [98], bei schalltechnischen Untersuchungen im Labor eine Raumlufttemperatur in Sende- und Empfangsraum von (20 ± 3) °C vorgibt.

Durch die Versteifung der Verbindung der über eine SI-Folie verbundenen Einzellagen der VSG-Scheibe verschiebt sich der Koinzidenzeinbruch der Scheibe zu tieferen Frequenzen hin und verstärkt sich darüber hinaus bezüglich der Höhe seines Einbruchs im Vergleich zu einer Wiederholungsmessung bei Temperaturen oberhalb von +15 °C. Bezüglich der Einzahlangabe wirkt sich die beschriebene Veränderung der Materialeigenschaften der SI-Folie schalldämmungsreduzierend in der Größenordnung von $\Delta R_w = -2$ bis -4 dB aus.

Problematisch in diesem Zusammenhang ist die Situation eines entsprechenden Fensters mit einer oder mehreren VSG-Scheiben im ausgeführten Zustand am Bau zu sehen. Einerseits wird durch die normative Vorgabe eine Raumlufttemperatur im Labor von $\geq +20$ °C die positive Nachweisführung einer ausreichenden Schalldämmung in situ während der kälteren Jahreszeit, während der das Fenster durch diesen Effekt eine geringere Schalldämmung aufweist, erschwert. Darüber hinaus variiert die Schalldämmung von Fenstern mit VSG-Verglasungsanteilen im Jahresverlauf, während die Labor-Nachweisführung nach DIN EN ISO 140-3 Bezug nimmt auf den bezüglich der erreichbaren Schalldämmung günstigeren Sommerfall.

Bei einer Auslegung der Schalldämmung von Fenstern nach DIN 4109, Tabellen 8 und 9, wird die temperaturabhängige Schwankung der Schalldämmung nicht berücksichtigt und bei einer Zugrundelegung von Glas-Laborwerten bei VSG-Anteilen eine normgerechte Schalldämmung nur bei Außenlufttemperaturen von $\geq +15$ °C erreicht, während bei niedrigeren Außenlufttemperaturen die Vorgaben der DIN 4109 an die Schalldämmung der Fassaden unterschritten werden.

Bei einer Auslegung der Schalldämmung von Fenstern nach DIN 4109, Tabellen 8 und 9, wird die temperaturabhängige Schwankung der Schalldämmung nicht berücksichtigt. Bei einer Zugrundelegung von Glas-Laborwerten bei VSG-Anteilen wird eine normgerechte Schalldämmung nur bei Außenlufttemperaturen von $\geq +15$ °C erreicht, während bei niedrigeren Außenlufttemperaturen die Vorgaben der DIN 4109 an die Schalldämmung der Fassaden unterschritten werden.

Steifigkeit der Fassadenkonstruktion

Aufgrund der vielfältigen Einflussparameter ist die Schalldämmung einer kompletten elementierten Fassadenkonstruktion auf theoretischem Weg nur vergleichend mit den Messergebnissen ähnlicher Konstruktionen abschätzbar. Hierbei wirkt sich grundsätzlich jedoch eine erhöhte Masse der Pfosten-Riegel-Konstruktionen (z. B. durch Stahleinschübe in den Profilen) nicht ausschließlich positiv auf die erreichbare Schalldämmung aus. Durch die damit verbundene erhöhte Steifigkeit der Fassaden-Rahmenkonstruktion kann es bei einer solchen konstruktiven „Optimierung" auch zu resonanzbedingten Dämmungseinbrüchen im tieffrequenten und im mittelfrequenten Bereich (in der Regel von 100 bis 400 Hz) kommen, die sich negativ auf das bewertete Schalldämmmaß auswirken. Auf diesen Sachverhalt wird nachfolgend im Rahmen eines Praxisbeispiels nochmals eingegangen.

Thermische Trennung der Fassadenkonstruktion

Positiv bezüglich der Schalldämmung wirken sich jedoch immer Trennungen zwischen äußerer und innerer Halbschale der Fassadenkonstruktion aus, die nicht zuletzt aus thermischen Gründen bei aktuellen Fassaden unverzichtbar sind und mittlerweile in der Regel in verschiedenen Ebenen des Fassadenrahmens als mehrfache thermische Trennung ausgeführt werden.

Messverfahren zur Ermittlung des Schalldämmmaßes

Bei der Messung des bewerteten Schalldämmmaßes von Fassadenkonstruktionen im Labor besteht grundsätzlich die Möglichkeit der Anwendung von DIN EN ISO 140-3 [38] in einem Wandprüfstand, bei dem die Fassadenkonstruktion ein trennendes Bauteil zwischen zwei geschlossenen Räumen darstellt und somit eine diffuse Schallanregung erfolgt. Eine weitere Möglichkeit ist das In-situ-Verfahren nach DIN EN ISO 140-5 [38] im ausgeführten Zustand auf der Baustelle oder in einem Fassadenprüfstand, bei dem im Freifeld eine in der Regel gerichtete Schallanregung der Fassadenkonstruktion erfolgt, deren Übertragung in einem geschlossenen Raum messtechnisch ermittelt wird.

Im Falle einer differenziert ausformulierten FLB (Funktionalen Leistungsbeschreibung) wird in der Regel das erstgenannte Messverfahren mit diffuser Schallanregung vorgegeben. Das letztgenannte Messverfahren mit gerichteter Schallanregung wird häufig von den Fassadenherstellern angestrebt, da hierdurch ohne Umbau der Fassadenkonstruktion sowohl die Norm-Flankenpegeldifferenz in vertikaler oder in horizontaler Richtung (normgerecht) als auch das bewertete Schalldämmmaß (In-situ-Verfahren) bestimmt werden können, ohne einen aufwändigen Umbau im Prüfstand vornehmen zu müssen.

Messtechnisch wurden jedoch zwischen den beiden Messverfahren bei jeweils derselben Fassadenkonstruktion systematisch deutlich differierende Messergebnisse festgestellt, die sich bei der Messung nach DIN EN ISO 140-3 in im Vergleich niedrigeren Messergebnissen zum bewerteten Schalldämmmaß in der Größenordnung von ΔR_w von ca. −2 dB niederschlagen. Ursache für die Differenz der nach DIN EN ISO 717-1 ermittelten Einzahlangabe des Messergebnisses sind insbesondere im

Vergleich höhere Messergebnisse bei gerichteter Schallanregung (In-situ-Verfahren) im Frequenzbereich von 500 bis 2.000 Hz.

Neben dem formalen Aspekt, der für eine schalltechnische Überprüfung im Labor zwingend die Anforderung nach DIN EN ISO 140-3 vorgibt – da DIN EN ISO 140-5 grundsätzlich und formal kein Labormessverfahren darstellt – sollte insbesondere unter zusätzlicher Berücksichtigung des Vorhaltemaßes von 2 dB für Labormessungen gemäß DIN 4109 die Übertragbarkeit der beiden Messverfahren auf die Einbausituation der Fassade im Bauvorhaben hinterfragt werden.

Aufgrund der vorliegenden Erkenntnisse ist bei der Anwendung von DIN EN ISO 140-3 bei der schalltechnischen Beurteilung einer Fassadenkonstruktion im Labor in der Regel eine Überdimensionierung der Fassade gegeben, was – im Vergleich zu den Messwerten, die bei In-situ-Messungen im eingebauten Zustand auf der Baustelle gewonnen werden – zwangsläufig erhöhte Investitionskosten im Fassadenbereich zur Folge hat.

4.9.4 Geschlossene Fassaden

4.9.4.1 Wärmedämmverbundsysteme (WDVS)

Allgemeines, Systeme

Als Wärmedämmverbundsysteme (WDVS) bezeichnet man Dämmsysteme aus unterschiedlichen, nachfolgend beschriebenen Dämmschichten, welche mechanisch an der Außenwand von Gebäuden befestigt und verputzt werden. Diese Systeme sind seit über 45 Jahren in der Praxis bewährt. Während damals 4 bis 6 cm dicke Dämmschichten üblich waren, die bezeichnenderweise auch aus damaliger Sicht als „Vollwärmeschutz" bezeichnet wurden, sind heute 14 bis 30 cm dicke Platten üblich und entsprechend aktueller Fassungen der Energie-Einsparverordnung (EnEV) erforderlich. Die Platten werden auf der Außenwand verklebt und zusätzlich mechanisch mit Tellerkopfdübeln befestigt. Überwiegend kommen expandierte Polystyrolschaumplatten (EPS) zur Ausführung, die am kostengünstigsten sind. Im Falle von Brandschutzanforderungen werden unbrennbare Mineralfaser-Fassadendämmplatten eingesetzt. Mineralfaser-WDVS-Platten werden auch innerhalb von EPS-Fassaden oberhalb von Fenstern als so genannte „Brandschutzschotten" angeordnet, um einen geschossübergreifenden Brandüberschlag zu verhindern. Von geringerem Marktanteil sind Polyisocyanurate, Phenolharzschaum- und Polyurethan-WDVS-Platten, die sich durch eine deutlich höhere Wärmedämmung auszeichnen, sowie Schaumglasplatten. In der Tabelle 4.9.4-1 sind die handelsüblichen WDVS-Dämmschichten und ihre Wärmeleitgruppen dargestellt.

Bild 4.9.4-1 zeigt schematisch den Aufbau eines Wärmedämmverbundsystems.

4.9.4 Geschlossene Fassaden

Tabelle 4.9.4-1 WDVS-Dämmschichten und ihre Wärmeleitgruppen

Dämmstoff	lieferbare Wärmeleitgruppen
expandiertes Polystyrol (EPS), Styropor	WLG 035, 032
Mineralfaser	WLG 040, 037, 035
Polyurethan (PUR)	WLG 024, 026
Polyisocyanurate (PIR)	WLG 023
Phenolharzschaum	WLG 022
Schaumglas	WLG 038, 040

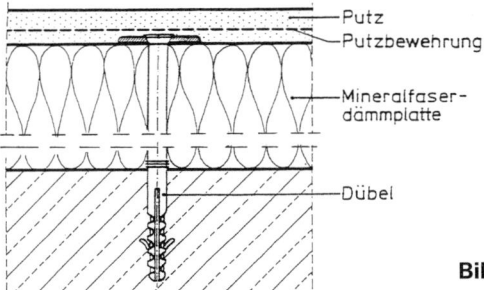

Bild 4.9.4-1 Schematische Darstellung eines Wärmedämmverbundsystems (WDVS)

Schallschutz

Verschlechterung der Schalldämmung
Bei vielen WDV-Systemen wirkt die Putzschicht im schalltechnischen Sinne als eine Masse, die mit der Dämmschicht (als elastische, federnde Schicht) ein sogenanntes Masse-Feder-System bildet. Liegt dessen Resonanzfrequenz im bauakustischen Bereich, so ergibt sich eine Verschlechterung des bewerteten Schalldämmmaßes der kompletten Außenwand mit WDVS von bis zu 6 dB. Die schalltechnischen Eigenschaften des zu planenden WDVS, z. B. für die Verwendung in Nachweisen nach DIN 4109 für den Schallschutz gegenüber Außenlärm, sind den Zulassungen zu entnehmen.

Einflüsse auf die Schalllängsdämmung
Bei früher üblichen Dämmstoffdicken waren gelegentlich bei solchen Systemen, bei denen die Masse-Feder-Resonanz des Putz-Dämmschicht-Systems im mittleren Frequenzbereich (um 500 Hz) lag, messtechnische Einflüsse bei der Schalllängsdämmung gegeben. Läuft z. B. das WDVS über eine Wohnungstrennwand oder vertikal über eine Wohnungstrenndecke hinweg, kann durch ein derartiges WDVS die Schalllängsdämmung der Außenwand vertikal oder horizontal verschlechtert werden. Von Sonderfällen abgesehen hat sich dies jedoch bereits bei früher üblichen dünnen Dämmschichtdicken unter 10 cm als nicht kritisch erwiesen, bei den heute üblichen Dämmschichtdicken zwischen 15 und 25 cm spielt das Thema keinerlei Rolle mehr.

Verbesserung der Schalldämmung

Eine Verbesserung der Schalldämmung durch ein WDVS ist dann gegeben, wenn die dynamische Steifigkeit der Dämmstoffe reduziert wird (z. B. durch Elastifizierung), so dass in Verbindung mit der Flächenmasse des Putzes die Resonanzfrequenz auf $f \leq 125$ Hz abgesenkt wird. Bild 4.9.4-2 zeigt, dass sich in einem solchen Fall oberhalb der Resonanzfrequenz (hier: 80 Hz) die Schalldämmung der Massivwand mit WDVS mit näherungsweise 12 dB pro Oktave, somit nahezu der Theorie entsprechend, verbessert. Dadurch erhöht sich die Schalldämmung der 24 cm dicken KSV-Wand ($R_{w,P} = 56$ dB) auf 64 dB. Da sich mit einer Verdopplung der Dämmschichtdicke bei gleichem Material die dynamische Steifigkeit halbiert, kann mit heute üblichen Dämmschichtdicken zwischen 15 und 25 cm im Regelfall eine Verbesserung der Luftschalldämmung angenommen werden, die jedoch nur nach den im Zulassungsbescheid vorgegebenen Maßgaben in schalltechnische Nachweise eingefügt werden darf.

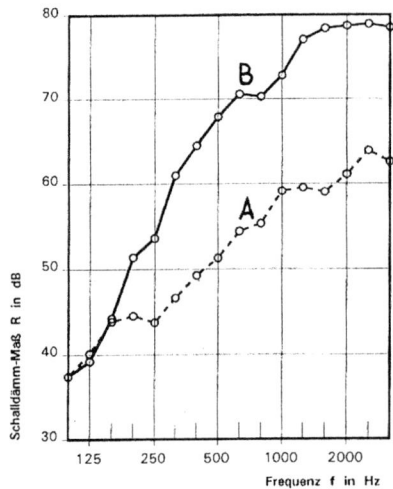

Bild 4.9.4-2 Verbesserung der Luftschalldämmung einer 24 cm dicken KSV-Wand (KSV 2,0), einseitig geputzt, $R_{w,P} = 56$ dB, durch eine WDVS-Konstruktion mit elastifiziertem EPS
A 24 cm KSV 2,0; einseitig geputzt, $R_{w,P} = 56$ dB
B wie A, zusätzlich 14 cm EPS-WDVS, elastifiziert, $R_{w,P} = 64$ dB

4.9.4.2 Vorgehängte Fassaden

Systeme

Vorgehängte Fassaden bestehen aus einer von außen sichtbaren Verkleidung, einer dahinter liegenden mit der Außenluft verbundenen Durchlüftungsschicht, der Wärmedämmschicht und der Unterkonstruktion. Die Verkleidung kann aus Naturstein, Metall (Aluminium einbrennlackiert), Glas (im Regelfall emailliert), keramischen Platten und anderen Materialien bestehen. Die Unterkonstruktion ist im Regelfall metallisch (Aluminium), bei Gebäuden geringerer Höhe können auch Holzunterkonstruktionen zur Ausführung kommen. Als Dämmschichten sind nahezu ausschließlich Mineralfaserplatten, im Regelfall vlieskaschiert, im Einsatz, in seltenen Fällen wird Schaumglas verwendet. Bild 4.9.4-3 zeigt die wesentlichen Komponenten schematisch.

4.9.4 Geschlossene Fassaden

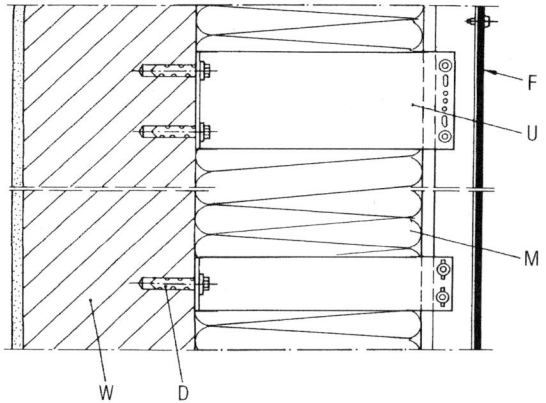

Bild 4.9.4-3 Charakteristische hinterlüftete, vorgehängte Fassadenkonstruktion
W Wand
D Dübel
U Aluminium-Unterkonstruktion
M Mineralfaser-Dämmschicht
F Fassadenbekleidung
   (hier: Alu-Sandwich-Blech)

Schalldämmung

Bei nahezu allen vorgehängten Fassaden wird durch die sich ergebende schalltechnische Zweischaligkeit des Systems eine Verbesserung der Schalldämmung bewirkt. Die Verbesserung ist bei leichten vorgehängten Fassaden sowie bei vorgehängten Fassaden mit offenen Fugen geringer [109]. Einen Überblick über die mögliche Schalldämmung von Außenwänden unterschiedlicher Bauweisen mit verschiedenen vorgehängten Fassaden gibt Tabelle 4.9.4-2. Charakteristische Verläufe der Schalldämmung über der Frequenz für ausgewählte Fassadensysteme zeigen Bild 4.9.4-4 und Bild 4.9.4-5.

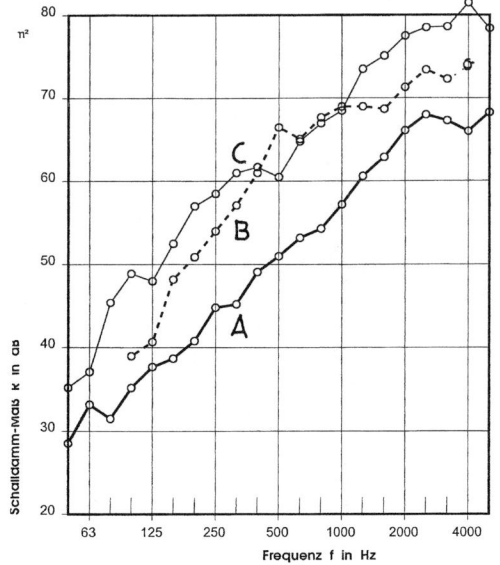

Bild 4.9.4-4 Schalldämmung einer vorgehängten Moeding-Keramik-Fassade, Typ Longoton 400
A 24 cm KSV (1,8), innen geputzt
   $R_{w,P} = 54$ dB
B wie A, mit Longoton-400-Fassade, 120 mm Steinwolle-Dämmung
   $R_{w,P} = 66$ dB
C wie B, 200 mm Steinwolle-Dämmung
   $R_{w,P} = 67$ dB

Tabelle 4.9.4-2 Übersicht der Schalldämmung gebräuchlicher vorgehängter Fassaden, montiert vor 24 cm KSV, einseitig verputzt ($R_{w,P}$ = 54 dB) und 20 cm Porenbeton, einseitig gespachtelt ($R_{w,P}$ = 44 dB) [129]

Fassadenbekleidung	Dicke in mm	Mineralfaser-Wärmedämmschicht in mm	bewertetes Schalldämmmaß $R_{w,P}$ mit 24 cm KSV ($R_{w,P}$ = 54 dB)	bewertetes Schalldämmmaß $R_{w,P}$ mit 20 cm Porenbeton, gespachtelt ($R_{w,P}$ = 44 dB)
Faserzementplatte, großformatig	4,5	120	64	55
Faserzementplatte, großformatig	8,0	120	62	54
Faserzementplatte, großformatig	12,0	120	–	58
Glas	8,0	120	63	55
Harzkompositplatte	10,0	120	–	54
Holzschalung, Nut und Feder	25,0	120	–	(50)
Alu-Sandwich	4,0	120	62	52
Keramik	8,0	120	63	57
PVC, bekiest	6,2	120	–	54
Tonziegelplatten, 200 × 300 mm	35	60	64	–
Tonziegelplatten, 2.200 × 400 mm	40	160	66	–

Rechnerischer Nachweis nach DIN 4109

Im Schallschutznachweis nach DIN 4109 darf formal nur die Schalldämmung der „Grundwand" angesetzt werden, sofern keine Eignungsprüfungen kompletter Fassadensysteme vorliegen. Liegen diese vor, kann in diesem Falle der im Regelfall wesentlich höhere Wert, der sich durch Subtraktion des Vorhaltemaßes von 2 dB vom Prüfstandswert $R_{w,P}$ errechnet, angesetzt werden

$$R_{w,R} = R_{w,P} - 2 \text{ dB}.$$

Einen Überblick möglicher Konstruktionen und deren Schalldämmung, z. B. für die entwurfsmäßige Vordimensionierung des Schallschutzes gegen Außenlärm, gestattet Bild 4.9.4-6.

4.9.4 Geschlossene Fassaden

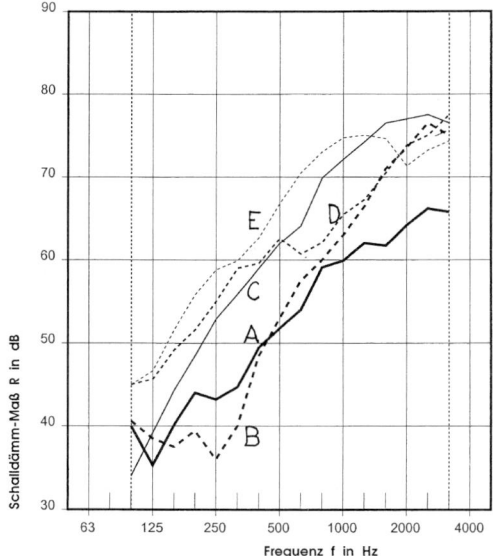

Bild 4.9.4-5 Schalldämmung ausgewählter vorgehängter Fassadensysteme
A Grundwand, 24 cm KSV, einseitig verputzt $R_{w,P}$ = 55 dB
B wie A, mit 120 mm Schaumglas, 40 mm Luft, 30 mm Granit, Fugen geschlossen $R_{w,P}$ = 58 dB
C wie A mit 60 mm Steinwolle, 20 mm Luft und 5 mm Kunstharzfassadenplatten, DFP $R_{w,P}$ = 62 dB
D wie A, mit 120 mm Mineralfaserplatte, Luft und Aluminium-Kassettenfassade $R_{w,P}$ = 62 dB
E wie A, mit 120 mm Mineralfaserplatte, 40 mm Luft, 5 mm Faserzementfassade 600 × 300 mm $R_{w,P}$ = 57 dB

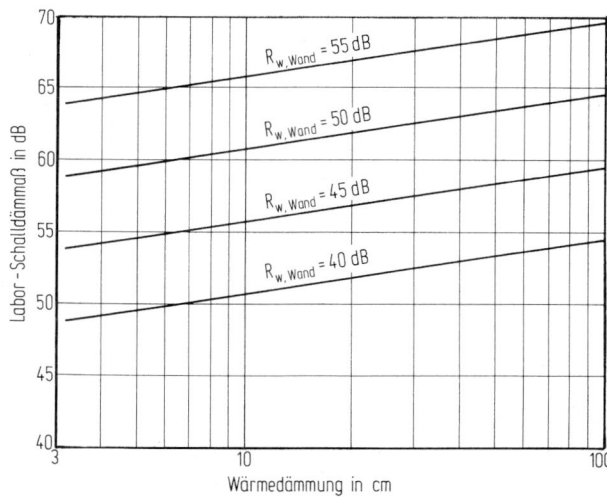

Bild 4.9.4-6 Diagramm zur entwurfsmäßigen Abschätzung der möglichen Schalldämmung hinterlüftbarer Fassaden in Abhängigkeit von der Schalldämmung der Massivwand und der Dicke der Mineralfaser-Dämmschicht [129]

Building Physics and Applied Building Physics

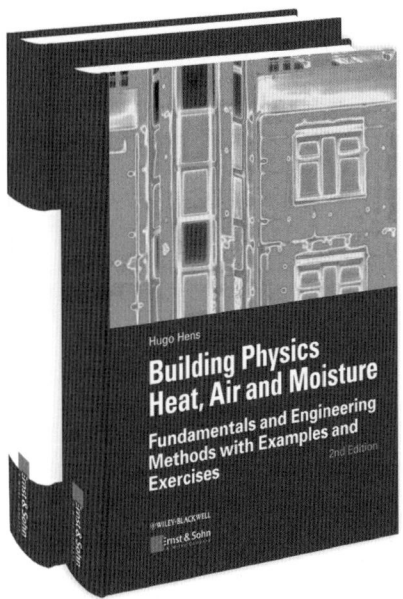

Beide Bücher bilden eine Kombination aus den Grundlagen des gekoppelten Wärme- und Feuchtetransports mit typischen Aufgaben aus der Planungspraxis und erläutern die Anforderungen aus Gebrauchstauglichkeit und Energieeffizienz von Gebäuden.

Der Autor stützt sich auf seine Erfahrungen aus 35 Jahren Lehre der Bauphysik für Architekten und Bauingenieure und 40 Jahre Tätigkeit in der Forschung und als Beratender Ingenieur.

Hugo S. L. C. Hens
Building Physics and Applied Building Physics
2012. 538 S.
€ 99,–*
ISBN 978-3-433-03031-8
Auch als ebook erhältlich

Das könnte Sie auch interessieren:

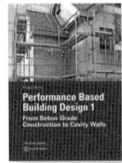  

- Performance Based Building Design I
- Performance Based Building Design II
- Zeitschrift Bauphy

Online Bestellung:
www.ernst-und-sohn.de

Ernst & Sohn
Verlag für Architektur und technische
Wissenschaften GmbH & Co. KG

Kundenservice: Wiley-VCH
Boschstraße 12
D-69469 Weinheim

Tel. +49 (0)6201 606-400
Fax +49 (0)6201 606-184
service@wiley-vch.de

* Der €-Preis gilt ausschließlich für Deutschland. Inkl. MwSt. zzgl. Versandkosten. Irrtum und Änderungen vorbehalten. 1056106_dp

5 Schalltechnische Messungen

5.1 Allgemeines

Im Gegensatz etwa zum Brandschutz oder zur Tragwerksplanung ist in der Bauakustik die messtechnische Überprüfung der schallschutztechnischen Eigenschaften am Bau möglich und sogar sehr empfehlenswert. Durch „Güteprüfungen" kann auf das dB genau festgestellt werden, ob die Anforderungen eingehalten sind. Im Negativfall gestattet die Messung die Analyse der Mängel und bildet eine höchstqualifizierte Basis für die Nachbesserung. Mit der gleichen Messtechnik kann auch im Labor der Schallschutz neu entwickelter Produkte überprüft und durch entsprechende Weiterentwicklung verbessert werden. Hierauf wird wegen des nur geringen Interesses in diesem Buch jedoch nicht weiter eingegangen.

5.2 Nachweis der Güte der Ausführung („Güteprüfungen")

5.2.1 Nach DIN 4109 „Schallschutz im Hochbau" [21]

Gemäß der noch gültigen DIN 4109 dienen Güteprüfungen dem Nachweis, dass die erforderlichen Werte für den Schallschutz in dem betreffenden Bauwerk eingehalten werden. Nach den Staatsanzeigern bzw. den Ministerialblättern der Bundesländer ist die Einhaltung des geforderten Schalldruckpegels von baulichen Anlagen, die nach Tabelle 4, Zeilen 3 und 4 der DIN 4109 einzuordnen sind, d. h. die zulässigen Schalldruckpegel von Geräuschen aus mit fremden schutzbedürftigen Räumen baulich verbundenen Gewerbebetrieben, durch Vorlage von Messergebnissen nachzuweisen. Das Gleiche gilt für die Einhaltung des geforderten Schalldämmmaßes bei Bauteilen nach Tabelle 5, DIN 4109, d. h. zwischen „besonders lauten" und schutzbedürftigen Räumen und bei Außenbauteilen an die Anforderungen entsprechend Tabelle 8, Spalten 3 und 4, DIN 4109 [1] gestellt werden, sofern das bewertete Schalldämmmaß $R'_{w,res} \geq 50$ dB betragen muss.

5.2.2 Nach der neuen DIN 4109 [1]

Bauakustische Prüfungen sind nach bauaufsichtlicher Einführung der gegenwärtig als Entwurf vorliegenden novellierten Fassung der DIN 4109 nach DIN 4109-4 [3] durchzuführen. Für Güteprüfungen gilt Abs. 6. Ferner regelt Anhang A nationale Ergänzungen für Prüfungen im Laboratorium, Anhang B Prüfungen in ausgeführten Bauten und Anhang C die Ermittlung des maßgeblichen Außengeräuschpegels durch Messungen.

5.3 Prüfstellen

Die Messungen müssen von sachverständigen Stellen vorgenommen werden, die im Einvernehmen mit der Bauaufsichtsbehörde zu beauftragen sind. In Anbetracht kommen insbesondere bauakustische Prüfstellen der Gruppen I und II, die beim Institut für Bautechnik im Verzeichnis über „Sachverständigenprüfstellen für Schallmessungen nach DIN 4109" geführt werden.

Gemäß Staatsanzeiger für das Land Hessen vom 11.07.2005 sind z. B. die Messungen von bauakustischen Prüfstellen durchzuführen, die entweder nach § 24 Abs. 1 HBO [118] anerkannt sind oder in dem Verzeichnis „Sachverständigenprüfstellen für Schallmessungen nach der Norm DIN 4109 im Verband der Materialprüfungsanstalten (VMPA e. V.)" geführt werden.

Die Prüfstellen der Gruppe I entsprechen den heutigen Prüfstellen für die Erteilung Allgemeiner Bauaufsichtlicher Prüfzeugnisse „ABP-Prüfstellen", ehemals Eignungsprüfstellen, und werden beim Deutschen Institut für Bautechnik (DIBt) in Berlin geführt. Diese Prüfstellen befassen sich überwiegend mit Messungen in schalltechnischen Laboratorien (Prüfstände).

Die Prüfstellen der Gruppe II werden seit längerem Zeitraum bei dem VMPA e. V. (Verband der Materialprüfungsanstalten e.V.) geführt und entsprechen den bereits oben genannten „Sachverständigenprüfstellen für Schallmessungen nach der Norm DIN 4109". Ihnen obliegen die bauaufsichtlich angeordneten oder zivilrechtlich vereinbarten Güteprüfungen am Bau.

Im Anhang dieses Buches sind die ABP-Prüfstellen, Stand 2014, und die bei dem VMPA geführten Schallschutzprüfstellen, Stand 21.02.2014, aufgelistet. Die Prüfstellen müssen alle drei Jahre an einer Vergleichsmessung teilnehmen und damit ihre entsprechende Qualifikation beweisen. Die Vergleichsmessungen für die ABP-Prüfstellen finden bei der PTB – Physikalisch Technische Bundesanstalt in Braunschweig statt. Die Vergleichsmessungen für die von dem VMPA anerkannten Prüfstellen werden bei der MPA-Materialprüfungsanstalt für das Bauwesen in Braunschweig durchgeführt. Sowohl bei der PTB als auch bei der MPA müssen die Prüfstellen eine Messung der Luftschalldämmung und eine Messung der Trittschalldämmung vornehmen. Eine dritte Messung bezieht sich z. B. auf neue Normen oder auf besondere Regeln der Messtechnik, die bei den Prüfstellen nicht zum Alltag gehören. Des Weiteren werden vor den Prüfungen der Lautsprecher zur Erzeugung des Luftschallpegels (siehe Abschn. 5.7, Bild 5.7-1 und Bild 5.7-2) und das Norm-Hammerwerk zur Untersuchung der Trittschalldämmung (siehe Abschn. 5.8, Bild 5.8-1) auf ihre normgerechte Funktionstüchtigkeit getestet.

Die Qualifikation der Prüfstellenleiter wird gesondert anhand der vom Antragsteller verfassten Prüfberichte und durch Fachgespräche geprüft. Die zuvor beschriebene Prozedur zur Sicherung der Qualität zeigt, dass sowohl die vom DIBt als auch die von dem VMPA gelisteten Prüfstellen eine hohe Qualifikation für schalltechnische Messungen aufweisen, so dass grundsätzlich empfohlen wird, nur von diesen Prüfstellen Messungen durchführen zu lassen.

5.4 Messgeräte

Die bauakustischen Messungen werden heutzutage mit sogenannten „Echtzeitanalysatoren" durchgeführt. Dies bedeutet, dass die zu untersuchenden Frequenzen in Echtzeit erfasst und analysiert werden. Die gängigsten bauakustischen Echtzeitanalysatoren sind in den Bildern 5.4-1 bis 5.4-4 dargestellt.

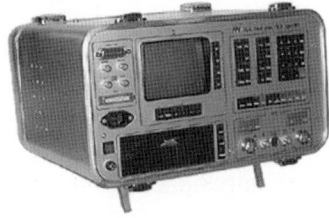

Bild 5.4-1 Echtzeitanalysator (älteres Modell, Fabrikat Norsonic, Typ 830)

Bild 5.4-2 Echtzeitanalysator (Fabrikat Norsonic, Typ 840)

Bild 5.4-3 Echtzeitanalysator mit Bluetooth-Verbindung (Fabrikat Norsonic, Typ 140)

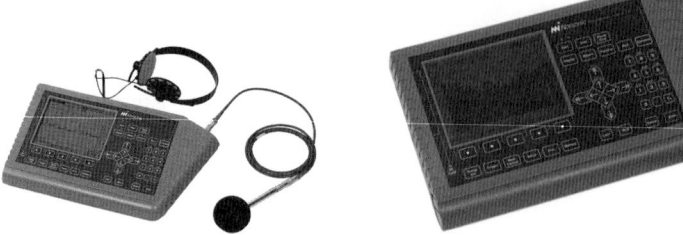

Bild 5.4-4 Schalldruckpegelmesser (Fabrikat Norsonic, Typ 110)

Das Messsystem nach Bild 5.4-3 lässt Messungen über eine Bluetooth-Verbindung, somit ohne Verkabelung der Mikrofone mit dem Computer zur Steuerung zu und entspricht daher dem heute modernsten Standard.

Bild 5.4-4 zeigt einen Schalldruckpegelmesser, mit dem zusätzlich zu bauakustischen Messungen u. a. auch elektronische Pegelzeitverläufe erstellt werden können, wie sie z. B. für die Dokumentation zeitlich veränderlicher Geräusche haustechnischer Anlagen (z. B. Aufzüge) oder zur Erfassung des Außenlärmpegels sinnvoll sind.

Mit den gängigsten Schalldruckpegelmessern können u. a. elektronische Pegelzeitverläufe erstellt werden, die nachträglich mit entsprechender Software bearbeitet werden können. So ist es beispielsweise möglich, Fremdgeräusche im Pegelschrieb zu markieren und aus den Messergebnissen auszuschließen. Des Weiteren besteht die Möglichkeit, die verschiedensten Perzentilpegel auszuwerten (z. B. Grundgeräuschpegel L_{95} oder die verschiedenen Spitzenpegel L_1 oder L_5).

5.5 Mikrofone

Für die Messungen werden heute in der Regel ½-Zoll-Kondensatormikrofone, deren Empfindlichkeit eine Kugelcharakteristik aufweist (siehe Bild 5.5-1), verwendet. Früher übliche 1-Zoll-Mikrofone sind nur noch selten im Einsatz.

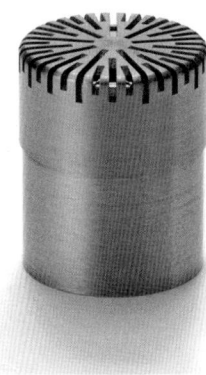

Bild 5.5-1 ½-Zoll-Kondensatormikrofon mit Kugelcharakteristik (Fabrikat Gefell)

5.6 Mikrofonstative

Bei den bauakustischen Messungen werden zur gleichmäßigen Abtastung der Schallfelder im Sende- und Empfangsraum entweder Standmikrofonpositionen, d. h. das Mikrofon wird auf einem Stativ befestigt, das dann an verschiedenen Positionen im Raum aufgestellt wird, oder ein Drehgalgenstativ verwendet. Beim Drehgalgen wird das Mikrofon kreisförmig um die Achse des Stativs gedreht. Bild 5.6-1 zeigt ein Beispiel eines Drehstativs.

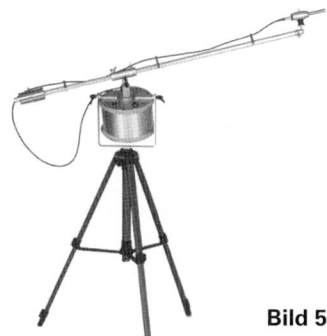

Bild 5.6-1 Beispiel eines Drehstativs mit geneigter Bahnebene (Fabrikat Norsonic)

5.7 Lautsprecher

Zur Erzeugung eines diffusen Schallfeldes ist bei der Messung der Luftschalldämmung ein Dodekaeder zu verwenden (siehe Bild 5.7-1).

Bei diesem sind zwölf Lautsprecher gemeinsam in einem Gehäuse eingebaut, die gleichphasig betrieben werden, so dass eine gleichmäßige ungerichtete Abstrahlung vorliegt.

Bei Messungen der Schalldämmung von Fassadenelementen und von Fassaden an Gebäuden wird empfohlen, einen gerichteten Lautsprecher zu verwenden (Bild 5.7-2), mit dem eine höhere Schallenergie auf das zu prüfende Objekt gebracht werden kann.

Nach DIN EN ISO 140-5 [38] ist jedoch der gerichtete Lautsprecher nicht zwingend erforderlich. Es könnte daher auch der bereits oben beschriebene Dodekaeder zur Erzeugung des Schallfeldes verwendet werden. Wichtig ist jedoch, dass die Richtcharakteristik des Lautsprechers bei freier Schallausbreitung so sein muss, dass die örtlichen Differenzen des Schalldruckpegels in jedem verwendeten Frequenzband kleiner als 5 dB sind, gemessen auf einer Fläche der gleichen Größe und Lage wie beim Prüfobjekt [3].

Bild 5.7-1 Dodekaeder
links: ältere Generation (Fabrikat Norsonic, Typ 229)
rechts: neue Generation (Fabrikat Norsonic, Typ 276)

Bild 5.7-2 gerichteter „Fassadenlautsprecher" (Fabrikat Norsonic, Typ 225A)

5.8 Norm-Hammerwerk

Um die Trittschalldämmung zu messen, werden die Prüfgegenstände mit einem „Norm-Hammerwerk" nach DIN EN ISO 140-7 [38] angeregt (siehe Bild 5.8-1).

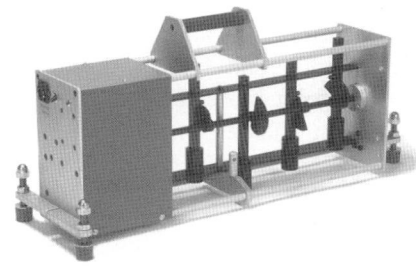

Bild 5.8-1 Norm-Hammerwerk zur Bestimmung der Trittschalldämmung (Fabrikat Norsonic, Typ 211)

Das Norm-Hammerwerk ähnelt einem 5-Zylinder-Reihenmotor, bei dem aus 40 mm Höhe die genormten Hämmer mit jeweils einer Masse von 500 ± 12 g der Reihe nach auf den Prüfgegenstand fallen. Das Norm-Hammerwerk erzeugt einen deutlich höheren Pegel im Empfangsraum, als das übliche Gehen eines Menschen. Die relativ hohen Pegel sind notwendig, um eventuelle Fremdgeräusche im Empfangsraum zu überdecken und deren Einfluss zu minimieren. An dieser Stelle wird darauf hingewiesen, dass – wie bereits beschrieben – zwar das Norm-Hammerwerk insgesamt einen höheren Pegel als normales Gehgeräusch erzeugt, jedoch das Gehen, insbesondere auf Holzbalkendecken, Stahl- oder Holztreppen, tieffrequent höhere Geräuschpegel im Empfangsraum erzeugt als das Norm-Hammerwerk. Daher gibt es bereits Aussagen über das sogenannte „modifizierte" Norm-Hammerwerk, bei dem die tieffrequenten Anteile mehr angeregt und die höheren Frequenzen weniger angeregt werden, so dass dieses eher dem üblichen Gehen entspricht. Alternativ können auch Gummibälle zur Anregung verwendet werden.

Sowohl das modifizierte Hammerwerk als auch der Gummiball finden jedoch in der normgerechten Messung und damit beim Vergleich mit den Anforderungen der DIN 4109 [1] oder VDI 4100 [27] noch keine Anwendung, zumal in der Praxis außer „Tritt"-Geräuschen auch häufig andere Schallquellen, wie Stühlerücken, fallende Gegenstände oder Kinderspielzeug, auf Parkett zu bewerten sind. Außerdem ist zu bedenken, dass eine Änderung der Messvorschrift die Umstellung Tausender von Prüfzeugnissen in der ganzen Welt erforderlich machen würde, was fachlich sicherlich nicht zu verantworten ist.

5.9 Luftschalldämmung in Gebäuden und von Bauteilen

Die Messung der Luftschalldämmung erfolgt nach DIN EN ISO 140-4 [38].

5.9.1 Erzeugung des Schallfeldes im Senderaum

Der im Senderaum erzeugte Schall muss stationär sein und im betrachteten Frequenzbereich ein kontinuierliches Spektrum besitzen. Die Messungen erfolgen in Terz-Bandbreite. Das Schallspektrum darf zwischen benachbarten Terzbändern keinen größeren Schallpegelunterschied als 6 dB aufweisen. Die Schallleistung sollte ausreichend hoch sein, damit der Schalldruckpegel im Empfangsraum in jedem Frequenzband mindestens um 10 dB höher ist, als der Fremdgeräuschpegel. Ansonsten ist eine Fremdgeräuschkorrektur vorzunehmen. Dies erfolgt in der Form, dass vom Pegel der Kombination aus Signal und Fremdgeräusch energetisch der Fremdgeräuschpegel subtrahiert wird. Ist die Differenz zwischen Signalpegel und Fremdgeräusch kleiner oder gleich 6 dB, wird ein Korrekturwert von 1,3 dB verwendet.

Die Lautsprecherbox wird so angeordnet, dass ein möglichst diffuses Schallfeld erzeugt wird. Daher wird der in Abschn. 5.7 dargestellte Dodekaeder verwendet. Dieser ist in einem so großen Abstand von dem zu prüfenden Bauteil und den flankierenden Elementen aufzustellen, so dass der Anteil der direkten Schallabstrahlung beim zu prüfenden Bauteil nicht überwiegt.

In der Regel sollte der Raum mit dem größeren Volumen als Senderaum verwendet werden.

Bei Bestimmung der Luftschalldämmung von Fassadenelementen und Fassaden ist die Position des Lautsprechers und der Abstand von der Fassade so zu wählen, dass die Schwankung des Schalldruckpegels auf dem Prüfobjekt möglichst gering wird. Dabei wird der Lautsprecher (siehe Bild 5.7-2) an einer oder mehreren Positionen außerhalb des Gebäudes im Abstand d von der Fassade mit einem Schalleinfallswinkel (45 ± 5°) vorzugsweise auf dem Boden aufgestellt. Bei höher liegenden Fassadenelementen wird in der Regel ein Hubsteiger verwendet, mit dem der Lautsprecher in entsprechender Position gebracht wird. Der Abstand von der Schallquelle zur Mitte des Prüfobjektes muss bei dem vorzugsweise verwendeten Bauteil-Lautsprecher-Verfahren mindestens 5 m von der Fassade entfernt sein. Dies entspricht einer senkrechten Entfernung zur Fassade von > 3,5 m.

5.9.2 Bestimmung des mittleren Schalldruckpegels

Sowohl im Senderaum als auch im Empfangsraum ist der mittlere Schalldruckpegel zu bestimmen, z. B. mit einem Einzelmikrofon und der damit verbundenen punktweisen Abtastung oder mit einem Schwenkmikrofon (siehe Abschn. 5.6, Bild 5.6-1). Die Schalldruckpegel an den unterschiedlichen Mikrofonpositionen müssen abschließend energetisch gemittelt werden.

Um Einflüsse durch Reflexionen der Umfassungsbauteile zu reduzieren, müssen die Mikrofonpositionen von der Raumbegrenzung oder Diffusoren mindestens einen Abstand von 0,5 m aufweisen. Zwischen Schallquelle und Mikrofonposition muss der Abstand mindestens 1 m betragen. Um ein gleichmäßiges Abtasten im Raum zu gewährleisten, ist zwischen den einzelnen Mikrofonpositionen ein Mindestabstand von 0,7 m zu berücksichtigen.

Bei Türen zwischen einem Flur und einem Raum wird gemäß [8] der Senderaumpegel auf der Oberfläche der Tür in einem Abstand von ca. 5 bis 10 mm bestimmt.

Bei Fassadenmessungen wird in der Regel das Bauteil-Lautsprecher-Verfahren verwendet, bei dem die „Senderaumpegel" direkt auf dem Prüfobjekt zu erfassen sind. Dafür wird sinnvollerweise das Mikrofon unmittelbar auf dem Prüfobjekt z. B. mit Klebeband befestigt. Hierbei kann das Mikrofon entweder parallel zur Fassadenoberfläche nach oben oder unten, oder mit seiner Achse normal gegen das Prüfobjekt gerichtet sein. Liegt die Mikrofonachse parallel zur Fassade, darf der Abstand des Mittelpunkts der Mikrofonmembran zum Prüfobjekt maximal 10 mm betragen. Liegt die Mikrofonachse senkrecht zum Prüfobjekt, beträgt der maximale Abstand 3 mm. Da sich das Mikrofon im Außenbereich befindet, ist für das Mikrofon ein halbkugelförmiger Windschirm zu verwenden. Es dürfen zwischen drei und zehn Messpositionen gewählt werden. Dabei müssen die Positionen gleichmäßig aber asymmetrisch auf der Messfläche verteilt werden.

Im Empfangsraum sind bei festen Mikrofonpositionen mindestens fünf Mikrofonpositionen, die gleichmäßig innerhalb des Raumes verteilt werden, zu wählen. Des Weiteren sind mindestens zwei Lautsprecherpositionen (außer bei Fassadenmessungen), die in verschiedenen Höhen angeordnet werden, anzuwenden, so dass sich insgesamt pro Raum zehn Messungen ergeben. Werden bewegte Mikrofonpositionen, z. B. mit Hilfe eine Drehstatives verwendet, muss der vorhandene Radius mindestens 0,7 m betragen. Es müssen zwei Bahnebenen verwendet werden, die zu den Raumbegrenzungsflächen um mindestens 10° geneigt sind. Die Dauer der Bahnperiode darf nicht kleiner als 15 s sein. Pro Lautsprecherposition ist eine bewegte Mikrofonposition notwendig, so dass sich unter Berücksichtigung der zwei Lautsprecherpositionen insgesamt hier mindestens zwei Messungen ergeben.

5.9.3 Mittelungszeit

Die Mittelungszeit muss an jeder einzelnen Mikrofonposition in jedem Frequenzband unterhalb 400 Hz mindestens 6 s betragen. Für Bänder mit höheren Bandmittenfrequenzen darf die Zeit auf 4 s verringert werden. Bei bewegten Mikrofonpositionen muss die Mittelungszeit eine ganze Anzahl von Bahnumläufen erfassen, darf aber nicht kleiner als 30 s sein. Bei einer Bahnperiode von 15 s würden sich somit zwei Bahnumläufe ergeben.

5.9.4 Frequenzbereich

Die Messungen in Terzen müssen die Mittelfrequenzen von 100 bis 3.150 Hz beinhalten. Um jedoch zusätzliche Informationen über die Schalldämmung der Bauteile zu gewinnen wird empfohlen auch die Mittenfrequenzen von 4.000–5.000 Hz zu untersuchen. Um auch Zusatzinformationen im tiefen Frequenzbereich zu erhalten, sollten noch die Terzen von 50–80 Hz mit erfasst werden. Mit hoher Wahrscheinlichkeit werden in den zukünftigen Messnormen sowohl die Terzen im Frequenzbereich von 4.000–5.000 Hz als auch in den Mittenfrequenzbereichen von 50–80 Hz verpflichtend sein, so dass grundsätzlich empfohlen wird diese jetzt schon mit heranzuziehen.

5.9.5 Messung der Nachhallzeit und Berechnung der äquivalenten Schallabsorptionsfläche

Letztendlich ist für die Bestimmung des Schalldämmmaßes auch ein Korrekturterm, der sich aus der äquivalenten Schallabsorptionsfläche im Raum ergibt, zu bestimmen. Der Korrekturterm basiert darauf, dass z. B. der Empfangsraumpegel in einem Raum mit weniger Absorptionsflächen (z. B. unmöblierter Raum) höher ist als in einem Raum mit vielen Schallabsorptionsflächen (z. B. Räume mit Teppichböden, Gardinen, Sofas usw.). Der Korrekturterm wird auf Basis der Nachhallzeiten, die nach DIN EN ISO 354 [9] zu bestimmen sind, nach folgender Gleichung ermittelt:

$$A = 0{,}16 \times V/T \, .$$

Dabei bedeutet:

A die äquivalente Schallabsorptionsfläche in m^2
V das Volumen des Empfangsraumes in m^3
T die Nachhallzeit im Empfangsraum in s

Die Nachhallzeit wird im Empfangsraum bestimmt. Hierbei werden bei einer Lautsprecherposition drei Mikrofonpositionen gewählt. Pro Mikrofonpositionen werden zwei Abklingvorgänge der Nachhallzeit messtechnisch erfasst, so dass sich insgesamt sechs Messungen der Nachhallzeit ergeben. Die einzelnen Messergebnisse werden dann arithmetisch gemittelt.

5.9.6 Schalldämmmaß

Aus den verschiedenen Messungen wird dann abschließend das Schalldämmmaß nach folgender Gleichung berechnet:

$$R' = L_1 - L_2 + 10 \log S/A \; [\text{dB}] \, .$$

Hierin bedeuten:

R′ Schalldämmmaß in dB
L_1 mittlerer Schalldruckpegel im Senderaum in dB
L_2 mittlerer Schalldruckpegel im Empfangsraum in dB
S Fläche des Trennbauteils in m^2
A äquivalente Schallabsorptionsfläche im Empfangsraum in m^2

Bei Türen zwischen Fluren und Räumen ist folgende Gleichung heranzuziehen:

$$R' = L_1 - L_2 + 10 \log (S/A) - 3 \; [\text{dB}] \, .$$

Hierin bedeuten:

L_1 mittlerer Schalldruckpegel auf der Oberfläche der Tür in dB
L_2 mittlerer Schalldruckpegel im Raum hinter der Tür (Empfangsraum) in dB
S Fläche der lichten Öffnung in der Wand in m^2
A äquivalente Schallabsorptionsfläche im Empfangsraum in m^2

Bei der Messung der Luftschalldämmung von Außenbauteilen berechnet sich das Schalldämmmaß bei dem Bauteil-Lautsprecher-Verfahren nach folgender Gleichung:

$$R'_\delta = L_1 - L_2 + 10 \log (S \cdot \cos \delta / A) \text{ [dB]}.$$

Hierin bedeuten:

L_1 mittlerer Schalldruckpegel auf der Oberfläche des Prüfgegenstandes (einschließlich des vom Prüfgegenstand reflektierten Schallanteils) in dB
L_2 mittlerer Schalldruckpegel im Raum hinter dem Prüfgegenstand (Empfangsraum) in dB
S   Fläche des Prüfgegenstandes in m^2
A   äquivalente Schallabsorptionsfläche im Empfangsraum in m^2
δ Schalleinfallswinkel (Winkel zwischen der Verbindungslinie Mitte Lautsprecher bis Mitte Prüfgegenstand und der Flächennormalen des Prüfgegenstandes) in Grad, in der Regel 45°

In DIN EN ISO 140-5 [38] werden weitere Verfahren zur Bestimmung des Schalldämmmaßes der Fassade, bei denen z. B. die Verkehrsgeräusche als Senderaumpegel verwendet werden, beschrieben. Für den näher Interessierten wird auf die DIN EN ISO 140-5 [38] verwiesen.

Der hochgestellte „Strich" an der Bezeichnung des Schalldämmmaßes beinhaltet, dass das Schalldämmmaß auch Schallübertragungen über flankierende Bauteile beinhaltet. Dies ist bei Messungen am Bau im Gegensatz zu Labormessungen immer gegeben.

5.9.7 Fläche des Trennbauteils

Bei der Bestimmung der Schalldämmung einer Tür in einer Flurwand ist die heranzuziehende Prüffläche die Fläche der freien Öffnung, in der die Tür einschließlich des Rahmens eingebaut ist. Dabei ist jedoch sicherzustellen, dass die Schallübertragung durch die umgebende Wand vernachlässigbar klein ist [38]. Ansonsten ist immer als Fläche S die lichte Öffnung der Trennwand einzusetzen.

Bei aneinander angrenzenden, versetzt zueinander angeordneten oder abgestuften Räumen ist die zu verwendende Fläche des Trennbauteils, der Teil der Trennwandfläche oder der Deckenfläche der beiden Räume gemeinsam ist. Wenn bei versetzt zueinander angeordneten oder abgestuften Räumen, die gemeinsame Fläche weniger als 10 m^2 beträgt, wird die Fläche des Trennbauteils nach der Beziehung max. (S, V/7,5) berechnet. Hierbei ist V das Volumen in m^3 des Empfangsraumes, der in diesem Fall der kleinere Raum von beiden ist.

Für den Fall, dass keine gemeinsame Trennfläche existiert, wird die Norm-Schallpegeldifferenz D_n bestimmt. Dies beinhaltet, dass als Fläche des Trennbauteils 10 m^2 anzusetzen ist.

5.9.8 Ermittlung des bewerteten Schalldämmmaßes

Die Ermittlung des bewerteten Schalldämmmaßes erfolgt nach DIN EN ISO 717-1 [33]. Die messtechnisch ermittelten Schalldämmmaße werden mit Bezugswerten von Messfrequenzen im Bereich von 100 bis 3.150 Hz in der Regel für Terzbänder verglichen. Die Bezugswerte, die für den Vergleich mit den Messergebnissen heranzuziehen sind, sind in Tabelle 5.9-1 nummerisch und in Bild 5.9-8 für die Terzbänder grafisch dargestellt.

Um die frequenzabhängigen Messergebnisse in Terzbändern zu bewerten, müssen die Messdaten auf eine Dezimalstelle angegeben werden. Die zutreffende Bezugskurve ist in den Schritten von 1 dB (0,1 dB zum Zwecke der Angabe der Unsicherheit) in Richtung der Messkurve zu verschieben, bis die Summe der ungünstigen Abweichungen so groß wie möglich ist, jedoch (bei Messungen in Terzbändern) nicht größer als 32,0 dB. Eine ungünstige Abweichung bei einer bestimmten Frequenz ist gegeben, wenn das Messergebnis niedriger ist, als der Bezugswert. Nur ungünstige Abweichungen sind zu berücksichtigen und werden aufaddiert. Nach Verschiebung der Bezugskurve entspricht das bewertete Schalldämmmaß R_w oder R'_w bzw. die Norm-Schallpegeldifferenz $D_{n,w}$ den Wert der Bezugskurve bei 500 Hz.

Tabelle 5.9-1 Bezugswerte für Luftschall [10]

Frequenz in Hz	Bezugswerte in dB	
	Terzbänder	Oktavbänder
100	33	
125	36	36
160	39	
200	42	
250	45	45
315	48	
400	51	
500	52	52
630	53	
800	54	
1.000	55	55
1.250	56	
1.600	56	
2.000	56	56
2.500	56	
3.150	56	

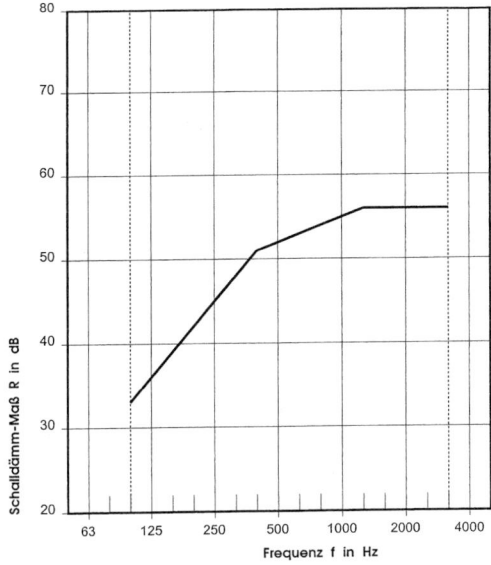

Bild 5.9-8 Bezugskurve für Luftschall in Terzbändern [33]

5.9.9 Spektrum-Anpassungswerte

Nach DIN EN ISO 717-1 [33] werden für die Luftschalldämmung zwei Spektrum-Anpassungswerte definiert, die folgenden Geräuschquellen zugeordnet werden.

Tabelle 5.9-2 Entsprechende Spektrum-Anpassungswerte für verschiedene Arten von Geräuschquellen [33]

Art der Geräuschquelle	Entsprechender Spektrum-Anpassungswert
Wohnaktivitäten (Unterhaltung, Musik, Radio, TV)	C
spielende Kinder	
Schienenverkehr bei mittlerer und hoher Geschwindigkeit[a]	
Autobahnverkehr ≥ 80 km/h[a]	
Düsenflugzeug mit geringem Abstand	
Betriebe, die überwiegend mittel- und hochfrequente Geräusche abstrahlen	
Städtischer Straßenverkehr	C_{tr}
Schienenverkehr bei geringer Geschwindigkeit[a]	
Propellerflugzeug, Düsenflugzeug mit großem Abstand	
Discomusik, Betriebe, die überwiegend nieder- und mittelfrequente Geräusche abstrahlen	

[a] In mehreren europäischen Ländern bestehen Rechenmodelle für Autobahnverkehrsgeräusche und Schienenverkehrsgeräusche, die Oktavband-Schallpegel festlegen; diese können für den Vergleich mit den Spektren die jeweiligen Anpassungswerte herangezogen werden.

Die Darstellung der beiden Spektren zur Berechnung von C und C_{tr} sowie die Erläuterungen zur Berechnung der Spektrum-Anpassungswerte selbst, sprengen den Rahmen und das Ziel des vorliegenden Buches. Die näher Interessierten können dies der DIN EN ISO 717-1 [33] entnehmen.

5.9.10 Darstellung der Ergebnisse

Um die akustischen Eigenschaften von Bauteilen zu beschreiben, werden in der Regel hauptsächlich die bewerteten Einzahlergebnisse aus Terzbändern herangezogen. Die beiden Spektrum-Anpassungswerte sind in Klammern nach der Einzahlangabe, getrennt durch Semikolon, anzugeben, wie z. B. R'_w (C; C_{tr}) = 42(0; −5) dB.

Die Unsicherheit der bewerteten Einzahlangaben dürfen ebenfalls angegeben werden. In diesem Fall sind die bewerteten Schalldämmmaße auf eine Dezimalstelle anzugeben. Die Unsicherheiten werden zukünftig in DIN EN ISO 12 999 [58] beschrieben. Für Messungen der Luftschalldämmung am Bau beträgt die Unsicherheit 0,9 dB, so dass die Angabe des bewerteten Schalldämmmaßes mit einer Dezimalstelle z. B. wie folgt lauten könnte:

$$R'_w = 41{,}9 \pm 0{,}9 \text{ dB} .$$

Die Spektrum-Anpassungswerte selbst haben keine eigenen Unsicherheitswerte, jedoch die Kombination aus Schalldämmmaß plus Spektrum-Anpassungswert. Diese unterscheiden sich nicht nur vom Typ des Spektrum-Anpassungswertes (C oder C_{tr}) sondern auch noch vom jeweiligen beim Spektrum-Anpassungswert betrachteten Frequenzbereich. Die Unsicherheiten für sämtliche Kombinationen sind in [58] beschrieben.

Derzeit werden baurechtlich in Deutschland die Spektrum-Anpassungswerte nicht herangezogen.

5.10 Trittschalldämmung von Decken, Treppen usw. in Gebäuden

5.10.1 Erzeugung des Schallfeldes im Senderaum

Die Messung der Trittschalldämmung erfolgt nach DIN EN ISO 140-2 [34].

Der Trittschall muss mit einem Norm-Hammerwerk (siehe Abschn. 5.8) erzeugt werden. Dieses muss mindestens an vier verschiedenen unregelmäßig verteilt liegenden Stellen auf die zu prüfende Decke gestellt werden. Der Abstand des Hammerwerks zu den aufgehenden Bauteilen muss mindestens 0,5 m betragen. Im Fall einer anisotropischen Deckenkonstruktion (z. B. Holzbalkendecken oder Betonrippendecken) können mehr Stellungen erforderlich sein. Die Verbindungslinie der Hämmer sollte in einem Winkel von 45° zu der Richtung der Balken oder Rippen verlaufen.

Bei Treppenläufen sind ebenfalls vier Norm-Hammerwerkspositionen zu wählen. Hierbei sollte eine sich auf der zweiten Stufe von oben und eine auf der zweiten Stufe von unten befinden. Die anderen beiden Positionen sollten gleichmäßig zwischen der oberen und unteren Position verteilt werden [38].

5.10.2 Bestimmung des Trittschallpegels

Der Trittschallpegel ist im Empfangsraum an festen oder bewegten Mikrofonpositionen zu bestimmen. Die Mindestanzahl der Messungen mit festen Mikrofonpositionen beträgt sechs, aus einer Kombination von mindestens vier Mikrofonpositionen und von mindestens vier Hammerwerkspositionen. Bei bewegten Mikrofonpositionen müssen insgesamt mindestens vier Messungen durchgeführt werden. Die Wahl der festen bzw. bewegten Mikrofonpositionen entsprechen der, wie für die Luftschalldämmung, genauso wie der Frequenzbereich und die Ermittlung der Nachhallzeit (siehe Abschn. 5.9.2 bis 5.9.5).

5.10.3 Norm-Trittschallpegel

Aus den verschiedenen Messungen wird dann abschließend der Norm-Trittschallpegel nach folgender Gleichung berechnet:

$$L'_n = L_i + 10 \log A/A_0 \, .$$

Hierin bedeuten:

L'_n Norm-Trittschallpegel in dB
L_i mittlerer Trittschallpegel in dB
A äquivalente Schallabsorptionsfläche im Empfangsraum in m^2
A_0 Bezugs-Absorptionsflächen, 10 m^2

Auch hier beinhaltet der hochgestellte „Strich" an der Bezeichnung des Norm-Trittschallpegels, dass der Norm-Trittschallpegel auch Schallübertragungen über flankierende Bauteile beinhaltet. Dies ist bei Messungen am Bau, im Gegensatz zu Labormessungen immer gegeben.

5.10.4 Luftschallbeitrag des Norm-Hammerwerkes

Weist das zu untersuchende Bauteil eine relativ geringe Schalldämmung auf, so könnte der Luftschallbeitrag des Norm-Hammerwerks den zu untersuchenden Norm-Trittschallpegel des Prüfgegenstandes beeinflussen. In diesem Fall ist daher eine entsprechende Korrektur nach DIN 4109-11 [4] bzw. DIN EN ISO 140-14 [38] vorzunehmen. Hierzu wird die Differenz D des Schalldruckpegels zwischen Senderaum und Empfangsraum mit einem Rosa-Rausch-Signal vom im Senderaum aufgestellten Lautsprecher bestimmt. Zusätzlich wird der Schalldruckpegel L_{HW} vom Norm-Hammerwerk im Senderaum gemessen. Eine Luftschallkorrektur ist dann notwendig, wenn die Differenz ($L_{HW} - D$) 10 dB oder mehr unter dem Schalldruckpegel L_E vom Norm-Hammerwerk im Empfangsraum liegt. Die Korrektur erfolgt dann nach folgender Gleichung [8]:

$$L = 10 \log (10^{0,1 L_E} - 10^{0,1 L_{HW} - D}) \, [\text{dB}] \, .$$

Hierin bedeuten:

L tatsächlicher Schalldruckpegel in dB
L_E der im Empfangsraum gemessene Trittschallpegel (einschließlich des störenden Trittschallpegels) in dB
L_{HW} der bei Betrieb des Hammerwerks im Senderaum gemessene Luftschallpegel in dB
D Schallpegeldifferenz zwischen Sende- und Empfangsraum in dB

5.10.5 Ermittlung des bewerteten Norm-Trittschallpegels

Die gemessenen Trittschallpegel werden bei Messung in Terzbändern mit Bezugswerten im Frequenzbereich von 100 bis 3.150 Hz verglichen. Wie auch für das Schalldämmmaß werden für die Trittschallpegel Bezugswerte für Messungen in Oktavbändern genannt [34]. Da diese wie auch beim Schalldämmmaß unüblich sind, wird auf die Oktavwerte hier nicht näher eingegangen. In Tabelle 5.10.5-1 sind die Bezugswerte nummerisch und in Bild 5.10.5-1 für die Terzbänder grafisch dargestellt.

Tabelle 5.10.5-1 Bezugswerte für Trittschall [34]

Frequenz in Hz	Bezugswerte in dB	
	Terzbänder	Oktavbänder
100	62	
125	62	67
160	62	
200	62	
250	62	67
315	62	
400	61	
500	60	67
630	59	
800	58	
1.000	57	65
1.250	54	
1.600	51	
2.000	48	62
2.500	45	
3.150	42	

5.10 Trittschalldämmung von Decken, Treppen usw. in Gebäuden

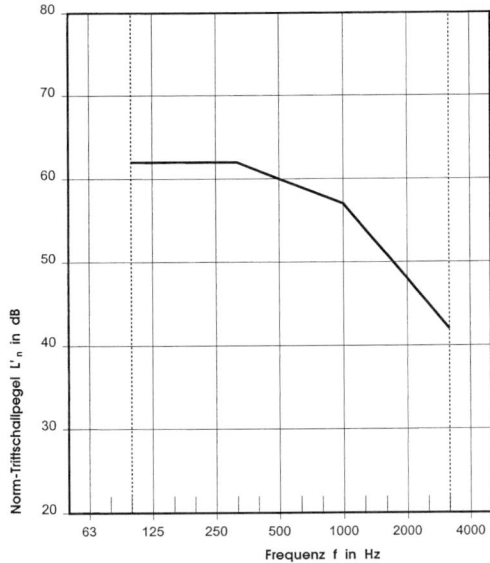

Bild 5.10.5-1 Bezugswerte für Trittschall, Terzbänder [34]

Um die Norm-Trittschallpegel z. B. L'_n zu bewerten, müssen die Messdaten auf eine Dezimalstelle gerundet werden. Die Bezugskurve ist in Schritten von 1 dB bzw. zum Zwecke der Darstellung von Unsicherheiten in 0,1 dB in Richtung der Messwertkurve so zu verschieben, bis die Summe der ungünstigen Abweichungen so groß wie möglich ist, jedoch nicht größer als 32,0 dB. Die ungünstige Abweichung bei einer bestimmten Frequenz ist gegeben, wenn die Messergebnisse den Bezugswert überschreiten. Nur ungünstige Abweichungen werden berücksichtigt und aufaddiert.

Wie auch bei dem bewerteten Schalldämmmaß wird bei Messungen in Terzbändern der Wert des bewerteten Norm-Trittschallpegels z. B. $L'_{n,w}$, bei der verschobenen Bezugskurve im Frequenzbereich von 500 Hz abgelesen.

5.10.6 Spektrum-Anpassungswert

Der bewertete Norm-Trittschallpegel $L'_{n,w}$ hat sich als geeignet für die Charakterisierung des Trittschalls durch z. B. Gehen auf Holz- und Betondecken mit Deckenauflagen wie Teppichen oder schwimmenden Estrich erwiesen [34]. Schallpegelspitzen bei einzelnen zum Teil niedrigen Frequenzen wie z. B. bei Holbalkendecken oder das Verhalten von Betonrohdecken wird jedoch nur ungenügend berücksichtigt. Um dies zu berücksichtigen, wurde ein Spektrum-Anpassungswert C_I eingeführt. Dieser Wert ist so festgelegt, dass für massive Decken mit wirkungsvollen Deckenauflagen sein Wert etwa 0 beträgt. Für Holzbalkendecken mit vorherrschenden niederfrequenten Spitzen nimmt er geringe positive Werte an. Für Betondecken ohne Deckenauflagen oder mit weniger wirkungsvollen Deckenauflagen liegt er im Bereich von –15 bis 0 dB [34]. Er berechnet sich aus der energetischen Addierung der Norm-Trittschallpegel, in der Regel im Frequenzbereich von 100 bis 2.500 Hz in Terzbändern, abzüglich eines Wertes von 15 dB und abzüglich des bewerteten Norm-Trittschallpegels.

Berechnungen des Spektrum-Anpassungswertes können zusätzlich für einen erweiterten Frequenzbereich, d. h. inkl. der Trittschallpegel von 50 bis 80 Hz durchgeführt werden. Dieser Wert wird dann mit $C_{I,50-2.500}$ bezeichnet.

5.10.7 Angabe der Ergebnisse

Unter Berücksichtigung des Spektrum-Anpassungswertes werden die bewerteten Norm-Trittschallpegel, z. B. $L'_{n,w}$, wie folgt angegeben:

$$L'_{n,w}(C_I) = 53\ (0)\ [dB].$$

Werden Unsicherheitswerte mit angegeben, sind die bewerteten Norm-Trittschallpegel mit einer Nachkommastelle zu nennen. Die Unsicherheit des bewerteten Norm-Trittschallpegels am Bau beträgt nach [58] 1 dB. Die Angabe des bewerteten Norm-Trittschallpegels erfolgt dann z. B. wie folgt:

$$L'_{n,w} = 53{,}2 \pm 1\ [dB].$$

Spektrum-Anpassungswerte haben keine eigenen Unsicherheitswerte. Für die Summe aus bewertetem Norm-Trittschallpegel und Spektrum-Anpassungswert C_I beträgt die Unsicherheit ebenfalls 1 dB [58].

Wie bei der Luftschalldämmung haben auch bei der Trittschalldämmung die Spektrum-Anpassungswerte in Deutschland zurzeit keine baurechtliche Relevanz.

5.11 Haustechnische Anlagen

5.11.1 Allgemeines

Gemäß DIN 4109 [21] sind Messungen von Wasserinstallationen oder haustechnischen Anlagen nach DIN 52 219 [59] zu bestimmen. Diese wurde jedoch mittlerweile durch die DIN EN ISO 10 052 [16] in Ergänzung mit der DIN 4109-11 [76] ersetzt. Da jedoch in Gebäuden, die vor Einführung der DIN EN ISO 10 052 bzw. der DIN 4109-11 [76] mit Stand Mai 2010 errichtet und fertiggestellt wurden, die Messungen von Wasserinstallationen und haustechnischen Anlagen nach DIN 52 219 [59] durchzuführen sind, werden hier für beide Normen die Messverfahren angegeben.

5.11.2 DIN 52 219

5.11.2.1 Zustand der Anlage

Die zu untersuchenden Anlagen müssen im gebrauchsfertigen Zustand geprüft werden. Bei Betätigen der Anlagen wird der A-bewertete Schallpegel im nächstbenachbarten fremden schutzbedürftigen Raum (Empfangsraum) etwa in Raummitte gemessen.

5.11.2.2 Messung des Schallpegels

Werden Auslaufarmaturen untersucht, sind die Ventile während der Messungen mehrmals langsam voll zu öffnen und wieder zu schließen. Mischbatterien sind in der Regel getrennt für Kalt- und Warmwassereinlauf zu betätigen. Die Messungen sind bei den vorgefundenen Betriebsstellungen *und* bei voller Öffnung der Absperrventile durchzuführen. Messwert ist der größte A-bewertete Schallpegel, der sich beim dreimaligen Öffnen und Schließen der Armaturen im *arithmetischen* Mittel ergibt. Einzelne kurzzeitige Spitzen die beim Betätigen der Armaturen oder Geräte entstehen sind sowohl nach DIN 52 219 als auch nach DIN 4109 derzeit nicht zu berücksichtigen.

Die sonstigen haustechnischen Anlagen werden in oben genanntem Sinne messtechnisch erfasst.

5.11.2.3 Berücksichtigung der Schallabsorption

Zur Berücksichtigung unterschiedlicher möglicher Möblierung und Ausstattung von Räumen sind die Messergebnisse auf eine äquivalente Absorptionsfläche von $A_0 = 10 \text{ m}^2$ zu beziehen. Die vorhandene äquivalente Schallabsorptionsfläche wird aus Nachhallzeitmessungen bestimmt. Gemäß DIN 52 219 [59] genügt es im Allgemeinen die äquivalente Schallabsorptionsfläche aus dem Mittelwert der Nachhallzeiten im Frequenzbereich von 250 bis 2.000 Hz zu verwenden. In Zweifelsfällen kann jedoch auch das Korrekturglied aus Oktavschallpegeln in den Mittelfrequenzen von 125 bis 4.000 Hz bestimmt und die korrigierten Oktavschallpegel in ein A-bewerteten Schallpegel umgerechnet werden.

5.11.2.4 Bestimmung des Installationsschallpegels

Der Installationsschallpegel wird aus den gemessenen A-bewerteten Schallpegeln und dem Korrekturglied wie folgt bestimmt:

$$L_{in} = L + 10 \log A/A_0 \text{ [dB]}.$$

Hierin bedeuten:

L_{in} Installationsschallpegel
L gemessener A-bewerteter Schallpegel, d. h. der arithmetisch gemittelte Spitzenpegel aus drei Messungen in dB
A äquivalente Schallabsorptionsfläche des Empfangsraums in m²
A_0 Bezugsabsorptionsfläche 10 m²

Die Geräuschpegel von sonstigen haustechnischen Anlagen werden in oben genanntem Sinne bestimmt.

5.11.3 DIN EN ISO 10 052 [76]

5.11.3.1 Allgemeines

Nach DIN 4109-11 [76], Ausgabe Mai 2010 sind nun die Wasserinstallationen und haustechnische Anlagen messtechnisch nach DIN EN ISO 10 052 [16] und den weiteren Erläuterungen der DIN 4109-11 [76] messtechnisch zu untersuchen.

Im Gegensatz zu DIN 52 219 [59] ist hier im Empfangsraum nicht nur eine Messposition in Raummitte, sondern auch eine Messposition an der Raumecke heranzuziehen. Die Entfernung zu sämtlichen Schallquellen (z. B. Lüftungsabzüge) muss mindestens 1,5 m betragen.

5.11.3.2 Messung der Schalldruckpegel von haustechnischen Anlagen

Wie bereits erläutert, müssen wie bei der DIN 52 219 [15] insgesamt drei unabhängige Betriebszyklen messtechnisch erfasst werden. Hierbei befindet sich eine Messposition in Raummitte und eine Position nahe der Ecke mit der akustisch härtesten Oberfläche, vorzugsweise in einer Entfernung von 0,5 m von den Wänden. Zwei Betriebszyklen sind bei der Messposition in Raummitte und der dritte Betriebszyklus in der Raumecke zu bestimmen. Wie auch bei der DIN 52 219 sind hier die A-bewerteten Spitzenpegel für die weiteren Untersuchungen und Beurteilungen heranzuziehen. Im Gegensatz zur DIN 52 219 werden jedoch die drei ermittelten Pegel nicht arithmetisch, sondern energetisch gemittelt.

5.11.3.3 Berücksichtigung der Schallabsorption

Wie auch bei der DIN 52 219 ist zur Berücksichtigung der Empfangsraumsituation ein Korrekturglied auf Basis der äquivalenten Schallabsorptionsfläche und einer Bezugsfläche von 10 m² zu beachten. In DIN EN ISO 10 052 [75] wird das Korrekturglied in zwei Korrekturglieder aufgesplittet, zum einen in das Nachhallmaß K nach folgender Gleichung:

$$K = 10 \log 1/3 \left[(T_{500} + T_{1.000} + T_{2.000})/T_0 \right].$$

mit:

$T_{500}, T_{1.000}, T_{2.000}$ aus Messungen ermittelte Nachhallzeiten in den Oktavbändern 500 Hz, 1.000 Hz und 2.000 Hz

T_0 Bezugsnachhallzeit ($T_0 = 0{,}5$ s)

und zum anderen in den Therm aus den jeweiligen Bezugsgrößen und den Raumvolumen. Der Norm-Schalldruckpegel ergibt sich dann aus folgender Gleichung:

$$L_{AFmax,n} = L_{AFmax} - K - 10 \lg \frac{A_0 \cdot T_0}{0{,}16 \cdot V} \text{ dB}.$$

Hierin bedeuten:

$L_{AFmax,n}$ Norm-Schalldruckpegel der geprüften haustechnischen Anlagen in dB(A)
L_{AFmax} energetisch gemittelter maximaler Schalldruckpegel in dB(A) aus den drei Messungen
V Volumen des Empfangsraumes in m³
K Nachhallmaß
T_0 Bezugsnachhallzeit ($T_0 = 0{,}5$ s)
A_0 Bezugsabsorptionsfläche ($A_0 = 10$ m²).
0,16 hat die Einheit $\frac{s}{m}$.

5.11.3.4 Betriebszyklen

Für verschiedene haustechnische Anlagen oder Wasserinstallationen sind in DIN EN ISO 10 052 [75] Betriebszyklen, die bei den Messungen zu berücksichtigen sind, dargestellt. Auf diese wird verwiesen. Allgemein gilt jedoch bei Wasserinstallationen, dass sich alle Funktionen in Normalbetrieb befinden müssen (Wasserdruck, Durchfluss usw.). Des Weiteren müssen die Absperrventile vollkommen geöffnet sein. Die Messungen beginnen vor der Inbetriebnahme der Installationen und enden nach Abschluss des Betriebszyklus.

5.12 Fehler bei der Bestimmung der Messergebnisse

5.12.1 Während der Messungen

Die häufigsten Fehler während der Messungen bestehen darin, dass falsche Lautsprecher- oder Mikrofonpositionen verwendet werden. Häufig werden die Mikrofonpositionen nicht gleichmäßig im Raum verteilt oder die geforderten Abstände nicht eingehalten.

Bei der Messung der Trittschalldämmung kann das Norm-Hammerwerk falsch angeordnet werden. Es ist bei Decken eine ausreichende Verteilung und eine unterschiedliche Ausrichtung des Norm-Hammerwerks, d. h. diagonal, senkrecht und waagerecht zu den Wänden, sinnvoll. Bei Treppenläufen ist zu beachten, dass gemäß DIN EN ISO 140-14 [38] die zweite Stufe von oben und die zweite Stufe von unten zu prüfen sind und die restlichen Hammerwerkspositionen gleichmäßig auf dem Treppenlauf zu verteilen sind.

Bei Messungen der haustechnischen Anlagen wird nicht immer die „schallhärteste" Ecke verwendet. Bei der Wahl der Ecken sind auch schallabsorbierende Unterdecken oder schallabsorbierende Teppichbeläge zu berücksichtigen.

Des Weiteren wurde bei der Überprüfung von Messungen anderer Prüfstellen (ohne entsprechende Zertifizierung) beobachtet, dass die zu untersuchenden Räume nicht in sich abgeschlossen waren. Beispielsweise standen Türen oder Fenster offen. Diese sind selbstverständlich vor Messbeginn immer zu schließen.

Selbstverständlich sind die Messgeräte vor und nach den Messungen zu kalibrieren.

5.12.2 Auswertung der Messergebnisse

Bei der Auswertung der Messergebnisse sind die oben angegebenen Formeln richtig anzuwenden. Die Volumina müssen zu den entsprechenden Sende- und Empfangsräumen passen. Es wurde auch schon beobachtet, dass als Empfangsraumvolumen Volumina von vorangegangenen Messungen in anderen Räumen eingesetzt wurden, so dass falsche Ergebnisse ermittelt wurden.

Zu beachten ist, dass bei Messungen nach DIN EN ISO 10 052 [16] von haustechnischen Anlagen die Mittelung der drei Messpegel nun energetisch und nicht wie in DIN 52 219 [15] arithmetisch durchzuführen ist (siehe Abschnitt 5.11).

Bei der Fremdgeräuschpegelkorrektur sind sowohl bei den Luft- und Trittschalldämmungsmessungen als auch bei den Messungen von haustechnischen Anlagen die Mittelungspegel heranzuziehen und nicht der Perzentilpegel L_{AF95} oder der Maximalpegel.

5.13 Leckagen bei der Messung der Luftschalldämmung

5.13.1 Ortung

Die Ortung von Undichtigkeiten der Konstruktion („Leckagen") bei der Messung der Luftschalldämmung kann verschiedenartig vorgenommen werden. Bei allen Varianten wird jedoch in einem Raum der Lautsprecher in Betrieb genommen und im anderen Raum die Ortung vorgenommen. Die einfachste und erste Ortung erfolgt ohne weitere Messgeräte durch intensives Hören. Bei dieser Methode kann in der Regel schon relativ schnell festgestellt werden, wo die Undichtigkeiten vorliegen. Eine detaillierte Prüfung kann dann mit einem herkömmlichen Stethoskop oder mit einem elektronischen Stethoskop (siehe Bild 5.13-1) vorgenommen werden.

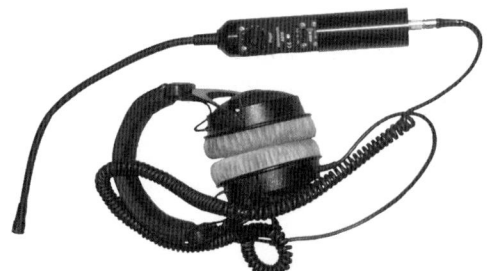

Bild 5.13-1 Elektronisches Stethoskop

Mit dem Stethoskop werden dann die undichten Fugen oder Bereiche im Nahfeld abgetastet und angehört. Dieses Verfahren ist rein qualitativ. Um quantitative Aussagen treffen zu können, ist die Abtastung mit einem Pegelmesser oder mit Hilfe einer Intensitätsmesssonde notwendig. Die quantitative Aussage erfolgt durch den Vergleich der Pegel in Bereichen, in denen keine Leckagen vorliegen, wie z. B. Trennwandmitte, und dem Pegel im Leckagenbereich. Leckortung mit speziellen ringförmigen oder kreuzförmigen Mikrofonarrays, das sogenannte 3D-Beamforming, ist in der Bauakustik wegen der hohen Kosten (eine Mikrofonanordnung kostet über 50.000,– €) nicht wirtschaftlich darstellbar. Auch die Leckortung mittels Intensitäts-Messtechnik wird nur selten angewendet.

5.13.2 Typische Leckagen

Typische Leckagen bzw. Schwachstellen bilden Fassadenanschlussschwerter, Kabelkanäle, Deckendurchbrüche, Anschlussfugen oder gleitende Anschlüsse. Bei Türen liegen in der Regel Undichtigkeiten im Bereich der Zargen- und Bodendichtungen vor.

In den entsprechenden Themenabschnitten sind bereits frequenzabhängige Schalldämmmaße mit und nach geschlossener Leckage dargestellt, so dass hier eine weitere Darstellung nicht notwendig ist.

5.14 Messverfahren nach Entwurf DIN EN ISO 16 283-1

5.14.1 Allgemeines

Zurzeit liegt eine Entwurfsfassung der E DIN EN ISO 16 283-1 [77] vor, die zukünftig die in Abschnitt 5.9 beschriebene Messnorm DIN EN ISO 140-4 [38] ersetzen soll. Wesentlicher Unterschied zu der hier ausführlich beschriebenen DIN EN ISO 140-4 sind folgende Punkte:

5.14.2 Personen in den zu untersuchenden Räumen

Nach der E DIN EN ISO 16 283-1 [77] dürfen sich nun auch in den zu untersuchenden Räumen Personen aufhalten, um zum Beispiel die Mikrofone händisch festzuhalten oder zu schwenken.

5.14.3 Ermittlung des Schalldämmmaßes pro Lautsprecherposition

Das Schalldämmmaß ist pro Lautsprecherposition jeweils frequenzabhängig zu berechnen. Anschließend sind die Schalldämmmaße der einzelnen Lautsprecherpositionen energetisch zu mitteln. Dieses Verfahren ist derzeit auch bei Messungen des Schalldämmmaßes in Prüfständen anzuwenden (siehe DIN EN ISO 10 140 [38].

5.14.4 Niederfrequenzmethode

Der wesentliche Unterschied zur DIN EN ISO 140-4 [38] ist die „Niederfrequenzmethode". Diese Methode ist anzuwenden, wenn die Volumina im Sende- und/oder Empfangsraum kleiner als 25 m³ betragen. Das Niederfrequenzverfahren beschränkt sich auf die 50-Hz- bis 80-Hz-Terzbänder und beinhaltet, dass *zusätzlich* zu den bisherigen Messungen der Schallpegel im Sende- und Empfangsraum auch Messungen an mindestens vier Eckpositionen (zwei in Bodenhöhe und zwei in Höhe der Decke) durchzuführen sind. Bei Verwendung *eines* Lautsprechers ist der höchste Mittelungspegel aus dem Satz der gemessenen Ecken jedes der drei Terzbänder (50 Hz, 63 Hz und 80 Hz) zu bestimmen. Die Pegel der einzelnen Lautsprecherpositionen werden dann für jedes Terzband zum Eck-Schalldruckpegel L_{Corner} energetisch gemittelt.

Dieser Wert wird dann wiederum energetisch mit dem nach herkömmlichen Standardverfahren ermittelten Schalldruckpegel gemittelt, wobei der Pegel nach dem Standardverfahren zweifach und der Eck-Schalldruckpegel einfach gewichtet werden.

Des Weiteren ist beim Niederfrequenzverfahren zu beachten, dass dann nicht jeweils die Nachhallzeiten in den Terzbändern von 50 bis 80 Hz herangezogen werden, sondern im Oktavband von 63 Hz, welches für die Berechnung des Schalldämmmaßes bei allen drei Terzbändern von 50 bis 80 Hz herangezogen wird.

5.15 Messverfahren nach Entwurf DIN EN ISO 16 283-2

Genauso wie für die Luftschalldämmung liegt auch für die Trittschalldämmung zurzeit eine Entwurfsfassung der Messnorm E DIN EN ISO 16 283-2 [78] vor, die die DIN EN ISO 140-7 ersetzen soll. Die wesentlichen Unterschiede zu der ausführlich hier beschriebenen DIN EN ISO 140-7 sind vergleichbar wie die für die Luftschalldämmung (siehe Abschnitt 5.14).

Dies beinhaltet u. a., dass für jede Norm-Hammerwerksposition einzeln die Norm-Trittschallpegel zu bestimmen sind, die dann anschließend zu mitteln sind.

Ebenfalls wird dort die Niederfrequenzmethode (siehe Abschnitt 5.14.4) beschrieben.

Zusätzlich enthält auch die E DIN EN ISO 16 283-2 eine Beschreibung zur Messung der Trittschallpegel bei Anregung mit einem Gummiball anstatt mit einem Norm-Hammerwerk.

6 Nachweise des Schallschutzes

6.1 Allgemeines, Geschichtliches

Die Nachweise des baulichen Schallschutzes erfolgten seit 1991 nach dem Rechenverfahren Beiblatt 1 zu DIN 4109 [22]. Das Verfahren ist einfach handhabbar und übersichtlich; dies gelingt durch Bemessungstabellen mit Zu- und Abschlägen. Dieses Verfahren ist einerseits leistungsstark (d. h. es ermöglicht für die meisten Konstruktionen eine ausreichend genaue Vorhersage der Schalldämmung); andererseits stellt es ein übersichtliches Tabellenverfahren dar.

In den letzten 25 Jahren gibt es allerdings keine „Kümmerer" mehr, so dass Bbl.1:4109 in den letzten 25 Jahren leider nur unzureichend gepflegt wurde. Der Normenausschuss hat sich mit der Neuentwicklung des Rechenverfahrens beschäftigt und erforderliche Aktualisierungen sind unterblieben. So zerfällt das große Werk Bbl.1:4109 langsam; als Folge sind Konstruktionen nach Beiblatt 1 überaltet und für den baurechtlichen Nachweis muss auf aktuelle, in der Literatur veröffentlichte Werte zurückgegriffen werden.

Im Oktober 2013 wurde die Entwurfsfassung DIN 4109 [1] veröffentlicht (nachfolgend E DIN 4109:2013 genannt), worin auch ein neues Rechenverfahren enthalten ist. Die Einspruchsphase läuft und es ist mit nennenswerten Einsprüchen und Änderungen zu rechnen. Entsprechend kann gegenwärtig kein vollständiger Überblick über das baurechtliche Rechenverfahren gegeben werden. Vielmehr werden nachfolgend das alte und das neue Rechenverfahren an Beispielrechnungen verglichen.

6.2 Luftschalldämmung

6.2.1 Direktschall und Flankenübertragung

Die Schalldämmung ergibt aus der energetischen Summation über

- das trennende Bauteil mit dem direkten Schalldämmmaß R_{Dd},
- die 4 × 3 Bauteilflanken mit deren Flankenschalldämmmaßen R_{if}.

Somit ergeben sich – am Beispiel einer Wohnungstrennwand – insgesamt die dreizehn Schallübertragungswege erster Ordnung:

Wohnungstrennwand (Direktweg) R_D

Außenwand:	R_{Ff}, R_{Df} und R_{Fd}
Decke:	R_{Ff}, R_{Df} und R_{Fd}
Boden:	R_{Ff}, R_{Df} und R_{Fd}
Innenwand:	R_{Ff}, R_{Df} und R_{Fd}

Dieses Prinzip wird in DIN EN ISO 12 354 [92] angewendet, stand aber auch schon bei der Entwicklung von Bbl.1:1989 Pate. Allerdings wurden seinerzeit umfangreiche Vereinfachungen ins Rechenverfahren, insbesondere für den Massivbau, umgesetzt.

6.2.2 Berechnungsprinzip nach E DIN 4109:2013 [1]

6.2.2.1 Berechnungsprinzip für den Massivbau

In DIN EN ISO 12 354 [92] wird ein Rechenprinzip für die Berechnung der Flankenschalldämmmaße angegeben. E DIN 4109:2013 verwendet dieses Rechenprinzip auf Basis von bewerteten Schall-Dämmmaßen, siehe Bild 6-1.

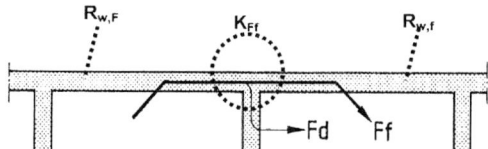

Bild 6-1 Zum Berechnungsmodell nach E DIN 4109:2013

Im Rechenmodell nach E DIN 4109:2013 berechnet sich jedes Flankendämmmaß $R_{ii,w}$ wie folgt, siehe auch Bild 6-1:

$$R_{Ff,w} = \frac{R_{F,w} + R_{f,w}}{2} + \Delta R_{Ff,w} + K_{Ff} + 10 \lg \frac{S_S}{l_0 \, l_f}$$

Hierin bedeuten:

$R_{Ff,w}$ bewertetes Flankendämmmaß des Flankenweges Ff

$R_{F,w}$ bewertetes Schalldämmmaß des flankierenden Bauteils F im Senderaum in dB

$R_{f,w}$ bewertetes Schalldämmmaß des flankierenden Bauteils f im Empfangsraum in dB

$\Delta R_{Ff,w}$ gesamtes bewertetes Luftschallverbesserungsmaß durch eine zusätzliche Vorsatzschale auf der Sende- und/oder Empfangsraumseite des flankierenden Bauteils in dB, siehe Abschn. 6.2.2.4

K_{Ff} Stoßstellendämmmaß für den Übertragungsweg Ff in dB, siehe Abschn. 6.2.2.3

S_S Fläche des trennenden Bauteils in m²

l_f gemeinsame Kopplungslänge der Verbindungsstelle zwischen dem trennenden Bauteil und den flankierenden Bauteilen F und f, in m

l_0 Bezugs-Kopplungslänge 1 m

Das bewertete Schalldämmmaß der Massivbauteile ergibt sich masseabhängig. Für Beton und Kalksandstein sowie für Hlz-Mauerwerk wird nach E DIN 4109:2013 angesetzt:

$$R_w = 30{,}9 \cdot \log m' - 22{,}2 \text{ dB}$$

Darin bezeichnet m' die flächenbezogene Masse des Bauteils in kg/m².

Porenbeton-Mauerwerk und Leichtbeton-Mauerwerk haben etwas andere Massekurven.

Das Stoßstellendämmmaß ergibt sich nach E DIN 4109:2013 in Abhängigkeit

- der Stoßstellengeometrie (z. B. starrer T-Stoß, starrer Kreuzstoß etc.),
- der Qualität der am Stoß beteiligen Konstruktionen (biegesteif, biegeweich),
- der flächenbezogenen Masse der am Stoß beteiligten biegesteifen Konstruktionen.

Für jeden Stoß gibt es für die verschiedenen Schallübertragungswege masseabhängige Stoßstellendämmmaße K_{ij}.

6.2.2.2 Berechnungsprinzip nach E DIN 4109:2013 für den Skelettbau

Im Skelettbau sind i. d. R. die Schallübertragungswege Df und Fd vernachlässigbar, so dass nach Bild 6-1 nur die 5 Schallübertragungswege verbleiben:

- Direktweg R_D
- 4 Flankenwege R_{Ff}.

Damit ergibt sich praktisch keine Änderung gegenüber dem Skelettbau-Verfahren nach Bbl. 1:1989.

6.2.2.3 Berechnungsprinzip für leichte Massivfassaden

Allgemeines

Das in Bild 6-1 dargestellte Rechenprinzip gilt nicht für leichte Massivfassaden!

E DIN 4109:20 132 verwendet es trotzdem, was zu einem unpräzisen und unübersichtlichen Prognoseverfahren führt, wie nachfolgend erläutert.

Zur Unbestimmtheit der Stoßstelle

Der Schnittbereich der Stoßstelle nach E DIN 4109:2013 ist nicht differenziert, d. h. das Rechenmodell unterscheidet nicht, welches Bauteil im überlappenden Bereich vorhanden ist. Bei Baustoffen mit sehr unterschiedlichen Rohdichten stellt dies aber einen bauakustisch relevanten Einflussparameter dar (siehe Bild 6-2).

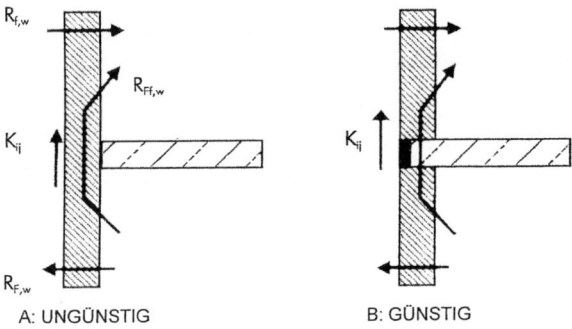

Bild 6-2 Leichtes Außenmauerwerk, schwere Stahlbeton-Wohnungstrennwand mit biegesteifem T-Stoß: Die Schall-Längsdämmung $R^*_{L,w,R}$ ist besser, wenn die schwere Trennwand die leichte Fassade durchdringt (Fall B)

Nach E DIN 4109:2913 wird für das Stoßstellendämmmaß K_{ij} in beiden Fällen der gleiche Wert angegeben. Das ist falsch, wenn die Rohdichten der Materialien sich stark unterscheiden.

Besondere Schall-Längsdämm-Problematik für inhomogene Bauteile
Für inhomogene Bauteile ergeben sich folgende Schwierigkeiten:

1. Im Rechenverfahren nach E DIN 4109:2013 wird aus der Schalldämmung des Direktdurchgangs auf die Schall-Längsdämmung geschlossen. Je nach bauakustischer Qualität der Lochung kann sich – bei gleicher Transmission – eine unterschiedliche Schall-Längsleitung einstellen.
2. Bei inhomogenen Bauteilen ergibt sich an der Stoßstelle eine Dominanz für den raumseitigen Teil des Flankenbauteils, siehe Bild 6-3.
3. Die Stoßstelle ist im Überschneidungsbereich der Bauteile unbestimmt (siehe Bild 6-2).

Aus Körperschall- und Direktschall-Dämmmaßen wird nach E DIN 4109:2013 – in indirekter Weise – auf das Schall-Längsdämmmaß der Flanke $R_{L,w}$ geschlossen. Es ist mit Unterschieden zum realen Schall-Längsdämmmaß $R_{L,w}$ zu rechnen, wie es z. B. aus $D_{n,f}$-Messungen oder aus Baustellenmessungen mit überdrückter Schallübertragung über die Trennwand ermittelt wird.

Nach E DIN 4109-32, Abs. 5.2.1.4.2.2 [6] ist eine Differenzierung der Fälle A und B über den Wert ΔK_{ij} (siehe Bild 6-2) zu grob; tatsächlich sind die Stoßstellenausbildungen differenziert zu betrachten, siehe z. B. Messungen der GSA [120]. Das ist der „Schlüssel" für einen guten Schallschutz mit leichten „Massiv"-Fassaden.

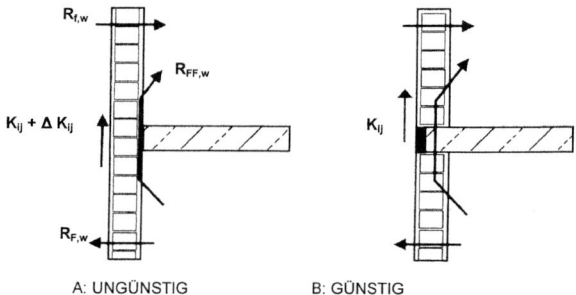

Bild 6-3 Bei inhomogenen Bauteilen wird die Schall-Längsdämmung einer Fassade durch den raumseitigen Teil des Flankenbauteils dominiert [119]. Das Flankendämmmaß berechnet sich nach E DIN 4109:2013 wie folgt:
Fall A: Zusätzliche Berücksichtigung einer „Verminderung des Stoßstellendämmmaßes" $\Delta K_{Ff,L}$
 nach E DIN 4109-32, Abschn. 5.2.1.4.2.2
Fall B: Standardverfahren nach E DIN 4109:2013

Das Rechenmodell nach E DIN 4109:2013 gilt nicht für flankierende Massivfassaden und ist ohne Sonderbetrachtungen für die Stoßstellen unpräzise. Die Autoren halten bauakustische Messungen der Norm-Flankenpegeldifferenz mit einer Prüfanordnung entsprechend Bild 6-4 für die richtige Untersuchungsmethode.

6.2 Luftschalldämmung

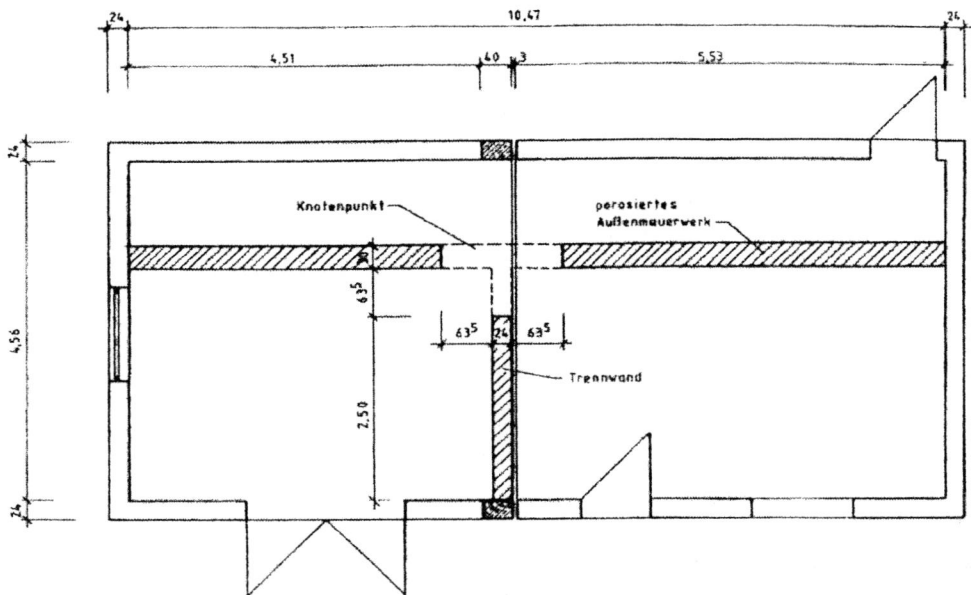

Bild 6-4 Bauakustische Prüfanordnung zur Ermittlung der Schallübertragung über flankierendes Außenmauerwerk, aus [120]

6.2.3 Beispielrechnungen nach alter Norm [22] und neuer Norm [1, 2]

6.2.3.1 Luftschalldämmung im Skelettbau

Das Skelettbauverfahren Bbl. 1:1989 folgt dem Verfahren der dreizehn Schallübertragungswege, wobei R_{Df} und R_{Fd} im Skelettbau i. d. R. vernachlässigbar sind. Damit ergeben sich für den Skelettbau fünf relevante Schalldämmmaße:

− das direkte Schalldämmmaß R_{Dd}
− sowie vier Schall-Längsdämmmaße R_{Ff} (bzw. Flankenschallpegeldifferenzen);
  in Bbl. 1:1989 werden diese als Schall-Längsdämmmaße bezeichnet.

Zwischen Bbl.1:1989 und E DIN 4109:2013 bestehen prinzipiell keine Veränderungen im Rechenverfahren. Tabelle 6-1 zeigt eine vergleichende Berechnung. Vielfach sind die alten Tabellen mit Angaben zur Schalllängsdämmung übernommen wurden, wobei die Kenngrößen und z. T. die numerischen Werte angepasst bzw. aktualisiert wurden.

Die alte Tabelle 31, Bbl.1:1989 fehlt leider. Ebenfalls fehlt leider für den T-Stoß von Montagewänden die Bauweise mit unterbrochener Beplankung an dem T-Stoß-Innen (Bbl.1:1989, Tabelle 32, Zeilen 3 und 4). Weiterhin fehlt eine Tabelle für die Schall-Längsdämmung von Massivwänden im Skelettbau (Bbl. 1:1989, Tabelle 25).

Tabelle 6-1 Berechnung der Schalldämmung im Skelettbau nach Bbl. 1 und nach E DIN 4109:2013

Übertragungsweg	Konstruktion	DIN 4109: 1989[1]	E DIN 4109: 2013[1]
Trennwand	2-schalige Montagewand mit schweren Bauplatten, tieffrequent optimierte Schalldämmung	Labormessung $R_{w,R} = 66$ dB	Labormessung $R_w = 68$ dB
Fassade	Massivwand 17,5 cm KSPE, Rohdichte 2.0, flächenbez. Masse der flankierenden Bauteile m′ = 340 kg/m² (außenseitig WDVS)	Bbl. 1, Tab. 25 $R_{L,w,R} = 61$ dB[1]	E DIN 4109-2, Gl. 20 u. 21 $R_{Ff} = 63$ dB[1]
Innenwand	biegeweiche Montagewand	Bbl. 1, Tab. 32, Zeile 4 $R_{L,w,R} = 76$ dB[1]	keine Angaben nach E DIN 4109:2013 $R_{Ff} = 78$ dB[1]
Decke	22 cm Stahlbeton	Bbl. 1, Tab. 25 $R_{L,w,R} = 65$ dB[1,2]	E DIN 4109-2, Gl. 20 u. 21 $R_{Ff} = 67$ dB[1,2]
Fußboden mit schwimmendem Estrich	schwimmender Estrich, dyn.Steifigkeit 20 MN/m³, 22 cm Stahlbeton	Bbl. 1, Tab. 29, Zeile 3 $R_{L,w,R} = 71$ dB[1]	E DIN 4109-2, Gl. 20 u. 21 $R_{Ff} = 73$ dB[1]
Energetische Summation		$R'_{w,R} = 58$ dB	$R'_w = 60,3$ dB
Vorhaltemaß/ Unsicherheit der Prognose		Vorhaltemaß in den Einzelwegen enthalten	nach E DIN 4109-2, Abschn. 5.3.3 $u_{prog} = 2$ dB
Rechenwert		$R'_{w,R} = 58$ dB	$R'_{w,R} = 58$ dB

[1] Berechnung gilt für eine Trennwandhöhe: 2,80 m und eine Trennwandlänge: 4,50 m; die Trennwandfläche ergibt sich damit zu 12,6 m², womit sich der Wert für $R_{L,w,R}$ um 10 · log (12,6/10) dB = 1 dB erhöht.

[2] Erweiterung nach *E. Sälzer* [47].

Ein vereinfachter Nachweis, wie in Bbl. 1:1989 vorhanden, fehlt leider in E DIN 4109:2013. Auch absolut auf der sicheren Seite liegende Konstruktionen müssen mühselig und mit unsinnigen Korrekturen nachgewiesen werden.

6.2.3.2 Luftschalldämmung im Massivbau, schwere Massivbauteile

Im Massivbau sind die Flankendämmmaße R_{Df} und R_{Fd} nicht vernachlässigbar. Bbl. 1:1989 hat unter Ansatz einer mittleren flächenbezogenen Masse der flankierenden Bauteile ein tabellengestütztes und gut überschaubares Rechenverfahren angegeben. Einige Besonderheiten, z. B. schalldämmende Innenverkleidungen nur auf der Senderaumseite, werden nicht korrekt abgebildet. Tabelle 6-2 zeigt das Rechenverfahren im Massivbau für eine Wohnungstrennwand; dabei wird – mit ausreichender Genauigkeit – darauf verzichtet, die genaue Trennwandfläche und die Kantenlängen der flankierenden Bauteile anzugeben.

Tabelle 6-2 Berechnung der Schalldämmung einer massiven Wohnungstrennwand nach Bbl. 1:1989

Übertragungsweg	Konstruktion	DIN 4109:1989
Trennwand	24 cm Massivwand KSPE, Rohdichte 2.000 kg/m²	Bbl. 1, Tab. 1 $\mathbf{R'_{w,R} = 55\ dB}$
Massenkorrektur der Flankenbauteile $K_{L,1}$	mittlere flächenbez. Masse der flankierenden Bauteile m'_{Fl} = 300 kg/m²	Bbl. 1, Tab. 13 $\mathbf{K_{L,1} = 0\ dB}$
Korrektur für biegeweiche Flanken $K_{L,2}$	1 biegeweiche Flanke, bei einschaligen Trennbauteilen ist jedoch stets $K_{L,2}$ = 0 dB	Bbl. 1, Tab. 13 $\mathbf{K_{L,2} = 0\ dB}$
Rechenwert		$\mathbf{R'_{w,R} = 55\ dB}$

E DIN 4109:2013 verwendet nun streng mathematisch die energetische Summation von 13 Schallübertragungswegen. Für die Ermittlung der Flankenwege sind dafür sehr umfangreiche Ausgangsdaten erforderlich.

Die Berechnung eines Flankenschalldämmmaßes bedarf eines komplexen Rechenprogramms, praktisch ein kommerzielles EDV-Programm (eine Excel-Programmierung ist im Prinzip möglich, allerdings relativ aufwändig, wie die Autoren aus eigener Erfahrung wissen). Die kontrollierte Bedienung dieses Programms erfordert Übung; der gesamte Rechengang ist anfällig für fehlerhafte Eingaben. Ein Ablesen der Schall-Längsdämmmaße aus Bemessungstabellen ist nach dem neuen Verfahren nicht möglich.

Die „guten alten" Bemessungstabellen nach Bbl. 1:1989 kann man während der Planung ablesen und direkt für die Planung einsetzten; Eingabe-/Ablesefehler sind dabei praktisch ausgeschlossen. Alleine aus diesem Grund ist das neue rein rechnergestützt anwendbare Prognoseverfahren zu kritisieren.

Tabelle 6-3 Eingangsparameter für die Berechnung der Schalldämmung einer massiven Wohnungstrennwand mit schweren flankierenden Massivbauteilen nach E DIN 4109:2013

trennendes Bauteil und Flanken	Konstruktion	Fläche in m²/ Flächenmasse in kg/m² [1,2]	Stein- art [3]	Stoß- art [4]	Verbesserung Senderaum in dB [5]	Verbesserung Empfangsraum in dB [5]	Kantenlänge zu trennendem Bauteil in m [6]	gemess. R_w/ bei Stoßart 6 $D_{n,f,w}$ in dB [7]
	trennendes Bauteil, Fläche	12,6	/	/	/	/	/	–
trennendes Bauteil	Trennwand: – 1 cm Putz – 24 cm KSPE, Rohdichte 2,0 kg/dm³ – 1 cm Putz	552	KS	/	0	0	0	–
Flanke 1 Boden	Fußboden: – 7 cm Zementestrich, m' = 120 kg/m² – 0,2 mm Trennlage – 3 cm Trittschalldämmplatte, dyn. Steifigkeit ≤ 20 MN/m³ – 22 cm Stahlbeton-Rohdecke	528	Beton	T	7	7	4,50	–
Flanke 2 Decke	Decke – 22 cm Stahlbeton-Rohdecke	528	Beton	X	0	0	4,50	–
Flanke 3 Seitenwand	Fassade: – 1 cm Putz (Innen) – 17,5 cm KSPE, Rohd. 2,0 kg/dm³ – WDVS (außen)	340	KS	T	0	0	2,80	–
Flanke 4 Seitenwand	Innenwand: – Montagewand CW 50/100	20	biege	L	0	0	2,80	76

[1] Trennwandfläche
[2] flächenbezogene Masse der Rohbaukonstruktion bzw. der Massivbauteile
[3] Beton: Beton; KS: Kalksandstein; Hlz: Hlz.-Mauerwerk; Porenb.: Porenbeton; Leichtb: Leichtbeton; biege: biegeweiche Konstruktion
[4] T: starrer T-Stoß; X: starrer Kreuzstoß; L: biegeweiche Konstruktion an Massivwand
[5] Verbesserung der Schalldämmung durch eine schalldämmende Vorsatzschale, eine abgehängte Unterdecke oder einen schwimmenden Estrich ΔR_w
[6] Kantenlänge zwischen trennendem Bauteil und flankierendem Bauteil
[7] bewertetes in-situ-Schalldämmmaß $R_{w,situ}$ bei leichten Massivwänden; $D_{n,f,w}$-Wert für flankierende Skelettbauteile

6.2 Luftschalldämmung

Tabelle 6-4 Berechnung der Schalldämmung einer massiven Wohnungstrennwand mit schweren flankierenden Massivbauteilen nach E DIN 4109:2013

Übertragungsweg	Konstruktion	R_w in dB	R_w in dB
Trennwand, Weg Dd	24 cm Massivwand KSPE, Rohdichte 2.000 kg/m²	60,5[1]	$R_{Dd,w}$ = 60,5[1]
Boden, Weg Df1	schwimmender Estrich, dyn. Steifigkeit 20 MN/m³, 22 cm Stahlbeton	78,4[3]	
Boden, Weg Fd1		78,4[3]	R_{Lw1} = 74,9[3]
Boden, Weg Ff1		84,8[2]	
Decke, Weg Df2	22 cm Stahlbeton	71,4[2]	
Decke, Weg Fd2		71,4[2]	R_{Lw2} = 67,4[3]
Decke, Weg Ff2		74,3[2]	
Fassade, Weg Df3	Massivwand 17,5 cm KSPE, Rohdichte 2.0, flächenbez. Masse der flankierenden Bauteile m = 340 kg/m² (außenseitig WDVS)	69,7[2]	
Fassade, Weg Fd3		69,7[2]	R_{Lw3} = 65,2[3]
Fassade, Weg Ff3		70,5[2]	
Innenwand, Weg Df4	Montagewand, biegeweich	–	
Innenwand, Weg Fd4		–	R_{Lw4} = 76,0[3]
Innenwand, Weg Ff4		76,0[2]	
R'_w in dB		58,4	58,4
u_{prog} in dB		2	2
$R'_{w,R}$ in dB		**56,4**	**56,4**

[1] Ermittlung nach Abschn. 6.2.3.1
[2] Ermittlung nach Abschn. 6.2.3.2
[3] Energetische Summation über die 3 Schallübertragungswege Df, Fd und Ff

Fasst man R_{Ff}, R_{Df} und R_{Fd} zu einem Flankenschalldämmmaß $R_{L,w}$ zusammen, erleichtert man sich die gedankliche Betrachtung (fünf Schallübertragungswege kann man überblicken, bei 13 Schallübertragungswegen wird es unübersichtlich).

6.2.3.3 Luftschalldämmung mit leichten Massivfassaden

Beiblatt 1 zu DIN 4109, Ausgabe 1989 [22]

Mauerwerk aus Ziegel- oder mineralischen Leichtbausteinen wurde in den letzten 30 Jahren in Bezug auf deren Wärmedämmung kontinuierlich verbessert:
– wärmetechnische Optimierung der Lochungsgeometrie
– Einsatz von Mineralfaser- und Perlitedämmung der Kammern im Mauerwerk

Mittlerweile werden Wärmeleitfähigkeiten von $\lambda = 0{,}070$ W/(mK) erreicht und Rohdichteklassen bis hinunter zu 0,55 (kg/dm^3) eingesetzt.

Ein Massiv-Baustoff im Sinne von Bbl. 1 zu DIN 4109 liegt hier nicht mehr vor; weiterhin handelt es sich um einen inhomogenen Baustoff.

Bereits in Bbl. 1 zu DIN 4109, Abs. 3.1 wird darauf hingewiesen, dass durch leichtes Mauerwerk, Rohdichteklasse $\leq 0{,}8$, bei gleichzeitig ungünstigem Lochbild die flankierende Schalldämmung beeinträchtigt ist. Damit ist es seit 1989 nicht möglich, entsprechende Schallschutznachweise für solches Mauerwerk ohne messtechnische Labornachweise (Eignungsprüfungen) zu führen.

Leichte Massivfassaden nach E DIN 4109:2013 [1, 2]
Nach E DIN 4109:2013 kann nun die rechnerische Ermittlung analog zu schweren Massivbaukonstruktionen erfolgen, wobei einige Sonderregelungen zu beachten sind.

An der entscheidenden Stelle, der Schall-Längsdämmung über das Leichtmauerwerk ist das Rechenverfahren sehr unpräzise. Tabelle 6-5 zeigt die erforderlichen Eingaben. Zusätzlich zu den Angaben für schwere Massivbauteile wird für die leichte Massivfassade das bewertete in-situ-Schalldämmmaß $R_{w,situ}$ benötigt.

Die mit den Eingangsdaten nach Tabelle 6-5 durchzuführende Bemessungsberechnung zeigt Bild 6-6 beispielhaft.

Alleine schon die Variation der Putzdicke und die damit auftretende Änderung der flächenbezogenen Masse und der zu erwartenden Änderung des bewerteten in-situ-Schalldämmmaßes führt zu Änderungen in der Größenordnung von 1 dB.

Das Rechenverfahren selbst ist viel zu kompliziert, fragt eine Vielzahl von wenig relevanten Parametern ab und ist an der entscheidenden Stelle der Stoßstellenausbildung unpräzise. In der Praxis seit Jahrzehnten übliche Anschlüsse der Wohnungstrennwand an die Leichtmauerwerk-Fassade, z. B. die „durchgesteckte" Wohnungstrennwand, der Anschluss an eine außen gedämmte Betonscheibe etc., fehlen und können nicht nachgewiesen werden.

Das Berechnungsverfahren für leichte Massivfassaden ist kompliziert und dennoch unpräzise, da der entscheidende Parameter, die Stoßstellenausbildung nur pauschal berücksichtigt wird. Es ist zu fordern, dass die Hersteller leichter Massivfassaden einen Wert $R_{L,w}$ (energetische Summe der drei Wege Df, Fd und Ff) angeben und Verantwortung für die Schall-Längsdämmung für diese Konstruktionen übernehmen.

Von den Herstellern leichter Massivfassaden sollte direkt der $R_{L,w}$-Wert benannt werden, der sich für die energetische Summe der drei Flankenwege Df, Fd und Ff ergibt. Damit übernimmt der Hersteller die Verantwortung für den dieser $R_{L,w}$-Wert gilt in Abhängigkeit von

– der Qualität und Stoßstelleneinbindung mit dem trennenden Bauteil,
– Qualität der Wohnungstrennwand (Standdardausführung mit $m' = 430$ kg/m^2 bzw. Trennwand für den erhöhten Schallschutz mit z. B. $m' = 500$ kg/m^2).

6.2 Luftschalldämmung

Tabelle 6-5 Eingangsparameter für die Berechnung der Schalldämmung einer massiven Wohnungstrennwand mit leichter Massivfassade nach E DIN 4109:2013; Eingabe des bewerten in-Situ-Schalldämmaßes $R_{w,situ}$ durch Fettdruck gekennzeichnet.

trennendes Bauteil und Flanken	Konstruktion	Fläche in m²/ Flächenmasse in kg/m² [1), 2)]	Stein-art[3)]	Stoß-art[4)]	Verbesserung Senderaum in dB[5)]	Verbesserung Empfangsraum in dB[5)]	Kantenlänge zu trennendem Bauteil in m[6)]	gemess. R_w/ bei Stoßart 6 $D_{n,f,w}$ in dB[7)]
trennendes Bauteil	trennendes Bauteil, Fläche	12,6	/	/	/	/	/	–
trennendes Bauteil	Trennwand: – 1 cm Putz – 24 cm KSPE, Rohdichte 2,0 kg/dm³ – 1 cm Putz	552	KS	/	0	0	0	–
Flanke 1 Boden	Fußboden: – 7 cm Zementestrich, m' = 120 kg/m² – 0,2 mm Trennlage – 3 cm Trittschalldämmplatte, dyn. Steifigkeit ≤ 20MN/m³ – 22 cm Stahlbeton-Rohdecke	528	Beton	T	7	7	4,50	–
Flanke 2 Decke	Decke – 22 cm Stahlbeton-Rohdecke	528	Beton	X	0	0	4,50	–
Flanke 3 Seitenwand	Fassade: – 1 cm Putz (Innen) – 425 cm Hlz-Mauerwerk – 2 cm Außenputz	**328**	KS	T	0	0	2,80	**49**
Flanke 4 Seitenwand	Innenwand: – Montagewand CW 50/100	20	biege	L	0	0	2,80	76

[1)] Trennwandfläche
[2)] flächenbezogene Masse der Rohbaukonstruktion bzw. der Massivbauteile
[3)] Beton: Beton; KS: Kalksandstein; Hlz: Hlz-Mauerwerk; Porenb.: Porenbeton; Leichtb: Leichtbeton; biege: biegeweiche Konstruktion
[4)] T: starrer T-Stoß; X: starrer Kreuzstoß; L: biegeweiche Konstruktion an Massivwand
[5)] Verbesserung der Schalldämmung durch eine schalldämmende Vorsatzschale, eine abgehängte Unterdecke oder einen schwimmenden Estrich ΔR_w
[6)] Kantenlänge zwischen trennendem Bauteil und flankierendem Bauteil
[7)] bewertetes in-situ-Schalldämmmaß $R_{w,situ}$ bei leichten Massivwänden; $D_{n,f,w}$–Wert für flankierende Skelettbauteile

Tabelle 6-6 Berechnung der Schalldämmung im Massivbau mit leichter Massivfassade nach E DIN 4109:2013

Übertragungsweg	Konstruktion	R_w in dB	R_w in dB
Trennwand, Weg Dd	24 cm Massivwand KSPE, Rohdichte 2.000 kg/m²	60,5[1]	$R_{w,D} = 60,5$[1]
Boden, Weg Df1	schwimmender Estrich, dyn. Steifigkeit 20 MN/m³, 22 cm Stahlbeton	78,4[2]	
Boden, Weg Fd1		78,4[2]	$R_{Lw1} = 74,9$[3]
Boden, Weg Ff1		84,8[2]	
Decke, Weg Df2	22 cm Stahlbeton	71,4[2]	
Decke, Weg Fd2		71,4[2]	$R_{Lw2} = 67,4$[3]
Decke, Weg Ff2		74,3[2]	
Fassade, Weg Df3	Leichte „Massiv"-Fassade, beidseitig verputzt, flächenbez. Masse m' = 328 kg/m², $R_{w,situ} = 48,4$ dB[*]	65,7[2]	
Fassade, Weg Fd3		65,7[2]	$R_{Lw3} = 59,7$[3), **]
Fassade, Weg Ff3		62,7[2]	
Innenwand, Weg Df4	Montagewand, biegeweich	–	
Innenwand, Weg Fd4		–	$R_{Lw4} = 76,0$[3]
Innenwand, Weg Ff4		76,0[2]	
	R'_w in dB	56,6	56,6
	u_{prog} in dB	2	2
	$R'_{w,R}$ in dB	**54,6**	**54,6**[**]

[1] Ermittlung nach Abschn. 6.2.3.1
[2] Ermittlung nach Abschn. 6.2.3.2
[3] Energetische Summation über die drei Schallübertragungswege Df, Fd und Ff
[*] Poroton S9-425, beidseitig verputzt: flächenbez. Masse: m' = 287 kg/m², $R_{w,situ} = 49,2$ dB [32]
[**] Mit dem gleichen Mauerwerk, nur in 365 mm Dicke anstelle 425 mm Dicke ergibt sich eine bessere Schalldämmung.
Poroton S9-425, beidseitig verputzt: flächenbez. Masse: m' = 287 kg/m², $R_{w,situ} = 49,2$ dB: Dann errechnet sich: $R_{Lw3} = 61,1$ dB sowie $R'_{w,R} = 55,2$ dB

Leichte flankierende Massivfassade und Montagewand als Wohnungstrennwand oder Holzbalkendecke als Trenndecke

Im Falle einer GKB-Wand als Wohnungstrennwand ergeben sich ungünstigere Bedingungen der Schall-Längsdämmung – dieser Fall ist in E DIN 4109:2013 noch gar nicht berücksichtigt. Er erfordert Messungen der Norm-Flankenpegeldifferenz für die flankierende leichte Massivfassade (siehe Bild 6-4), wobei die Trennwand als Montagewand auszuführen ist.

Das Gleiche gilt für Konstruktionen mit Holzbalkendecken in Verbindung mit leichten Massivfassaden.

6.2.3.4 Zweischalige Massivwände

Für zweischalige Massivwände wird ein qualifizierter 2-Schaligkeitszuschlag nach einer Idee von *Maack* und *Sälzer* [101] verwendet. Damit können Berechnungen zur Schalldämmung auch für die Bereiche mit unvollständiger Trennung, z. B. nichtunterkellerte Reihenhäuser bzw. Reihenhäuser mit gemeinsamer Weißer Wanne geführt werden. Das Verfahren E DIN 4109:2013 ist allerdings leider unübersichtlicher geworden.

6.3 Trittschalldämmung

6.3.1 Trittschalldämmung im Massivbau

In Bbl.1:1989 war die Trittschallübertragung über die flankierenden Bauteile nur pauschal berücksichtigt. Dadurch ergab sich in Einzelfällen (bei schweren Trenndecken mit leichten Massiv-Flanken) eine Unterschätzung der Trittschalldämmung. Die trittschalldämmende Wirkung von abgehängten Unterdecken konnte dagegen nicht nach Bbl.1:1989 nicht angemessen gewürdigt werden.

E DIN 4109:2013 berücksichtigt nun einen Korrekturwert für die massiven Flankenbauteile K, wodurch die o. a. Problematiken beseitigt werden. Daher ist das neue Prognoseverfahren zur Trittschalldämmung im Massivbau sehr zu begrüßen.

In Tabelle 6-7 ist ein Berechnungsbeispiel für eine Wohnungstrenndecke nach Bbl.1, DIN 4109:1989 und E DIN 4109:2013 gezeigt.

Der Nachweis der Trittschalldämmung von einer erdberührenden Sohlplatte im UG zu einem darüberliegenden schutzbedürftigen Raum ist nach Bbl.1:1989, Tab. 36, Zeile 6 möglich. Es ergibt sich auch ohne trittschallmindernden Fußbodenaufbau ein Rechenwert von $L'_{n,w,R} = 50$ dB. In E DIN 4109-2:2013, Tab. 5 ist diese Schallübertragungssituation leider nicht mehr berücksichtigt; für die baurechtlichen Nachweise wird die Angabe eines solchen Wertes allerdings benötigt.

Tabelle 6-7 Berechnung der Trittschalldämmung im Massivbau

	Konstruktion	DIN 4109: 1989	E DIN 4109: 2013
Rohdecke	20 cm Stb	$m' = 460$ kg/m², Bbl. 1,Tab. 16: $L_{n,w,eq,R} = 71$ dB	$m' = 480$ kg/m², E DIN 4109-32 Gl. 16 $L_{n,w,eq} = 70{,}2$ dB
Flankenübertragung	Mittlere flächenbez. Masse der flankierenden Bauteile $m'_{Fl} = 300$ kg/m²	wird nicht betrachtet, 0 dB	E DIN 4109-2, Gl. 20 u. 21 $K = 1{,}7$ dB
Fußboden	schwimmender Estrich, flächenbez. Masse $m' = 120$ kg/m²; dyn. Steifigkeit der Trittschalldämmschicht 20 MN/m³	Bbl. 1,Tab. 17: $\Delta L_{w,R} = 28$ dB	nach E DIN 4109-34, Kap. 4.5.4, Bild 1, $\Delta L_w = 29$ dB
Vorhaltemaß/ Unsicherheit der Prognose	Verlegeuntergrund des schwimmenden Estrichs mit Einbauten	2 dB	nach E DIN 4109-2, Kap. 5.3.3 $u_{prog} = 5$ dB
Rechenwert		$L'_{n,w,R} = 45$ dB[1]	$L'_{n,w,R} = 48$ dB[2]

[1] Rechenverfahren nach Bbl. 1: $L'_{n,w,R} = L_{n,w,eq,R} - \Delta L_{w,R} + 2$ dB
[2] Rechenverfahren nach E DIN 4109:2013: $L'_{n,w,R} = L_{n,w,eq,R} - \Delta L_{w,R} + K + u_{prog}$, aufgerundet

6.3.2 Trittschalldämmung im Holzbau

6.3.2.1 Trittschalldämmung von Holzdecken mit flankierenden Holzwänden

Nach Bbl.1:1989 existierte kein Rechenverfahren für die Trittschalldämmung von Holzbalkendecken. Es waren allerdings einzelne Konstruktionen angegeben, mit denen die Einhaltung des Mindestschallschutzes erf. $L'_{n,w} \leq 53$ dB möglich ist. Faktisch musste man die Nachweise unter Berufung auf die Veröffentlichungen des Infodienstes Holz [66] führen.

Das im PTB-Bericht [71] veröffentlichte Berechnungsverfahren zur Trittschalldämmung von Holzdecken wurde – praktisch unverändert bzw. mit der Benennung von Sicherheitszuschlägen – in E DIN 4109:2013 übernommen. Dieses Rechenverfahren berücksichtigt die Beiträge der Flankenübertragung nur sehr unpräzise und grob. Als Folge kann man auch mit sehr hochwertigen Holzbalkendecken nach E DIN 4109-33 [7], Tabelle 20, mit $L_{n,w} = 36$ dB die baurechtlichen Mindestanforderungen (zukünftig zul. $L'_{n,w} \leq 50$ dB) nur äußert knapp nachweisen. In Tabelle 6-8 ist ein Berechnungsbeispiel gezeigt.

Die erreichbare Trittschalldämmung liegt im Wesentlichen an der bauakustischen Qualität der Flankenausbildung. Verwendet man eine Holzbalkendecke mit

6.3 Trittschalldämmung

Tabelle 6-8 Berechnung der Schalldämmung im Holzbau nach E DIN 4109:2013

	Konstruktion	E DIN 4109:2013
Holzbalkendecke	Holzbalkendecke mit schwimmendem Estrich auf Mineralfaser-Trittschalldämmplatte, dyn. Steifigkeit ≤ 10 MN/m³ und an Federbügel entkoppelte 12,5 mm Gipsbauplatten	E DIN 4109-33, Tab. 20, Zeile 3 $L_{n,w} = 36$ dB
Schallnebenweg K_1 für Weg Df	flankierenden Bauteile in Holzbauart mit Holzwerkstoffplatte und GKB Bauplatte	E DIN 4109-2, Tab. 6 $K_1 = 3$ dB
Schallnebenweg K_2 für Weg DFf	Holzbalkendecke mit Zementestrich auf Mineralfaser-Trittschalldämmplatte, $L_{n,w} + K_1 = 39$ dB	E DIN 4109-2, Tab. 7 $K_1 = 4$ dB
Vorhaltemaß/ Unsicherheit der Prognose	Verlegeuntergrund des schwimmenden Estrichs mit Einbauten	nach E DIN 4109-2, Kap. 5.3.3 $u_{prog} = 6$ dB
Rechenwert		$L'_{n,w,R} = 49$ dB[2)]

[1)] Rechenverfahren nach E DIN 4109:2013: $L'_{n,w,R} = L_{n,w} + K_1 + K_2 + u_{prog}$.

E DIN 4109-33, Tab. 20, Zeile 1 mit $L_{n,w} = 30$ dB, so erhöht sich nach E DIN 4109-2, Tabelle 7 K2 auf 10 dB und das Gesamtergebnis ist gleich! Offensichtlich liegt bei den Baukonstruktionen der flankierenden Bauteile ein Optimierungspotential, dass durch das hier vorliegende Rechenverfahren leider noch nicht abgebildet ist. Der Nachweis einer erhöhten Trittschalldämmung erf. $L'_{n,w} \leq 46$ dB ist mit diesem Rechenverfahren leider nicht möglich!

6.3.2.2 Trittschalldämmung von Holzdecken mit flankierenden Massivwänden

Im Herbst 2013 wurde in [121] ein praktikables Nachweisverfahren für die Trittschalldämmung von Holzdecken mit flankierenden Massivwänden veröffentlicht. In E DIN 4109:2013 ist dieses Rechenverfahren leider noch nicht mit aufgeführt. Die Autoren gehen davon aus, dass dieses neue Rechenverfahren ins baurechtliche Rechenverfahren DIN 4109 mit aufgenommen werden wird.

6.3.3 Trittschalldämmung zwischen Gebäuden mit zweischaliger massiver Haustrennwand (Doppel- und Reihenhäuser)

Im Fall von nichtunterkellerten Reihenhäusern mit gemeinsamem Fundament ist für die Schallübertragung

- Pos. Normhammerwerk:Rohdecke 1.OG
- Empfangsraum:Wohnraum EG im benachbarten Reihenhaus (diagonal unter dem Senderaum)

die geometrische Verbesserung der Trittschalldämmung $K_T < 15$ dB.

Der Wert $K_T = 15$ dB ist nur für die Trittschallübertragungssituation ausschließlich über die zweischalige Haustrennwand ohne Einfluss einer unvollständigen Trennung im Fundament anzuwenden.

6.3.4 Trittschalldämmung von Treppen

Im Herbst 2013 wurde in [12] ein neues Messverfahren für die Trittschalldämmung von Treppen veröffentlicht; eine ergänzende Veröffentlichung für ein neues Nachweisverfahren ist angekündigt, steht aber noch aus. Die Autoren gehen davon aus, dass dieses neue Rechenverfahren ins baurechtliche Rechenverfahren DIN 4109 mit aufgenommen werden wird.

Die in E DIN 4109-32:2013, Tabelle 6 angegebenen Werte sind z. T. niedriger als nach Bbl.1:1989, Tab. 20. In der Baupraxis werden deutlich höhere Werte gemessen, siehe [67].

6.4 Schallschutz gegen Außenlärm

6.4.1 Allgemeines

Wie bereits ausgeführt, ist auch in der neuen DIN 4109 die Ermittlung der erforderlichen Maßnahmen, die im Prinzip seit den ersten ergänzenden Bestimmungen zur DIN 4109 zum Schallschutz gegenüber Außenlärm [18] unverändert übernommen worden. Nachfolgend wird schrittweise das Verfahren nach der Norm beschrieben.

6.4.2 Ermittlungen des maßgeblichen Außenlärmpegels

Für die Bemessung der (passiven) Maßnahmen zum Schallschutz gegenüber Außenlärm, insbesondere der Anforderungen an die Luftschalldämmung von Außenbauteilen, ist zunächst der „maßgebliche Außenlärmpegel" zu ermitteln. Dieser kann rechnerisch nach DIN 4109-2 [2] oder messtechnisch erfolgen. Die *rechnerische Ermittlung* entspricht dem seit Jahrzehnten gebräuchlichen Verfahren, welches praktisch unverändert seit den ergänzenden Bestimmungen zum Schallschutz gegenüber Außenlärm von 1975 fortgeschrieben wurde und sich großer fachlicher Akzeptanz sowohl wegen der einfachen, praxisgerechten Durchführung als auch wegen der praktischen Ergebnisse erfreut. Neu ist, dass nunmehr auch der Nachtfall Bemessungsfall sein kann, was fachlich unabdingbar war.

Zunächst sind die Verkehrsmengen der auf die zu beurteilende Fassade einwirkenden Verkehrswege zu ermitteln. Hieraus sind nach der alten DIN 4109 [21] Absatz 3.5 die „maßgeblichen Außenlärmpegel" zu ermitteln, da die erforderliche Norm in der neuen Reihe noch nicht vorliegt (!).

Die *messtechnischen Ermittlungen* sind nach den Maßgaben der DIN 4109-4 [3], Anhang C durchzuführen. Die wesentlichsten Randbedingungen für derartige Messungen sind in Abhängigkeit von der Art der Geräuschquelle in Tabelle C.1 der DIN 4109-4 zusammengefasst. Die weiteren Hinweise zu Straßenverkehr, Schienenverkehr, Wasserverkehr und Luftverkehr sowie zu Messzeitpunkten und Messdauer des Anhangs C sind zu beachten. Unbefriedigend ist allerdings, dass kein Hinweis auf die Qualifikation der zu prüfenden Personen oder Institutionen in der Norm enthalten ist. Bedauerlicherweise werden regelmäßig fehlerhafte Messungen durch Firmen, Industrieverbände, Hochschulen, oder Sachverständige mit unzureichender Qualifikation durchgeführt, die zu erheblichen Fehlbeurteilungen führen können. Es wird deshalb an dieser Stelle empfohlen, für derartige Messungen ausschließlich zertifizierte Prüfstellen im Verzeichnis des VMPA (siehe Anhang dieses Buches) zu wählen.

6.4.3 Ermittlung des erforderlichen resultierenden Schalldämmmaßes $R'_{w,ges}$

Aus dem maßgeblichen Außenlärmpegel wird anschließend für die Außenbauteile von Aufenthaltsräumen tabellarisch nach Tabelle 6-9 das erforderliche, bewertete resultierende Schalldämmmaß erf. $R'_{w,ges}$ des Außenbauteils ermittelt. DIN 4109-1 führt hier aus, dass bei Wohnungen Küchen und Bäder von der Ermittlung auszuschließen sind. Hier muss darauf hingewiesen werden, dass nach der vorherrschenden Rechtsprechung Küchen, in denen eine Essgruppe vorhanden ist, ebenso als Aufenthalts-

Tabelle 6-9 Anforderungen an die Luftschalldämmung von Außenbauteilen nach Tabelle 7, DIN 4109-1 [1]

Lärmpegel-bereich	„Maßgeblicher Außenlärmpegel" dB(A)	Raumarten		
		Bettenräume in Krankenanstalten und Sanatorien	Aufenthaltsräume in Wohnungen, Übernachtungsräume in Beherbergungsstätten, Unterrichtsräume und ähnliches	Büroräume und ähnliches
	dB(A)	erf. $R'_{w,res}$ des Außenbauteils in dB		
I	bis 55	35	30	–
II	56 bis 60	35	30	30
III	61 bis 65	40	35	30
IV	66 bis 70	45	40	35
V	71 bis 75	50	45	40
VI	76 bis 80	b)	50	45
VII	> 80	b)	b)	50

[a] An Außenbauteile von Räumen, bei denen der eindringende Außenlärm aufgrund der in den Räumen ausgeübten Tätigkeiten nur einen untergeordneten Beitrag zum Innenraumpegel leistet, werden keine Anforderungen gestellt.

[b] Die Anforderungen sind hier aufgrund der örtlichen Gegebenheiten festzulegen.

räume eingestuft werden, wie Bäder, in denen eine Ruhegelegenheit, z. B. in Verbindung mit einem Solarium oder einem Fitness-Gerät vorhanden sind. Diese ermittelnden Werte von erf. $R'_{w,ges}$ sind zu korrigieren, wenn das Verhältnis der Gesamtfläche des Außenbauteils eines Raums ($S_{(W+F)}$) zur Grundfläche des Raumes (S_G) von 0,8 abweicht. Hier sind die Korrekturwerte der Tabelle 6-10 anzuwenden.

Bei Eckräumen sind selbstverständlich beide Außenwandflächen einzusetzen, auch wenn in einer der Außenwände keine Fenster vorhanden sind. Bei Eckräumen unter Dächern kommt noch die Dachfläche hinzu!

Tabelle 6-10 Korrekturwerte für erf. $R'_{w,ges}$ in Abhängigkeit vom Verhältnis der Außenbauteilfläche zur Grundfläche nach Tabelle 8, DIN 4109-1 [1]

1	$S_{(W+F)}/S_G$	2,5	2,0	1,6	1,3	1,0	0,8	0,6	0,5	0,4
2	Korrektur	+5	+4	+3	+2	+1	0	−1	−2	−3

$S_{(W+F)}$ Gesamtfläche des Außenbauteils eines Aufenthaltsraumes in m²
S_G Grundfläche eines Aufenthaltsraumes in m²
ANMERKUNG: Die Korrekturwerte in Zeile 2 sind identisch mit der Formel $10 \cdot \lg(S_{W+F}/(0,8 \cdot S_G))$, aufgerundet auf ganze Zahlen.

6.4.4 Ermittlung der erforderlichen Schalldämmung der Einzelbauteile

Die bisherige DIN 4109 war praxisgerecht auf die Ermittlung des erforderlichen Schalldämmmaßes der Fenster ausgelegt. Hierzu war lediglich das Verhältnis der Flächen und die Kenntnis der vorgesehenen Außenwandkonstruktion/Dachkonstruktion erforderlich. Beides ist zum Zeitpunkt der Erstellung des Schallschutznachweises, im Regelfall auf der Basis der Bauantragsplanung, bekannt. Die neue Norm geht offensichtlich von der irrigen Vorstellung aus, dass zum Zeitpunkt der Erstellung des Nachweises das Schalldämmmaß des Fensters und die Konstruktion der Bauanschlussfuge detailliert bekannt sind, so dass der „rechnerische Nachweis" nach DIN 4109-2, Abs. 4.4.4 erfolgen kann. Insbesondere die Überbetonung des Fugeneinflusses ist nicht praxisgerecht. Sicherlich gibt es Fälle, wo unzureichend ausgebildete Fugen zu Mängeln geführt haben. Der Hinweis, wie Fugen ordnungsgemäß auszubilden sind, wie in der bisherigen DIN 4109, wäre jedoch besser gewesen. Die seit Jahren geforderte Berücksichtigung der Spektrumsanpassungswerte, z. B. $C_{tr\,50-5.000}$, ist ausgeblieben.

Auch die Berücksichtigung der flankierenden Bauteile ist praxisfremd und wird sicher in der jetzt vorgesehenen Form keinen Bestand haben.

Es ist deshalb abzuwarten, wie die endgültige DIN 4109 aussehen wird, bis dahin ist ohnehin das bisherige Verfahren anzuwenden.

6.5 Haustechnische Anlagen

Für verschiedene haustechnische Anlagen wird in E DIN 4109:2013 auf die Erfordernis von bauakustischen Betrachtungen/Berechnungen hingewiesen. Allerdings liegen solche Berechnungsverfahren vielfach nicht vor.

Vom Hersteller der haustechnischen Anlagen ist zu fordern, dass mit den vorgesehen baulichen Konstruktionen die Anforderungen an den einzuhaltenden Schalldruckpegel in den betroffenen schutzbedürftigen Räumen eingehalten werden. Zunehmend stellen sich die tieffrequenten Geräusche als kritisch heraus, sodass die Einhaltung von A-bewerteten Schalldruckpegel alleine - wie wiederum in E DIN 4109:2013 angegeben - nicht mehr als ausreichend erscheint.

6.6 Regelungen des Rechenverfahrens

6.6.1 Vorhaltemaß contra Prognosestreuung

Der Begriff des Vorhaltemaßes hat in Deutschland eine lange Tradition. Den Austausch gegen einen Wert u_{prog} halten die Autoren für überflüssig, zumal die Werte u_{prog} ähnlich gegriffen sind, wie der Wert des Vorhaltemaßes. Tabelle 6-11 gibt eine Zusammenfassung für die Prognosewerte und Vorhaltemaße.

6.6.2 Numerische Genauigkeit der Berechnung

Während die Berechnungen nach Bbl.1:1989 in 1-dB-Schritten erfolgten, wird nunmehr nach E DIN 4109:2013 die Berechnung mit einer Nachkommastelle durchgeführt. Es ist das nicht gerundete Ergebnis mit dem Anforderungswert zu vergleichen (wenn $L'_{n,w,R}$ = 50,1 dB, so ist der Anforderungswert von zul. $L'_{n,w}$ ≤ 50 dB nicht eingehalten).

6.6.3 Benennung von Rechen- und Anforderungswerten

E DIN 4109:2013 nennt die Anforderungswerte mit den „Präfixen"

– erf. R'_w für die Luftschalldämmung (z. B. erf. R'_w ≥ 54 dB) bzw.
– zul. $L'_{n,w}$ für die Trittschalldämmung (z. B. zul. $L'_{n,w}$ ≥ 50 dB).

Die Änderung „zul" für „erf" bei der Anforderung Trittschalldämmung ist sinnvoll.

Die Rechenergebnisse nach E DIN 4109:2013 werden

– für die Luftschalldämmung als $R'_w - u_{prog}$
– für die Trittschalldämmung als $L'_{n,w} + u_{prog}$

bezeichnet. Hier sollten weiter die altbekannten und bewährten Begriffe von Bbl.1:1989 des Rechenwertes $R'_{w,R}$ bzw. $L'_{n,w,R}$ verwendet werden.

Tabelle 6-11 Vorhaltemaß und Unsicherheit der Prognose u_{prog} nach E DIN 4109:2013 in den Berechnungsverfahren im Vergleich

	Vorhaltemaß DIN 4109:1989	u_{prog} E DIN 4109:2013	Vorschlag der Autoren
Luftschalldämmung Türen	5 dB	5 dB	5 dB
Luftschalldämmung Mobilwände	10 dB[1]	keine Angabe	10 dB
Luftschalldämmung von Wänden und Decken	2 dB	2 dB	2 dB
Trittschalldämmung von Massivdecken	2 dB	3 dB bzw. 5 dB[2]	3 dB
Trittschalldämmung von Holzbalkendecken	es existierte kein Prognoseverfahren	4 dB bzw. 6 dB[2]	5 dB
Luftschalldämmung zwischen Reihenhäusern	2 dB	2 dB	Für Schalldämmmaße $R'_w \geq 60$ dB: 3 dB Vorhaltemaß Für Schalldämmmaße $R'_w \geq 65$ dB: 4 dB Vorhaltemaß[3]

[1] Bbl. 1 nennt hier auch keinen Wert. Der Wert von 10 dB ist aus VDI 3728 [128] entnommen.

[2] Der höhere Wert gilt für „Verlegeuntergründe mit Einbauten"; eine Präzisierung dieses Begriffes ist erforderlich.

[3] Für Schalldämmmaße $R'_w \geq 60$ dB sind die Prognoseunsicherheiten größer.

6.6.4 Die Bedeutung von Bemessungstabellen

E DIN 4109:2013 führt die Bemessungstabellen für den Massivbau leider nicht weiter. Dabei sind gerade die Tabellen Bbl.1:1989, Tab. 1, Tab. 8, Tab. 12, Tab. 16 und Tab. 20 von nicht zu unterschätzender Bedeutung für die tägliche Arbeit im Ingenieurbüro. Diese Tabellen sollten erhalten bzw. in Konformität mit der neuen DIN 4109 überarbeitet werden.

6.6.5 Kritik an dem neuen Rechenverfahren

Das Rechenverfahren ist – insbesondere für die Luftschalldämmung – mit einer unglaublichen und für die Baupraxis sehr schädlichen Verkomplizierung verbunden.

E DIN 4109:2013 hat in seiner jetzigen Fassung die folgenden Nachbesserungserfordernisse:

- Das Rechenverfahren ist total unübersichtlich und mit Nebensächlichkeiten überfrachtet. Die ca. 15.000 Nachweisberechtigten in Deutschland werden mit diesem unübersichtlichen Verfahren viele Berechnungs- und Beratungsfehler begehen. Entsprechend müssen die Eingangsparameter vereinfacht werden.
- Viele für die tägliche Beratungstätigkeit essentielle Bemessungstabellen des alten Bbl.1:1989 entfallen. Entsprechend ist eine Wiederaufnahme wichtiger Tabellen aus Bbl. 1 zu fordern.
- Das Berechnungsverfahren für leichte Massivfassaden ist kompliziert und dennoch unpräzise, da der entscheidende Parameter, die Stoßstellenausbildung, nur pauschal berücksichtigt wird. Es ist zu fordern, dass die Hersteller leichter Massivfassaden einen Wert $R_{L,w}$ (energetische Summe der drei Wege Df, Fd und Ff) angeben und Verantwortung für die Schall-Längsdämmung für diese Konstruktionen übernehmen.
- Es fehlt ein vereinfachtes Berechnungsverfahren für den Skelettbau und nun auch für den Massivbau (Weg R_{Dd} und die vier Wege R_{Lw1} bis R_{Lw4} alle um 7 dB höher als erf. R'_w).
- Weitere Mängel wie oben erwähnt.

Das neue Rechenverfahren E DIN 4109:2013 hat Vorteile bei der Trittschalldämmung und erhöht die Betrachtungsvielfalt bei Sonderfällen des Massivbaus, nicht jedoch bei der Masse der Standardnachweise.

6.7 Nachweis nach VDI 4100

6.7.1 Nachweis nach der neuen DIN 4109 [1]

Eine irgendwie geartete Verpflichtung, den Nachweis mit den Rechenmethoden der neuen DIN 4109 zu führen, besteht nicht, da diese ausschließlich für den bauaufsichtlich vorgeschriebenen Nachweis der in DIN 4109 gestellten Anforderungen heranzuziehen sind. Es ist deshalb zu empfehlen, die Nachweise der zivilrechtlich zu vereinbarenden Anforderungen nach der Methodik der alten DIN 4109 Beiblatt 1 [22] zu führen. Ferner wird empfohlen, zunächst den Nachweis mit bauteilbezogenen Größen (mit kleinen Reserven) zu führen, um ausschreibungsreife Planungsgrundlagen zu schaffen. Nach Abschluss der Ausführungsplanung können dann die nachhallbezogenen Größen ermittelt werden.

6.7.2 Nachweis nach der Methodik der DIN 4109 Beiblatt 1 [22]

6.7.2.1 Schallschutzstufe SSt II

Für die Wohnungstrennwände gelingt der Nachweis nach Beiblatt 1 zu DIN 4109 [22]. Tabelle 6-12 zeigt den Nachweis für eine Wand mit einer flächenbezogenen Masse von 575 kg/m², entsprechend 25 cm Stahlbeton. Für diese Wände fallen maßvolle Zusatzkosten gegenüber Standard-Wohnungstrennwänden an; diese Betrachtung gilt allerdings nur für größere Wohnräume. Vorsicht ist bei der Anwendung der VDI 4100:2012 auf kleine Wohnräume geboten – hier ergeben sich je nach Raumgeometrie u. U. höhere Anforderungen, die weitere Zusatzmaßnahmen erforderlich machen.

6.7.2.2 Beispiel für ein Mehrparteienwohnhaus mit SSt III

In Tabelle 6-13 sind Beispielkonstruktionen für ein Mehrparteienwohnhaus mit SSt III aufgeführt. Bedingt durch die erhöhten flächenbezogenen Massen der Wohnungstrenndecken und -wände und dem Einsatz einer biegeweichen Vorsatzschale an den Wohnungstrennwänden ergeben sich Zusatzkosten.

Tabelle 6-12 Beispiel-Konstruktionen für ein Mehrparteien-Wohnhaus für VDI 4100, mit erhöhtem Schallschutz SSt II, Nachweis nach Beiblatt 1 zu DIN 4109 [22]

Baukonstruktionen	
Geschossdecke	Massiv-Rohdecke mit $m' \geq 500$ kg/m² (entspr. 22 cm Stb.) mit schwimmendem Estrich, $\Delta L_{w,R} = 30$ dB
Wohnungstrennwände	Massivwände mit $m' \geq 575$ kg/m² (z. B. 25 cm Stb.)
Sonstige Massivwände, Massiv-Außenwände	Massivwände mit $m' \geq 300$ kg/m²
Leichte Innenwände	Montagewände

Nachweise nach Bbl. 1 zu DIN 4109 [10]		
Luftschalldämmung Wohnungstrennwand:	Massivwand, Tab. 1, Zeile 24:	$R'_{w,R} = 57$ dB[1]
Luftschalldämmung Wohnungstrenndecke:	Tab. 12, Zeile 1, Spalte 3 Tab. 15, Zeile 1	$R'_{w,R} = 59$ dB $K_{L,2} = +1$ dB
		$R'_{w,R} = 60$ dB
Trittschalldämmung Wohnungstrenndecke:	Rohdecke Tab. 16, Zeile 8/9: schw. Estrich, Tab. 17 Vorhaltemaß	$L_{n,w,eq,R} = 70$ dB $\Delta L_{w,R} = 30$ dB 2 dB
		$L'_{n,w,R} = 42$ dB

[1] Für Empfangsräume mit einer Raumtiefe senkrecht zur Trennwand < 5 m ist nach VDI 4100:2012 eine höhere Schalldämmung erforderlich, was Zusatzmaßnahmen oder Ausnahmeregelungen erfordert.

Tabelle 6-13 Nachweis für VDI 4100 nach Beiblatt 1 zu DIN 4109, Beispiel-Konstruktionen für ein Mehrparteien-Wohnhaus mit erhöhtem Schallschutz SSt III

Baukonstruktionen

Geschossdecke	Massiv-Rohdecke mit $m' \geq 645$ kg/m² (entspr. 28 cm Stb.) mit schwimmendem Estrich, $\Delta L_{w,R} = 30$ dB
Wohnungstrennwände	Massivwände mit $m' \geq 460$ kg/m² (z. B. 20 cm Stb.) und biegeweicher Vorsatzschale
Sonstige Massivwände, Massiv-Außenwände	Massivwände mit $m' \geq 400$ kg/m²
Leichte Innenwände	Montagewände

Nachweise nach Bbl. 1 zu DIN 4109 [10]

Luftschalldämmung Wohnungstrennwand:	Massivwand, Tab. 8, Zeile 9: Tab. 13, Zeile 2, Spalte 2 Tab. 15, Zeile 2	$R'_{w,R}$ $K_{L,2}$ $K_{L,2}$	= 57 dB = +2 dB = +3 dB
		$R'_{w,R}$	= 62 dB[1]
Luftschalldämmung Wohnungstrenndecke:	Erweiterung Tab. 12 nach [12] Tab. 13, Zeile 3, Spalte 2 Tab. 15, Zeile 1	$R'_{w,R}$ $K_{L,2}$ $K_{L,2}$	= 62 dB = +2 dB = +1 dB
		$R'_{w,R}$	= 65 dB
Trittschalldämmung Wohnungstrenndecke:	Erweiterung Tab. 16 nach [12] schw. Estrich, Tab. 17 Vorhaltemaß	$L_{n,w,eq,R}$ $\Delta L_{w,R}$	= 66 dB = 30 dB 2 dB
		$L'_{n,w,R}$	= 38 dB[2]

[1] Für Empfangsräume mit einer Raumtiefe senkrecht zur Trennwand < 5 m ist nach VDI 4100:2012 eine höhere Schalldämmung erforderlich, was Zusatzmaßnahmen oder Ausnahmeregelungen erfordert.

[2] Für Empfangsräume mit einem Raumvolumen < 40 m³ ist nach VDI 4100:2012 eine höhere Trittschalldämmung erforderlich, was Zusatzmaßnahmen oder Ausnahmeregelungen erfordert.

6.8 Sonstige Nachweise

6.8.1 Verkehrswege-Schallschutzmaßnahmenverordnung (24. BImSchV) [113]

In der 24. Verordnung zur Durchführung des Bundesimmissionsschutzgesetzes (Verkehrswege-Schallschutzmaßnahmenverordnung – 24. BimSchV) vom 04.02.1997 werden die Schallschutzmaßnahmen zum Schutz gegen Verkehrsgeräusche in schutzbedürftigen Räumen beschrieben. Schutzbedürftig im Sinne der Verordnung sind Räume dann, wenn die Immissionsgrenzwerte nach § 2 der Verkehrslärmschutzverordnung [114] überschritten werden. Die Werte sind nachfolgend dargestellt.

§ 2
Immissionsgrenzwerte

(1) Zum Schutz der Nachbarschaft vor schädlichen Umwelteinwirkungen durch Verkehrsgeräusche ist bei dem Bau oder der wesentlichen Änderung sicherzustellen, dass der Beurteilungspegel einen der folgenden Immissionsgrenzwerte nicht überschreitet:

    Tag   Nacht

1. an Krankenhäusern, Schulen, Kurheimen und Altenheimen

    57 Dezibel (A)   47 Dezibel (A)

2. in reinen und allgemeinen Wohngebieten und Kleinsiedlungsgebieten

    59 Dezibel (A)   49 Dezibel (A)

3. in Kerngebieten, Dorfgebieten und Mischgebieten

    64 Dezibel (A)   54 Dezibel (A)

4. in Gewerbegebieten

    69 Dezibel (A)   59 Dezibel (A)

Diese Immissions*grenz*werte sind deutlich höher als die Immissions*richt*werte nach TA Lärm [29], da es um die Entschädigung von besonders hohen Belastungen geht, was zu beachten ist.

Nach der Verordnung wird das erforderliche bewertete Schalldämmmaß der gesamten Außenfläche des Raumes nach folgender Gleichung für Schlafräume berechnet:

$$R'_{w,res} = L_{r,N} + 10 \log \frac{S_g}{A - D + E}$$

Für alle übrigen Räume, Behandlungs-, und Untersuchungsräume, Konferenzräume, Büroräume etc. nach Tabelle 1 der Verordnung (siehe Tab. 6-14) gilt folgende Gleichung:

$$R'_{w,res} = L_{r,T} + 10 \log \frac{S_g}{A - D + E}$$

6.8 Sonstige Nachweise

Hierin bedeuten:

$R'_{w,res}$ erforderliches bewertetes Schalldämmmaß der gesamten Außenfläche

$L_{r,N}$ Beurteilungspegel für die Nacht in dB(A) nach den Anlagen 1 und 2 der 16. BImSchV vom 12.06.1990

$L_{r,T}$ Beurteilungspegel für den Tag in dB(A) nach den Anlagen 1 und 2 der 16. BImSchV vom 12.06.1990

S_g vom Raum aus gesehene gesamte Außenfläche in m² (Summe aller Teilflächen)

A äquivalente Absorptionsfläche des Raumes in m² (A = 0,8 × Gesamtgrundfläche)

D Korrektursummand nach Tabelle 1 (siehe Tab. 6-14) in dB (zur Berücksichtigung der Raumnutzung)

E Korrektursummand nach Tabelle 2 (siehe Tab. 6-15) in dB (der sich aus dem Spektrum des Außengeräusches und der Frequenzabhängigkeit der Schalldämmmaße von Fenstern ergibt)

Die Ermittlung des vorhandenen bewerteten Schalldämmmaßes kann sowohl nach der in der Verordnung angegebenen Formel, aber auch nach dem in DIN 4109 [1] angegebenen Verfahren ermittelt werden.

Tabelle 6-14 Korrektursummand D in dB zur Berücksichtigung der Raumnutzung (Tabelle 1 der 24. BImSchV)

	Raumnutzung	D in dB
	1	2
1	Räume, die überwiegend zum Schlafen benutzt werden	27
2	Wohnräume	37
3	Behandlungs- und Untersuchungsräume in Arztpraxen, Operationsräume, wissenschaftliche Arbeitsräume, Leseräume in Bibliotheken, Untersuchungsräume	37
4	Konferenz- und Vortragsräume, Büroräume, allgemeine Laborräume	42
5	Großraumbüros, Schalterräume, Druckerräume von DV-Anlagen, soweit dort ständige Arbeitsplätze vorhanden sind	47
6	Sonstige Räume, die zum nicht nur vorübergehenden Aufenthalt von Menschen bestimmt sind	entsprechend der Schutzbedürftigkeit der jeweiligen Nutzung festzusetzen

Tabelle 6-15 Korrektursummand E in dB für bestimmte Verkehrswege (Tabelle 1 der 24. BImSchV)

	Verkehrswege	E in dB
	1	2
1	Straßen im Außerortsbereich	3
2	Innerstädtische Straßen	6
3	Schienenwege von Eisenbahnen allgemein	0
4	Schienenwege von Eisenbahnen, bei denen im Beurteilungszeitraum mehr als 60 % der Züge klotzgebremste Güterzüge sind	2
5	Schienenwege von Eisenbahnen, auf denen in erheblichem Umfang Güterzüge gebildet oder zerlegt werden	4
6	Schienenwege von Straßenbahnen nach § 4 PBefG	3

6.8.2 Schallschutzmaßnahmen gegen Fluglärm

Im Einwirkungsbereich des Fluglärms von deutschen Verkehrsflughäfen existieren von den jeweiligen Landesbehörden herausgegebene Richtlinien zur Dimensionierung des Schallschutzes, von denen nachfolgend lediglich exemplarisch die „Verordnung über die Festsetzung des Lärmschutzbereiches für den Verkehrsflughafen Frankfurt/Main" vom 30.09.2011 [115] genannt werden soll. Diese gilt einschließlich der Anlagen 1 und 2 zur Verordnung, in denen die Darstellungen der Lärmschutzbereiche enthalten sind.

Der passive Schallschutz ist nach § 4 der Verordnung entsprechend der Flugplatz-Schallschutzmaßnahmenverordnung vom 08.09.2009 [116] nachzuweisen. Die nachfolgende Tabelle gibt die wichtigsten Anforderungen aus der Verordnung wieder. Die Anforderungen gelten als ausreichend bis komfortabel (siehe Tab. 6-16).

6.8 Sonstige Nachweise

Tabelle 6-16 Erforderliches resultierendes bewertetes Schalldämmmaß für Aufenthaltsräume und Schlafräume nach der Flugplatz-Schallschutzmaßnahmenverordnung – 2. FSV

1. in der Tag-Schutzzone 1 und in der Tag-Schutzzone 2:

bei einem äquivalenten Dauerschallpegel für den Tag ($L_{Aeq\,Tag}$) von	$R'_{w,res}$ für Aufenthaltsräume
weniger als 60 dB(A)	30 dB
60 bis weniger als 65 dB(A)	35 dB
65 bis weniger als 70 dB(A)	40 dB
70 bis weniger als 75 dB(A)	45 dB
75 und mehr	50 dB

2. in der Nacht-Schutzzone:

bei einem äquivalenten Dauerschallpegel für die Nacht ($L_{Aeq\,Nacht}$) von	$R'_{w,res}$ für Schlafräume
weniger als 50 dB(A)	30 dB
50 bis weniger als 55 dB(A)	35 dB
55 bis weniger als 60 dB(A)	40 dB
60 bis weniger als 65 dB(A)	45 dB
65 und mehr	50 dB

Auch für Landeplätze mit mehr als 15.000 Flugbewegungen pro Jahr sind Schallschutzmaßnahmen vorgeschrieben (Landeplatz-Lärmschutz-Verordnung (Landeplatz-LärmschutzV)) vom 05.01.1999) [117] ebenso wie für alle Militärflugplätze.

Anhang 1

Prüfstellen für die Erteilung allgemeiner bauaufsichtlicher Prüfzeugnisse

ABP-Schallprüfstellen, www.schall-pruefstellen.de

ift Rosenheim GmbH

– Schallschutzzentrum –
Herrn Dr. J. Hessinger / Herrn Dipl.-Ing. (FH) B. Saß
Theodor Gietl Straße 7–9
83026 Rosenheim

Tel. 0 80 31 / 261 2270 bzw. 2252
Fax 0 80 31 / 261 2508
e-mail hessinger@ift-rosenheim.de
        sass@ift-rosenheim.de

ITA Ingenieurgesellschaft für Technische Akustik mbH

Herr Dipl. Ing. G. Eßer /
Herr Dr. Jürgen Maack
Max-Planck-Ring 49
65205 Wiesbaden

Tel. 0 61 22 / 95 61 0
Fax 0 61 22 / 95 61 61
e-mail ita-wiesbaden@ita.de

Institut für Akustik und Bauphysik

Herrn Prof. Dr. E. J. Voelker /
Herrn Dipl.-Ing. W. Teuber
Kiesweg 22
61440 Oberursel-Stierstadt

Tel. 0 61 71 / 7 50 31
Fax 0 61 71 / 8 54 83
e-mail info@iab-oberursel.de

PfB Prüfzentrum für Bauelemente

Herrn Dipl.-Ing. (FH) A. Wastlhuber, M.Eng.
Lackermannweg 24
83071 Stephanskirchen

Tel. 0 80 36 / 6749470
Fax 0 80 36 / 67494728
e-mail info@pfb-rosenheim.de

Institut für Strömungsmechanik und Technische Akustik der Technischen Universität Berlin

Herrn Prof. Dr. M. Möser /
Herrn Dr.-Ing. J. Feldmann /
Herrn R. Tschakert
Einsteinufer 25
10587 Berlin

Tel. 0 30 / 31 42 24 28
Fax 0 30 / 31 42 51 35
e-mail akustik-pruefstelle@tu-berlin.de

MFPA Leipzig GmbH

Herrn Dipl. Phys. D. Sprinz
Hans-Weigel-Straße 2 b
04319 Leipzig

Tel. 03 41 / 6 58 – 21 15
Fax 03 41 / 6 58 – 21 81
e-mail sprinz@mfpa-leipzig.de

Schallschutz im Hochbau. Grundbegriffe, Anforderungen, Konstruktionen, Nachweise.
1. Auflage. Elmar Sälzer, Georg Eßer, Jürgen Maack, Thomas Möck, Markus Sahl.
© 2015 Ernst & Sohn GmbH & Co. KG. Published 2015 by Ernst & Sohn GmbH & Co. KG.

**Materialprüfungsamt
Nordrhein-Westfalen**

Herrn Dipl.-Ing. Teschner
Marsbruchstraße 186
44287 Dortmund

Tel.   02 31 / 45 02 - 4 23
Fax   02 31 / 45 02 - 5 83
e-mail   teschner@mpanrw.de

**SWA Schall- und Wärmemessstelle
Aachen GmbH**

Herrn Dipl.-Ing. B. Gebing /
Herrn Dipl.-Ing. Siebel
Lütticher Straße 139
52074 Aachen

Tel.   02 41 / 9 10 85 85 +
        02 41 / 97 02 20
Fax   02 41 / 9 10 85 87 +
        02 41 / 57 29 56
e-mail   swa-aachen@arcor.de

Fraunhofer-Institut für Bauphysik IBP

Herrn Dr. rer. nat. L. Weber
Nobelstraße 12
70569 Stuttgart

Tel.   07 11 / 9 70 33 78
Fax   07 11 / 9 70 34 06
e-mail   Lutz.Weber@ibp.fhg.de

Materialprüfanstalt für das Bauwesen

Herrn Dr. A. Worch
Beethovenstraße 52
38106 Braunschweig

Tel.   05 31 / 3 91 54 58
Fax   05 31 / 3 91 59 00
e-mail   a.worch@ibmb.tu-bs.de

Anhang 2

VMPA-Güteprüfstellen, Stand 21.02.2014

VMPA-SPG-217-05-BB
ABIT Ingenieure Dr. Trautmann

Herr Dr.-Ing. Uwe Trautmann
Oderstraße 56
14513 Teltow / Berlin
Tel.:   03328/3381-0
Fax: 03328/3381-22
e-mail: info@abit-ingenieure.de
(Zulassung nach BImSch §§26/28)

VMPA-SPG-184-97-HE
AC Bauphysik Consult

Ing.-Büro A. Carroux VBI
Herr Dipl.-Ing. André Carroux
Breitlacherstraße 2
60489 Frankfurt a. M.
Tel.:   069/786935
Fax: 069/787261
e-mail: mail@ac-bauphysik.de

VMPA-SPG-213-04-B
acouplan GmbH

Herr Dr.-Ing. Ulrich Donner
Bundesallee 156
10715 Berlin
Tel.:   030/5200571-0
Fax: 030/5200571-11
e-mail: ulrich.donner@acouplan.de
(Zulassung nach BImSch §§26/28)

VMPA-SPG-199-98-BB
AIT Ingenieurbüro für Bauphysik GmbH

Herr Thomas Heiland
An der Bahn 3
14974 Trebbin/OT Thyrow
Tel.:   033731/70083-0
Fax: 033731/70083-3
e-mail: info@ait-baupyhsik.de
(Zulassung nach BImSch §§26/28)

VMPA-SPG-149-97-B
Akustik – Ingenieurbüro Moll GmbH

Herr Dipl.-Ing. Torsten Westphal
Elvirasteig 11
14163 Berlin
Tel.:   030/8099870
Fax: 030/8023094
e-mail: schall@mollakustik.de
(Zulassung nach BImSch §§26/28)

VMPA-SPG-116-97-BY
Akustik Süd GbR Prüfen und Messen

Herr Dr. Georg Stetter
Winzererstraße 47
80797 München
Tel.:   089/383945-0
Fax: 089/383945-99
e-mail: as@akustikms.de
(Zulassung nach BImSch §§26/28)

VMPA-SPG-103-97-B
Akustik-Labor Berlin GbR

Herr Dipl.-Ing. Andreas Albrecht
Herr Dipl.-Ing. Ulrich Geuer
Holbeinstraße 17
12203 Berlin
Tel.:   030/84371424
Fax: 030/84371414
e-mail: A.Albrecht@akustiklabor-berlin.de
(Zulassung nach BImSch §§26/28)

VMPA-SPG-108-97-MV
Akustikbüro Schroeder und Lange GmbH

Herr Dipl.-Ing. Siegfried Lange
Herr Dr.-Ing. Volker Schroeder
Hermannstraße 22
18055 Rostock
Tel.:   0381/4903473
Fax: 0381/49 03 472
e-mail: akustik@schroederundlange.de
(Zulassung nach BImSch §§26/28)

Schallschutz im Hochbau. Grundbegriffe, Anforderungen, Konstruktionen, Nachweise.
1. Auflage. Elmar Sälzer, Georg Eßer, Jürgen Maack, Thomas Möck, Markus Sahl.
© 2015 Ernst & Sohn GmbH & Co. KG. Published 2015 by Ernst & Sohn GmbH & Co. KG.

VMPA-SPG-189-97-BY
Akustikbüro Schwartzenberger und Burkhart

Herr Dipl.-Ing. Christian Burkhart
Parkstraße 7 A
82343 Pöcking
Tel.: 08157/9335-0
Fax: 08157/9335-99
e-mail: cb@akustikbuero.com
(Zulassung nach BImSch §§26/28)

VMPA-SPG-207-02-BY
BASIC - Gesellschaft für Bauphysik, Akustik, Sonderingenieurwesen Consultance mbH

Herr Dipl.-Ing. (FH) Walter Kopp
Herr Dr. rer. nat. W. Krah
Wirthstraße 2
95445 Bayreuth
Tel.: 0921/1510520
Fax: 0921/1510519
e-mail: bayreuth@basic-ing.de

VMPA-SPG-186-97-BW
Bauphysik 5 Ingenieurbüro für Wärme, Feuchte, Schallschutz und Akustik

Herr Dipl.-Ing. (FH) J. Seyfried
Zwischenäckerle 73
71522 Backnang
Tel.: 07191/83759
Fax: 07191/88305
e-mail: seyfried@bauphysik5.de
(Zulassung nach BImSch §§26/28)

VMPA-SPG-122-97-B
BeSB GmbH Berlin Schalltechnisches Büro

Herr Dipl.-Ing. P. J. Feierfeil
Undinestraße 43
12203 Berlin
Tel.: 030/844908-15
Fax: 030/844908-44
e.mail: info@besb.de
(Zulassung nach BImSch §§26/28)

VMPA-SPG-140-97-SH
ALN Akustik Labor Nord GmbH

Herr Dipl.-Ing. Knut Rasch
Walkerdamm 17
24103 Kiel
Tel.: 0431/97 108 59
Fax: 0431/97 108 73
e-mail: office@aln-akustik.de
(Zulassung nach BImSch §§26/28)

VMPA-SPG-209-04-NRW
Bau-Sachverständigen INSTITUT ROGER GRÜN GmbH

Herr Dipl.-Ing. Roger Grün
Großenbaumer Straße 242
45479 Mühlheim an der Ruhr
Tel.: 0208/305528-0
Fax: 0208/305528-50
e-mail: info@institutrogergruen.de

VMPA-SPG-162-97-SH
Beratungsbüro für Bau- und Raumakustik GmbH

Herr Dipl.-Ing. Thilo Jensen
Stemwarder Landstraße 13
22885 Barsbüttel
Tel.: 040/7103538
Fax: 040/7104098
e-mail: thilo.jensen@ibjensen.de

VMPA-SPG-181-97-NRW
Drees & Sommer Advanced Building Technologies GmbH

Herr Dr.-Ing. Christian Fischer
Große Sandkaul 2
50667 Köln
Tel.: 0221/27079-5363
Fax: 0221/27079-5320
e-mail: christian.fischer@dreso.com

VMPA-SPG-203-00-HE
Fritz GmbH Beratende Ingenieure VBI

Herr Dipl.-Phys. Peter Fritz
Fehlheimer Str. 24
64683 Einhausen
Tel.:   06251/96460
Fax: 06251/964646
e-mail: Info@Fritz-Ingenieure.de
(Zulassung nach BImSch §§26/28)

VMPA-SPG-119-97-BW
Gerlinger + Merkle Ingenieurgesellschaft für Akustik und Bauphysik mbH

Herr Dipl.-Ing. (FH) Dieter Merkle
Herr Dipl.-Ing. Helmut Gerlinger
Werderstraße 42
73614 Schorndorf
Tel.:   07181/93987-0
Fax: 07181/93987-50
e-mail: merkle@g-m-gmbh.de
(Zulassung nach BImSch §§26/28)

VMPA-SPG-124-97-NRW
GRANER + PARTNER Ingenieure GmbH

Herr Dipl.-Ing. Ulrich Gräf
Lichtenweg 15
51465 Bergisch Gladbach
Tel.:   02202/93630-18
Fax: 02202/93630-30
e-mail: info@graner-ingenieure.de
(Zulassung nach BImSch §§26/28)

VMPA-SPG-137-97-BB
GWJ Ingenieurgesellschaft für Bauphysik V. Grosch R. Jackisch S. Pöthig

Herr Dipl.-Ing. Reinhard Jackisch
Berliner Straße 62
03046 Cottbus
Tel.:   0355/791689
Fax: 0355/791685
e-mail: r.jackisch@gwj-bauphysik.de
(Zulassung nach BImSch §§26/28)

VMPA-SPG-215-04-SN
GAF - Gesellschaft für Akustik und Fahrzeugmeßwesen mbH

Büro Leipzig
Herr Dr. Hubert Falke
Kantstraße 2
04275 Leipzig
Tel.:   0341/3936450
Fax: 0341/3936451
e-mail: falke@gaf-online.de
(Zulassung nach BImSch §§26/28)

VMPA-SPG-208-03-BW
GN-Bauphysik Ingenieurgesellschaft mbH

Herr Dipl.-Ing. (FH) Gerd Lott
Bahnhofstraße 27
70372 Stuttgart
Tel.:   0711/9548800
Fax: 0711/564613
e-mail: Gerd.Lott@gn-bauphysik.com
(Zulassung nach BImSch §§26/28)

VMPA-SPG-132-97-HE
GSA Körner GmbH Ingenieurgesellschaft für Akustik, Thermische Bauphysik, Immissionsschutz

Herr Dipl.-Ing. Walter Körner
Pirminstraße 145
78479 Reichenau
Tel.:   06431/995980
Fax: 06431/995981
e-mail: info@gsa-koerner.de

VMPA-SPG-214-04-BY
hils consult gmbh ing.-büro für bauphysik Schall – Erschütterung – Bauphysik

Herr Dr. Thomas Hils
Kolpingstraße 15
86916 Kaufering
Tel.:   08191/971437
Fax: 08191/971438
e-mail: info@hils-consult.de
(Zulassung nach BImSch §§26/28)

VMPA-SPG-125-97-RP
Hochschule Koblenz
Amtliche Prüfstelle für Schallschutz

Herr Prof. Dr. rer. nat. Helmut Metzger
Konrad-Zuse-Straße 1
56075 Koblenz
Tel.: 0261/55931
Fax: 0261/9528-567
e-mail: Hmetzger@aol.com

VMPA-SPG-101-97-BY
IBN Bauphysik Consult

Herr Dr. Reinhard O. Neubauer
Theresienstraße 28
85049 Ingolstadt
Tel.: 0841/34173
Fax: 0841/35238
e-mail: in@ibn.de
(Zulassung nach BImSch §§26/28)

VMPA-SPG-118-97-BW
IFB Ingenieure GmbH

Herr B.Eng. Thomas Schreiber
Herr Dipl.-Ing. Friedemann Stahl
Wielandstraße 2
75385 Bad Teinach-Zavelstein
Tel.: 07053/92669-0
Fax: 07053/92669-20
e-mail: post@ifb.info

VMPA-SPG-130-97-TH
Ingenieurbüro Arnulf Bührer BIWA

Herr Dipl.-Ing. (FH) Arnulf Bührer
Aga Ahornstraße 8
07554 Gera
Tel.: 036695/30250
Fax: 036695/30251
e-mail: info@biwa-gera.de

VMPA-SPG-148-97-BY
IBAS-Ingenieurgesellschaft für Bauphysik, Akustik und Schwingungstechnik mbH

Herr Dipl.-Ing. Werner Rüger
Nibelungenstr. 35
95444 Bayreuth
Tel.: 0921/757430
Fax: 0921/7574343
e-mail: werner.rueger@ibas-mbh.de
(Zulassung nach BImSch §§26/28)

VMPA-SPG-104-97-NRW
ifas - Ingenieurbüro für akustische Signalanalyse Prof. Pohlenz und Partner, Ingenieure und Bauphysiker

Herr Prof. Dipl.-Ing. Rainer Pohlenz
Maria-Theresia-Allee 31
52064 Aachen
Tel.: 0241/707070
Fax: 0241/706050
e-mail: rainer.pohlenz@ifas-aachen.de

VMPA-SPG-172-97-BY
(DIBt Anerkennung - Prüfungen im Prüfstand)
ift Rosenheim GmbH

Herr Dipl.-Ing. (FH) Bernd Saß
Theodor-Gietl-Straße 7-9
83026 Rosenheim
Tel.: 08031/261-2252
Fax: 08031/261-28-2252
e-mail: sass@ift-rosenheim.de

VMPA-SPG-212-04-B
Ingenieurbüro Axel C. Rahn GmbH

Herr Dipl.-Ing. Thomas Riemenschneider
Lützowstraße 70
10785 Berlin
Tel.: 030/897747 0
Fax: 030/897747 99
e-mail: mail@ib-rahn.de
(Zulassung nach BImSch §§26/28)

VMPA-SPG-117-97-BW
Ingenieurbüro Dr. Schäcke + Bayer GmbH

Herr Dipl.-Ing. (FH) Michael Schäcke
Hartweg 21
71334 Waiblingen-Hegnach
Tel.: 07151/95643-0
Fax: 07151/95643-45
e-mail: info@ib-schaecke.de
(Zulassung nach BImSch §§26/28)

VMPA-SPG-152-97-TH
Ingenieurbüro Frank und Apfel GbR

Herr Dipl.-Ing. (FH) Bernhard Frank
Am Schinderrasen 6
99819 Eisenach-Stockhausen
Tel.: 036920/80507
Fax: 036920/80505
e-mail: frank-akustik@t-online.de
(Zulassung nach BImSch §§26/28)

VMPA-SPG-206-02-SH
Ingenieurbüro für Schallschutz Dipl.-Ing. Volker Ziegler

Herr Dipl.-Ing. Volker Ziegler
Grambeker Weg 146
23879 Mölln
Tel.: 04542/836247
Fax: 04542/836248
e-mail: info@schallschutz-moelln.de
(Zulassung nach BImSch §§26/28)

VMPA-SPG-176-97-BW
Ingenieurbüro vRP von Rekowski + Partner Beratende Ingenieure VBI

Herr Dipl.-Ing. (FH) Roman Schymik
Herr Dipl.-Ing. Ewald Klocke
Sommergasse 3
69469 Weinheim/Bergstr.
Tel.: 06201/595821
Fax: 06201/595857
e-mail: schymik@rekowski.de
(Zulassung nach BImSch §§26/28)

VMPA-SPG-169-97-BW
Ingenieurbüro Engel

Herr Dipl.-Ing. (FH) Volker Engel
Uhlandstraße 6
72631 Aichtal-Grötzingen
Tel.: 07127/953316
Fax: 07127/56320
e-mail: bauakustik@schallpruefstelle.de

VMPA-SPG-216-04-BW
Ingenieurbüro für Bauphysik Horstmann + Berger

Herr Dipl.-Ing. (FH) Karl-Gerhard Haist
Rosenstraße 53
72213 Altensteig
Tel.: 07453/94990
Fax: 07453/949933
e-mail: haist@hb-bauphysik.de

VMPA-SPG-166-97-SN
Ingenieurbüro Löwe

Herr Dipl.-Ing. Reinhard Löwe
Könneritzstraße 7
01067 Dresden
Tel.: 0351/4708003
Fax: 0351/4708006
e-mail: info@ibl-dd.de

VMPA-SPG-123-97-B
Ingenieurgesellschaft BBP Bauconsulting mbH

Herr Dr.-Ing. Lothar Krawczack
Herr Dr.-Ing. Wolf-Dietrich Kreie
Wolfener Straße 36
12681 Berlin
Tel.: 030/93 69 23 38
Fax: 030/93 69 23 44
e-mail: BBP@BauCon.de
(Zulassung nach BImSch §§26/28)

VMPA-SPG-143-97-SH
Institut für Akustik im Technologischen Zentrum an der FH Lübeck

Herr Prof. Dr. Birger Gigla
Mönkhofer Weg 239
23562 Lübeck
Tel.: 0451/3005601
Fax: 0451/3005602
e-mail: gigla@fh-luebeck.de
(Zulassung nach BImSch §§26/28)

VMPA-SPG-131-97-NRW
Institut für Baustoffprüfung und Fußbodenforschung

Herr Dipl.-Ing. Egbert Müller
Industriestraße 19
53842 Troisdorf
Tel.: 02241/397 3975
Fax: 02241/397 3989
e-mail: e.mueller@ibf-troisdorf.de

VMPA-SPG-178-97-NRW
Institut für Schalltechnik, Raumakustik, Wärmeschutz Dr.-Ing. Klapdor GmbH

Herr Dr. rer. nat. Michael Metzner
Kalkumer Straße 173
40468 Düsseldorf
Tel.: 0211/41855610
Fax: 0211/420511
e-mail: info@isrw-klapdor.de
(Zulassung nach BImSch §§26/28)

VMPA-SPG-174-97-HE
isab Ingenieurgesellschaft für Bauphysik mbH Schallschutz – Akustik – thermische Bauphysik

Herr Jochen Felsmann
Limesstraße 12
61273 Wehrheim
Tel.: 06081/95840
Fax: 06081/958429
e-mail: j.felsmann@iab-bauphysik.de

VMPA-SPG-133-97-HE
(DIBt Anerkennung – Prüfungen im Prüfstand)
Institut für Akustik und Bauphysik

Herr Dipl.-Ing. Wolfgang Teuber
Herr Prof. Dr. E. J. Voelker
Kiesweg 22
61440 Oberursel
Tel.: 06171/75031
Fax: 06171/85483
e-mail: info@iab-oberursel.de
(Zulassung nach BImSch §§26/28)

VMPA-SPG-141-97-NI
Institut für Prüfung und Forschung im Bauwesen Hildesheim e.V.

Herr Prof. Dipl.-Ing. Günther Ostkamp
Hohnsen 2
31134 Hildesheim
Tel.: 05121/741575
Fax: 05121/741576
e-mail: Gostkamp@htp-tel.de

VMPA-SPG-146-97-B
(DIBt Anerkennung – Prüfungen im Prüfstand)
Institut für Strömungstechnik und Technische Akustik der Technischen Universität Berlin

Herr Prof. Dr.-Ing. M. Möser
Einsteinufer 25
10587 Berlin
Tel.: 030/31422428
Fax: 030/31425135
e-mail: akustik-pruefstelle@tu-berlin.de

VMPA-SPG-135-97-HH
ISS Institut für Schall- und Schwingungstechnik

Herr Dipl.-Ing. Manfred Keßler
Stader Straße 2-4
21075 Hamburg
Tel.: 040/669408-0
Fax: 040/669408-88
e-mail: buero@iss-kessler.de
(Zulassung nach BImSch §§26/28)

VMPA-SPG-185-97-HE
(DIBt Anerkennung – Prüfungen
im Prüfstand)
**ITA Ingenieurgesellschaft
für Technische Akustik mbH**

Beratende Ingenieure VBI Wiesbaden
Herr Dipl.-Ing. Georg Eßer
Herr Dr. Jürgen Maack
Max-Planck-Ring 49
65205 Wiesbaden
Tel.:   06122/956122
Fax: 06122/956161
e-mail: esser@ita.de
(Zulassung nach BImSch §§26/28)

**VMPA-SPG-128-97-MV
Kohlen & Wendlandt
Applikationszentrum Akustik**

Herr Dipl.-Ing. Rüdiger Wendlandt
Rosa-Luxemburg-Straße 14
18055 Rostock
Tel.:   0381/681611
Fax: 0381/683037
e-mail: info@schallschutz-rostock.de
(Zulassung nach BImSch §§26/28)

**VMPA-SPG-158-97-B
Kötter**

Beratende Ingenieure Berlin GmbH
Herr Dipl.-Ing. Bernd Fleischer
Balzerstraße 43
12683 Berlin
Tel.:   030/526788-16
Fax: 030/5436016
e-mail: fleischer@koetter-consulting.com
(Zulassung nach BImSch §§26/28)

**VMPA-SPG-201-98-B
KSZ Köckritz Schenk Zick
Ingenieurbüro GmbH**

Herr Dipl.-Ing. Sebastian Langner
Bühringstraße 12
13086 Berlin
Tel.:   030/44008793
Fax: 030/44008795
e-mail: info@ksz-akustik.de
(Zulassung nach BImSch §§26/28)

**VMPA-SPG-106-97-TH
ita Ingenieurgesellschaft
für Technische Akustik Weimar mbH**

Beratende Ingenieure VBI
Herr Dr.-Ing. Gerald Knaust
Ahornallee 1
99428 Weimar
Tel.:   03643/2447-0
Fax: 03643/2447-17
e-mail: ita@ita-weimar.de
(Zulassung nach BImSch §§26/28)

**VMPA-SPG-154-97-NRW
Kötter**

Consulting Engineers GmbH & Co. KG
Herr Dipl.-Ing. Arno Schällig
Bonifatiusstraße 400
48432 Rheine
Tel.:   05971/97 10 15
Fax: 05971/97 10 43
e-mail: koetter@koetter-consulting.com
(Zulassung nach BImSch §§26/28)

**VMPA-SPG-218-08-NRW
Kramer Schalltechnik GmbH**

Herr Dipl.-Ing. Ralf Tölke
Otto-von-Guericke-Straße 8
53757 Sankt Augustin
Tel.:   02241/25773-13
Fax: 02241/25773-29
e-mail: r.toelke@kramer-schalltechnik.de
(Zulassung nach BImSch §§26/28)

**VMPA-SPG-120-97-BW
Kurz und Fischer GmbH
Beratende Ingenieure Bauphysik**

Herr Dipl.-Ing. Roland Kurz
Brückenstraße 9
71364 Winnenden
Tel.:   07195/9147-20
Fax: 07195/9147-10
e-mail: roland.kurz@kurz-fischer.de
(Zulassung nach BImSch §§26/28)

VMPA-SPG-129-97-SN
(DIBt Anerkennung – Prüfungen
im Prüfstand)
Materialforschung und Prüfungsanstalt
für das Bauwesen Leipzig GmbH

Herr Dipl.-Phys. Dietmar Sprinz
Hans-Weigel-Str. 2b
04319 Leipzig
Tel.: 0341/6582-115
Fax: 0341/6582-181
e-mail: sprinz@mfpa-leipzig.de
(Zulassung nach BImSch §§26/28)

VMPA-SPG-160-97-NRW
MBI Müller Beratender Ingenieur

Herr Dipl.-Ing. Hans-Joachim Müller
Herr Dipl.-Ing. Helmut Müller
Sedentaler Straße 17
40699 Erkrath
Tel.: 02104/31035
Fax: 02104/31437
e-mail: info@ingenieurbuero-mbi.de
(Zulassung nach BImSch §§26/28)

VMPA-SPG-202-99-BY
Möhler + Partner Ingenieure AG

Herr Dipl.-Ing. (FH) Rudolf Liegl
Paul-Heyse-Straße 27
80336 München
Tel.: 089/544217-12
Fax: 089/544217-99
e-mail: RUDOLF.LIEGL@MOPA.DE
(Zulassung nach BImSch §§26/28)

VMPA-SPG-156-97-SN
Müller-BBM GmbH

Schalltechnisches Beratungsbüro VBI
Zweigbüro Dresden
Herr Dipl.-Ing. Michael Espig
Lessingstraße 10
01465 Langebrück
Tel.: 035201/725-34
Fax: 035201/725-20
e-mail: MEspig@MuellerBBM.de
(Zulassung nach BImSch §§26/28)

VMPA-SPG-110-97-NI
Materialprüfanstalt für das Bauwesen
Braunschweig beim Institut für Baustoffe,
Massivbau und Brandschutz

Herr Dipl.-Phys. Dieter Krause
Beethovenstraße 52
38106 Braunschweig
Tel.: 0531/391-5451
Fax: 0531/391-5900
e-mail: d.krause@ibmb.tu-bs.de

VMPA-SPG-102-97-BY
Meßbüro Manz GmbH

Meßbüro für Schall & Schimmel
Herr Dipl.-Phys. Wolfgang Manz
Kirchstraße 29a
82054 Sauerlach
Tel.: 08104/668670
Fax: 08104/668671
e-mail: bauakustik@womanz.de

VMPA-SPG-198-98-BY
MPS Akustik GmbH

Herr Dipl.-Met. Roland Scholz
Im Hart 24
82110 Germering
Tel.: 089/84936220
Fax: 089/84936222
e-mail: r.scholz@mps-akustik.de
(Zulassung nach BImSch §§26/28)

VMPA-SPG-159-97-B
Müller-BBM GmbH

Schalltechnisches Beratungsbüro VBI
Niederlassung Berlin
Herr Dipl.-Ing. Thomas Goldammer
Schöneberger Straße 15
10936 Berlin
Tel.: 030/217975-20
Fax: 030/217975-35
e-mail: Thomas.Goldammer@mbbm.com
(Zulassung nach BImSch §§26/28)

VMPA-SPG-194-97-BY
Müller-BBM GmbH
Schalltechnisches Beratungsbüro VBI

Herr Dipl.-Ing. Gerhard Hilz
Robert-Koch-Straße 11
82152 Planegg b. München
Tel.:   089/85602-229
Fax: 089/85602-111
e-mail: Gerhard.Hilz@Mueller-BBM.de
(Zulassung nach BImSch §§26/28)

VMPA-SPG-173-97-NRW
Peutz Consult GmbH

Beratende Ingenieure
Aufnahmeverfahren läuft
Kolberger Straße 19
40599 Düsseldorf
Tel.:   0211/99958260
Fax: 0211/99958270
e-mail: dus@peutz.de
(Zulassung nach BImSch §§26/28)

VMPA-SPG-145-97-BW
Schalltechnik Dr. Müller
Ingenieurbüro für Bauakustik,
Raumakustik, Lärmschutz

Herr Dr.-Ing. Klaus G. J. Müller
Am Rankrain 12
76448 Durmersheim
Tel.:   07245/93736-0
Fax: 07245/93736-1
e-mail: SCHALLTECHNIK-
DR.MUELLER@t-online.de

VMPA-SPG-179-97-SN
SCHIRMER GmbH

Beratende Ingenieure
Herr Dr. Werner Schirmer
Radeburger Straße 124
01109 Dresden
Tel.:   0351/811620
Fax: 0351/8116210
e-mail: werner.schirmer@kbi-dresden.com
(Zulassung nach BImSch §§26/28)

VMPA-SPG-177-97-BY
Obermeyer Planen + Beraten GmbH

Herr Dipl.-Phys. Ralf Keller
Hansastraße 40
80686 München
Tel.:   089/5799643
Fax: 089/5799666
e-mail: ralf.keller@opb.de
(Zulassung nach BImSch §§26/28)

VMPA-SPG-205-02-BY
PMI Ingenieurgesellschaft für Technische
Akustik, Schall- und Wärmeschutz mbH

Herr Dipl.-Ing. (FH) Marcus Bauer
Hauptstraße 42
82008 Unterhaching
Tel.:   089/6060690
Fax: 089/602045
e-mail: m.bauer@pmi-ing.de
(Zulassung nach BImSch §§26/28)

VMPA-SPG-191-97-HE
Schalltechnisches Büro A. Pfeifer

Herr Ing. (grad.) Winfried Steinert
Birkenweg 6
35630 Ehringshausen
Tel.:   06449/9231-18
Fax: 06449/6662
e-mail: info@ibpfeifer.de
(Zulassung nach BImSch §§26/28)

VMPA-SPG-144-97-SL
SGS-TÜV Saar GmbH

Frau Dipl.-Geogr. Regina Mas
Am TÜV 1
66280 Sulzbach
Tel.:   06897/506-191
Fax: 06897/506-209
e-mail: regina.mas@sgs.com
(Zulassung nach BImSch §§26/28)

VMPA-SPG-114-97-BY
Steger & Partner GmbH

Herr Dipl.-Ing. Gerhard Steger
Frauendorferstraße 87
81247 München
Tel.:   089/8914630
Fax: 089/8110387
e-mail: info@sp-laermschutz.de
(Zulassung nach BImSch §§26/28)

VMPA-SPG-211-04-NRW
TAC Technische Akustik

Herr Prof. Dr. Alfred Schmitz
Fuggerstraße 3
41352 Korschenbroich
Tel.:   02161/4029632
Fax: 02161/4029634
e-mail: schmitz@tac-akustik.de
(Zulassung nach BImSch §§26/28)

VMPA-SPG-153-97-NRW
TOHR Bauphysik GmbH & Co. KG

Herr Dipl.-Ing. (FH) Johannes Römer
Schloßstraße 76
51429 Bergisch Gladbach
Tel.:   02204/588017
Fax: 02204/57043
e-mail: roemer@ig-tohr.de

VMPA-SPG-107-97-BY
TÜV Rheinland LGA Products GmbH

Herr Dipl.-Ing. (FH) Thomas Renner
Tillystr. 2
90431 Nürnberg
Tel.:   0911/6555464
Fax: 0911/6555450
e-mail: thomas.renner@de.tuv.com
(Zulassung nach BImSch §§26/28)

VMPA-SPG-142-97-NRW
(DIBt Anerkennung - Prüfungen im Prüfstand)
SWA Schall- und Wärmemeßstelle Aachen GmbH

Herr Dipl.-Ing. Bernd Gebing
Charlottenburger Allee 41
52068 Aachen
Tel.:   0241/53808700
Fax: 0241/53808709
e-mail: info@swagmbh.de

VMPA-SPG-136-97-SH
Taubert und Ruhe GmbH

Beratende Ingenieure VBI
Herr Dipl.-Ing. Christian Halbe
Rellinger Straße 26
25421 Pinneberg
Tel.:   04101/51779-0
Fax: 04101/51779-10
e-mail: email@taubertundruhe.de
(Zulassung nach BImSch §§26/28)

VMPA-SPG-105-97-HH
TÜV Nord Umweltschutz GmbH & Co. KG

Herr Dipl.-Ing. Christian Michalke
Große Bahnstraße 31
22525 Hamburg
Tel.:   040/85572551
Fax: 040/85572116
e-mail: CMICHALKE@TUEV-NORD.DE
(Zulassung nach BImSch §§26/28)

VMPA-SPG-134-97-HE
TÜV Technische Überwachung Hessen GmbH

Geschäftsfeld Umwelttechnik
Abt. UT-F2
Herr Dr. rer. nat. E. Krämer
Am Römerhof 15
60486 Frankfurt
Tel.:   069/7916470
Fax: 069/7916477
e-mail: Erich.Kraemer@tuevhessen.de
(Zulassung nach BImSch §§26/28)

VMPA-SPG-161-97-SN
Werner Genest und Partner
Ingenieurgesellschaft mbH

Büro Dresden
Herr Dr. Jörg Wildoer
Alträcknitz 8
01217 Dresden
Tel.: 0351/4764150
Fax: 0351/4764130
e-mail: wildoer@genest.de
(Zulassung nach BImSch §§26/28)

VMPA-SPG-175-97-BY
Wolfgang Sorge Ingenieurbüro
für Bauphysik GmbH & Co. KG

Herr Prof. Dipl.-Ing. Wolfgang Sorge
Südwestpark 100
90449 Nürnberg
Tel.: 0911/67047-0
Fax: 0911/67047-47
e-mail: bauphysik@ifbSorge.de
(Zulassung nach BImSch §§26/28)

VMPA-SPG-210-04-BY
Wölfel Beratende Ingenieure GmbH
+ Co. KG

Herr Dipl.-Ing. (FH) Wilhelm Tasch
Max-Planck-Straße 15
97204 Höchberg
Tel.: 0931/49708-420
Fax: 0931/49708-150
e-mail: tasch@woelfel.de
(Zulassung nach BImSch §§26/28)

VMPA-SPG-219-09-NI
Zech Ingenieurgesellschaft mbH
Immissionsschutz - Bauphysik

Herr Dipl.-Ing. Olaf Leppert
Hessenweg 38
49809 Lingen (Ems)
Tel.: 0591/8001611
Fax: 0591/8001630
e-mail: Leppert@zechgmbh.de
(Zulassung nach BImSch §§26/28)

Bauphysik-Kalender 2011–2014

Hrsg.: Nabil A. Fouad
Bauphysik-Kalender 2014
Schwerpunkt: Raumakustik und Schallschutz
Erscheint Frühjahr 2014.
ca. 700 S.
ca. € 144,–*
Fortsetzungspreis: € 124,–*
ISBN 978-3-433-03050-9

Hrsg.: Nabil A. Fouad
Bauphysik-Kalender 2013
Schwerpunkt: Nachhaltigkeit und Energieeffizienz
2011. 698 S.
€ 139,–*
ISBN 978-3-433-03019-6
Auch als ebook erhältlich

Lärmschutz, Schallschutz und Raumakustik sind Qualitätskriterien für Gebäude. Normenmacher geben Hintergrundinformationen zu E DIN 4109:2013-11 und VDI 4100 aus erster Hand.

Aspekte der Nachhaltigkeit bestimmen die Richtung zukunftweisender Gebäudekonzepte. Für die Energieeffizienz nach DIN V 18599 werden die Teile 1 bis 10 für die Praxis kommentiert.

Hrsg.: Nabil A. Fouad
Bauphysik-Kalender 2012
Schwerpunkt: Gebäudediagnostik
2012. 784 S.
€ 139,–*
ISBN 978-3-433-02986-2

Hrsg.: Nabil A. Fouad
Bauphysik-Kalender 2011
Schwerpunkt: Brandschutz
2011. 538 S.
€ 139,–*
ISBN 978-3-433-02965-7

Die Gebäudediagnostik ist ein Schlüsselthema der Bauphysik, sowohl für die Bestandsaufnahme und -bewertung als auch für die Inbetriebnahme und das Monitoring von Neubauten zur Überwachung der Funktionsfähigkeit.

Der Bauphysik-Kalender 2011 bietet eine verläßliche Arbeitshilfe für die Planung in Neubau und Bestand unter Berücksichtigung der Eurocodes.

Das könnte Sie auch interessieren:

- Zeitschrift Bauphysik

Online Bestellung:
www.ernst-und-sohn.de

Ernst & Sohn
Verlag für Architektur und technische Wissenschaften GmbH & Co. KG

Kundenservice: Wiley-VCH
Boschstraße 12
D-69469 Weinheim

Tel. +49 (0)6201 606-400
Fax +49 (0)6201 606-184
service@wiley-vch.de

* Der €-Preis gilt ausschließlich für Deutschland. Inkl. MwSt. zzgl. Versandkosten. Irrtum und Änderungen vorbehalten. 1036286_dp

Literatur

[1] E DIN 4109-1:2013-06: Schallschutz im Hochbau – Teil 1: Anforderungen an die Schalldämmung.

[2] E DIN 4109-2:2013-06: Schallschutz im Hochbau – Teil 2: Rechnerische Nachweise zur Erfüllung der Anforderungen.

[3] E DIN 4109-4:2013-06: Schallschutz im Hochbau – Teil 4: Handhabung bauakustischer Prüfungen.

[4] E DIN 4109-11:2013-06: Schallschutz im Hochbau – Teil 11: Nachweis des Schallschutzes – Güte- und Eignungsprüfung.

[5] E DIN 4109-31:2013-11: Schallschutz im Hochbau – Teil 31: Eingangsdaten für die rechnerischen Nachweise des Schallschutzes (Bauteilkatalog) Rahmendokument und Grundlagen.

[6] E DIN 4109-32:2013-11: Schallschutz im Hochbau – Teil 32: Eingangsdaten für den rechnerischen Nachweis des Schallschutzes (Bauteilkatalog)-Massivbau.

[7] E DIN 4109-33:2013-12: Schallschutz im Hochbau – Teil 33: Eingangsdaten für die rechnerischen Nachweise des Schallschutzes (Bauteilkatalog) – Holz-, Leicht- und Trockenbau, flankierende Bauteile.

[8] E DIN 4109-34:2013-06: Schallschutz im Hochbau – Teil 34: Eingangsdaten für die rechnerischen Nachweise des Schallschutzes (Bauteilkatalog) – Vorsatzkonstruktionen vor massiven Bauteilen.

[9] E DIN 4109-35:2013-06: Schallschutz im Hochbau – Teil 35: Eingangsdaten für die rechnerischen Nachweise des Schallschutzes (Bauteilkatalog) Elemente, Fenster, Türen, Vorhangfassade.

[10] E DIN 4109-36:2013-06: Schallschutz im Hochbau, Teil 36: Eingangsdaten für die rechnerischen Nachweise des Schallschutzes (Bauteilkatalog) – gebäudetechnischen Anlagen.

[11] Bauordnung für die Landgemeinden des Regierungs-Bezirks Köln vom 30.04.1932

[12] DIN 4110: Technische Bestimmungen für die Zulassung neuer Bauweisen, 2. Ausgabe, Berlin 1938.

[13] DIN 4109: Richtlinien für den Schallschutz im Hochbau (eingeführt durch Erlass des Reichsarbeitsministers vom 18.04.1944, IVa 8 Nr. 9613-4/43).

[14] Beiblatt zu DIN 4109: Schallschutz im Hochbau. Schalltechnisch ausreichende Wohnungstrennwände, Treppenhauswände und Wohnungstrenndecken, 1952.

[15] DIN 4109: Schallschutz im Hochbau, 5 Blätter, 1962/63.

[16] Ergänzende Bestimmungen zu DIN 4109: Schallschutz im Hochbau. Hier: Geräusche der Wasserinstallation (z. B. Erlass des Hessischen Ministers des Innern, St.Anz. 7/1969, S. 267).

Schallschutz im Hochbau. Grundbegriffe, Anforderungen, Konstruktionen, Nachweise.
1. Auflage. Elmar Sälzer, Georg Eßer, Jürgen Maack, Thomas Möck, Markus Sahl.
© 2015 Ernst & Sohn GmbH & Co. KG. Published 2015 by Ernst & Sohn GmbH & Co. KG.

[17] Ergänzende Bestimmungen zu DIN 4109: Schallschutz im Hochbau. Hier: Schallschutz im Schulbau (z. B. Erlass des Hessischen Ministers des Innern, St.Anz. 39/1976, S. 1.732).

[18] Richtlinien für bauliche Maßnahmen zum Schutz gegen Außenlärm: Ergänzende Bestimmungen zur DIN 4109: Schallschutz im Hochbau (Fassung September 1975), Beuth-Verlag, Berlin/Köln.

[19] DIN 4109 E: Schallschutz im Hochbau.
– Teil 1: Einführung und Begriffe, 1979.
– Teil 2: Luft- und Trittschalldämmung in Gebäuden: Anforderungen und Nachweise. Hinweise für Planung und Ausführung, 1979.
– Teil 3: Luft- und Trittschalldämmung in Gebäuden: Ausführungsbeispiele für Massivbauarten, 1979.
– Teil 4: Luft- und Trittschalldämmung in Gebäuden: Entwurfsgrundlagen für Skelettbauten, 1979.
– Teil 5: Schallschutz gegenüber Geräuschen aus haustechnischen Anlagen und Betrieben: Anforderungen und Nachweise, Hinweise für Planung und Ausführung, 1979.
– Teil 6: Bauliche Maßnahmen zum Schutz gegen Außenlärm, 1979.

[20] DIN 4109 E: Schallschutz im Hochbau.
– Teil 1: Einführung und Begriffe. 1984.
– Teil 2: Luft- und Trittschalldämmung in Gebäuden: Anforderungen und Nachweise, Hinweise für Planung und Ausführung, 1984.
– Teil 3: Luft- und Trittschalldämmung in Gebäuden: Ausführungsbeispiele mit nachgewiesener Schalldämmung für Gebäude in Massivbauart, 1984.
– Teil 4: entfallen
– Teil 5: Schallschutz gegenüber Geräuschen aus haustechnischen Anlagen und Betrieben: Anforderungen, Nachweise und Hinweise für Planung und Ausführung, 1984.
– Teil 6: Bauliche Maßnahmen zum Schutz gegen Außenlärm, 1984.
– Teil 7: Luft- und Trittschalldämmung in Gebäuden: Rechenverfahren und Ausführungsbeispiele für den Nachweis des Schallschutzes in Skelettbauten und Holzhäusern, 1984.

[21] DIN 4109: Schallschutz im Hochbau, 1989.

[22] Beiblatt 1 zu DIN 4109: Schallschutz im Hochbau, 1989.

[23] Beiblatt 2 zu DIN 4109: Schallschutz im Hochbau, 1989.

[24] DIN 4109: Schallschutz im Hochbau, Änderung A1. Januar 2001.

[25] DIN 820: Normungsarbeit – Teil 1 Grundsätze. Mai 2009.

[26] Sälzer, E.: Die Praxis der Bauakustik im Wohnungsbau, die neue DIN 4109 „Schallschutz im Hochbau" und der Wohnungsmarkt, 5. Weimarer Bauphysiktage 2007.

[27] VDI 4100: Schallschutz von Wohnungen – Kriterium für Planung und Beurteilung, August 2007.

Literatur

[28] Sälzer, E.: Die allgemein anerkannten Regeln des Schallschutzes in Verwaltungsgebäuden, Weimarer Bauphysiktage 2005.

[29] TA Lärm: Technische Anweisung zum Schutz gegen Lärm – TA Lärm (6. BImSchVO) vom 26.08.1998.

[30] Maack, J.: Vorsicht vor Tiefton-Resonanzen. Quadriga 3/2012.

[31] Lang, J.: Schallschutz in Europa. In: Bauphysik-Kalender, Verlag Ernst & Sohn, Berlin, 2014.

[32] Berger, R.: Die Luftschalldämmung von Wänden, Forsch. Ing. Wes. Band 3, 1932.

[33] DIN EN ISO 717-1: Akustik – Bewertung der Schalldämmung in Gebäuden und von Bauteilen – Teil 1: Luftschalldämmung, November 2006.

[34] DIN EN ISO 717-2: Akustik – Bewertung der Schalldämmung in Gebäuden und von Bauteilen – Teil 2: Trittschalldämmung. November 2006.

[35] DIN EN ISO 10 848: Akustik – Messung der Flankenübertragung von Luftschall und Trittschall zwischen benachbarten Räumen in Prüfständen – Teil 3. August 2006, Teil 4. Oktober 2008.

[36] Gösele, K.: Berechnung der Luftschalldämmung von doppelschaligen Bauteilen. Acustica 45/1980, S. 208.

[37] Sälzer, E.: Schallschutz im Massivbau. Bauverlag, Wiesbaden, 1990.

[38] DIN EN ISO 140: Akustik – Messung der Schalldämmung in Gebäuden und von Bauteilen.
– Teil 1: Anforderungen an Prüfstände mit unterdrückter Flankenübertragung, März 2005.
– Teil 2: Angaben von Genauigkeitsanforderungen, Mai 1993.
– Teil 3: Messung der Luftschalldämmung von Bauteilen in Prüfständen, März 2010.
– Teil 4: Messung der Luftschalldämmung zwischen Räumen in Gebäuden, Dezember 1998.
– Teil 5: Messung der Luftschalldämmung von Fassadenelementen und Fassaden an Gebäuden, Dezember 1998.
– Teil 6: Messung der Trittschalldämmung von Decken in Prüfständen. Dezember 1998.
– Teil 7: Messung der Trittschalldämmung von Decken in Gebäuden. Dezember 1998.
– Teil 8: Messung der Trittschallminderung durch eine Deckenauflage auf einer massiven Bezugsdecke in Prüfständen. Dezember 1998.
– Teil 9: (abgelöst durch [35])
– Teil 10: Messung der Luftschalldämmung kleiner Bauteile in Prüfständen. September 1992.
– Teil 11: Messung der Trittschallminderung durch Deckenauflagen auf leichten Bezugsdecken in Prüfständen. August 2005.
– Teil 12: Messung der Luft- und Trittschalldämmung durch einen Doppel- oder Hohlraumboden zwischen benachbarten Räumen in Prüfständen. März 2000.
– Teil 13: Leitfäden (Technischer Bericht). November 2004.

– Teil 14: Leitfäden für besondere bauliche Bedingungen. November 2004.
– Teil 16: Messung der Verbesserung des Schalldämmmaßes durch zusätzliche Vorsatzschalen im Prüfstand.
– Teil 18: Messung des durch Regenfall auf Bauteile verursachten Schalls im Prüfstand. Februar 2007.

[39] Cremer, L.; Heckl, M.: Körperschall, Spinger Verlag Berlin, 2. Auflage, 1996.

[40] Müller, G.; Möser, M.: Grundlagen. In: Taschenbuch der Technischen Akustik. Hrsg.: Müller, G.; Möser, M., 3. Auflage, 2004.

[41] Gösele, K.; Schüle, W.; Künzel, H.: Schall, Wärme, Feuchte. Bauverlag GmbH, Wiesbaden und Berlin, 10. Auflage, 1997.

[42] VDI-Richtlinie 2566: Lärmminderung bei Aufzugsanlagen. Ausgabe 1988.

[43] VDI-Richtlinie 2566-1: Schallschutz bei Aufzugsanlagen mit Triebwerksraum. Ausgabe 2004.

[44] DIN 52 210: Raumakustische Prüfungen.
– Teil 1: Luft- und Trittschalldämmung, Messverfahren, 1984.
– Teil 2: Luft- und Trittschalldämmung, Prüfstände für Schalldämmmessungen an Bauteilen, 1984.
– Teil 3: Luft- und Trittschalldämmung, Prüfung von Bauteilen in Prüfständen und zwischen Räumen am Bau, 1987.
– Teil 4: Luft- und Trittschalldämmung, Ermittlung von Einzahl-Angaben, 1984.
– Teil 5: Luft- und Trittschalldämmung, Messung der Luftschalldämmung von Außenbauteilen am Bau, 1985.
– Teil 6: Luft- und Trittschalldämmung, Bestimmung der Schallpegeldifferenz, 1989
– Teil 7: Luft- und Trittschalldämmung, Bestimmung des Schall-Längsdämmmaßes, 1989.

[45] DIN EN ISO 717: Akustik – Bewertung der Schalldämmung in Gebäuden und von Bauteilen.
– Teil 1: Luftschalldämmung, November 2006.
– Teil 2: Trittschalldämmung, November 2006.

[46] DIN EN ISO 12 354-2:2000-09: Bauakustik – Berechnung der akustischen Eigenschaften von Gebäuden aus den Bauteileigenschaften – Teil 2: Trittschalldämmung zwischen Räumen.

[47] Sälzer, E.: Kommentar zu DIN 4109. Bauverlag GmbH, Wiesbaden und Berlin, 1994.

[48] Gösele, K.; Schüle, W.; Künzel, H.: Schall, Wärme, Feuchte, Bauverlag GmbH, Wiesbaden und Berlin, 10. Auflage, 1997.

[49] Fischer, H.-M.; Kohler, K.; Schneider, M.: Schallschutznachweis für die Trittschalldämmung auf Basis der DIN EN 12 354-2. Fraunhofer IRB Verlag, Stuttgart, T 3100 (Forschungsarbeit im Auftrag des Deutschen Instituts für Bautechnik DIBt. Berlin), 2005.

[50] Sälzer, E.; Moll, W.; Wilhelm, H-U.: Schallschutz elementierter Bauteile. Bauverlag, Wiesbaden 1979.

[51] Gösele, K.: Verfahren zur Vorausbestimmung des Trittschallschutzes von Holzbalkendecken. Holz als Roh- und Werkstoff 37 (1979), S. 213–220.

[52] Forschungsarbeit – Optimierung der Trittschalleigenschaften von Holzbalkendecken zu Einsatz im mehrgeschossigen Holzhausbau. Abschlussbericht des Labors für Schall- und Wärmemesstechnik GmbH, Rosenheim, 1999.

[53] Rabold, H.; Hessinger, J.; Bacher, S.: Holzbalkendecken gezielt auf Vordermann bringen. MICADOplus, Heft 3 (2008), Themenmagazine für Zimmerermeister, BEKA MEDIA GmbH & Co. KG.

[54] DIN 18 560-2:2004-4: Estriche im Bauwesen, Teil 2: Estriche und Heizestriche auf Dämmschichten (schwimmende Estriche).

[55] Sälzer, E.: Schallschutz bei der Revitalisierung von Altbauten. In: Bauphysik-Kalender 2009, Ernst & Sohn, Berlin 2009.

[56] Maack, J.: Schallschutz mit Holzbalkendecken. Bauphysik, (2009) Heft 6.

[57] Fasold, W.; Veres, E.: Schallschutz und Raumakustik in der Praxis. Verlag für Bauwesen, Berlin, 1998.

[58] ISO/FDIS 12 999-1:2012-11 (E): Acoustics – Determination and application of measurement uncertainties in building acoustics – Part 1: Sound insulation.

[59] DIN 52 219: Bauakustische Prüfung. Messung von Geräuschen der Wasserinstallationen in Gebäuden, Juli 1993.

[60] VDI 18 041: Hörsamkeit in kleinen bis mittelgroßen Räumen, Mai 2004.

[61] VDI 3755: Schalldämmung und Schallabsorption abgehängter Unterdecken, Februar 2000.

[62] VDI 3755: Schalldämmung und Schallabsorption abgehängter Unterdecken, Sommer 2014

[63] Freimuth, H.; Sälzer, E.: Schalldämmung und Schalllängsdämmung abgehängter Unterdecken. In: Bauphysik-Taschenbuch, Bauverlag, 1985

[64] Böker, H.: Trockenbaupraxis mit Gipskartonsystemen. Müller Verlag, Köln-Braunsfeld, 1983.

[65] Sälzer, E.; Maack, J.; Möck, Th.: Sonderfälle des Trittschallschutzes, Teil 1: Laminat- und Parkettböden, Trockenboden und Terrassenbeläge. Bauphysik 34 (2012), Heft 5.

[66] Holzbauhandbuch, Reihe 3: Bauphysik – Teil 3: Schallschutz, Holzbalkendecken. Informationsdienst Holz, Ausgabe April 1993, Gösele, K., Hrsg.: Entwicklungsgemeinschaft Holzbau in der DGfH e. V., München

[67] Maack, J.; Möck, Th.: Trittschallschutz. In: Bauphysik-Kalender. Verlag Ernst & Sohn, Berlin, 2014.

[68] Prüfbericht L 23.96 – P 313/94. ITA Ingenieurgesellschaft für Technische Akustik mbH, Wiesbaden, im Auftrag der isofloc GmbH, 29.01.1996.

[69] Maack, J.: Forschungsbericht Schallschutz von geneigten Dächern und Dachflächenfenstern. Gefördert vom Bundesamt für Bauwesen und Raumordnung BBR, Z 6-10.07.03-04.13, 2008, als Download unter www.ita.de.

[70] Gösele, K.: Trittschall-Übertragung bei Holzbalkendecken über die Wände, Bauphysik 25 (2003), S. 271–278.

[71] Physikalisch technische Bundesanstalt Braunschweig (PTB): Integration des Holz- und Skelettbaus in die DIN 4109. Fraunhofer IRB-Verlag, T3090, 2005.

[72] Dolezal, F.; Bednar, T.; Teibinger, N.: Flankenübertragung bei Massivholzkonstruktionen, Teil 1: Verbesserung der Flankendämmung durch Einbau elastischer Zwischenschichten und Verifizierung der Anwendbarkeit von DIN 12 354. Bauphysik 30 (2008), S. 143–151.

[73] DIN EN ISO 717-2: Bewertung der Schalldämmung in Gebäuden und von Bauteilen – Teil 2: Trittschalldämmung, Ausgabe November 2006.

[74] Rabold, H.; Hessinger, J.; Bacher, S.: Holzbalkendecken gezielt auf Vordermann bringen. MIKADO-plus (2008), Heft 3, BEKA MEDIA GmbH & Co. KG.

[75] DIN EN ISO 10 052:2010-10: Akustik – Messung der Luftschalldämmung und Trittschalldämmung und des Schalls von haustechnischen Anlagen in Gebäuden – Kurzverfahren.

[76] DIN 4109: Schallschutz im Hochbau – Teil 11: Nachweis des Schallschutzes, Güte- und Eignungsprüfung. Mai 2010.

[77] DIN EN ISO 16 283-1:2012-05: Akustik – Messung der Schalldämmung in Gebäuden und von Bauteilen am Bau – Teil 1: Luftschalldämmung.

[78] E DIN EN ISO 16 283-2:2013-11: Akustik – Messung der Schalldämmung in Gebäuden und von Bauteilen am Bau, Teil 2: Trittschalldämmung.

[79] E DIN 12 217: Türen – Bedienkräfte – Anforderungen und Klassifizierung, 11/2010

[80] DIN EN 20 758 Glas im Bauwesen – Glas und Luftschalldämmung, April 2011.

[81] Scheck, J.; Fischer, H-M.; Kurz, R.: Anregevorgänge bei leichten Treppenkonstruktionen. Fortschritt der Akustik, Hamburg, DAGA 2001.

[82] Holtz, F.; Buschbacher, H. P.; Rabold, A.; Hessinger, J.: Trittschalldämmung von Treppen im Holzbau, DGfH-Forschungsbericht des Labor für Schall- und Wärmemesstechnik, 2001.

[83] Savage, J. E.; Fothergill, L. C.: Reduction of Noise Nuisance from Footsteps on Stairs, Applied Acoustics 27 (1989), S.144-152.

[84] Treppenmeister GmbH (Hrsg.) und Schalltechnisches Treppen-, Entwicklungs- und Prüfinstitut (STEP) GmbH (Redaktion): Schallschutz bei Wohnungstreppen – Ein Hand-

buch über den Trittschallschutz von Leichtbautreppen in Wohnungsbau. 1. Auflage, Februar 2007.

[85] VDI 3762: Schalldämmung von Doppel- und Hohlböden. Januar 2012.

[86] Sälzer, E.: Schallschutz mit Doppel- und Hohlraumböden. IBK-Baufachtagung 2004.

[87] Sälzer, E.: Schallschutz mit Doppel- und Hohlraumböden. In: Bauphysik-Kalender 2009, Verlag Ernst & Sohn, Berlin.

[88] Sälzer, E.: Der Schallschutz bei Doppelböden und seine Bedeutung für die Technische Gebäudeausrüstung. VDI-Berichte Nr. 784, 1989.

[89] Eßer, G.: Schallabsorbierende Doppelböden. Bauphysik 31 (2009) Heft 2.

[90] Baumgartner, H., Kurz, R.: Mangelhafter Schallschutz von Gebäuden. Fraunhofer IRB-Verlag, Stuttgart 2003.

[91] Maack, J.: Wirksamer Schallschutz von Reihenhäusern – Fachgerechte Planung und Ausführung von Haustrennwänden. 4. Weimarer Bauphysiktage 2005.

[92] DIN 12 354 Bauphysik – Berechnung der akustischen Eigenschaften von Gebäuden aus den Bauteileigenschaften. Teil 1: Luftschalldämmung zwischen Räumen, Dezember 2000.

[93] Schumacher, R.; Mechel, F.: Der Schallschutz von Fassaden. In: Bauphysik-Taschenbuch 1983, Bauverlag Wiesbaden, 1983.

[94] Sälzer, E.: Schallschutz mit Fassaden – Es muss nicht immer die Doppelfassade sein! 2. Weimarer Bauphysiktage 2002, IBK Darmstadt 2002.

[95] DIN 1946: Raumlufttechnik – Teil 6: Lüftung von Wohnungen, Mai 2009.

[96] DIN 18 017: Lüftung von Bädern und Toilettenräumen ohne Außenfenster, Teil 3: Lüftung mit Ventilatoren.

[97] Hamburger Leitfaden: Lärm in der Bauleitplanung 2010. Freie Hansestadt Hamburg, BSU, Januar 2012.

[98] ISO 10 140-1: Akustik-Messung der Schalldämmung in Gebäuden und von Bauteilen, Anhang C.4.1: Vorbehandlung.

[99] Nutsch, J.: Wirtschaftlicher Schallschutz zur Verbesserung der Luftschalldämmung von Reihenhaus-Trennwänden. VDI-Berichte 587, Tagung Würzburg, VDI-Verlag Düsseldorf, Mai 1986.

[100] Freimuth, H.: Hoher Schallschutz im Wohnungsbau – Von der Planung bis zur erfolgreichen Abnahme. VDI-Berichte 784, 1989, S. 37–55.

[101] Maack, J.: Schallschutz zwischen Reihenhäusern mit unvollständiger Trennung. Bauphysik (2006), Heft 4, Ernst & Sohn Verlag, Berlin.

[102] Schneider, M.; Fischer, H.-M.: Schallschutznachweis für zweischalige massive Haustrennwände. BAGA, Darmstadt 2012.

[103] Sälzer, E.: Schallschutz mit Vorsatzschalen im Hochbau, Teil 1: Biegeweiche und biegesteife Vorsatzschalen im Massivbau. Zeitschrift für Lärmbekämpfung, 6/97, November, 44 JG., S. 179–184.

[104] Maack, J.; Sälzer, E.: Schallschutz mit Vorsatzschalen im Hochbau, Teil 2: Vorsatzschalen vor Wänden in Holzbauart. Zeitschrift für Lärmbekämpfung 45 (1998), Heft 3, S. 95–102.

[105] Veres, E.; Schmidt, R.: Zum Schallschutz durch Vorsatzschalen. Fraunhofer Institut für Bauphysik, Stuttgart.

[106] Prüfbericht GS347/84: Verbesserung der Schalldämmung und der Längs-Schalldämmung durch Vorsatzschalen, Fraunhofer Institut für Bauphysik, Stuttgart, 20.12.1984.

[107] Prüfbericht GS162/86: Schallschutz von Raum zu Raum durch Anbringen von Vorsatzschalen auf der Trennwand und auf den flankierenden Längswänden, Fraunhofer Institut für Bauphysik, Stuttgart, 04.06.1986.

[108] Beiblatt 1 zu DIN 4109:1989-11: Schallschutz im Hochbau; Ausführungsbeispiele und Rechenverfahren.

[109] Sälzer, E.: Schallschutz mit Fassaden, Teil 1: Der Einfluss hinterlüftbarer Fassaden auf die Schalldämmung von Massiv-Außenwänden zum Nachweis nach DIN 4109, Bauphysik 16 (1994), S. 48–52.

[110] Schröder, H.: Verbesserung der Längs-Schalldämmung durch Vorsatzschalen. Fraunhofer Institut für Bauphysik, Stuttgart.

[111] Prüfbericht GS69/84: Bestimmung des Schall-Längsdämmmaßes einer Kalksand-Lochsteinwand mit leichten Vorsatzschalen (Verbundplatten), Fraunhofer Institut für Bauphysik, Stuttgart, 12.03.1984.

[112] E DIN EN ISO 16 283-2:2013-11: Akustik – Messung der Schalldämmung in Gebäuden und von Bauteilen am Bau; Teil 2: Trittschalldämmung.

[113] 24. Verordnung zur Durchführung des Bundesimmissionsschutzgesetzes (Verkehrswege-Schallschutzmaßnahmenverordnung-24) BImSchV vom 04.02.1997.

[114] 16. Verordnung zur Durchführung des Bundesimmissionsschutzgesetzes (Verkehrslärmschutzverordnung – 16. BImSchV) vom 27.11.1989.

[115] Verordnung über die Festsetzung des Lärmschutzbereiches für den Verkehrsflughafen Frankfurt/Main vom 30.09.2011.

[116] 2. Verordnung zur Durchführung des Gesetzes zum Schutz gegen Fluglärm (Flugplatz-Schallschutzmaßnahmenverordnung-2. FlugSV) vom 08.09.2009.

[117] Landeplatz-Lärmschutzverordnung (LandeplatzlärmschutzV) vom 05.01.1999.

[118] Hessische Bauordnung (HBO) 2011. Hessisches Ministerium für Wirtschaft, Verkehr und Landesentwicklung, Referat VI 3 (Baurecht), Auflage 12. Dezember 2012.

[119] Maack, J.: Aktuelle Richtlinien zum Schallschutz im Hochbau im Widerstreit. VMPA-Tagung September 2013.

[120] Abschlussbericht Forschungsarbeit: Schall-Längsdämmung porosierter Außenmauerwerke in Abhängigkeit der Stoßstellenausbildung. Förderer: Bundesminierster für Raumordnung, Bauwesen und Städtebau, Förderungsnummer B I 5-80188-13, erstellt durch GSA Limburg GmbH /1993).

[121] Schanda, U.; Mayr, A.; Schöpfer, F.; Rabold, A.; Bacher, S.: Schallschutz von Holzbalkendecken – Planungshilfen für die Altbausanierung, Teil 2: Flankenschalldämmung, Bauphysik 35 (2013), S. 392–398.

[122] Sälzer, E.: Schallschutz leichter Industriedächer. Ministerium für Arbeit, Gesundheit und Soziales (MAGS), Düsseldorf 1975.

[123] Sälzer, E.: Schallabstrahlung von Regen- und Hagelgeräuschen durch leichte Dachkonstruktionen von Saalbauten. Bundesblatt 1983, Heft 9, S. 569 ff.

[124] DIN EN ISO 140-18: Akustik – Messung des durch Regenfall auf Bauteile verursachten Schalls im Prüfstand. Februar 2007.

[125] Krämer, G.: Schallschutz mit leichtem Innenausbau. 5. Weimarer Bauphysiktage, IBK-Darmstadt 2007.

[126] Sälzer, E.: Abgehängte elementierte Unterdecken – Schalllängsdämmung, Schalldämmung und Schallabsorption. In: Bauphysik-Kalender 2014, Verlag Ernst & Sohn, Berlin.

[127] Scheck, J.; Taskan, E.; Fischer, H.-M.; Fichtel, Chr.: Schallschutz von entkoppelten Massivtreppen Teil 1: Prüfverfahren im Labor. Bauphysik 35 (2013) Heft 5.

[128] VDI 3728: Schalldämmung beweglicher Raumabschlüsse, Türen und Mobilwände, Januar 2011.

[129] Sälzer, E.: Die Schalldämmung mit vorgehängten hinterlüfteten Fassaden. Sonderdruck FVHF Focus 4, 1995.

Stichwortverzeichnis

A

Abhängehöhe 206
Abluftanlage 204
Abschottungen von Systemböden 218
ABP-Prüfstellen (Anhang 1) 272
Absorberschotts 206, 219
Absorption, -sgrad 225
Absorptionsauflage 206
– -fläche, äquivalente 204
Akustikständer 124
Aluminiumfenster 250
Aluminiumprofil 263
Anhydrit-Fließestrich 228
Anpressdruck 193
äquivalenter bewerteter Normtrittschallpegel 63, 85, 308
Argon 248
Aufsparrendämmung 162
Ausbreitungsdämpfung 72
Außenlärmpegel, maßgeblicher 15, 26, 311
Außenluftdurchlässe 260
Außenwand 15, 26, 311
automatische Bodendichtung 196

B

Bandrasterdecke 209
bauähnliche Flankenübertragung 38
Baumwolle als Hohlraumdämpfung 125
Bauschalldämmmaß 38
Beamforming 293
Begrünung von Dächern 181
Bekiesung von Dächern 175, 181
Bemessung des Schallschutzes 2
Beplankungen von Lärmwänden 118
Beschläge für Fenster 250
– für Türen 190
Beschwerungen 89
Beton-Fertigbad 239
Betriebszyklen haustechnischer Anlagen 291
Bewertetes Schalldämmmaß R_w 38
Bezugsabsorptionsfläche 37
Bezugskurve 5, 283, 287

Bezugsnachhallzeit 39
Biegeweiche Baustoffe 42, 47, 48
Blechdecken 206
Blechprofile 124, 129
Bluetooth-Verbindung bei Meßgeräten 273
Bodenbelag 81, 224, 229, 230
Bodendichtung bei Türen 194
Bodendichtung bei Wänden 134
Bodenhohlraum bei Doppelböden 225
Büroraum 33

C

Calzium-Sulfat-Estrich 65, 77, 78, 216

D

D_n, siehe Normschallpegeldifferenz D_n
D_{nw}, siehe Normschallpegeldifferenz, bewertete
Dach 145
Dachbekiesung 175, 181
Dachdeckung 149, 155
Dachflächenfenster 170
Dämmeinsatz bei Unterdecken 206
Decken 75
Deckenhohlraum 204, 209
Dichtheit der Bauteile 41, 43
Dichtung 206
Dielenfußboden 88
Dodekaeder 275
Doppelböden 217
Doppelgewindeschraube 160
Doppelfassade 259
Doppelfenster, siehe Kastenfenster
Drallauslässe in Systemböden 220
Drehstativ 275
Dreischeibenverglasung 246

E

Echtzeitanalysator 273
Eignungsprüfung 197, 272
Einbauleuchten 206
Einfachverglasung 248
Einfachscheibe 248

Schallschutz im Hochbau. Grundbegriffe, Anforderungen, Konstruktionen, Nachweise.
1. Auflage. Elmar Sälzer, Georg Eßer, Jürgen Maack, Thomas Möck, Markus Sahl.
© 2015 Ernst & Sohn GmbH & Co. KG. Published 2015 by Ernst & Sohn GmbH & Co. KG.

Einfederung (von Dichtungen)   192
Elastomerlager von Fertigbädern   241, 242
Elektronisches Stethoskop   292
Elementwand   134
Empfangsraum   37, 39
Entkopplung von Treppen   98, 103
Erhöhter Schallschutz, Nachweis   315
ESG-Verglasung   248
Estrich auf Trennlage   80
Estrich, schwimmender   77

F
Faltwand   134
Fassaden   254
– -anschluss   255
– -anschlusspaneel   137, 258
– -anschlussschotte   136, 255
– -längsdämmung   255
– -paneele   257
Falzentlüftung, von Fenstern   250
Federschienen   151, 176
Fenster   250
– -beschläge   250
– -falzlüfter   260
– -fläche   248
– -rahmen   249
Fertigbäder   237
Fesco-Dämmschichten   177
Flachdach   172
Flachsfaser als Hohlraumbedämpfung   126
Flächenmasse   42
Flankentrittschallpegel   220
Flankenübertragung   38
Flankenschallpegeldifferenz   40
Flankierende Bauteile   38
Fluglärm   320
Flugplatz-Schallschutzmaßnahmenverordnung   320
Fremdgeräusch-Korrektur   292
Fugen   207
Fugendichtung   207
Fugenschnitte in GK-Decken   207
– in Hohlböden   229

G
Ganzglastüren   198
Gehgeräusche auf Doppelböden   227
gehweiche Beläge   80
Gasfüllung von Scheiben   248
geneigte Dächer   145
GFK-Fertigbad   237, 242
Gipsbauplatte   204
Gipsfaserplatten   204
Gipskartonplatten   204
– -decken   204
– -wände   117
– -schotts   219
Gipskartonfeuerschutzplatten GKF   119
Gipsspanplatten   118
Glas   246
Glasdächer   183
Glasmontagewand   201
Glastüren   198
Gleitender Deckenanschluss   127
Güteprüfung des Schallschutzes   271
Güteprüfstelle (Anhang 2)   325
Gussasphaltestrich   78

H
Hallendächer   172
Harnstoffschaum   126
Haustechnische Anlagen   12, 14, 27, 288
Haustrennwand, zweischalig   110
Höckerschwelle   194
Hohlböden   228
Hohlraumhöhe   229
Hohlraumböden (siehe Hohlböden)
Hohlkörperdecken   62, 75
Hohlraumdämpfung   50, 206
Holzbalkendecken   64, 83
Holz-Beton-Verbunddecken   95
Holzdächer   145
Holzelement-Dächer   176
Holzfenster   250, 252
Holzständerwände   128
Holztragwerk   176
Holzweichfaserplatten   125, 150
Holzwolleleichtbauplatte   164
Hotelklassifizierungen   34

HWL-Platte (siehe Holzwolleleichtbauplatte)

I

Immissionsgrenzwerte 318
– -richtwerte 318
Innentüren 188
Innenwände 117
Industriedächer 172
Installationsschallpegel 289
Intensitätsmesstechnik 293
Isolierglas 246

K

Kabelkanal 133
Kalksandsteine 43
Kastenfenster 252
Klimakanal 134
Koinzidenz 44, 45
– -frequenz 46
– -kurzschluss 46
Kondensatormikrofon 274
Konstruktionshöhe bei Doppelböden 217
– bei Unterdecken 206
Kopplung, bei zweischaligen Wänden 51, 112
Körperschall 70
– -abstrahlung 71
– -ausbreitung 70
Krankenhaus 10, 20
Krankenzimmertür 11, 23, 194
Küchenräume 14, 27
Kunststofffenster 250
„Kuppeleffekt" von Hohlböden 233

L

Landeplatz-Lärmschutz-Verordnung 321
Längsdämmmaß 40
Lautsprecher 275
– -kalibration 275
– -stellung 278
Laibungsabsorption
– bei Lichtkuppeln 186
Lautsprecher für Schallmessungen 275
Lautsprecherstativ 275

Leichtbautreppen 100, 105
leichte Hallendächer 172
„Leckagen" bei Luftschallmessungen 292
Lichtkuppel 184
– zweischalig 184
– sechsschalig 186
Lippendichtung 193
LSM, siehe Luftschallschutzmaß LSM
Luftschalldämmung 37
Luftschallschutz 38
– -maß LSM 38
Lüftungselement, schallgedämmt 261
Lüftungsöffnungen bei Fenstern 268

M

Maßgeblicher Außenlärmpegel 311
Massivbauteile, flankierende 56
Massivdächer, geneigte 167
Massivdecken 75
Massivtreppen 98
Metalldecken
– -elementwände 206
– -kassettendecke 207
Messrichtung bei Dächern 179
Messung der
– Luftschalldämmung 277
– Nachhallzeit 280
– Schalldämmung 280
– Trittschalldämmung 284
Mikrofon 274
Mikrofonschwenkstativ 275
Mindestanforderungen des Schallschutzes 16
Mineralfaserauflage 204
Mineralfaserdecke 204
Mineralfaserplatten 86, 204, 209
Mittelungszeit 279
Mobilwand 134
Monoblock-Wand 129
Montagekranz von Lichtkuppeln 184
Montagewand 129
Musikräume 12, 24, 25
Musterräume für Schallmessungen 118

N
Nachhallzeit 280
Nachhallzeitmessung 280
Niederfrequenzmethode 293
Niederschlagsgeräusche unter Dächern 182
Norm-Flankenpegeldifferenz $D_{n,f}$ 205
– bewertete $D_{n,f,w}$ 205
Norm-Flankentrittschallpegel $L_{n,f}$ 61
– bewerteter $L_{n,f,w}$ 62
Normhammerwerk 277
Normschallpegeldifferenz D_n 37, 55
Norm-Trittschallpegel L_n 58
– äquivalenter, bewerteter $L_{n,w,eq}$ 62
– bewerteter $L_{n,w}$ 58

O
Oberlichter von Dächern 183
– von Türen 197
– von Wänden 54
Ortung von Undichtheiten 292

P
Paneele (von Fassaden) 257
Parallelausstellfenster 253
Parkett 82
Pegelschreiber 274
Pfosten-Riegel-Fassade 257
Plattenschwingungen 44, 45
Porenbeton 169
Prallscheiben bei Fassaden 259
Prognosestreuung 313
Projektbezogene Eignungsprüfung 109
Prüffläche 38
Prüfstände, bauakustische
– für Fassaden 255
– für Fenster 248
– für Unterdecken 205
– für Systemböden 217
– für Türen 197
Prüfstellen (siehe VMPA-Prüfstellen)
Punkt-Wulst-Verfahren 44

Q
Qualitativer Zweischaligkeitszuschlag 112, 114

R
R_L, siehe Schalllängsdämmmaß
$R_{L,w}$, siehe Schalllängsdämmmaß
R_w, siehe Schalldämmmaß, bewertetes
Rahmenlüfter von Fenstern 261
Resonanzfrequenz 47
Resultierende Schalldämmung 53
Reziprozität der Schalldämmung 179
Röhrenspanplatte 191
Rollwand 134
RWA-Anlage 186

S
Sanitärzellen 237
Schafswolle als Hohlraumbedämpfung 125
Schallabsorptionsfläche 289
Schallabsorptionsgrad 226
Schallabsorption von Doppelböden 225
Schallabsorbierende Leibungen von Lichtkuppeln 186
Schallausbreitung 70
Schalldämmmaß 38
–, Bemessung des 38
–, bewertetes R_w 38
–, resultierendes 52, 54
–, zusammengesetzter Bauteile 52
Schalleinfallswinkel 45
Schalllängsdämmmaß, bewertetes $R_{L,w}$ 205
Schalllängsdämmung 40, 206
Schallpegeldifferenz 37
Schallschutzständer 124
Schallschutztür 188
Schaumglasdämmung 173
Schaumstoffplatten 126
Scheibenabstand 246
– -zwischenraum SZR 246

Schotten 136, 218
Schüttung 89
Schwefelhexafluorid SF6 248
Schwenkmikrofon 275
schwimmender Estrich 77
Seitenlichter von Türen 197
Senderaum 37, 39
Spanplattenwände 117
Spektrumanpassungswerte 283, 287
Sprossenfenster 251
Spuranpassung 44
Ständerwerk
–, einfache 117
–, getrennt 117
– Schallschutz 120
Stahlleichtdächer 173
Stahlstützen von Systemböden 216
Stahltür 190, 192
Standard-Schallpegeldifferenz $D_{n,T}$ 39
– bewertete $D_{n,T,w}$ 39
Standard-Trittschallpegel 59
Stützenabstand bei Hohlböden 231
Steifigkeit der Fassade 263
Stethoskop 292
Strömungswiderstand
– längenspezifischer 145
Systemböden 216

T
„Teleskopanschluss" von Leichtwänden 128
Temperaturabhängigkeit der Schalldämmung 261
Teppichanschluss von Türen 196
Tieffrequente Geräuschübertragung 64, 97
– bei Treppen 107, 136
Treppen
– Massiv 97
– leichte 97
Trittschall
– -dämmung 307
– -messung 284

– -minderung ΔL_w 60, 223, 231
– -minderung, bewertete ΔL_w 223
– -pads bei Systemböden 224
– -schutzmaß TSM 59
Trockenestrich 65, 88, 94
Trockenputz 79
TSM, siehe Trittschallschutzmaß TSM
Tür
– -beschläge 188
– -blatt 191
– -dichtung 191
– -zarge 193

U
Umsetzbare Montagewände 129
Undichtheit 51, 227
Unterdecken 204
Unterdeckung von Dächern 149
– aus Weichfaserplatten 150
– aus Schalung 150
– aus Unterspannbahnen 151

V
Verbesserung der Luftschalldämmung 231
– Trittschalldämmung 231
Verbundglas 248
Verbundfenster 250
Verglasung 246
– zweischeiben 246
– dreischeiben 246
Verkehrswege-Schallschutzmaßnahmen-verordnung 317
Verschraubung, Verklammerung von Gipsplatten 127
Verschraubung von Aufsparrendämmungen 158
Vertraulichkeit 32
Vlieskaschierung 186, 210
VMPA-Prüfstellen (Anhang 2) 325
Vollsparrendämmung 148
Vorgehängte Fassade 266
Vorhaltemaß 313
Vorsatzschalen 138
VSG-Glas 248, 262

W

Wärmedämmverbundsystem 264
Wand
– -anschluss 136
– Element- 134
– Monoblock- 129
– Montage- 129
– -prüfstand 197
–, umsetzbare 129
– Falt- 134
– Harmonika- 134
– Roll- 134
Weichfedernde Bodenbeläge 66, 80
WDVS (siehe Wärmedämmverbundsystem) 264
Wohnungseingangstür 189
Wohnungstrennwand 108

Z

Zargen
– -dichtung 191
– Holz- 193
– Stahl- 193
Zellulose als Hohlraumdämpfung 125
Ziegel-Massivdach 168
Zinkblecheindeckung 155
zusammengesetzte Bauteile 52
Zweischalentheorie 47
Zweischalige Bauteile 46
Zweischaligkeits-Zuschlag 112, 114
Zweischeibenverglasung 246
Zwischensparrendämmung 145, 162

Inserentenverzeichnis

Danogips GmbH & Co. KG, 41460 Neuss	VIa
Feco Innenausbausysteme GmbH, 76139 Karlsruhe	130a
Interpane Glas Industrie AG, 37697 Lauenförde	VIb
Lignatur AG, CH-9104 Waldstatt	Lesezeichen
Rasselstein Raumsysteme GmbH & Co. KG	238a
Schöck Bauteile GmbH, 76534 Baden-Baden	98a
Unipor-Ziegel Marketing GmbH, 81241 München	U2
Werner Strähle GmbH & Co. Verwaltungs KG, 71332 Waiblingen	ggü. U2